U0304500

HNC理论全书

第一卷 概念基元 —（第三册）

论语言概念空间的基础语境基元

图灵脑理论基础之三

黄曾阳／著

科学出版社
北京

内 容 简 介

本书是《HNC理论全书》的第三册。HNC理论以自然语言理解为其核心探索目标，试图为语言理解的探索开启一条新的途径，以语言概念空间的符号化、形式化为手段，实现人类语言脑的纯物理模拟。

本书论述基础语境基元，分为三编，即第一卷的第四编至第六编。第四编论思维与劳动；第五编论第二类精神生活；第六编论第三类精神生活。每编均分为上、下两篇。作为《HNC理论全书》实际的殿后之作，有总跋进行另一视角的总结。

本书适合对自然语言理解、认知科学、哲学、语言学等感兴趣的所有读者，特别适合语言信息处理方面的研究者及学生参阅。

图书在版编目(CIP)数据

论语言概念空间的基础语境基元/黄曾阳著. —北京：科学出版社，2017.2
（HNC理论全书）
ISBN 978-7-03-051508-7

I. ①论… II. ①黄… III. ①系统科学–研究 IV. ①N94

中国版本图书馆CIP数据核字（2016）第323293号

责任编辑：付 艳 高丽丽 / 责任校对：赵桂芬
责任印制：肖 兴 / 封面设计：黄华斌
联系电话：010-6403 3934
电子邮箱：fuyan@mail.sciencep.com

科学出版社 出版
北京东黄城根北街16号
邮政编码：100717
http：//www.sciencep.com

中国科学院印刷厂 印刷
科学出版社发行 各地新华书店经销
*
2017年2月第 一 版 开本：787×1092 1/16
2017年2月第一次印刷 印张：30
字数：711 000

定价：128.00元

本书得到下述项目支持/资助

中国科学院“八五”重点项目“汉语人机对话项目”

国家“九五”科技攻关计划项目“汉语理解系统的核心技术专题”（98-779-02-04）

国家“973”项目课题“基于概念层次网络（HNC）的自然语言理解与处理”（G1998030506）

国家“863”项目课题“专业和追求活动语境概念林的根概念研究”（2001AA114210）

国家语言文字工作委员会“十五”科研项目“汉语语料库建设规范——基于语义的语句类型及其语料库标注规范研究”（ZDT105-43C）

国家语言文字工作委员会“十五”科研项目“蒙藏维民族文字音形码编码方案研究”（MZ115-74）

国家“973”项目课题“自然语言理解的交互引擎研究”（2004CB318104）

国家科技支撑计划项目“知识组织系统的集成及应用服务体系研究与实现”（2006BAH03B03）

国家科技支撑计划项目“搜索引擎中的语言翻译基础研究”（2007BAH05B02-05）

国家社科基金项目“汉英机器翻译中的多动词语句”（10BYY009）

军队“2110”项目“汉英机器翻译中多动词语句的分析和转换——一项基于概念层次网络理论的研究”（PLA0807022）

中国科学院科研基金项目“面向语言信息处理的汉语省略恢复研究”（2008XYY004）

中国科学院声学研究所知识创新工程项目“句群理解处理理论及其应用”（O654091431）

中国科学院声学研究所“所长择优基金”项目“基于HNC理论的英语句类分布及汉英句类转换研究”（GS13SJJ01）

中国科学院声学研究所“所长择优基金”项目“句群分析中的中文人名处理”（GS13SJJ04）

中国科学院青年人才领域前沿项目“面向特定领域句群的人物关系与倾向性评价的自动获取研究”（O754021432）

中国科学院知识创新工程重要方向项目“汉语内容理解及其应用”（Y02A081431）

中国科学院学部咨询项目“信息技术在社会科学中的应用”（Y129091211）

国家语言文字工作委员会“十二五”科研项目“基于概念空间的语义关联研究”（YB125-53）

中国科学院声学研究所知识创新工程项目“音频内容分解与检索”（Y154141431）

中国科学院信息化专项“民族语言信息处理学科领域基础科学数据整合与集成应用”（Y329251431）

国家“863”“十二五”计划项目课题“基于云计算的海量文本语义计算框架与开放域自动问答验证系统”（2012AA011102）

作 者 的 话

本书是《HNC 理论全书》的第三册。《全书》共三卷六册，第一卷三册，第二卷一册，第三卷两册。第三册也就是第一卷的第三册。

HNC 理论以自然语言理解为其核心探索目标，试图为语言理解的探索开启一条新的途径。HNC 认为：语言理解的奥秘，是大脑之谜的核心，也是意识之谜的核心。对这个谜团的探索不是当前的生命科学可以独立完成的，需要哲学和神学的参与。故《全书》之“全”是一个“三学（科学、哲学与神学）协力”的同义词，非 HNC 理论自身之“全”也。HNC 理论充其量是一名语言理解新探索的侦察兵，从这个意义上说，《全书》之“全”应看作是一种期待，一声呼唤。

《全书》的初稿是半成品，是 HNC 团队的内部读物。原定以十年（2006～2015 年）为期，完成初稿。不意十年未竟，推动者和出版者联袂而至。他们深谋远虑，要把一个半成品升级为成品，把一个内部读物正式出版。其间所展现出来的非凡胆识、灼见与谋划，居功至伟四字，不足以表达笔者心中感受之万一。

《全书》结构庞大，体例繁杂，带大量注释。结构方面，分上层与下层，上层分“卷、编、章”3 级，以汉字表示顺序，汉字“零”表示共相概念林或共相概念树。在某些编与章之间，还插入篇。下层分“节、小节、子节”3 级，子节之后，可延伸出次节，每级之内，可派生出分节。体例方面，主体文字之外，安置了大量预说和呼应。注释方面，分两类编号：数字与字母。前者是对正文本身的注释，后者是对正文背景的注释。数字和字母都放在方括号内，如[*01]和[*a]。其中的星号“*”可以多个，如同宾馆等级的标记。两星[**]以上的注释比较重要，表示读者应即时阅读。

《全书》常相互引用，为标记之便，采取了[$k_1k_2k_3$-m|]简化表示，其中的“k_1”表示卷，“k_2”表示编，“k_3”表示篇，无篇取“0”。“m|”也是一个数字序列，依次表示章节序号。例如[210-0.2.1]和[210-1.2.1]分别表示第二卷第一编第零章和第一章的第 2 节第 1 小节。

《全书》使用了大量概念关联式。概念关联式是语言理解基因的重要组成部分，也是隐记忆的重要组成部分。每一个概念关联式总是联系于特定的概念基元、句类或语境单元。概念关联式分为无编号与有编号两类，无编号的表示尚待探索，《全书》只是给出了若干示范，为上下文引用方便给出的临时数字编号也属于这一类；有编号的统一使用

“——(编号)”或“——[编号]”，前者表示内使，后者表示外使。概念关联式编号区分普通与重要两级，后者加“-0”区别，若“-0”后缀于编号，表示不同文明对此有共识，而插入编号中间，则表示特定的文明视野。有编号的概念关联式都有牵头符号，代表着该概念关联式的重要性级别，目前主要用[HNC1]符号牵头。

在撰写初稿期间，池毓焕博士一直是我的学术助手。在本书出版期间，池博士一直是我个人的全权代表。科学出版社以付艳、王昌凤编辑为主的有关同志，为初稿的升级付出了巨大的辛勤与智慧，其审校之精细，无与伦比；池博士的配合，力求尽善。笔者的钦佩与感激之情，难以言表。

老子曰：“天地万物生于有，有生于无。”伟哉斯言。

黄曾阳

2015年9月22日于北京

引文出处缩略语对照表

缩略语	出处
《理论》/《HNC 理论》	黄曾阳. HNC（概念层次网络）理论[M]. 北京：清华大学出版社, 1998
《定理》	黄曾阳.语言概念空间的基本定理和数学物理表示式[M]. 北京：海洋出版社, 2004
《全书》	即本丛书——HNC 理论全书，共有三卷六册，各册书名如下： 第一卷　第一册　论语言概念空间的主体概念基元及其基本呈现 第二册　论语言概念空间的主体语境基元 第三册　论语言概念空间的基础语境基元 第二卷　第四册　论语言概念空间的基础概念基元 第三卷　第五册　论语言概念空间的总体结构 第六册　论图灵脑技术实现之路
《导论》/《苗著》/《HNC 理论导论》	苗传江. HNC（概念层次网络）理论导论[M].北京：清华大学出版社, 2005
《转换》	张克亮. 面向机器翻译的汉英句类及句式转换[M]. 郑州：河南大学出版社, 2007
《变换》	李颖, 王侃, 池毓焕. 面向汉英机器翻译的语义块构成变换[M]. 北京：科学出版社, 2009
《现汉》	中国社会科学院语言研究所词典编辑室. 现代汉语词典（第 3 版）[M]. 北京：商务印书馆, 1996
《现范》	李行健. 现代汉语规范词典[M]. 北京：外语教学与研究出版社/语文出版社, 2004

目录 | contents

第四编

思维与劳动

编首语

本卷共计6编，前3编早已定稿，后3编放在《全书》定稿过程的最后，汇集成《全书》6册的第三册。从本编开始的连续3编（第四编、第五编、第六编）都分上、下两篇。本编是《全书》里最特殊的一编，其汉语命名——思维与劳动——就显得异类，其对应的HNC符号——8和q6——就显得更加异类了。

为什么要把“思维8”和“劳动q6”纳入同一编？这不能不从HNC符号体系的概念基元和基元概念说起。

概念基元是语言概念空间的元素，其意义与物质空间的元素大体对应。HNC首先把概念基元分成两大类：抽象概念和具体概念。接着把抽象概念分成3大类：基元概念、基本概念和逻辑概念。再接着把基元概念也分成3大类：基础、劳动与精神生活。基础基元概念正式定名为作用效应链，劳动非正式定名为两类（第一与第二）劳动，精神生活非正式定名为3类（第一、第二与第三）精神生活。

基元概念的论述构成了《全书》的第一卷，共8编。

两大类概念基元之间，3大类抽象概念基元之间，3大类基元概念之间，必然存在“你中有我，我中有你”的交织现象。如何处理这一交织性，是HNC探索历程中的重大困扰之一。

解决这一困扰需要采取多方面的举措，其中，将具体概念向抽象概念挂靠；将基本逻辑纳入广义效应的一环，将判断纳入广义作用的一环；从概念基元里划分出主体语境基元，从主体语境基元里又划分出具有强时代性的部分，是5项具有关键意义的举措。

在经过上述举措处理之后，出现了两个比较特别的概念范畴：一个是思维，另一个是第一类劳动。按主体语境基元的定义要求，思维亦是亦非，按劳动与精神生活的划分标准，许多第一类劳动亦“劳”亦“神”。这就是说，两者的交织性都十分微妙。

本编标题里的劳动可以看成是第一类劳动的简称，也可以不这么看。因为你可以说：没有思维，就没有劳动；你也可以说：没有劳动，就没有思维。

于是，《全书》决定：把这两个概念范畴捆在一起，构成了第一卷的第四编。当然，它应该划分为上、下两篇，篇名不言自明，不必交代。

上篇 思维

篇首语

依据 HNC 的规矩，对概念范畴“思维 8”的描述首先是概念林 $8y_1$ 和概念树 $8y_1y_2$ 的设计，随后是每株概念树概念结构表示式的设计与描述。这里仅预告下面的基本景象，“思维 8”辖属 5 片概念林“$8y_1$，y_1=0–4”，1“共”4“殊”；共计 20 株概念树，5“共”15“殊”。这就是说，本篇将由 5 章和 20 节构成。各章的 HNC 符号和汉语命名如下：

第零章	80	思维基本内涵
第一章	81	认识与理解
第二章	82	探索与发现
第三章	83	策划与设计
第四章	84	评估与决策

本篇的撰写方式将不同于本卷已定稿的各篇章，特别是将与其前的 3 编迥异。本卷“一以贯之”的透齐性要求，本篇将避而不谈，理由暂不叙说。

第零章

思维基本内涵 80

引 言

思维共相概念林“80 思维基本内涵”将设置下列 5 株概念树：

800	思维基本特性
801	模糊性思考
802	清晰性思考
803	针对性思考
804	创造性思考
805	记忆

5 株殊相概念树的汉语命名需要交代一声。前 4 株以思考命名，殿后者以记忆命名。它试图表述思考与记忆之间的特殊关联性，简言之，没有思考，就没有记忆；反之亦然，没有记忆，就没有思考。因此，可以说，在“80”这片共相概念林里，记忆 805 是一株不可或缺的概念树。

但是，概念树“805 记忆”实际上是虚设的，为什么要这么做？将在第 5 节里交代。

第 0 节 思维基本特性 800 (082)[*01]

0.0-0 思维基本特性 800 的概念延伸结构表示式

```
800:(β,\k=5,eam;eamd01)
  800β                  思维第一本体呈现（β呈现）
  800\k=5               思维第二本体呈现
  800\1                 图像思维
  800\2                 情感思维
  800\3                 艺术思维
  800\4                 语言思维
  800\5                 科技思维
  800eam                思维的A类关系对偶
  800ea1                主宰性思维
  800ea2                跟随性思维
  800ea3                学习性思维
```

0.0.1 思维第一本体呈现 800β 的世界知识

概念树 800 的概念延伸结构表示式设置 3 项一级延伸概念，前两项属于第一和第二本体描述，第三项属于认识论描述，而且第一本体描述必须是β描述。这三点就是思维的基本特性。应该追问的是，β描述和“\k”描述来于语言理解基因，该基因也适用于语言脑之外的 4 大功能脑吗？回答是：不知道。但 HNC 理论仅关注语言脑，它别无选择。

800β可分别说，也可以非分别说。比如，说一个人看问题全面又深刻，就属于非分别说，“全面又深刻”的 HNC 符号是 z800(β)*c33；说一个人的脑子特别快，就属于分别说，“脑子特别快”的 HNC 符号是 z800a*c33；说一个人特别聪明或特别笨，看起来是非分别说，实际上是分别说，两者对应的 HNC 符号分别是 z8009*c33 和 z8009*c31；说一个人特别圆滑，也属于分别说，其对应的 HNC 符号是 z800b*c33。

总之，延伸概念 800β是一个“z 强存在”概念；可分别说，也可非分别说；具有自延伸特性。另外，它具有下面的“贵宾”级概念关联式：

```
800β= s10——(800-01-0)
（思维的β呈现强交式关联于智力基本内涵）
(800β,100*12ebm,jw03)——(800-02-0)
（思维的β呈现源汇流奇于信息）
800β  <= ~(6m)02——(800-03-0)
（思维的β呈现强流式关联于智力与社会反应）
```

关于思维β呈现的世界知识，先把握住以上几个要点吧。

0.0.2 思维第二本体呈现 800\k=5 的世界知识

“800\k=5”表示式与概念关联式（800-03-0）相互呼应，表述了 HNC 关于思维的基本思考：要把动物思维与人类思维区别开来，“思维 8”或“800”是动物思维所不具备的，动物思维属于生理反应 6m02。

但是，“800”不是语言脑的“专利”，而是 5 大功能脑的联合产物，这就是“800\k=5”试图传递的世界知识。

下面给出一组概念关联式，包括内使和外使，一般使节和贵宾级使节，“异类”使节和非“异类”使节。

```
生理脑 := rw8*i[*02]——[8*-01-0]
图像脑 := rw800\1——[800-01]
情感脑 := rw800\2——[800-02]
艺术脑 := rw800\3——[800-03]
语言脑 := rw800\4——[800-04]
科技脑 := rw800\5——[800-05]
HNC = rw800\4——[800-01-0]
（概念层次网络理论强交式关联于语言脑）
HNC := gw800\4——[800-01a-0]
（HNC 是关于语言脑的学说）
(jw63,jl11e21,rw800\k=5)——(800-04-0)
（人类具有全部功能脑）
(jw62,jl11e21,rw800\1+rw800\2)——(800-0-01)
（动物具有图像脑和情感脑）
(jw62,jl11e21jlu12c3~3,rw800\3*c01)——(800-0-02)
（动物可能具有最低级的艺术脑）
(jw62,jl11e21jlu12c3~3,rw800(β)*c01)——(800-0-03)
（动物可能具有最低级的思维β呈现）
```

0.0.3 思维 A 类关系对偶 800eam 的世界知识

本小节仅给出下列“异类”贵宾，不解释。

```
800ea1d01 = a30\11——(800-0-04)
（主宰性思维极致形态强交式关联于信仰文明）
800ea2d01 = a30\12——(800-0-05)
（随从性思维极致形态强交式关联于理念文明）
800ea3d01 = a30\13——(800-0-06)
（学习性思维极致形态强交式关联于理性文明）
```

结 束 语

本节对思维给出一个 HNC 方式的定义。大脑奥秘的探索还处在“望尽”阶段，需要向“憔悴”阶段推进，离“蓦然”阶段还差得很远。本节的论述，希望能够对这项探索产生一点哲理性的思考路数。

注释

[*01] 概念树编号仍按原定顺序，故本册的概念树编号出现了跳跃现象。

[*02] 符号“8*i”可定名动物思维，“rw8*i”可定名生理脑。

第 1 节
模糊性思考 801 (083)

0.1-0 模糊性思考 801 的概念延伸结构表示式

```
801:(\k=0-8,e3m,e3n;e31c01,e36c01)
  801\k=0-8          模糊性思考的扩展第二本体呈现
  801\0              模糊性思考之三争呈现
  801\1              模糊性思考之政治呈现
  801\2              模糊性思考之经济呈现
  801\3              模糊性思考之文化呈现
  801\4              模糊性思考之军事呈现
  801\5              模糊性思考之法律呈现
  801\6              模糊性思考之科技呈现
  801\7              模糊性思考之教育呈现
  801\8              模糊性思考之卫保呈现
  801e3m             人际关系之模糊性思考呈现
  801e3n             群际关系之模糊性思考呈现
```

此式表明：本节应分 3 小节。

0.1.1 模糊性思考第二本体呈现 801\k=0-8 的世界知识

本小节不深说，仅给出两个概念关联式。

第一个概念关联式：

```
(801\k := ay,(k;y)=0-8)——(801-03-0)
(模糊性思考第二本体呈现与专业活动各领域对应)
```

人类社会已进入后工业时代的初级阶段，科技已如此昌明，难道在专业活动的全部领域，还存在模糊性思考？概念关联式（801-01-0）就是对这个问题的回答。

对社会丛林法则的深信是 801\0 的集中呈现；对政治体制与政治制度不加区分是 801\1 的典型呈现；对需求外经的宣扬是 801\2 的魔鬼般呈现；对票房价值的膜拜是 801\3

的葛朗台呈现；对反导弹系统的天网式追求是 801\4 的狂人式呈现；对德治的蔑视和对法治的过度依赖是 801\5 的无知呈现；对数学和算法的荒唐迷信是 801\6 的梦魇般呈现；对孩子的过度呵护或放任是 801\7 的幼稚呈现；对环境和身体的诸多“虐待”行为[*01]竟然“无知无觉”，是 801\8 的巨大悲剧呈现。

第二个概念关联式：

```
(51+801\k) = (pj1*t=b;pj2*\k=6)—— (801-04-0)
（模糊性思考第二本体呈现之形态强交式关联于三个历史时代和六个世界）
```

本式不必作文字说明。两式的编号有点突兀，到下一小节就明白了。

本小节浅说到此。

0.1.2 人际关系模糊性思考 801e3m 的世界知识

801e3m 将另称为人际关系模糊性思考，801e3n 将另称为群际关系模糊性思考。

人际关系的思考是每一个人在做人方面最重要的思考，群际关系的思考是每一个人在做事方面最重要的思考。所以，曾经设想过把这两类思考都安置在 800 里，取符号 800e2m 加以描述。后来考虑到：①这两项最重要的思考都存在模糊性与清晰性这两种基本形态；②模糊性思考必然走向清晰性思考；③清晰性思考通常高于模糊性思考，但不是必然高于，因为有些问题不宜走向清晰性思考，或者说有些问题需要一定程度的模糊性思考。基于以上 3 点，HNC 最终决定，为模糊性思考和清晰性思考分别设置两株概念树：801 和 802[*02]。

下面的概念关联式大体相当于定义式：

```
801 <= 6502——(801-001-0)
（模糊性思考强流式关联于人类的本能反应）
801 := 80+55ea2——(801-002-0)
（模糊性思考对应于低层思维）
801e3m := 407e3m-0——(801-01-0)
（人际关系模糊性思考对应于关系基本构成里的你我他）
801e3n := 407e3n——(801-02-0)
（群际关系模糊性思考对应于关系基本构成里的我敌友）
```

在 801 的概念延伸结构表示式里，给出了 801e31c01 延伸项，它对应于汉语的“我”和英语的“I”。人们通常都自以为最了解自己，其实情况并非如此，人们最不了解的人很可能恰恰就是自己，无论你是凡人还是精英，甚至是伟人。这项世界知识不仅重要，还很奇特。那么，符号 801e31c01 是否把这项重要而奇特的世界知识表达出来了呢？这就要看你是否熟悉相应概念关联式[*03]和符号“c01”的 HNC 意义了。

虽然人类社会已经进入后工业时代的初级阶段，可是与农业时代相比，人们在 801e3m 方面的认识水平似乎没有多少进步，尤其是在 801e31 方面。

无论在工作上还是在生活上，可以经常观察到如下现象：一做事，总是把自己的利益放在第一位，美其名曰“注重实际”或“现实主义”；一出事，错一定在别人，而自己似乎是永远不犯错误的“圣人”。延伸概念 801e31c01 就是对这一现象的描述，这是一个

“r”强存在概念，r801e31c01 的汉语表述是：对“我”的模糊认识。

应该说，人性的根本问题不在于善与恶，而在于人际关系的模糊认识 r801e3m，人性的根本弱点在于对“我”的模糊认识。先哲们一定对此有所论述，望来者补充。

0.1.3 群际关系模糊性思考 801e3n 的世界知识

如果说人际关系模糊性思考 801e3m 或人际关系模糊认识 r801e3m 会造成社会的广泛悲剧，那么就可以说，群际关系模糊性思考 801e3n 或群际关系模糊认识 r801e3n 就会造成社会的重大灾难。这两个论断的概念关联式如下：

r801e31c01 => c3228\2*(c01)jur73e21——(801-0-01)
（“我”之模糊认识强源式关联于普遍的社会悲剧）
r801e36d01 => c3228\2*(d01)jur721——(801-0-02)
（“敌”之模糊认识强源式关联于重大的社会灾难）

应该说，群际关系模糊性思考的形态在三个历史时代出现了巨大变化，这是一项无比重要的世界知识，有资格进入 10 大世界知识的行列。《全书》的已定稿文字里曾给出过第一号和第二号世界知识的示例（建议），曾有过评选 10 大世界知识榜单的打算，现在放弃了。如果后来者有这方面的兴趣，请关注下面的概念关联式：

(51+r801e36d01) = pj1*t=b——(801-0-03)
（“敌”之模糊认识形态强交式关联于三个历史时代）

结束语

本节论述以概念关联式为基本依托，最大限度地简化了文字说明。

这里，仅就概念关联式（801-0-03）作一点补充说明。该式意味着“敌”之模糊认识应随着历史时代的演进而弱化。但近 10 多年来的情况似乎不是这样，不是弱化，而是在强化。这就需要说几句多余的话了，在历史时代的视野里，十几年时间不过是历史的一瞬，甚至整个工业时代的 300～400 年，也不过是历史的一瞬，在一瞬间里发生的异常现象必将在历史长河里消失，那只是过程随机性呈现的一种起伏现象而已。

注释

[*01] 在笔者看来，名胜古迹的无度旅游就是对环境的“虐待”，在当前中国的治疗、体检和保健当中，存在着对身体的大量“虐待”。有感于此，笔者给自己规定了两条“纪律”：①不旅游，已严格执行了16年；②力争少去或不去医院，已接近“10年不去”的预定目标。

[*02] 按常规做法，这段话应放在本章引言里或本节的开始叙说，但《全书》经常打破常规，这里又是一例，理由就不申述了。

[*03] 这里是指概念关联式（801-00m-0,m=1-2）和（801-01-0）。

第 2 节
清晰性思考 802 (084)

0.2-0 清晰性思考 802 的概念延伸结构表示式

```
802:(β,\k=0-8,e3m,e3n,e2m;(β)t=b,(\k)t=a,(e3m)\k=3,
    (e3n)e2m;(e3m)(\k)7)
```

802β	清晰性思考的β呈现
802\k=0-8	清晰性思考的第二本体呈现
802e3m	人际关系的清晰性思考
802e3n	群际关系的清晰性思考
802e2m	清晰性思考之二元呈现
802e21	清晰性思考的齐备性
802e22	清晰性思考的透彻性

此式表明：本节应分 5 小节。

各小节的论述方式相同，以相应的二级延伸概念为依托。这里应该指出的是，各二级延伸皆以一级延伸的非分别说为依托。在全部 456 株概念树中，这是独一无二的延伸景象，在结束语中，将对此略加解释。

清晰性思考 802 具有下列基本概念关联式：

```
802 <= 801——(802-001-0)
(清晰性思考强流式关联于模糊性思考)
802 := ~(65)02——(802-002-0)
(清晰性思考对应于人类的非本能反应)
802 := 8+55ea1——(802-003-0)
(清晰性思考对应于高层思维)
```

0.2.1 清晰性思考β呈现 802β 的世界知识

先给出 802β 二级延伸的汉语说明：

802(β)t=b	清晰性思考β呈现的第一本体呈现
802(β)9	神学清晰性思考
802(β)a	哲学清晰性思考
802(β)b	科学清晰性思考

这 3 项延伸概念的基本概念关联式如下：

```
802(β)9 = (gwa30i9;a60ae31)——(802-0-01)
(神学清晰性思考强交式关联于神学)
```

802(β)a = (gwa30ia;a60ae32)——(802-0-02)
（哲学清晰性思考强交式关联于哲学）
802(β)b = (gwa30ib;a60ae33)——(802-0-03)
（科学清晰性思考强交式关联于科学）

如果问：这 3 项清晰性思考的历史和现状如何？回答是：不知。

0.2.2 清晰性思考第二本体呈现 802\k=0-8 的世界知识

先给出 802\k=0-8 二级延伸的汉语说明

802(\k)t=a	清晰性思考第二本体呈现的第一本体呈现
802(\k)9	科技清晰性思考
802(\k)a	文明清晰性思考

这两项延伸概念的基本概念关联式如下：

802(\k)9 = (a61+a62)——(802-0-04)
（科技清晰性思考强交式关联于科学与广义技术）
802(\k)a = ra307——(802-0-05)
（文明清晰性思考强交式关联于文明）

当下，是一个科学独尊、技术至上、产业称霸的特殊年代，人们对清晰性思考 802 失去了追求和兴趣，因此，本株概念树的延伸概念大体上属于未来的事，其中，科技和文明的清晰性思考 802(\k)t=a 更是如此，甚至可以说是遥远未来的事。

0.2.3 人际关系清晰性思考 802e3m 的世界知识

先给出 802e3m 各级延伸的汉语说明：

802(e3m)\k=3	人际关系清晰性思考的第二本体呈现
802(e3m)\1	“事业”
802(e3m)\2	“亲情”
802(e3m)\3	“友谊”
802(e3m)(\k)7	“婚姻”

这 4 项延伸概念的基本概念关联式如下：

802(e3m)\1 = 7111——(802-01-0)
（“事业”强交式关联于事业）
802(e3m)\2 = 7112——(802-02-0)
（“亲情”强交式关联于亲情）
802(e3m)\3 = 7113——(802-03-0)
（“友谊”强交式关联于友谊）
802(e3m)(\k)7 = 7132\1e51i——(802-0-06)
（“婚姻”强交式关联于爱情）

本编行文到此，可能已多次诱发读者的哈欠感，所以，下面讲 3 个小故事。

——关于古老中国四大喜事的故事

该故事以五言绝句叙述，拷贝如下：

久旱逢甘雨，他乡遇故知。
洞房花烛夜，金榜题名时。

此诗的后 3 句提到了这里的“友谊”、“婚姻”和“事业”，这足以让 HNC 人刮目相看，但毕竟缺了不可或缺的东西——“亲情”，HNC 觉得，把第一小句换成“久别见亲人”更好。

——关于近代中国反对包办婚姻的“故事”

这个故事不宜明说，故以“故事”代之。

在近代中国的文坛上，掀起过一股提倡爱情、反对“婚姻”的强烈风暴，其规模与烈度堪称全球性的空前绝后。但是，当年的每一位爱情受益者就必然伴随着另一位“婚姻”受害者，爱情就那么崇高，“婚姻”就那么万恶不赦吗？历史可以对这些受害者视而不见吗？

——关于孝道被奚落的故事

该故事里最精彩的内容当属罗素先生[*01]的名言：近代中国衰落的根本原因在于中国传统文化重孝轻忠。罗素先生知道“忠孝不能两全”的古汉语名言吗？理解其真正意义吗？了解中国历史上无数的实践事例[*02]吗？未必！可许多中国近代文化名人却把罗氏名言奉为圭臬。

这 3 个故事表明，人际关系的 4 个 HNC 概念（对应的汉语词语都带符号“”）与现实概念的接轨不是浪漫一把就可以解决的，因此，可以说，人际关系清晰性思考 802e3m 的出现也是未来的事，但也许没有那么遥远。

0.2.4 群际关系清晰性思考 802e3n 的世界知识

先给出 802e3n 二级延伸的汉语说明：

802(e3n)e2m	“二元”世界（群际关系清晰性思考的终极形态）
802(e3n)e21	“此”世界
802(e3n)e22	“彼”世界

这里的“此”世界大体对应于佛学中的此岸，“彼”世界大体对应于佛学中的彼岸。在这个“二元”世界里，没有“敌”的概念，这是佛学最伟大的思考。如果要“票选”世间最美妙的语句，我这一票就投给

善哉，善哉，放下屠刀，立地成佛。

总之，群际关系清晰性思考 802e3n 的终极形态是 802(e3n)e2m，它的出现应成为后工业时代中级阶段到来的标志。

0.2.5 清晰性思考二元呈现 802e2m 的世界知识

前文[***03]曾反复使用过齐备性、透彻性及透齐性的术语，这 3 个术语的 HNC 根源在

此。齐备性对应于 802e21；透彻性对应于 802e22；透齐性对应于 802(e2m)。

结 束 语

清晰性思考 802 主要是为后工业时代的未来而设计的。关于未来的思考，特别需要一定的综合与演绎的功底，互联网和大数据对此提供不了多少帮助。802 的二级延伸概念都需要非分别说(对应于综合),其符号表示的本体论描述和认识论描述都如此简明(对应于演绎)，不禁令人有“叹为观止”之感。

对未来的展望，只能轻描淡写，这决定了本节的撰写方式。

注释

[*01] 这位罗素先生大名鼎鼎，本《全书》曾多次提到过其名著《西方的智慧》。

[*02] 抗日战争期间，在前线壮烈牺牲的许多国军高级将领在给父母的家书中，都表达过这种“忠孝不能两全”的情怀。

[***03] 这里的前文不单指《全书》的前两册，也包括后3册。本注释适用于本册全文。

第 3 节 针对性思考 803 (085)

0.3-0 针对性思考 803 的概念延伸结构表示式

```
803:(o01;o01e2n;d01e2ne2n)
  803o01                    针对性思考的对仗二分描述
  803d01                    战略性思考
  803c01                    战术性思考
     803o01e2n                针对性思考的对立两分描述
     803o01e25                积极针对性思考
     803o01e26                消极针对性思考
       803d01e2ne2n             战略性思考的辩证表现
```

此式的高度对仗性，在 HNC 的全部 456 株概念树中，或许[*01]独一无二。下面的小节划分方式，将与这一独特性匹配。

0.3.1 针对性思考对仗二分 803o01 的世界知识

针对性思考对仗二分的表示符号“o01”，传神；其汉语直系捆绑词语“战略性思考”和“战术性思考”，贴切；其二级延伸概念 803o01e2n，上选；其三级延伸概念，妙选。有了这个句群，还需要别的话语吗？

当然，对上述 4 点的第三点——上选，还是略加说明为宜。二级延伸概念不妨选用 803o01c3o，以对应于古汉语常用的上策、中策和下策。考虑这种划分方式具有两项明显的弱点：①难以剔除主观因素；②不利于表达“策”之辩证呈现。故最终选用了“e2n”。

下面，仅以概念关联式来说话。

803 := (80,l10,BC(lu91\4,lu91))——[803-01-0]
（针对性思考定义为关于特定对象与内容的思考）
803d01 := (40-;j40-)——(803-01-0)
（战略性思考对应于全局）
803c01 := (40-0;j40-0)——(803-02-0)
（战术性思考对应于局部）
803o01e25 := (j84e71+j85e71,j86e25)——(803-03-0)
（积极针对性思考对应于正确与王道）
803o01e26 := (j84~e71+j85~e71,j86e26)——(803-04-0)
（消极针对性思考对应于不正确与非王道）

0.3.2 战略性思考辩证表现 803d01e2ne2n 的世界知识

先给出两个“异类”贵宾级概念关联式：

803d01(d01) ≡ a00ic22——(803-0-01)
（最高级别的战略性思考强关联于造就时势的英雄）
803d01e2ne2n ≡ a00i9e2n——(803-0-02)
（战略性思考辩证表现强关联于伟人与暴君）

（803-0-02）式表明，伟人的正确战略思考不可能全是积极效应，也会产生消极的东西；同理，暴君的错误战略思考不可能全是消极效应，也会产生积极的东西。

所以，对待造就时势的英雄，一定要保持谦逊的态度。特别应该警惕：别把自己的模糊性认识当作是清晰性认识，在世界知识的总体方面，我们还处在模糊性认识阶段。

结束语

本节的论述方式可能会造成一个误解，以为其内容仅涉及政治领域。但 HNC 把伟人与暴君安置在 a00 概念树上，“包含”专业活动的 8 大殊相领域。这 8 大领域都会出现造就时势的英雄，因而也都会出现伟人与暴君，特此说明。

注释

[*01] 在撰写本节时，全部456株HNC概念树尚有131株未交付定稿，故暂用“或许”二字。

第 4 节 创造性思考 804 (086)

0.4-0 创造性思考 804 的概念延伸结构表示式

```
804:(t=b,\k=0-3)
  804t=b              创造性思考的第一本体呈现
  8049                神学创造性思考
  804a                哲学创造性思考
  804b                科学创造性思考
  804\k=0-3           创造性思考的第二本体呈现
  804\0               文明创造性思考
  804\1               艺术创造性思考
  804\2               技术创造性思考
  804\3               产业创造性思考
```

此式表明，本节应分两小节。这里，给出两个贵宾级概念关联式：

```
804 := (80,s108,31189)——(804-00-0)
（创造性思考的目的在于创造或创新）
r804 =: 创新——[804-01]
```

0.4.1 创造性思考第一本体呈现 804t=b 的世界知识

先让一位最特殊的“贵宾”亮相：

```
(804t => gwa30it,t=b)——(804-0-00-0)
（创造性思考第一本体呈现强源式关联于神学、哲学与科学）
```

这是《全书》唯一的一位最特殊“贵宾”，尽管还有 131 株概念树未能定稿，但这个话可以预说于此。

为了这位“贵宾”，前文已给出了诸多论述，基本内容有以下 5 点：关于第一名言和第二名言的论述；关于神学、哲学与科学基本定义的论述；关于希腊文明基因特征[*01]的论述；关于中华文明基因特征[*02]的论述；关于工业时代来临具有一定偶然性的论述。

0.4.2 创造性思考第二本体呈现 804\k=0-3 的世界知识

本项一级延伸带有根概念 804\0[*a]，其汉语命名和随后的 3 个命名都非常贴切，下面仅对这 4 个一级延伸概念略加解释。

在人类历史[*b]上，曾爆发过两次文明创造性思考 804\0 的浪潮，第一次浪潮被称为轴心时代，希腊文明、印度文明和中华文明都作出了自己的独特贡献，发源地遍及欧亚非大陆的全部沃土地带。第二次浪潮对应于工业时代的降临，发源地仅限于西欧濒临大西洋的狭长地带。当下，已进入后工业时代的发达国家，其人口占比仅为10%，但其GDP占比却仍然高达50%，尚处于工业时代的非发达国家，其人口占比接近90%，但其GDP占比才刚刚接近50%[*03]。这一全球经济失衡景象显然是不可持续的，因为后工业时代或经济发达形态在向所有的非发达国家招手，这一全球势态是不可阻挡的，它构成了当下时代潮流的主体。HNC所说的后工业时代曙光，其实就是指这一时代潮流的主体，可简称21世纪潮流。

但是，人类家园实际上承受不起21世纪潮流的洗礼，这是蕲乡老者在其“对话续1”[*c]中所表达的基本论点。基于此，第三次文明创造性思考浪潮应该是可以期待的。

也许可以说，文明创造性思考804\0的水平在各种古老文明里差异很大，在当下的六个世界之间的差异也很大，但艺术创造性思考804\1的水平就不能这么说了。本小节的话题，用自然语言很难表述清楚，所以，下面仅介绍9位“异类”贵宾。

```
804\0 = (rw800\4+rw800\5,rw800\3+rw800\2+rw800\1,rw8*i)——(804-0-00)
（文明创造性思考首先强交式关联于人类的语言脑与科技脑）
804\1 = (rw800\3+rw800\4,rw800\1+rw800\2,rw800\5+rw8*i)——(804-0-01)
（艺术创造性思考首先强交式关联于人类的艺术脑与语言脑）
804\2 = rw800\5——(804-0-02)
（技术创造性思考强交式关联于人类的科技脑）
804\2 = pj1*a+pj1*bd33——(804-0-02a)
（技术创造性思考强交式关联于整个工业时代及后工业时代的初级阶段）
804\3 = rw800\k+ rw8*i——(804-0-03)
（产业创造性思考强交式关联于人类的全部功能脑）
804\3 = pj1*ad31+pj1*b——(804-0-03a)
（产业创造性思考强交式关联于工业时代高级阶段和整个后工业时代）
804\0+804\1 := 139dkm——(804-0-04)
（文明创造性思考和艺术创造思考对应于过程趋向的对比性描述）
804\2 := 139e5n+13be25——(804-0-05)
（技术创造性思考对应于过程趋向的有利弊对偶三分和过程的进化）
804\3 := 139e2n——(804-0-06)
（产业创造性思考对应于过程趋向的“福祸”两分）
```

结束语

前文曾提出过技术“珠峰”的概念，这显然非常冒失，它缘起于对艺术“珠峰”的感慨。既然艺术存在“珠峰”，为什么技术就不能存在“珠峰”？当然，这里的“珠峰”都属于艺术和技术的分别说，非分别说就没有意义了。

艺术“珠峰”和技术“珠峰”存在明显的过程趋向差异，后者具有单调上升性，而前者不具有。但这项世界知识不属于“异类”贵宾，后来者如果觉得它十分重要，可随时把它纳入贵宾行列。

注释

[*a] 本《全书》引入的新术语太多了，是一件憾事。带根概念的两类本体延伸都曾赋予专门命名，就属于多余，此后不再使用。

[*b] 这里的人类历史取人文社会学的意义，但也参考了自然科学关于“人世纪”的诠释。

[*c] 见《全书》第四册（[280-2013-4]次节）。笔者曾打算在第一卷第六编下篇里插入“对话续2”，现在放弃了。

[*01] 该论述的要点是：在各种古老文明中，希腊文明的基因特征最健全，神学、哲学和科学并行发展，并形成了各自的独立体系。

[*02] 该论述的要点是：神学哲学化，哲学神学化，科学边缘化，始终未能形成神学、哲学和科学各自独立的完备学术体系，可简称“三化一无”。

[*03] 1950年以后，当今发达国家与非发达国家GDP占比的变化曲线也许是最为重要的经济描述，其次是第二世界、南片第三世界、第四世界和第六世界GDP占比的变化曲线，惜笔者心有余而力不足。

第 5 节 记忆 805 (087)

0.5-0 记忆 805[*01]的概念延伸结构表示式

805:(β,e2m,\k)

805β	记忆的β呈现
805e2m	记忆形态的显隐呈现
805e21	显记忆
805e22	隐记忆
805\k	记忆的第二本体呈现

0.5.1 记忆β呈现 805β 的世界知识

万事万物都具有β呈现，语言记忆，即本节的记忆 805，当然不能例外。805β 列为记忆一级延伸之首，乃 HNC 的必然之选。

但 805β 的具体讨论是一个庞大课题，不宜安置在本节，将在《全书》第五册的“论记忆”里讨论，这里只给出下面的外使贵宾：

805β =%“论记忆”——[805-01-0]
（记忆β呈现在“论记忆”里阐释）

0.5.2 记忆形态显隐呈现 805e2m 的世界知识

一个人的智力水平主要取决于其隐记忆 805e21 的质量，而不是其显记忆 805e22 的数量。这里的智力水平包含心理学的智商和情商，这是 HNC 记忆理论的要点。具体阐释也放在《全书》第五册的“论记忆”里，这里只给出下面的外使贵宾：

805e2m =%“论记忆”——[805-02-0]
（记忆形态显隐呈现在“论记忆”里阐释）

0.5.3 记忆第二本体呈现 805\k 的世界知识

本节对符号“\k”故意模糊其取值范围，意味着可取其最大“\k=0-5”，也可以取其最小之一的语言记忆“805\4”。而 805\4 将被提升为一片概念林。

805\4 == q80——(805-01-0)
（语言记忆是概念林“联想 q80”的虚设）

结 束 语

本节 3 小节的叙述表明，“805 记忆”在整体上就是一株虚设的概念树，因此，804\4 的虚设乃势之必然。

小 结

本章是《全书》提挈[*a]撰写方式的第一个样板，效果如何，不存任何奢望。这里只想强调一点，在清晰性思考方面，当代人千万不可以忘乎所以。以为借助于现代科技，现代人的清晰性思考就可以远超前人，恰恰相反，现代科技产品的广泛应用潜藏着一个巨大的风险：在人类的智能水平获得迅猛提高的同时，其智慧水平可能会急剧降低，也就是清晰性思考的总体能力趋向退化。

在中国，20 世纪 80 年代以后的年轻人都浸泡在浮浅的信息文化里，静不下心来读书，对专业活动之内的学术经典都没有兴趣钻研，何况那些中国古籍？这股中国风或第二世界之风，应该不是孤立的。但笔者深信“物极必反”的哲理，当人类充分意识到自身的强科技活动在毁灭人类家园之日，就是后工业时代初级阶段终结之时。

注释

[*a] 提挈可视为“提纲挈领”的简化，但又略有不同，提挈式容许少量花絮的存在。

[*01] 本节所讨论的记忆实质上仅限于语言记忆或语言脑的记忆。HNC理论假定，生理脑、图像脑、情感脑、艺术脑、语言脑和科技脑应该具有各自的独特记忆模式，HNC对它们的共相特征未敢问津，只对语言脑的记忆模式进行了初步探索。因此，本《全书》里的记忆，绝大多数是语言记忆的缩写。

第一章

认识与理解 81

引言

自本章开始的相继4章，依次是对思维过程的轮廓性描述，分4大步。每章的汉语命名，对应于每一大步的HNC汉语描述。这就是说，对任何一个事物的考察，都需要经历这4大步。从“认识与理解81”做起，以“评估与决策84”告终，中间要经历“探索与发现82”和“策划与设计83”两大步。

近代许多先贤曾把这4大步概括成两大步，简化为“认识问题”和“解决问题”[*a]，4大步的前2步属于“认识问题”，后2步属于“解决问题”。但是，对于比较复杂的事物，“认识问题”离不开“理解、探索与发现”，“解决问题”离不开“策划、设计与评估”。近代以来的许多造就过时势的各路英雄[*b]，一味迷信自己的“认识”与“决策”，对另外6个环节比较忽视甚至鄙视。他们都取得过暂时的辉煌，但最终都归于失败，英雄尚且落得这个下场，何况常人？

因此，上述两步简化描述是不可取的，还是“一生二，二生三四”[**01]的描述比较合适。这是本篇4片殊相概念林设计的基本理论依据。

这4片殊相概念林的概念树设计具有同一性，这一景象十分清晰，无需赘言。但在同一性中又有差异，对于这一景象将在适当的场合叙说。

本章4株概念树的设计如下：

810	认识与理解之基本内涵
811	综合与分析
812	演绎与归纳
813	判断

注释

[*a] 解决问题当然要落实于行动，这里的“解决问题”是指思维意义下的解决。现代汉语语境可概括为在“路线与方针”（相当于“认识问题”）指导下的“计划和政策”（相当于“解决问题”）。

[*b] 这里的英雄实际上是伟人与暴君的非分别说。

[**01] 笔者曾对“一生二，二生三，三生万物”这句名言提出过另一种描述方式，它缘起于HNC探索历程中的诸多感受，其他的感受都已经叙说过了，这里的补充是其中的最后一项。

第 0 节
认识与理解之基本内涵 810 (088)

1.0-0 认识与理解基本内涵 810 的概念延伸结构表示式

```
810:(β;9e7m,a:(t=b,c2n),bc2n;aac2n,bc26i)
 810β                        认识与理解的β呈现
```

下面分 3 个小节进行论述。后续延伸皆放在各小节里说明。

认识与理解的非分别说简称识解。对不起，这里引入了一个新词：识解。

1.0.1 识解作用效应呈现 8109 的世界知识

```
8109e7m              识解的势态三分
8109e71              正确识解
8109e72              错误识解
8109e73              片面识解
```

这里已经出现两个不合时宜：一是词语“识解”，二是短语“势态三分”。下面还要出现第三个，那就是下面的贵宾：

```
8109e7m = j84e7m——(810-01-0)
（识解的势态三分强交式关联于伦理与理性的势态三分）
```

认识到一个事物，不等于理解了一个事物。传统中华文明是所有文明中唯一的无神论文明，国人主体属于无神论者，外人主体属于有神论者，这是国人与外人的根本差异。国人对外人的认识，可以说基本不受这一差异的影响，但国人对外人的理解则不能这样说。

中国要走向世界，贵宾（810-01-0）所表达的世界知识就显得极为重要。如果在国家之间仅关注“政府关系”，实质上把其他关系当作花瓶来看待，那绝不是正确识解8109e71。

1.0.2 识解过程转移呈现 810a（认识演变）的世界知识

```
810a:(t=b,c2n;ac2n)
810a                      认识演变
    810at=b                  认识的第一本体呈现
    810a9                    发觉
    810aa                    明白
        810aac2n                明白的阶段性呈现
        810aac25                粗浅认识
```

```
    810aac26                    深刻认识
  810ab                       醒悟
    810ac2n                     认识的阶段性呈现
    810ac25                     生疏
    810ac26                     熟悉
```

这里将识解的过程转移呈现810a简述化为认识演变。这意味着，与8109相比，理解这一要素在810a中要大大“贬值”。

在中国现代学者中，对认识演变第一本体呈现810at=b给出最精彩描述的，当首推王国维先生的三境界说。它曾被《全书》多次引用，这里不能不给予呼应，先推举下列3位外使贵宾，随后推举两位“异类”贵宾。

```
810a9 := “望尽”境界——[810-01-0]
810aa := “憔悴”境界——[810-02-0]
810ab := “蓦然”境界——[810-03-0]
810a9+810aac25 =%801——(810-0-01)
(“望尽”与粗浅认识属于模糊性认识)
810aac26+810ab =%802——(810-0-02)
(深刻认识与醒悟属于清晰性认识)
```

将“憔悴”划分出粗浅与深刻两类至关重要。也许可以说，人类在思维方面最容易发生的错误，就是把粗浅的东西误认为是深刻的东西，从而把“望尽”误认为是“蓦然”。这一景象可名之思维悲剧A，悲剧A远多于相反方向的悲剧B。对于历史上的悲剧B，人所熟知，例如，哥白尼和斯宾诺莎的悲剧，而悲剧A则鲜为人知。在20世纪的中国，这种情况尤为突出。

最后，给出两位内使贵宾：

```
810at = pa00i——(810-02-0)
(认识第一本体呈现强交式关联于杰出的专业人员)
810ac2n = pq6——(810-03-0)
(认识阶段性呈现强交式关联于劳动者)
```

1.0.3 识解关系状态呈现810b的世界知识

```
810b:(c2n;c26i)
  810bc2n                     分辨与分类
  810bc25                     分辨
  810bc26                     分类
    810bc26i                    分类的交织性呈现
```

810b仅有一项延伸810bc2n，汉语命名为分辨与分类。这个汉语命名可充当“识解关系状态呈现”（HNC命名）的汉语别名，这个别名应有助于对HNC命名的理解。

分辨是分类的前提，分类是分辨的结果。分辨与分类是识解的第三环节，是作用效应链意义下的终结环节，“万事万物”的认识即由此而来。

上列延伸的基本特性以下面的贵宾描述。

810bc25 = j40ckm——(810-04-0)
（分辨强交式关联于量与范围的语言描述）
810bc25 = a63(e2m)i——(810-04a-0)
（分辨强交式关联于计算）
810bc26 = j40t=a——(810-05-0)
（分类强交式关联于质与类的第一本体描述）
810bc26i = a62——(810-05-0)
（分类的交织性呈现强交式关联于广义技术）

结束语

这是一个8109（认识与理解之作用效应呈现）遭遇空前挑战的年代，是一个810a（认识与理解之过程转移呈现）陷于极度混乱的年代，是一个810b（认识与理解之关系状态呈现）可以大有作为的年代。对于这样的年代，用自然语言难以表述，故本节不得不主要依靠HNC语言。

第1节 综合与分析811(089)

1.1-0 综合与分析811的概念延伸结构表示式

811:(m)
811m　　综合与分析的对偶统一描述
8110　　概括
8111　　综合
8112　　分析

在全部HNC概念树中，编号089的本株概念树“811 综合与分析”属于延伸结构最为简明的一类，但下面仍将以3个小节作简短说明。

1.1.1 综合8111的世界知识

综合是一种从局部走向整体的思维方式，着重于对事物整体或全局的把握，把战略思考放在第一位。相应的贵宾如下：

8111 ::= (8+s219,133,(j40-0,j40-))——(811-01a-0)
（综合定义为从局部走向全局的思考方式）
8111 = 803d01——(811-02a-0)
（综合强交式关联于战略性思考）

1.1.2 分析 8112 的世界知识

分析是一种从整体走向局部的思维方式，着重于对事物局部或细节的把握，把战术思考放在第一位。相应的贵宾如下：

8112 ::= (8+s219,l33,(j40-,j40-0))——(811-01b-0)
（分析定义为从全局走向局部的思考方式）
8111 = 803c01——(811-02b-0)
（分析强交式关联于战术性思考）

1.1.3 概括 8110 的世界知识

本《全书》已定稿，曾依据不同概念树的具体情况，对黑格尔先生的辩证法进行过多侧面的评说，本小节将给出一个最简明的概说。

关于语言概念的对仗性特征，黑格尔先生是第一位对此进行过深入系统考察的专家，其基本成果与第一类语言理解基因里的“m”和“n”相对应。与“m”对应的将名之对偶统一，与“n”对应的将名之对立统一[*01]。两者都呈现为概念的三元组形态，在 HNC 符号系统里，两者的非分别说可记为“o”，表示“m”与“n”同时存在。

本小节郑重推荐，“概括 8110”可纳入对偶统一的典范示例之一，其对偶双方分别是综合 8111 与分析 8112。

结束语

在传统神学视野里，综合与分析不过是一件无足轻重的玩具；在传统哲学视野里，综合与分析是双剑合璧的利器之一[*a]；在传统科学视野里，分析的重要性远大于综合。放弃传统神学视野的神学家迄今没有作出什么成绩，却弄出了一些神学怪胎[*b]；放弃传统哲学视野的哲学家迄今也没有作出什么成绩，也弄出了不少哲学怪胎[*c]。不过，试图将传统哲学视野与科学视野结合起来的科学家却作出了重大成绩，有人成为伟大的科学家，当然，多数人仅虚有其表，个别人甚至沦落为欺世盗名的忽悠专家。

注释

[*a] 另一只双剑合璧的利器是演绎与归纳，见下节。

[*b] 在笔者看来，弗洛伊德先生的精神分析学即属于神学怪胎。

[*c] 在笔者看来，20世纪末期流行的解构主义就属于哲学怪胎。

[*01] 这里的命名不代表正名，以前使用过的各种其他命名不必作废。

第 2 节 演绎与归纳 812 (090)

1.2-0 演绎与归纳 812 的概念延伸结构表示式

```
812:(e2m,t=b;e21dkn,e22ckn,(t):(3,d01))
  812e2m                   演归的对偶二分描述
  812e21                   演绎
  812e22                   归纳
  812t=b                   演归的第一本体描述
  8129                     类比
  812a                     仿效
  812b                     推广
    812(t)3                  推理
    812(t)d01                创新
```

对不起，这里又引入了一个新词语“演归”，它是演绎与归纳的非分别说。

下面以两小节进行论述。

1.2.1 演归对偶二分描述 812e2m 的世界知识

HNC 的延伸方式有一项“潜规则”，那就是：本体论延伸在前，认识论延伸在后。本概念树特意违反这条“潜规则”，以表达一项担心和感慨。担心的是，“潜规则”可能会引发前者比后者重要的误会；感慨的是，语言学界权威竟然把本体这个概念当作是一个可以任人打扮的“小姑娘”来对待。该感慨诱发出“形而上思维衰落”的描述，该描述曾多次在前文出现，都是不合时宜之举。本小节仅给出下列贵宾。

```
(812e21,8111) = 8+gwa60t——(812-00-0)
(演绎与综合强交式关联于形而上思维)
(812e21,sv35e22\1,8+55ea1)——(812-01-0)
(演绎以高层思维为因果性条件)
(812e22,sv35e22\1,8+55~ea1)——(812-02-0)
(归纳以非高层思维为因果性条件)
(812e21,lv00*12eb1,r8+55ea1;lv00*12eb2,r8+55~ea1)——(812-01a-0)
(演绎以高层思维结果为源，以非高层思维结果为汇)
(812e22,lv00*12eb1,r8+55~ea1;lv00*12eb2,r8+55ea1)——(812-02a-0)
(归纳以非高层思维结果为源，以高层思维结果为汇)
812e21 <= 8203d01——(812-03-0)
(演绎强流式关联于公理)
```

（812-01a-0）是（812-01-0）的另一种表述方式，（812-02a-0）同此。两种表述方式实质上都是定义式，但读者可能感到生疏，希望后一种方式能提供一点方便。

1.2.2 演归第一本体描述 812t=b 的世界知识

也许可以说，人类思维的演化过程都遵循本延伸所描述的步调：起于类比，终于推广。如果有人说，不是起于类比，而是起于模仿，这大体属于两可，不拟回应。

“812t=b”非分别说有两项再延伸：“812(t)3”和“812(t)d01”，现代汉语里都存在两者的直系捆绑词语，前者叫推理，后者叫创新。

在讨论语法逻辑时，曾多次使用过“玩新”这个词语，它对应于812(t)d01(c01)。

结束语

任何古老的文明都是“812t=b”的运用能手。因为如果没有这一运用能力，它就没有资格进入文明的行列。不过，中华文明也许是其中的顶尖高手。

但不能说任何文明都是“812e2m”的运用能手，特别是在“812e21”的运用方面。在这里，中华文明似乎存在严重缺陷，而希腊文明则一枝独秀。

这里说一句冒天下之大不韪的话，“易统天人，五经之原”[*01]的认识，正是造成上述严重缺陷的总根源。因为“易”的基本原则不属于公理，而只是一种比较高明的奇特假设。

注释

[*01] 见《黄焯文集》里的“题辞”（为武汉大学中文系汉语教研室向新阳题辞）。题辞很长，前3个大句是：易统天人，五经之原。书以道政，诗以发言。周官六典，为诸经根。

第 3 节
判断 813 (091)

1.3-0 判断 813 的概念延伸结构表示式

```
813(t=b,3)
  813t=b                  判断的第一本体呈现
  8139                    直觉判断
  813a                    认定判断
  813b                    势态判断
  8133                    批判
```

判断813是概念林“识解81”的殿后概念树，在综合逻辑的视野里，判断属于识解的目的论（s108），综合与分析、演绎与归纳则属于识解的途径论（s109），那么，阶段论（s10a）和视野论（s10b）何在？在随后的概念树里。

下面，分 4 个小节，将以闲话方式叙述，不给概念关联式，更没有贵宾。

1.3.1 直觉判断 8139 的世界知识

直觉判断属于低层级判断，但直觉是一种天分，不可小觑。

对于直觉判断，有两种比较明智的态度，当然伴随着也会有两种不合适的态度。

两种明智的态度是：①要培育自己的直觉判断能力；②不能迷信自己的直觉。

直觉的实质，是对综合与分析、演绎与归纳的不自觉运用。对直觉的培育，就是对 811 和 812 的培育，特别是对 8111（综合）、812e21（演绎）和 812(t)3（推理）的培育。如果让语言脑过度依赖计算机（数据和算法），则其直觉判断能力（z8139）必然不能正常发育或成长。笔者注意到，心理和认知学界已经在关注这个课题。

迷信直觉的人以往大量存在，笔者年轻的时候就是如此。现在，还有不少老年人保留着这种思维习惯。那么，现在的年轻一代是否基本免除了这种迷信？笔者想调研一下，但未得要领。

1.3.2 认定判断 813a 的世界知识

以前，直觉判断主要流行于常人或民间，认定判断主要流行于精英或“官府”。现在，在这个后工业时代的初级阶段，情况是否有所变化呢？能否说直觉判断正在趋于低谷，而认定判断却正在趋于顶峰呢？

上面的两个大句，反映了认定判断 3 项贵宾级世界知识里的两项，还有一项是：错误的认定判断，曾在 20 世纪造成多次人间浩劫。

这里不具体讨论上列 3 项世界知识，但不妨就第 3 项说一句话，它关系到最近在全球闹得沸沸扬扬的 IS 风波。从势态判断来说，该风波将只会昙花一现，因为它不过是最后一场浩劫的余波。

1.3.3 势态判断 813b 的世界知识

这里的势态判断，首先是指关于国家和民族命运的势态，其次是指 8 项专业活动的势态，最后是指关于三类精神生活的发展势态。但下面的话语，仅涉及第一点。

前文曾多次写过，“势”或“势态”的概念是汉语的“专利”，但遗憾的是，中华文明从来没有形成过势态判断 813b 的优势。

在工业时代猛然来临之际和席卷全球之时，国人的势态判断屡犯重大失误。当然，其中也出现过两次亮点。第一次是在全球法西斯势力最猖狂的 20 世纪 30 年代末期，当时的中国政府作出了非同寻常的正确势态判断。中国的联合国常任理事国席位已经延续了 70 年之久，这是一项历史伟绩，而这一伟绩应归功于近代中国势态判断的第一个亮点。第二次亮点出现在 20 世纪 70 年代末期，邓小平先生作出了改革开放的伟大势态判断，充分利用了当时的国内外“天时、地利、人和”条件，造就了中国经济的腾飞。这一腾飞具有全球意义的空前绝后特征，它必将赢得这一历史点赞，而所有的

“中国崩溃论”必将沦为历史的笑柄。

21 世纪需要势态判断的崭新亮点，前文曾寄厚望于第二世界和北、南两片第三世界，因为第二世界拥有中华文明，北片第三世界拥有东正教文明，南片第三世界拥有印度教和佛教文明。虽然北片第三世界近年出现了奇特变化，但上述厚望并不因此而需要调整。

1.3.4 批判 8133 的世界知识

批判 8133 是对“判断第一本体呈现 813t=b”的判断，康德先生的三“批判”开辟了批判研究的历史先河，其中的《判断力批判》更是强关联于这里的“8133”。

概念树“813 判断”的一级延伸以“8133 批判”殿后，是一步妙棋。

结束语

本节采取轻描淡写的叙写方式，乃《全书》整体结构所造成的势态。因为人类行为或行动的主体内容都取决于判断，人类行为的描述集中于[123]，人类行动的描述集中于[130]，那里已经对判断给出了系统深入的描述，为这里的轻描淡写创造了足够的语境条件。

不过，在轻描淡写之余，还是应该加上下面的话语：直觉判断强交式关联于经验理性，认定判断强交式关联于功利理性，势态判断强关联于先验理性与经验理性的完美结合，而批判则容易陷入浪漫理性的泥潭，康德式的批判属于历史长河中的凤毛麟角。

小结

本章为思维第一片殊相概念林“81 认识与理解”引入了两个新词：识解和演归，表面上，这是“明知故犯”，实际上，这是“用心良苦”。因为在当下，理解和演绎遭到了前所未有的忽视。自我的概念已过于膨胀，以致人们都在一味要求别人理解自己，却不愿意花一点力气去理解别人。网络世界已造成诸多幻觉，以为大数据可以归纳出任何规律，却不知道大数据丝毫无益于原则与法则的发现与演绎。

在语言学领域，甚至以为仅仅依赖大规模语料库的加工，就可以不顾语言理解，突破机器翻译的“瓶颈”。

本章的基本目标是为认识与理解提供一个基本的要素清单，这样的清单太重要了，前文提供过诸多样板。大数据的浪潮模糊了人们对这类清单重要性的认识，对此需要发出呼唤。本章并不是第一声呼唤，但属于本编里最重要的。

第二章

探索与发现 82

引 言

本章属于思维的步调论（s10a），更准确的说法是：识解的步调论。

探索与发现这两者，可以说是过程与转移侧面最简明的因果性呈现。因此，本片概念林的概念树设计也简明无比，如下：

820	探发基本内涵
821	探索
822	发现

汉语说明里已将“探索与发现”简记为“探发”。

本章撰写方式将大体向上一章看齐。

第 0 节
探发基本内涵 820 (092)

2.0-0 探发基本内涵 820 的概念延伸结构表示式

```
820:(t=b,i,3;ie2n,3o01;ie2ne2n)
  820t=b               探发第一本体呈现
  8209                 神学探发
  820a                 哲学探发
  820b                 科学探发
  820i                 探发效应
    820ie2n              命题
      820ie2ne2n           命题的辩证表现
  8203                 探发作用
    8203o01              探发作用的最呈现
    8203d01              公理
    8203c01              法则
```

本节分 3 小节。

2.0.1 探发第一本体呈现 820t=b 的世界知识

如果本小节也让一群贵宾来接待读者，不知道为什么，就是觉得特别不合适。所以，下面换一种方式。

如果有人说现在的探发就是科学的专利，或者说是科技的专利，什么神学和哲学，靠边站吧。

如果有人说“神学独尊于农业时代、科学独尊于工业时代”的说法也许可以成立，但“三学将鼎立于后工业时代”的说法则纯属 HNC 的臆断。

对于以上两项论断，本小节不予置评。笔者所愿，不过是想引发读者的一点兴趣而已，那兴趣的名称叫“想一想”。

这是一个人们都极度热衷于“看一看”和“聊一聊”[*01]的时期，其实“想一想”更重要，遗憾的是，人们几乎没有兴趣也没有时间去“想一想”了。

2.0.2 探发效应 820i 的世界知识

探发效应 820i 是一个“r”存在概念，r820i 的汉语直系捆绑词语是命题。命题的积极与消极之分都难以处理，因为许多命题都具有强烈的辩证表现“e2ne2n”，而命题的辩证表现 820ie2ne2n 也许是难中之最。前文曾讨论过政治制度的辩证表现 a10e2ne2n，深感力不从心。那只是涉及一项殊相，对于这里的共项，笔者只好举白旗了。

人文社会学的专著或论文，归根结底，就是一些命题的论证。

在 20 世纪的中国，判断 r820ie2n 的标准曾一度过于简单化，这项历史教训，也许是第二世界最不应该忘记的。

2.0.3 探发作用 8203 的世界知识

探发作用之延伸概念 8203o01 的意义十分简明。公理与法则的 HNC 符号，或许最具有教材价值。总之，对于“i”与“3”、“c01”与“d01”的符号意义，本节也许提供了最便于理解的 4 个示例。

结 束 语

本节是《全书》出现的第一位“游侠”，但应该不是最后一位。

注释

[*01]这里的“聊一聊”，多了一个网络世界。如果把网络世界的聊天叫网聊，把传统现实世界的聊天叫话聊，那么，“90后”一代的网聊占比也许已经超过话聊，这是好现象吗?

第 1 节 探索 821 (093)

2.1-0 探索 821 的概念延伸结构表示式

```
821:(53y,t=a,i;(53y)e4m,9o01,a\k=0-5,(t)t=a,i\k=2;i\k-0)
  53821                    假设
  821t=a                   探索的第一本体欠呈现
  8219                     物理世界的探索
  821a                     生命世界的探索
  821i                     探索效应
```

本节分 3 小节，二级延伸放在小节里说明，重点是第 2 小节。

2.1.1 关于假设 53821 的世界知识

前文曾引用过黑格尔的名言：哲学的开端就是一个假设。其实，假设不仅是哲学的开端，也是一切重大理论探索的开端。

下面给出“假设 53821”延伸的汉语说明：

```
(53821)e4m               假设的对偶三分
(53821)e41               适度假设
```

(53821)e42	小心假设
(53821)e43	大胆假设

在 20 世纪 50 年代的中国，曾出现过“大胆假设，小心求证”与“小心假设，大胆求证”的论证，后者是对前者的批判。在 HNC 视野里，还需要对这场论争进行评价吗？探索需要什么样的假设，答案已在“e4m”之中了。

2.1.2 探索第一本体呈现 821t=a 的世界知识

本小节分 3 个子节进行说明。

2.1.2.1 关于 8219o01 的世界知识

先给出相应的汉语说明：

8219o01	物理世界的最探索（宇宙探索）
8219d01	宏观最探索
8219c01	微观最探索
8219(o01)	物理世界最探索的非分别说

最后一项汉语说明未正式进入“821 探索”的概念延伸结构表示式，因为它属于自延伸范畴。但这里又不能不把它突出一下，因为欧洲核子研究所正在进行的正是这样的探索。

黑洞、引力波、暗能量、暗物质、弦论……属于 8219d01。

量子计算机、量子纠缠、高温超导……属于 8219c01。

2.1.2.2 关于 821a\k=0-5 的世界知识

先给出相应的汉语说明：

821a\0	生理脑的探索
821a\1	图像脑的探索
821a\2	情感脑的探索
821a\3	艺术脑的探索
821a\4	语言脑的探索
821a\5	科技脑的探索

总体上看，821a\k=0-5 的探索还处于起步阶段，本《全书》仅仅在 821a\4 方面做了一点理论探索。

当下，困扰着老年人的阿尔茨海默病备受关注，但是，路在何方？大数据能展示路的指向吗？HNC 的明确回答是：不能！路在“(821a\4,821a\0)”的探索。请注意，这里在两要素之间使用了“,”，而不是“+”。

2.1.2.3 关于 821(t)t=a 的世界知识

先给出相应的汉语说明：

821(t)t=a	第一本体探索非分别说的第一本体延伸
821(t)9	自然生态探索
821(t)a	文明生态探索

对“自然生态探索 821(t)9”，已经取得了不少进展。但遗憾的是，其孪生兄弟 821(t)a 的探索则尚未正式启动，这样，821(t)9 的探索也就不可能取得真正的突破。

《全书》试图在 821(t)a 方面尽力而为，但是否取得了一些可聊以自慰的东西，笔者自己也没有把握。

2.1.3 探索效应 821i 的世界知识

先给出相应的汉语说明。

```
821i\k=2          探索效应的第二本体呈现
821i\1            定律
  821i\1-0          定理
821i\2            学说
  821i\2-0          主义
```

探索效应 821i 一定是“r”强存在概念，其后续延伸同样。上列词语都可以直接捆绑，不加符号“r”。

结 束 语

本节是一位准“游侠”，对探索的未来情景提供了一个形而上的描述。

第 2 节 发现 822 (094)

2.2-0 发现 822 的概念延伸结构表示式

```
822:(t=b,e2m;e2m-0)
  822t=b          发现的第一本体论描述（“三昧”）
  8229            物质发现
  822a            能量发现
  822b            信息发现
  822e2m          发现的认识论基本描述（验证）
  822e21          证实
  822e22          证伪
```

本节分 2 小节。

对不起，这里又引入了一个新术语：认识论基本描述，与“e2m”对应，但应该能得到读者的谅解。

2.2.1 发现的第一本体描述 822t=b 的世界知识

本延伸的贵宾是：

```
(822t := jw0y,(t=b,y=1-3))——(822-01-0)
(发现第一本体分别对应于基本物的物质、能量和信息)
```

对 822t 分别说的汉语命名，也许分别叫作物质世界的发现、能量世界的发现、信息世界的发现，更合适一些，可简称“三昧”发现。“三昧”发现一定要采取第一本体描述，而不能采取第二本体描述。

在世界知识的视野里，也许可以说“三昧”发现的前“两昧”已经接近尾声，即接近透齐性标准，但“第三昧”还差得很远。

暗物质是 8229 尾声的标记，暗能量是 822a 尾声的标记，黑洞可视为 822(~b)尾声的标记。新材料的发现及核聚变和空间太阳能的利用，主要属于技术课题，前者弱关联于 8229，后者弱关联于 822a。

822b 的情况比较特殊，它不仅关乎物质与能量世界的信息，也关乎精神世界的信息，而这是“第三昧”的主体。网络世界和大数据似乎有助于该主体的揭秘，但实际上添乱的作用也许更大。

2.2.2 发现的认识论基本描述 822e2m 的世界知识

应该说，概念基元 822e2m 本身及其 3 项汉语说明都比较传神，无需多说。但考虑到上述“第三昧”的现状，似乎有必要引入延伸概念 822e2m-0，表示部分验证、部分证实和部分证伪。

在现实和网络世界里，“伪命题”这个词语都被过度使用。许多伪命题的争论，实际上属于 822e2m-0 的范畴。如果人们比较熟悉 822e2m-0 这个概念，那伪命题的棍子被过度使用的情况就有可能得到改善。

结 束 语

关于 822～b 的尾声说，可视为后工业时代曙光的标志之一。

小 结

探索与发现 82 的大规模启动，是工业时代曙光里最亮丽的一幕，曾在工业时代末期大放异彩。但有许多领域迄今尚未正式启动，本章实际上对这些领域给出了一个粗略的清单，望读者明察。

第三章

策划与设计 83

引 言

本章属于思维的视野论。

策划与设计这两者，可以说是关系与状态侧面里最简明的因果性呈现，没有策划的设计是瞎折腾，没有设计的策划是乌托邦。因此，本片概念林的概念树设计也简明无比，如下：

830	策划与设计的基本内涵
831	策划与计划（谋划）
832	规划与设计

本章撰写方式向上一章看齐。

第0节
策划与设计的基本内涵 830 (095)

3.0-0 策划与设计基本内涵 830 的概念延伸结构表示式

```
830:(β,\k=3;(\k)t=b)
  830β                 策划与设计基本内涵的β呈现（智能β呈现）
  830\k=3              策划与设计基本内涵的第二本体呈现（文明的策划
                       与设计）
  830\1                政治策划与设计
  830\2                经济策划与设计
  830\3                文化策划与设计
  830(\k)              文明策划与设计
    830(\k)t=b           文明策划与设计的第一本体呈现
```

依据常规，两项本体延伸应以两小节进行说明，但本节将打破常规，划分为3小节，理由在下文说明。

3.0.1 策划与设计β呈现830β的世界知识

本小节的世界知识，可以一言以蔽之，那就是：β呈现是策划与设计830的生命或灵魂。下面，再用混合语言[*01]叙说一个大句。具有β呈现的策划与设计一定是一个优秀的gw830，不具有β呈现的策划与设计一定是一个糟糕的gw830，古今中外，一律如此。

上面的话语太形而上了，下面来几句形而下的话语，不过，仍然使用混合语言。张良和诸葛亮是一流的p830β，罗斯福先生和凯恩斯先生也是，彼得大帝和铁血宰相俾斯麦则是超一流的p830β，而陈平不过是p830β的二流角色。由此可见，830β应该具有“ckm”的自延伸，还应该具有分别说和非分别说的自延伸。

基于上述话语，下面的贵宾应该出席。

```
830β = a00ic2m——(830-01-0)
(智能β呈现强交式关联于两类英雄)
```

本小节最后，不能不说一句，在20世纪的中国，出现过两位超一流的p830β，也只有这两位，他们的名字是毛泽东和邓小平。

3.0.2 文明策划与设计830\k=3的世界知识

本小节是“文明策划与设计 830\k=3”的分别说。分别说无非就是政治、经济与文化这3个环节，因为三者是文明的主体。

有一种论点认为，文明是不可设计的。HNC并不完全认同这一论点，但也不反对。不完全认同是因为无数先贤都干过文明设计的事，HNC也在干。不反对是因为所有的主义实质上都是一种文明设计，而HNC并不认同这一设计模式。这就是说，HNC是希望以一种“非主义”或“无主义”的模式来探索文明的设计。

人类历史上出现过许多著名的政治策划与设计830\1，这里必须提及的是下列3个示例：一是美利坚合众国；二是中华“帝国”[**02]；三是英“帝国”，这是830\1的三种形态或三位代表。这三种形态的国家都经过精心设计，不可轻易否定设计者的精心。其中，中华“帝国”形态最为源远流长，最早的设计者是秦皇汉武。两位设计者的权谋和智力非同寻常，“略输文采”乃诗意描写，非三学描述或文明描述也。

对于经济策划与设计830\2，专家们可以给出一个大清单，诺贝尔经济学奖主要是为p830\2设立的。不过，这里只写下一位学者的名字：凯恩斯。

同上，对于文化策划与设计830\3，这里也只写下一位学者的名字：马一浮。

3.0.3 文明策划与设计830(\k)的世界知识

本小节是文明策划与设计的非分别说，HNC符号自然就是830(\k)，拥有延伸830(\k)t=b，其汉语说明是文明策划与设计的第一本体呈现，具有下列贵宾：

```
(830(\k)t := pj1*t,t=b)——(830-02-0)
（文明策划与设计第一本体呈现对应于三个历史时代）
830(\k)b <= gw830(\k)9——(830-0-01)
（后工业时代的文明策划与设计强流式关联于农业时代的文明学说）
```

结束语

本节似乎摆出了两件新东西：一是政治策划与设计830\1三种形态的说法，二是一个异类贵宾（830-0-01）。其实这都是老东西，前文已给出了“充分”论述，故文字极度简约。这个引号不可或缺，因为那些论述都属于探索性描述。

注释

[*01] 这里的混合是指自然语言与HNC语言的混合。

[**02] 这个带引号的“帝国”是指这样一类国家：其崇奉一种稳定不变的政治要素，作为其国家的象征。“帝国”又区分为虚与实两种形态，英“帝国”属于虚形态，中华“帝国”属于实形态。日本和欧盟里的许多国家是英“帝国”形态，但新加坡却是中华“帝国”形态。未来可能有变，另说。

第 1 节 谋划 831 (096)

3.1-0 谋划 831 的概念延伸结构表示式

```
831:(o01,e4m,e7m)
  831o01          谋划的最描述
  831d01          策划
  831c01          计划
  831e4m          谋划的对偶三分
  831e41          适度谋划
  831e42          低度谋划
  831e43          过度谋划
  831e7m          谋划的势态三分
  831e71          高明谋划
  831e72          低劣谋划
  831e73          平庸谋划
```

本节需要分 3 小节吗？3 项一级延伸的 HNC 符号和汉语说明都非常传神，不是吗？正是由于这个缘故，笔者反而感到十分为难了，那就采取轻松的方式进行叙说吧。

3.1.1 谋划的最描述 831o01 的世界知识

上节提到过超一流、一流和二流的 p830β，那么，区分三者的基本标志是什么？似乎可以这样来回答：基本标志之一是超一流的策划 831d01 一定是超一流的智能 830β，相应的贵宾如下：

831d01(d01) ≡ 830β(d01)——(831-01-0)
（超一流的策划强关联于超一流的智能）

3.1.2 谋划的对偶三分 831e4m 的世界知识

上一小节的叙说以政治领域为依托，本小节将以经济领域为依托。

经济学界长期存在着“看不见的手”与“看得见的手”如何运用的论争，可简称两“手”之争。在许多情况下，该论争很类似于哲学界之第一名言与第二名言之间的论争。

在第二世界，两“手”之争经历过巨大的变迁，初期以“资”、“社”之争的形态出现，中期以“市场”与“计划”的形态出现。这两种形态是两“手”之争的变异，不是两“手”之争的本相，本相是“资技”[*01]与“监管”如何运用，因为前者是“看不见的手”的本相，后者是“看得见的手”的本相。变异形态的共相是：论争的一方把“资技”看作是魔鬼，特别是其中的外国“资技”，把“监管”看作是天使；另一方针锋相对，把

“资技”看作是天使，把“监管”看作是魔鬼。

第一世界的两“手”之争始终在本相里进行，其他五个世界都在不同程度上走过变异形态的弯路，仅少数国家例外，如日本、韩国和新加坡。

但是，依据“谋划对偶三分 831e4m”的世界知识，经济领域的“低度谋划 831e42”会诱发出“资技”的魔鬼性，“过度谋划”会诱发出“监管”的魔鬼性，只有“适度谋划 831e41”才有可能免除两魔鬼性的展现。

3.1.3 谋划的势态三分 831e7m 的世界知识

本小节将以文化领域为依托进行叙说，这并不是说延伸 831e7m 仅适用于文化，同样，延伸 831d01 和 831e4m 也不是仅适用于政治与经济，但确实存在“异类”贵宾：

831d01 = a13——(831-0-01)
（策划强交式关联于政治斗争）
831e4m = a25——(831-0-02)
（谋划对偶三分强交式关联于经济与政府）
831e7m = a35(t)*3——(831-0-03)
（谋划势态三分强交式关联于文化征服）

文化征服这个短语曾在概念树“a35 信息文化”里提及，但并未给出相应的 HNC 符号，这里补上，那就是 a35(t)*3。

关于文化征服的话题，该章引言里给出过点睛式描述，拷贝如下：

> 20 世纪是政治与军事征服形式上宣告结束的世纪，但并不意味着文化征服的结束，相反，文化征服的势头在加强而不是在减弱。20 世纪冷战的结束既不是军事技术较量的结果，也不是政治较量的结果，而是欧洲大陆经济与文化较量的结果。从全球的政治、经济、文化较量来看，冷战并没有结束，而是在全球范围内继续进行着。
>
> 文化征服曾经是也许将继续是人类面临的最大挑战，它极为重要，但又过于复杂。

鉴于文化征服话题过于复杂，该引言申明不予讨论。但实际上，后来在三个历史时代和六个世界的探索里进行过系统论述。

本小节最后，邀请一位“异类”外宾出席，不作解释。

(马一浮,jl111,p831e71;s31,[20]pj12-;s32,China)——[831-0-01]
（马一浮是 20 世纪中国的高明谋划者）

结束语

在 20 世纪，“美国梦”这个词语曾风行全球，21 世纪，“中国梦”有迎头赶上之势，将来还会出现“印度梦”。关于这三大梦，前文都有过比较系统的论述。这里仅补充一点，这些短语里的“梦”通常是 r831d01 的直系捆绑词语，但也可能是 r831o01，例如，当下的中国梦。

本节未展开“831c01 计划”的分别说，将在下一节里交代。

注释

[*01] “资技”是“资本+技术”的简称，前文曾将两者比喻为工业时代的亚当与夏娃。

第 2 节
规划与设计 832 (097)

3.2-0 规划与设计 832 的概念延伸结构表示式

```
832:(o01,e7m)
  832o01          规划与设计的最描述
  832d01          规划
  832c01          设计
  832e7m          规划与设计之势态三分
  832e71          优秀规划与设计
  832e72          低劣规划与设计
  832e73          平庸规划与设计
```

与上株概念树相比，本概念树的一级延伸少了一个“e4m”项，这反映了谋划与规划的本质差异，是一项非常重要的世界知识，读者不可不察。

本节分两小节。

3.2.1 规划与设计的最描述 832o01 的世界知识

先给出下列以 83 牵头的 3 位贵宾：

```
831d01 => 831c01——(83-01-0)
(策划强源式关联于计划)
831c01 => 832d01——(83-02-0)
(计划强源式关联于规划)
832d01 => 832c01——(83-03-0)
(规划强源式关联于设计)
```

这 3 位贵宾代表着一个四部曲或四棒接力，与“理论-技术-产品-产业”的四棒接力非常类似。不了解这一四棒接力的特性而轻谈“文明不可设计”或“文明可以设计”都是不可取的形而下。这项世界知识太重要了，故这里特意不把他们纳入“异类”贵宾。

在当下，太多的设计不具备优秀规划的基础，太多的规划不具备适度、高明计划的基础。另外，所有计划的背后都有策划。但遗憾的是，几乎没有看到一个这样的策划，它是基于适度、高明的谋划而谋划出来的。不要以为第一世界在这方面比较高明或成熟，更不用说 3 片第三世界了。

3.2.2 规划与设计之势态三分 832e7m 的世界知识

与谋划类似，规划与设计也存在势态三分[**01]，但不存在对偶三分。这项世界知识很有趣，但点到为止，不展开论述。

延伸 832e7m 是规划与设计的非分别说，延伸 831e7m 也是如此，是策划与计划（谋划）的非分别说。如果要进行分别说，那就采取如下的自延伸概念：

```
831o01(e7m); 832o01(e7m)
```

这就是说，规划或设计，与策划或计划一样，都具有各自的“e7m”特性。这意味着，在低劣的策划里，可以出现优秀的计划；在低劣的计划里，可以出现优秀的规划；在低劣的规划里，可以出现优秀的设计。

以上论述，是对（83-0m-0,m=1-3）的重要补充，但有关的概念关联式留给后来者。

结 束 语

本节未能像上节那样，对规划与设计的非分别说给出一个恰当的命名，这是一个遗憾，但非常小。大遗憾是，未能对 831o01(e7m)和 832o01(e7m)的语境条件和逻辑条件给出一个基础性说明。对不起，这个重担将留给后来者。

小 结

也许可以说，策划与设计 83 的大规模启动，是后工业时代曙光里的诸多亮点之一。但与探索与发现 82 不同，它并不耀眼。

农业时代也存在策划与设计，原则上，现代策划与设计的水平，应该与农业时代的东西不可同日而语，但实际情况并非如此，甚至可以说远非如此，为什么？笔者无非是老一套的说法，就不见诸文字了，让后来者去进行深入考察吧。

注释

[**01] 这里的势态三分实际上是“A类势态三分”的简称，凡是可A可B的三分，通常即简称势态三分，并约定取A类。对于“对偶”、“形态”和“关系”的三分，都如此处理。这是一项约定，从本编起开始实行。前文未执行此项约定者，不必改动。

第四章

评估与决策 84

引 言

前两章对思维（识解）的过程转移侧面和关系状态侧面进行了全面的梳理，第一章对思维（识解）的作用效应进行了初步梳理，本章则是对判断 813 进行进一步的梳理。这一步不可或缺，因为判断是思维（识解）的终极效应或目标，判断的非分别说就是评估与决策。

概念林 84 与 81 相互呼应，划分为 4 为株概念树，如下：

840	评估与决策的基本内涵
841	评估与裁定（评定）
842	决策
843	共识

第 0 节
评估与决策的基本内涵 840 (098)

4.0-0 评决基本内涵 840 的概念延伸结构表示式

```
840:(β,e7m;(β)o01)
  840β                          评决的β呈现
  840e7m                        评决的势态三分
  840e71                        优秀评决
  840e72                        低劣评决
  840e73                        平庸评决
```

这里将评估与决策简称“评决”，评决是评估与决策的非分别说。评估是决策的依据，但评估可以不见诸决策，本节管非分别说，随后 3 节管分别说。

本节分两小节。

4.0.1 评决的β呈现的世界知识

评决任何事物，都必须考察其作用效应链三侧面。正确或成功的评决一定是对三侧面的评决都比较到位或相当透彻，错误或失败的评决一定是在三侧面的评决方面不到位甚至出现重大失误。作用效应链三侧面对于评决的意义，就如同空间三维坐标对于物体运动的描述，所以评决β呈现也可名之三维评决。有趣的是，多数人习惯于一维评决，少数人可以上升到二维评决，能自觉进行三维评决的，那就少之又少了。三维评决应看作是一切评决的基本原则。

拿破仑的入侵俄罗斯，希特勒的巴巴罗莎计划（入侵苏联），都以惨败告终，其根本原因是一样的，就是不懂得三维评决，高估了自己在作用效应侧面的优势，同时严重低估了自己在过程转移侧面和关系状态侧面的严重不足。日本发动太平洋战争的前期大胜，是由于在作用效应和过程转移两侧面暂时占据着巨大优势，而其后期完败，则是由于在作用效应链三侧面都处于绝对劣势。

地区政治的攻守与演变，国家的兴衰与安危，跨国公司的风云变幻，每个人的三争成就，六个世界影响力的此消彼长，都需要从作用效应链三侧面进行全面考察，缺一不可。前文曾对多部近代或现代的政治名著放肆了一把，其依据之一就是，作者们对三维评决缺乏最基本的世界知识。

4.0.2 评决的势态三分的世界知识

评决总是面对未来，因而必然具有势态三分特性，延伸 840e7m 乃必然之选。

上文提及一维评决和二维评决，一维评决的典型特征是，专注于作用效应的一个侧面，忽视另外两个侧面；二维评决的典型特征是，关注作用效应和关系状态两个侧面，忽视过程转移侧面。用综合逻辑的语言来说，一维评决仅关注目的论，二维评决同时关注到目的论和途径论，但忽视了步调论和视野论，三维评决则在目的论、途径论、步调论和视野论之间冷静周旋。

低劣评决对应于一维评决，平庸评决对应于二维评决，优秀评决则对应于三维评决。

结 束 语

本节文字可能会造成一个错误印象，即以为评决仅涉及政治和军事活动，与精神生活无关，也与第一类劳动无关。实际上，人类的主要活动，包括两类劳动和三类精神生活，都离不开评决，或者说，评决是人类全部活动的预备环节，无评决的活动就是疯子行为。

语言理解处理也是如此，前文反复强调的句类检验和领域认定，实质上就是一种评决，当然是一种 HNC 形态的评决。

第 1 节
评估与裁定 841 (099)

4.1-0 评估与裁定 841 的概念延伸结构表示式

```
841:(t=a;9e4m,am,(t)o01)
  841t=a              评估与裁定的第一本体欠呈现[*01]
  8419                评估
    8419e4m             评估的对偶三分
  841a                裁定
    841am               裁定的第一黑氏描述
  841(t)              评定非分别说
    841(t)o01           评定非分别说的最描述（评定最描述）
    841(t)d01           高端评定
    841(t)c01           低端评定
```

这里将评估与裁定合称评定，以便于非分别说。下面，分 3 小节进行论述。

4.1.1 评估 8419 的世界知识

评估已成为信息产业的高端思维，后工业时代以来，叱咤风云的投资银行，实质上都是评估公司的杰出代表。这位代表很不寻常，是“资本+技术”的现代“资”方代表，而诸多信息创新“帝国”则是现代“技”方代表。但在这里，评估不过是一项区区一级延伸，这是否落后于时代精神？笔者沉思良久，结论是：形式上似乎如此，但实质上不是，故维持原议。

评估具有“e4m”特性，8419e4m 是智力的重要特征之一，甚至可以说是最重要的特征，因为“知己知彼”的“知”就是评估。也许还可以说，人类最常见的智力弱点就是暗于“知己”，即不能适度评估自己。

作为领导者，最重要的素质是知人善任，那是“8419e41+841a1”的直系捆绑词语。在这方面，刘邦不是一般天才，而是伟大的天才，前文曾专门为此给出过一个句群[*02]示例；而项羽则是一位典型的蠢才。希特勒曾遭到蠢才的责骂，在 8419e4m 的意义上，这不无道理，因为蠢才和庸才也是 8419~e41 的捆绑词语。

4.1.2 裁定 841a 的世界知识

裁定具有“m”特性，841am 是对裁定 841a 的传神描述，841a0 是聪明人应付媒体追问的常规手法。在思维这个子范畴里，好不容易才遇到这么一个“m”延伸。前文曾对黑格尔先生及其辩证法写过不少微词，这里顺便说一声，那依据和胆子，主要缘起于此[**03]。

4.1.3 评定非分别说 841(t)的世界知识

“o01”可以说是 841(t)的绝配，841(t)d01 用于描述人类的高端评定活动，841(t)c01 用于描述人类的低端评定活动。下面的贵宾，实际上是 HNC 的特殊约定，故全属于“异类”。

841(t)d01 := (a+b,d+q8,7y+q7)——(84-0-01)
（高端评定对应于人类的高端活动）
841(t)c01 := (q6,q7,7y)——(84-0-02)
（低端评定对应于人类的低端活动）
……
841(t)d01 = (投资公司;投资银行)——[84-0-01]
（高端评定强交式关联于投资公司或投资银行）

贵宾（84-0-0m,m=1-2）表明，高端评定与低端评定之间存在巨大的交织空间，现代传媒和网络世界的出现，使得两者的界限更加显得模糊不清。因此，延伸 841(t)(o01)的引入，似乎势在必行，但这里不作决定，将决定权留给后来者。

结 束 语

本节对评估与裁定进行了严格的分别说，接着进行了灵活的非分别说，表面上似乎比较圆满，其实存在重大缺陷。因为这是一个“841 评定”极度混乱的时期，高端评定迅速衰落，低端评定方兴未艾，沧海横流，本节却对此避而不论。

注释

[*01] “第一本体欠呈现里”的“欠”可能是第一次使用，以前使用过全呈现、非全呈现、根呈现等。

全呈现里的“全”可去掉，非全应以“欠”代之。这些细节，以前都在不拘小节的名义下，马虎对待。

[*02] 指刘邦对汉朝三杰（张良、韩信、萧何）的精彩评语，曾被多次用于语境分析。

[**03] 本篇虽然是最后定稿的6篇之一，但本篇20株概念树延伸结构表示式的基础性设计却是《全书》撰写之前的事，撰写过程不断加以完善。在这个过程当中已经知道，黑格尔先生关于对偶性的描述，即关于对立统一与转化的论述，只占对偶性概念的一小部分，绝非全部，于是，就大胆写出了那些微词。黑格尔先生的失误来于他不太明白，齐备性与透彻性同样重要，一头栽进了透彻性。先生的失误被后人多方利用，原因十分复杂，但主因是利用者为其谋略的目的论服务，马克思答案也存在类似的情况。

第 2 节 决策 842 (100)

4.2-0 决策 842 的概念延伸结构表示式

```
842:(e7m,^y,\k=0-8;e7me2n,(e7m)3,(^y):(e2m,t=b),\1*d01)
  842e7m          决策的势态三分
  842e71          明智决策
  842e72          拙劣决策
  842e73          平庸决策
  (^842)          反思
  842\k=0-8       决策的第二本体根呈现
  842\0           文明决策
  842\1           政治决策
  842\2           经济决策
  842\3           文化决策
  842\4           军事决策
  842\5           法律决策
  842\6           科技决策
  842\7           教育决策
  842\8           卫保决策
```

本节分 3 小节，二级延伸放在小节里说明。

4.2.1 决策的势态三分 842e7m 的世界知识

决策 842 面对未然，评定 841 面对已然，故决策具有势态三分，而评定不具有。但评定与决策之间乃是源与流的关系，评定一定是决策的前奏。没有适度评估 8419e41，就不会有明智决策 842e71。

决策势态三分 842e7m 的两项延伸，是灵巧思维的产物，尤其是第一项。黑格尔先生多半不会认同 842e7me2n，但曹雪芹先生应能心领神会。《红楼梦》里王熙凤的“歌词”：机关算尽太聪明，反算了卿卿性命，就是842e71e26的自然语言表述。前文在评说“文化大革命”与改革开放之间的源流性时，实际上使用了842e72e25的概念。

延伸842(e7m)3有一个著名的直系捆绑词语，叫对冲。这个词语通常仅用于金融领域，但其思维特性具有普遍意义。

4.2.2 反思(^842)的世界知识

在思维意义上，反思就是对当初决策的再思考，或名之换位思考，也就是反向思考，符号(^842)是HNC的必然之选。它也拥有两项延伸，汉语说明如下。

(^842)e2m	反思的对偶二分
(^842)e21	自我批评
(^842)e22	批评
(^842)t=b	反思的第一本体呈现
(^842)9	理念反思
(^842)a	理性反思
(^842)b	观念反思

针对这两项延伸，不难写出大量概念关联式，包括贵宾或其“异类”，但本小节拟以“交白卷”的方式结束。

4.2.3 决策的第二本体根呈现842\k=0-8的世界知识

先给出本延伸的贵宾：

(842\k := ay,k=0-8,y=0-8)——(84-01-0)
（决策第二本体根呈现与专业活动一一对应）
(842\k = ra30\1k_2,k=0-8,k_2=1-3)——(84-0-03)
（决策第二本体根呈现强交式关联于三种文明标杆）

本延伸暂时只包含一项再延伸，其汉语说明和第一号“异类”贵宾如下：

842\1*d01 宪法
842\1*d01 = ((pj2*\k;ra30\1k_2),k=1-6,k_2=1-3)——(84-0-03a)
（宪法强交式关联于六个世界或三种文明标杆）

本延伸的相关课题，自工业时代以来，取得了辉煌成就，但842\8存在严重不足或缺陷。现在，需要从后工业时代的视野，对已有的辉煌进行全面的反思，这是一项史无前例的探索。为此，前文进行过多方位、多层次的侦察，并力图在披荆斩棘方面略尽绵薄之力，仅此而已。

结束语

本节采取了“清单”撰写方式，极度轻松，点到为止。尽管如此，仍需要补充说一声，决策842实际上是评定841的高级形态，故可以局限于专业活动。但专业活动里的某些决策实际上不过是一种评定，两者似乎交织性很强，但语境分析或领域认定可使之化为乌有。

第 3 节 共识 843 (101)

4.3-0 共识 843 的概念延伸结构表示式

```
843(e2m,t=b,\k=0-6;e2md3m,(t)d3m,\3k=3)
  843e2m                    共识的对偶二分
  843e21                    同一文明内部的共识（文明内共识）
  843e22                    不同文明之间的共识（文明间共识）
  843t=b                    共识的第一本体呈现
  8439                      理念共识
  843a                      理想共识
  843b                      观念共识
     843(t)d3m                共识的层级呈现
     843(t)d31                认定
     843(t)d32                规定
     843(t)d33                约定
  843\k=0-6                 共识的第二本体根描述
  843\0                     发达国家与发展中国家的共识
  843\1                     第一世界与其他世界的共识
  843\2                     第二世界与其他世界的共识
  843\3                     第三世界与其他世界的共识
  843\4                     第四世界与其他世界的共识
  843\5                     第五世界与其他世界的共识
  843\6                     第六世界与其他世界的共识
```

本节分 3 小节。

4.3.1 共识的对偶二分 843e2m 的世界知识

本延伸以文明为参照，“e2m”对应于文明的内外。

在文明内共识 843e21 方面，第一世界已经探索并实践过接近两个世纪，取得了丰硕成果，走在其他五个世界的前面。欧盟的诞生，德国人对法西斯暴行的深度反思，是这一成果的生动体现。

第一世界之外的五个世界，不能说其还没有形成 843e21 的共识概念，但毕竟处于刚刚起步阶段。

文明外共识 843e22 是当前的热门话题，伙伴关系、战略伙伴关系、合作共赢等提法，都是良好开端。60 年前，周恩来先生曾在首届万隆会议上提出过“求同存异”的倡议，好智慧，可是近年却似乎被忘记了。

至于延伸 831e2md3m 的探索，显然是比较遥远的事。

4.3.2 共识的第一本体呈现 843t=b 的世界知识

本延伸属于尚待探索的哲学课题，后工业时代需要这样的探索。

该探索的第一子课题应该是延伸 843(t)d3m。

上面说到，第一世界在 843e21 方面已取得丰硕成果，但在 843(t)d3m 方面却并非如此。为什么法国和英国在第二次世界大战以后的国际事务中的表现经常不与美国同步，而是特立独行？法国总统或英国首相的个人风格是部分因素，但根本原因在于：法国是浪漫理性的故乡，英国是经验理性的故乡，而美国是实用理性的故乡。

无论在理念、理性和观念的哪个层级，无论是任何文明的内外，无“同”是不可思议的，岂可弃“同”而不求？但“同”都是有条件的，人们对普世性“同”的向往是不切实际的，接近于乌托邦。另外，无“异”也是不可思议的，然存乎？灭乎？王道与霸道的思考，即缘起于此。王道存“异”，霸道灭“异”。故古老中华文明对现代文明的重要启示之一是：“求同存异”应成为 843(t)d3m 的最高指导原则。

4.3.3 共识的第二本体根描述 843\k=0-6 的世界知识

本延伸属于现实课题，全球都在积极讨论，其中根概念 843\0 的占比偏大，6 项非根概念未得到应有重视。在这 6 项中，对延伸“843\3 第三世界与其他世界的共识”引入了再延伸“843\3k=3”，分别对应于以俄罗斯、印度和日本为代表的 3 片（北、南、东）第三世界。

但讨论只是探索的前奏，探索需要一定的视野，由于六个世界的视野目前并不存在，因此可以说本延伸的探索尚未正式开始。前文也仅针对个别国家和地区，如英国和日本，北片第三世界交织区，写过一些探索性话语，仅供后来者参考。

结 束 语

共识是后工业时代的希望所在，故列为思维的殿后概念树。本节仅提出问题，未展开讨论，寄望于来者。前文写过不少素材，都未注明章节，因为来者应该自己去查找，而一般读者不需要。

小 结

这是一个须臾不可以离开评估与决策的时代，故将它列为思维的殿后概念林，辖属 4 株概念树，1“共”3“殊”。

本章撰写方式遵循“点到为止”的原则，其全部延伸可视为未来探索的清单。这符合笔者的初衷，以一个像样的清单为满足，仅此而已。

本篇无跋，将上交于编，这是《全书》第三册的规矩。

第一类劳动

篇首语

本篇的正式篇名为“第一类劳动”，即劳动。文明诞生以来，文明来自于劳动的本来景象就变得比较模糊了，出现了劳力者与劳心者的词语，还出现了“劳心者治人，劳力者治于人”的古代命题。在近代，劳力者的劳动被称为体力劳动，劳心者的劳动被称为脑力劳动，形成脑力劳动和体力劳动的两分观念。应该说明，上述古代命题并不是中华文明的独创，所有的古代文明都是如此，而且许多重要的文明走得更远。19～20世纪之交，在全球范围内对上述古代命题和近代两分观念进行过严厉清算，在中国最为彻底，于是，延续了数千年之久的中国社会基本构成——士农工商——便一下子被打了个稀巴烂，并猛然从“工农商学兵”演变成“工农兵”。是伟大的改革开放，使中国的社会基本构成再次发生了翻天覆地的变化，终于回归到“士商工农”的合理形态。

为避开上述古代命题和近代两分观念造成的语言混乱或误解，HNC引入第一类和第二类劳动的术语。两类劳动都需要使用体力与脑力，都需要运用思维，无高低贵贱之分。当然，体力、脑力、思维都有强度(jz60)之分，两类劳动确实拥有下列贵宾：

q6 = 650jz60c3~5+(7y+8)jz60c35——（q6-00-0）
（第一类劳动强交式关联于高强度体力和平常强度的智力）
a = (7y+8)jz60c3~5+650jz60c35——（a-00-0）
（第二类劳动强交式关联于高强度智力和平常强度的体力）
q6 => 8——（q6-01-0）
（第一类劳动强源式关联于思维）

这3位贵宾是对本编编首语的强有力呼应。

第一类劳动作为一个概念子范畴，其概念林的设计比较简明，与思维完全对应：1“共”4“殊”。但概念树数量大不相同，拥有5“共”20“殊”，共计25株。这就是说，本篇将由5章和25节构成。各章的HNC符号和汉语命名如下：

第零章	q60	劳作
第一章	q61	基础劳作
第二章	q62	家务劳作
第三章	q63	专业劳作
第四章	q64	服务劳作

本篇撰写方式，沿袭上篇的简略性，但将更多依靠概念关联式。

从本篇开始的相继3篇，其HNC符号都前挂“q”。该符号的演变过程与意义，前文已充分介绍过，但本篇是该符号的首场亮相，不妨重说一下。前挂“q”的概念具有强历时性呈现，历时性这一术语来于索绪尔，但HNC赋予它新的量化意义，“6”对应于且仅对应于农业时代，同理，“9”和“c”分别对应于且仅对应于工业时代和后工业时代。如果一个概念存在于两个历史时代，则以“~q”表示，例如“~6”仅存在于工业时代与后工业时代，“~c”仅存在于农业时代与工业时代。如果相关概念在三个历史时代都存在，则直接以“q”表示。

第零章

劳作 q60

引　言

第一类劳动共相概念林 q60 的正式 HNC 命名是第一类劳动的基本内涵，简称“劳作”。依据 HNC 遵循的透齐性原则，应设置下列 3 株概念树。

q600	劳作基础要素——量测
q601	以手为主的劳作——手劳作
q602	躯体支撑的劳作——躯体劳作

本编编首语曾说：按劳动与精神生活的划分标准，许多第一类劳动亦“劳”亦“神”。这里还应该加上下面的话语：劳动的近代两分是“近视眼”者的误判，农业时代的“士”跟着瞎鼓噪一气。劳作亦“体”亦“脑”，这才是劳作的本来面目，量测就是明证。所以，本篇赋予量测以显赫地位 q600，它当之无愧。

第 0 节 量测 q600 (195)

0.0-0 量测 q600 的概念延伸结构表示式

```
q600:(α=b,\k=2;)
  q600α              量测的α全呈现
  q6008              序与时空量测
  q6009              量与范围量测
  q600a              质与类量测
  q600b              数据量测
  q600\k=2           量测的第二本体呈现（量测基本方式）
  q600\1             直接量测
  q600\2             间接量测
```

量测 q600 的两项本体延伸非常到位，下列两位贵宾必须出席。

```
(q600α := jy, α=b,y=0-6)——(q600-01-0)
（量测α全呈现对应于基本本体概念）
(q600\k=2 := s20\4*~0)——(q600-02-0)
（量测基本方式与手段的直接与间接方式一一对应）
```

下面，分两小节进行论述。

0.0.1 量测α全呈现的世界知识

量测大体上对应于汉语的“测量+量度”，或英语的“measure+survey+determine”。如此定义的量测才具有α全呈现，并呈现出贵宾（q600-01-0）风貌。该贵宾属于非分别说，其分别说形态如下：

```
q6008 := (j0+j1+j2,j3)——(q600-01a-0)
q6009 := (j4,j3)——(q600-01b-0)
q600a := (j5,j3)——(q600-01c-0)
q600b := (j6+j3)——(q600-01d-0)
```

对于这 4 位贵宾，就不给出汉语说明了，因为其 HNC 符号意义极度简明。读者应能感受到，自然语言说明在这里不仅无益于理解，反而可能添乱。下面，以轻松的方式对量测α全呈现的 4 侧面，分别进行世界知识的简略介绍。

——序与时空量测 q6008 的世界知识

“日出而作，日入而息”是对 q6008 最原初形态的描述，对应的 HNC 符号是 66008(c01)；广义相对论的宇宙学实验验证是 q6008 的现代形态，对应的 HNC 符号是

c6008(d01)，但八小时工作制则是 96008 的典型描述。

——量与范围量测 q6009 的世界知识

“两岸猿声啼不住，轻舟已过万重山”是 66009 的诗意描述，环球飞行是（~6）6009 的豪情描述，火星往返则是 c6009 的典型描述。

——质与类量测 q600a 的世界知识

“物以类聚，人以群分”是 6600a 的精彩描述，物质、能量、信息(jw0)涉及(~6)600a 的基础性描述，光、声、电磁、微观基本物、宏观基本物、生命体(jw1-jw6)涉及(~6)600a 的主体描述，基因工程、网络世界、人工智能则涉及 c600a 的三位时髦代表。

——数据量测 q600b 的世界知识

户、田亩是 q600b 的代表，GDP 是(~6)600b 的代表，大数据则是 c600b 的代表。

0.0.2 量测基本方式 q600\k=2 的世界知识

不仅直接量测 q600\1 自古有之，间接量测 q600\2 也是如此，占卜、算命、看相、风水、星座解说等，都属于间接量测，其对应的 HNC 符号是 q600\2，而不是 6600\2。但是，它应该受到下面贵宾的“监管”：

```
(q600\2,jlv00e22,a63e2m)——(q600-03-0)
(“q”类间接量测无关于科技活动的理论与实验研究)
```

这里，顺便给出下面的“异类”外使：

```
(《易经》,jlv00e22,a63e2m)——[q600-0-01]
(《易经》无关于科技活动的理论与实验研究)
```

前文曾对传统中华文明进行过多侧面的论述，这位“异类”外使是对那些论述的总呼应。

当下，是 c600\2 大放异彩的时期，暗物质和暗能量的验证全赖于这一量测方式。

结束语

本节仅给出一级延伸，但刻意采取了开放形态，示意后来者需要处理大量的“后事”。这些“后事”的麻烦在于它与专家知识紧密交织。

前文曾使用过“奶妈”的比喻，这里不妨强调一声，量测 q600 就是科技活动的奶妈。传统中华文明最重大的失误是，把一位号称“东方不败”的“教主”请来当奶妈，孔夫子是这一失误的始作俑者。即使在知识界，这位“教主”还拥有不少信众。上述话语，属于“异类”文字，必招来厌恶，但 HNC 有自己的原则，不会因为被厌恶而闭口。

第 1 节
手劳作 q601 (196)

0.1-0 手劳作 q601 的概念延伸结构表示式

```
q601:(t=a,\k=3)
  q601t=a                    手劳作的第一本体欠呈现
  q6019                      作用之手
  q601a                      关系之手
  q601\k=3                   手劳作的第二本体呈现
  q601\1                     1th 效应三角之手
  q601\2                     2th 效应三角之手
  q601\3                     3th 效应三角之手
```

手劳作 q601 两项延伸的汉语命名，别有一点趣味，如“欠”、“效应三角之手”，这将在下文交代。

下面，分两小节进行叙述。

0.1.1 手劳作第一本体欠呈现 q601t=a 的世界知识

作用之手 q6019 可另名工具制造之手，关系之手 q601a 可另名工具使用之手。从作用效应链的 3//6 侧面来看，这里缺了过程与转移，也缺了状态，故命名里的“欠”是传神的。所“欠”者，由“足”和“肩”来弥补，这是 q602 的事。

在基本物 jw 里，手仅被赋予略微显赫的地位，其 HNC 符号是 jw62-9\4*d25[2]，略微显赫的标记就是“d25”。这里，需要下列贵宾出席。

```
q601 ≡ jw62-9\4*d25[2](jw63)——(q601-01-0)
（手劳作强关联于人的手）
q6019 := s44+v93118——(q601-02-0)
（作用之手对应于工具的制作）
q601a := s44+v9451——(q601-03-0)
（关系之手对应于工具的使用）
```

0.1.2 手劳作第二本体呈现 q601\k=3 的世界知识

前文曾多次阐释过，作用效应链的集中呈现就是 3 个效应三角。因此，本小节的叙说可以用下列贵宾替代。

```
q601\1 := (31;32;33)——(q601-04-0)
（1th 效应三角之手对应于第一个效应三角）
q601\2 := (34;35;36)——(q601-05-0)
```

（2th 效应三角之手对应于第二个效应三角）
q601\3 := (37;38;39)——(q601-06-0)
（3th 效应三角之手对应于第三个效应三角）

结 束 语

本节的撰写，主要依靠贵宾。本节贵宾的作用特别显著，任何一位所提供的世界知识，抵得上千言万语。如果此话能得到认同或理解，则笔者幸甚。

本节总共提供了 5 项一级延伸，每项延伸都拥有大量词语，但本节一词未提。

这些词语之间的复杂交织性呈现（即词语的多义性），不仅出现在这 5 项之间，也出现在本株概念树与本篇其他概念树之间，还出现在专业活动的有关概念树里，这似乎非常不利于本株概念树的领域认定。前文示例过的句群，未曾涉及本篇描述的全部语境单元，不无遗憾。但我们应该心中有数，这里所说的复杂交织性困扰或词语多义性困扰，主要表现为劲敌 01 的“嚣张”，但流寇的干扰比较少，特别是流寇 09。这就为实施“扫荡外围、突破要塞、占领中枢”[*a]的战役指挥提供了有利条件。

为什么“一词未提”？上面的话应该交代清楚了。

注 释

[*a] 参看[350]里的“对话07”，《全书》第六册——《论图灵脑技术实现之路》。

第 2 节 躯体劳作 q602 (197)

0.2-0 躯体劳作 q602 的概念延伸结构表示式

```
q602:(α=a,7;7c2n)
  q602α=a              躯体劳作第一本体欠呈现
  q6028                全身劳作
  q6029                足劳作
  q602a                肩劳作
  q6027                劳役与奴役
    q6027c2n             劳役与奴役的对比二分
    q6027c25             劳役
    q6027c26             奴役
```

又一次出现了第一本体欠呈现，有趣，不是巧合，但不必解释。需要强调的是另外一点，此“α=a”绝不能用“\k=0-2”来替换，如果那样做，就是莫大的失误。

下面，以两个小节进行叙说。

0.2.1 躯体劳作第一本体欠呈现 q602α=a 的世界知识

劳作都具有全身性，这项世界知识由以“q60”牵头的贵宾表达，

```
q6028 = (jw62-9\3*//jw62-9)(jw63)——(q60-01-0)
（全身劳作强交式关联于人的肢体或躯体）
```

下列两位贵宾则表达了本节的基本世界知识，

```
q6029 = jw62-9\4*3(jw63)——(q602-01-0)
（足劳作强交式关联于人的足）
q602a = jw62-9*d26[2](jw63)——(q602-02-0)
（肩劳作强交式关联于人的肩）
```

与 q601t=a 不同，q602~8 的“q”似乎只存在 6，而不存在(~6)。这项世界知识是否需要请出一位贵宾来主管，来者自定。

0.2.2 劳役与奴役 q6027 的世界知识

修筑万里长城的民工与匠人，中国农业时代的佣人，第一次世界大战前后远赴欧美的华人劳工……，都属于劳役 q6027c25；希腊罗马时代的奴隶，农业时代的印度贱民，近代各种形态的集中营……，都属于奴役 q6027c26。这些话，似乎已经把劳役与奴役这两个概念说清楚了，但它们不能代替下面的两位贵宾：

```
(pq6027c25,jl11e21,r6503jzu60c01)——(q602-03-0)
（劳役者享有最低限度的人身自由）
(pq6027c26,jl11e22,r6503jzu60c01)——(q602-04-0)
（奴役者不享有最低限度的人身自由）
```

结 束 语

本节文字会存在争议，但两位贵宾应该不会。

小 结

本章文字，简洁又轻松，充分发挥了贵宾和HNC术语的威力。这一切，全以**前文**为依托。这个黑体前文是广义的，请参看“清晰性思考 802”（[141-02]）的注释“[***03]”。

第一章

基础劳作 q61

引　言

如果让你来设计本片概念林的概念树，你会不首先想到土地吗？大概不会吧，即使你是一位从来没有见过农村原初风貌的城市居民。

本章的概念树设置，同上一章完全一样，也是 1“共”2“殊”，如下：

q610	面向土地的劳作（土地劳作）
q611	面向植物的劳作（植物劳作）
q612	面向动物的劳作（动物劳作）

要不要对这 3 株概念给出定义式？没有必要吧。

第 0 节
土地劳作 q610 (198)

1.0-0 土地劳作 q610 的概念延伸结构表示式

q610:(β,e4m)

q610β	土地劳作的β呈现
q610e4m	土地劳作的对偶三分

这两项延伸的分别说汉语说明都可省略，下面以两个小节叙说。

1.0.1 土地劳作的β呈现 q610β 的世界知识

本小节将采取一种特殊的轻松文字。

如果土地劳作没有β呈现，那就是典型的违背天理。

“刀耕火种，春播秋收”，是 q6109 的原始描述。

大禹治水和愚公移山的故事，是 q610a 的原始描述。

“阡陌相连，鸡犬相闻”，是 q610b 的原始描述。

以上描述似乎仅适用于农耕民族，而不适用于游牧民族，是这样吗？

前文多次提到的“汉字精粹”，对 q610β 的形成起到过重要作用。

q610β 的有关汉字、词语和短语如下：

q6109 城、堡、关、塞；村、镇、州、市、都；宫、殿；
城市、城镇、首都；
北京、上海；华盛顿、纽约、伦敦、巴黎、罗马；
莫斯科、新德里、东京；利雅得、开罗；
中南海、白宫、五角大楼*、克里姆林宫；
万里长城；三峡水电站*；
战略要地*、军事基地*；
固若金汤、“一夫当关，万夫莫开”；

q610a 路、道、站、街；桥、港；
街道、栈道、索道、运河；公路、铁路、港口；隧道、地铁；
车站、机场*；
都江堰、大运河；苏伊士运河、巴拿马运河；
长安街、北京站；长江大桥；南水北调工程；
丝绸之路、九省通衢；

q610b 楼、堂、馆、所、院；店、厂；场、园、区、街；塔、寺、庙、陵；
大楼、大厦；教堂、清真寺；工厂、商店、商场、旅馆、宾馆；
广场、公园、剧场；大学；法院；医院；
街区、住宅区；商务区、招待所；运动场、体育馆；研究所、研究院；

黄鹤楼、布达拉宫；圣保罗大教堂、少林寺；
十三陵、泰姬陵；
大使馆、国宾馆；

此清单是一个集古今中外的大杂烩，“汉字精粹”的效用虽然出现了少数例外（以“*”标记），但整体上却保持着“青春长驻”的奇迹。更奇妙的是，该清单竟然没有对 q610β 的描述方式提出任何挑战，q610β 显示出一种“一网打尽”的功效，不是吗？

因此，本小节将以下面的两位贵宾结束。

q610β = (pwj2*+~(pwj2*)+a21i)——(q61-01-0)
（土地劳作β呈现强交式关联于城市、农村和农业）
q6109 = rwa12i+rwa219+rwa21βi——(q61-02-0)
（土地劳作的作用效应呈现强交式关联于农业、建造业和矿业）

1.0.2 土地劳作的对偶三分 q610e4m 的世界知识

本项延伸是否应该把“q”取消？难道农业时代存在 6610e43 的状况吗？这个问题将留给后来者向有关专家请教。但两个故事值得在这里说一声：①仰山堂[*a]曾拥有现代人难以想象的美妙生态环境，但在 1958 年的大炼钢铁运动中，却遭受了 q610e43 形态的灭顶之灾。②多位来自山区的足疗师[*b]曾告诉笔者，家乡的不少耕地目前处于荒芜（q610e42）状态。

延伸概念 q610e4m 本身是一个非常复杂的课题，因为它需要因地制宜，而且不能盲目地与时俱进。不丹王国似乎作出了一个样板，但它的地理与文明背景太特殊了。那么，该课题的探索是否依然处于探索的初级阶段呢？对此，不回答为上策。

结 束 语

也许可以说，在当下这个年代，土地劳作的对偶三分是最重要的“e4m”。因此，本结束语将由下面的贵宾代替：

q610e4m = a833
（土地劳作对偶三分强交式关联于环保理念）

注释

[*a] 仰山堂是笔者祖辈的故居，前文曾多次提及。

[*b] 足疗师多数是足疗妹，后者的名声，近年遭到了语言污染的悲剧，与“小姐”这个词语类似。但是，只要你不是故意装傻，并不难避开现实生活的污染。足疗是很好的休闲方式，有益于健康，男女老青咸宜，政府应大力扶持该服务行业的发展，同时要开展关于足疗师手指保护的研究，从而制定相关保护守则。

第 1 节 植物劳作 q611 (199)

1.1-0 植物劳作 q611 的概念延伸结构表示式

```
q611(t=b,\k=9,3,i;te4m,(t)i,3:(\k=4,e4m),it=b)
  q611t=b           植物劳作的第一本体呈现
  q6119             种
  q611a             养
  q611b             收
    q611te4m          种养收的对偶三分
    q611(t)i          植物展示
  q611\k=9          植物劳作的第二本体呈现
  q611\1            粮食种植
  q611\2            衣用种植
  q611\3            油料种植
  q611\4            副食种植
  q611\5            水果种植
  q611\6            药材种植
  q611\7            花卉种植
  q611\8            树草种植
  q611\9            水生植物养殖
  q6113             植物采伐
    q6113\k=3         植物采伐的第二本体呈现
    q6113\1           燃料
    q6113\2           木材
    q6113\3           除莠
    q6113e4m          植物采伐的对偶三分
  q611i             植物保护
    q611it=b          植物保护的第一本体呈现
    q611i9            植物病虫害防治
    q611ia            植物生态保护
    q611ib            植物基因工程
```

一级和二级延伸各 4 项，虽然两个“4”并不完全对应，但内容却极度简明。其中的 q611te4m 更是“鹤立鸡群”，该符号本身已充分表明，植物的“种养收”，不仅是一个技术问题，还是一个文明问题。

下面分 4 小节叙说。

1.1.1 植物劳作的第一本体呈现 q611t=b 的世界知识

植物劳作的第一本体呈现比较特别，其中的 q611b 是必需的，但 q6119 和 q611ta 可以缺位。这类缺位的（天然的）蔬食或药材，其品质通常远优于种植的东西，蘑菇最为典型。

笔者少年时在故乡和珞珈山享受过的蘑菇[*a]美味，已经是“可遇而不可求”了。实际上，笔者的回味不过是一项很普通的世界知识，以下面的两位贵宾表示：

((wq611\4;wq611\6)xwq611~b) := j51c44——(q611-01-0)
（天然蔬食或药材对应于最高品质）
(pwq611\4xwq611~b) := zu029\4j51c44(d01)——(q611-02-0)
（天然蔬食对应于极品美味）

基于这两位贵宾的提示，引入了再延伸 q611te4m。它明确表示，种、养、收都存在不足或过度的严峻问题，q611te43 更是当下有关企业的重度病症。该病症不仅来源于发财心切，也是科技迷信的典型表现。

延伸“植物展示 q611(t)i”的世界知识由下面的贵宾担任：

q611(t)i ≡ (pwa219\11*9\3+jw62)

1.1.2 植物劳作的第二本体呈现 q611\k=9 的世界知识

本延伸是一份简明的清单，未设置再延伸。该清单众所周知，其齐备性似乎可以免于质疑。

当下的问题在于，对于 c611\k=9 存在极大争议，即关于转基因食品（这里只涉及素食）的争议。该争议不仅关系到有关企业王国与广大民众双方的利益，更关系到对科技迷信的深层思考。如果争议双方的立足点仅局限于利益的思考，因而仅从法治的视野去寻求出路，那是争不出什么名堂来的。

1.1.3 植物采伐 q6113 的世界知识

本延伸设置了两项再延伸，第一项 q6113\k=3 也是一份众所周知的清单，无需解说。第二项 q6113e4m 似乎没有像 q611te4m 那样充满争议，但实质上没有区别。虫草、灵芝、蕨菜、香椿等植物的遭遇就是佐证。

1.1.4 植物保护 q611i 的世界知识

本延伸的再延伸 q611it=b 必须取第一类本体延伸，绝不能取第二类，这是由于其 3 项之间存在紧密交织性。《寂静的春天》[*01]就深刻揭示过 q611i9（植物病虫害防治）与环境保护之间的深刻矛盾。这里，应给出下面的贵宾：

(q611i,q610e41) = a83——(q61-00-0)
（植物保护与适度土地劳作强交式关联于环保）
(q611i9,jlv12c33,(sv449ju60e41,a219\24*i\1))——(q611-01-0)
（植物病虫害防治必须适度使用农药）
q611ia = a83b——(q611-02-0)
（植物生态保护强交式关联于土地保护）

```
q611ib = (53e73,110,509e45)——(q611-03-0)
（植物基因工程强交式关联于生命健康的风险）
```

结束语

本节前两小节采取了“叩其两端”的简明叙说方式，一端是自然之美，另一端是科技迷信。在第二本体呈现方面，则仅“叩”科技迷信之一端。这一叙说方式当然要仰赖前文关于科技迷信的充分论述，其要点是：科技迷信已经与幸福追求无止境或需求外经，构成了一个可怕的恶性循环。本节的目标不过是试图打开一个小视野：该恶性循环会造成许多美好事物的消失，松菇的美味不过是一个小小示例而已。

后两小节直接关系到环境保护或生态文明建设，这涉及伦理学。不过，植物基因工程与伦理的关系，不像人类基因工程那样直接，故未展开叙说，而是采取了一种特殊的表述方式：一是请来了一位贵宾（q611-03-0）；二是在二级延伸里，两次使用了“e4m”。后者等于与伦理挂了钩，因为“e4o”正是伦理学的第一号天使。

注释

[*a] 珞珈山多松树，松树林中的松菇是蘑菇中的极品。笔者当年有幸，曾多次采而得之，但这种幸运早已一去不复返了。

[*01] 该书是环境保护的开山之作，曾被评为两个世纪（1801～2000年）以来的伟大著作之一。

第 2 节 动物劳作 q612 (200)

1.2-0 动物劳作 q612 的概念延伸结构表示式

```
q612:(53y,γ=b,3,i;
      (53y)i,9(\k=2,e4m),a\k=6,bt=a,3:(e4m,i),i:(\k=2,d01))
  q612γ=b                    动物劳作的γ呈现（动物喂养）
  q6129                      食用动物喂养
  q612a                      使用动物喂养
  q612b                      观赏与宠爱动物（观宠动物）的喂养
  q6123                      动物猎捕
  q612i                      动物保护
```

本表示式第一项延伸以“γ”替换了上一节里的“t”，其中的“3”和“i”是上一节对应项的“拷贝”。这些都易意会，而不必言说。

下面，分 5 小节叙说，二级延伸放在小节里说明。

1.2.1 前 3 项二级延伸的世界知识

其汉语说明如下：

(53q612)i	动物驯养
q6129\k=2	食用动物的陆养与水养
q6129\1	陆养
q6129\2	水养
q6129e4m	食用动物喂养的对偶三分

第一项延伸拥有下面的贵宾：

(53q612)i ≡ pj1*9——(q61-03-0)
（动物驯养强关联于农业时代）

本贵宾传递的世界知识是：动物驯养是人类社会进入农业时代的标记。人类先学会了驯养，接着才有动物喂养 q612γ=b 的出现。

第二项延伸——食用动物喂养q6129——是农业时代的伟大发明，陆养和水养同样伟大。这是一项重要的世界知识，相应的贵宾如下：

(q6129,jl111,(r822*(d01),s31,pj1*9d33))——(q612-0-01)
（食用动物喂养是农业时代初级阶段最伟大的发明）

第三项延伸——q6129e4m——也拥有一位异类贵宾，如下：

q6129e43 => (zu029\4ju60c44(d01),jlv00e22,50a(c2n)~c37)——(q612-0-02)
（过度食用动物喂养导致极品美味无关于大众生活）

1.2.2 使用动物喂养 q612a 的世界知识

二级延伸的汉语说明如下：

q612a\k=6	使用动物喂养
q612a\1	劳力动物喂养
q612a\2	衣用动物喂养
q612a\3	骑用动物喂养
q612a\4	警用动物喂养
q612a\5	信息动物喂养
q612a\6	医用动物喂养

在农业时代，前五者的代表是牛、羊、马、犬、鸽。中华文明应将蚕与羊并列，著名的丝绸之路，源于蚕，而不是羊。而许多文明应将马纳入 q612a\1 和 q612a\3。

工业时代以后，才出现医用动物的代表：白老鼠。犬摇身一变，同时成为信息动物的重要代表。

这个“\k=6”符合齐备性要求吗？此延伸还需要再延伸吗？都不作答。

1.2.3 观宠动物喂养 q612b 的世界知识

二级延伸的汉语说明如下：

q612bt=a 观宠动物喂养的第一本体欠呈现
q612b9 观赏动物喂养
q612ba 宠物喂养

两者都需要第二本体延伸，如下：

q612b9\k=3 观赏动物喂养的第二本体呈现
q612b9\1 动物园喂养
q612b9\2 海洋动物喂养
q612b9\3 野生方式喂养
q612ba\k=3 宠物喂养的第二本体呈现
q612ba\1 狗喂养
q612ba\2 猫喂养
q612ba\3 其他宠物喂养

观赏动物喂养有下列贵宾：

q612b9\1 ≡ (pwa219\11*9\3+jw62)——(q612-02-0)
（动物园喂养强关联于动物园）
q612b9\2 ≡ (pwa219\11*9\3+jw62xwj2*2)——(q612-03-0)
（海洋动物喂养强关联于海洋动物园）
q612b9\3 = q612i——(q612-04-0)
（野生方式喂养强交式关联于动物保护）

1.2.4 动物猎捕 q6123 的世界知识

二级延伸的汉语说明如下：

q6123e4m 动物猎捕的对偶三分
q6123i 狩猎

第一项延伸不必说明，也不必再延伸。第二项延伸的情况不同，拟采用下面的表示式：

q6123i:(e2n;e26\k)
q6123ie2n 狩猎的对立二分
q6123ie25 合法狩猎
q6123ie26 违法狩猎

至于 4 级延伸 q6123ie26\k，那就有劳后来者了。

1.2.5 动物保护 q612i 的世界知识

二级延伸的汉语说明如下：

q612i\k=2
q612i\1 珍稀动物保护
q612i\2 动物世界保护
q612id01 生态保护

下面，将派出下列贵宾出场：

```
q612i ≡ (3219,102,jw62)——(q612-05-0)
（动物保护强关联于对动物的保护）
q612i\1 := (3219,102,jw62ju73d01)——(q612-06-0)
（珍稀动物保护对应于对珍稀动物的保护）
q612i\2 := (3219,102,(wj2-0,s34,jw62))——(q612-07-0)
（动物世界保护对应于对动物生存地域的保护）
q612id01 := (3219,102,jw6)——(q61-04-0)
（生态保护对应于对生命体的保护）
```

结束语

本节给出了两位以“q61”牵头的贵宾，其编号将来也不会有变，但以“q612”牵头的贵宾则不会享受到这个待遇，特此交代。

小结

前文在专业活动 a 的论述中（《全书》第二册——《论语言概念空间的主体语境单元》），唯独对概念林 a8 语焉不详，特别是环保部分，存在明显的“歧视”。个中缘由，本章给出了基本答案。因为环保问题，归根结底，就是土地保护和生命体保护的问题。

本章继续采取了“叩其两端”的撰写方式：一端是举例，另一端是贵宾，且主要依靠贵宾。所以，本章也属于叙说，而不是论述。本篇内容，都是老调重弹，没有任何玩新，叙述可也。

第二章

家务劳作 q62

引　言

在农业时代，家务劳作被认为是妇女的事，是“下等人”的事，举世皆然。到了工业时代，这个情况发生了缓慢转变，在 20 世纪初期，这一转变之风还没有吹进中国。于是，有人就把“举世皆然”的事当作是可恶的中国“专利”了。这样的中国“专利”不胜枚举，有人就把它同中国人联系了起来，于是，许多本来是“举世皆然”的习俗就变成了中国“专利”。这样一来，“中国人”这个词语，就同“丑陋”和“封建”发生了紧密联系，从而带上了这两个词语所赋予的语言阴影，《丑陋的中国人》之类的畅销书就是这么出来的。“中国人”这个词语里的语言阴影不可小觑，因为它成了汉语口语里的常态，即使是当下的谈话节目主持人，也未能摆脱这一常态的消极影响。

以上的话，是在本片概念林的设计过程中出现在脑海里的，那是 13 年前（2001 年）的事。这 13 年里，中国的 GDP 从全球第八位上升到第二位，再过 10 年左右，一定会拿下冠军的宝座。可是，隐含在中国人这个词语里的阴影却似乎依然存在，并将继续存在。本章的叙说，希望有助于该语言阴影的消除，13 年前的感想就因此而献丑了。

本章的概念树设置为 1“共”3“殊”，如下：

q620	家务劳作的基本内涵
q621	日常家务劳作
q622	面向幼儿的劳作
q623	面向老病残尊的劳作

第 0 节
家务劳作的基本内涵 q620 (201)

2.0-0 家务劳作基本内涵 q620 的概念延伸结构表示式

```
q620:(β,eam;eame22)
  q620β                    家务劳作的β呈现
  q620eam                  家务劳作的关系对偶
```

这里可以模仿上面针对土地劳作所叙说的话语写下两个小句：一是“如果家务劳作没有β呈现，那就是违背天理”；二是“如果家务劳作没有‘eam’呈现，那也是违背天理”。

下面，分两个小节叙说。

2.0.1 家务劳作β呈现 q620β 的世界知识

人每天都需要吃喝，需要清洗和打扫。这些与吃、喝、洗、刷、扫有关的劳作，属于家务劳作β呈现（本小节下文将简称β呈现）的作用效应侧面。

人每天需要的主吃是 3 次；与吃喝对应的拉是多次；每天进出家门通常至少各一次。与这些“次”有关的劳作，直接表现为过程，同时伴随着转移，属于β呈现的过程转移侧面。

人每天需要睡觉和休息；需要同亲人或友人交谈或交往；需要锻炼、娱乐甚至看医生。与这项活动有关的劳作，属于β呈现的关系状态侧面。

上列β呈现的“q”特征非常突出，但并不简明。拿“饭来张口，衣来伸手”这句土话来说，它所对应的语境，我们在《红楼梦》里看到过非常精细的描述，但那些劳作都是丫鬟们的事，老爷、太太、少爷、小姐是不沾边的。这是应该予以坚决铲除的陋习吧，但事情并非如此简单，它似乎有卷土重来之势。因此，那土话并不能简单地与“q=6”对应，也许取“q=(~9)”更为适当，因为智能机器丫鬟已经出现了。

言不在多，击中要害就行。上面的叙说似乎做到了这一点，明确传递了一项基本世界知识：“q620β”是家务劳作共相描述“不二选项”的老大。

当然，作为语境单元，q620β一定要采取复合形态，那是后来者的事。

2.0.2 家务劳作关系对偶 q620eam 的世界知识

本延伸是家务劳作共相描述“不二选项”的老二，因为“eam”的出现，就不必叙说多余的话了。它拥有一个特殊的再延伸 q620eame22，其汉语说明是家务外劳，这意味着 q620eam 自身就是家务自劳，可以看作是 q620eame21 的省略。为什么要搞这项省略？

因为这可以免除“eam”与“e2m”的排序困扰。

菲律宾是家务外劳的著名大国，安徽无为是我国家务外劳的著名县市。

家务劳作的“eam”特性非常鲜明，包含着尊老爱幼的基本礼节或人文理念，未来高度智能化的机器人 pwq620eame22 也必须懂得这项世界知识。

结 束 语

本节没有请贵宾，不无遗憾，仅向后来者致歉。

第 1 节 日常家务劳作 q621 (202)

2.1-0 日常家务劳作 q621 的概念延伸结构表示式

```
q621:(β;9:(γ=b,\k=0-5),a:(γ=b,\k=0-3),b:(e2m,t=b);be22\k=3)
  q621β              日常家务劳作的β呈现
  q6219              作效家劳
  q621a              过转家劳
  q621b              关态家劳
```

这里，生造了 3 个词语——作效、过转和关态，是作用效应链三侧面的简称，是为了下面行文的便利。本节分 3 小节，后续延伸放在小节里说明。

2.1.1 作效家劳 q6219 的世界知识

先给出二级再延伸表示式及其汉语说明：

```
q6219:(γ=b,\k=0-5)
  q6219γ=b           作效家劳的γ呈现（烹调）
  q62199             主食制作
  q6219a             菜肴制作
  q6219b             饮品制作
  q6219\k=0-5        烹调方式
  q6219\0            烹调基础操作
  q6219\1            烤……
  q6219\2            煎、炒……
  q6219\3            烧……
  q6219\4            熬……
  q6219\5            拌……
```

这两项再延伸，可以说是“γ”和第二本体“根”的样板。

据说，前些时间电视节目《舌尖上的中国》很走红，估计它主要是介绍了 pwq6219a，因为这是中华文明的强项。至于 q62199 和 q6219b，则不同文明各有所长。

下面，让一组贵宾亮相：

q6219~b => 50ac25\1*9——(q621-01-0)
（主食与菜肴制作强源式关联于吃）
q6219b => 50ac25\1*a——(q621-02-0)
（饮品制作强源式关联于喝）
q6219\0 = 810bc2n——(q621-03-0)
（烹调基础操作强交式关联于分辨与分类）
q6219\0 = (37;38;39)——(q621-04-0)
（烹调基础操作强交式关联于第三个效应三角）
q6219\0 = 00989e22+洗——[q621-01-0]
（烹调基础操作强交式关联于洗）

外使[q621-01-0]里的“00989e22+洗”或许是 HNC 混合符号的示例，特此说明。

2.1.2 过转家劳 q621a 的世界知识

先给出再延伸表示式及其汉语说明：

q621a:(γ=b,\k=0-3)	
q621aγ=b	过转家劳的γ呈现
q621a9	采购
q621aa	搬运
q621ab	清扫
q621a\k=0-3	过转家劳的第二本体根呈现
q621a\0	家计
q621a\1	物资过转
q621a\2	能源过转
q621a\3	信息过转

下面，让下列贵宾亮相：

q621a9 := 229ea3——(q621-05-0)
（采购对应于同层次物转移）
q621aa := 223e2m——(q621-06-0)
（搬运对应于物的放置与移开）
q621ab := (22a,38e228)——(q621-07-0)
（清扫对应于物传输与特定舍弃[*01]）
q621a\0 = 831c01——(q621-08-0)
（家计强交式关联于计划）
(q621a\1,102,jw01)——(q621-09-0)
（物资过转以物质为对象）
(q621a\2,102,jw02)——(q621-10-0)
（能源过转以能源为对象）
(q621a\2,102,jw03)——(q621-11-0)
（信息过转以信息为对象）

2.1.3 关态家劳 q621b 的世界知识

先给出再延伸表示式及其汉语说明：

```
q621b:(e2m,t=b;e22\k=3)
   q621be2m                    关态家劳的对偶二分
   q621be21                    宅内家劳
   q621be22                    宅外家劳
     q621be22\k=3                宅外家劳的第二本体描述
     q621be22\1                  自己干
     q621be22\2                  大家干
     q621be22\3                  外包
   q621bt=b                    关态家劳的第一本体呈现
   q621b9                      衣着家劳
   q621ba                      外出家劳
   q621bb                      形态家劳
```

本小节的世界知识描述不宜全由贵宾代劳，这里写一点仰山堂[*02]回忆。印象中最深的宅内家劳是两项：一是春节前的厅堂大扫除，特别是那间供奉祖宗牌位的厅堂；二是夏天的书籍翻晒[*03]。印象中的宅外家劳也有两项：一是每天打扫院子；二是院子和花园里的杂草拔除。

进入城市以后，q621be2m 的景况完全改观了，但 q621bt=b 的景况未变。就我个人来说，q621b 的整体景况日趋简化，因为我高度依靠“家务外劳 q620eame22”。

本小节最后，还是请出几位贵宾。

```
q621be21 := (q621,s34,j42eb5+pwa219\11*9\1)——(q621-12-0)
（宅内家劳对应于住宅内的日常家务劳作）
q621be22 := (q621,s34,j42eb6+pwa219\11*9\1)——(q621-13-0)
（宅外家劳对应于住宅外的日常家务劳作）
(q621be22\1,l01,407e31) ——(q621-14-0)
（自己干的作用者是我方）
(q621be22\2,l01,407~e33) ——(q621-15-0)
（大家干的作用者是我方与你方）
(q621be22\3,l01,407e33) ——(q621-16-0)
（外包的作用者是第三方）
```

与 q621bt=b 有关的贵宾和说明就免了。

结束语

日常家务劳作不仅与专家知识高度交织，也与一般常识高度交织。本节延伸符号的选取及其汉语说明，充分考虑到了这两方面的需求，似能应付裕如，笔者深信，如果后来者需要面对一些新情况，也一定能应付裕如。

注释

[*01] “特定舍弃”这个词语及其符号38e228，虽然前文曾郑重解说了一番，但有词不达意之弊，不如示例——垃圾pw38e228——简单明了。

[*02] 仰山堂是笔者祖辈的故居，前文曾多次提及。

[*03] 书架或书柜连同书籍都要搬到太阳下暴晒，以消灭书虫。

第 2 节 面向幼儿的劳作 q622 (203)

2.2-0 面向幼儿的劳作 q622 的概念延伸结构表示式

q622:(53y,d4m,3;(53y)β,d4mi,d4m7)

53q622	“怀孕”
q622d4m	婴幼儿照看
q622d41	幼儿照看
q622d42	语言期照看
q622d43	行走期照看
q622d44	婴儿照看
q622d4mi	婴幼儿教育
q622d4m7	残疾儿照看
q6223	孤儿院

本节以 4 小节进行叙说，为残疾儿照看 q622d4m7 增加 1 小节。

2.2.1 “怀孕” 53q622 的世界知识

这里的“怀孕”是怀孕劳作的替代，下面的概念关联式

53q622 (≡,<=) 5314eb5——(q622-01-0)
(“怀孕”强并流式关联于怀孕)

应该出场。

“怀孕”应该拥有β再延伸，可与(53q622)β挂接的词语和短语如下：

(53q622)9	孕期反应、孕期保养、胎教；
(53q622)a	胎动、孕期检查、肚子隆起；
(53q622)b	阵痛、分娩、助产、难产；流产、堕胎；手术产；

2.2.2 婴幼儿照看 q622d4m 的世界知识

符号 q622d4m 是婴幼儿照看的合适描述，符号 q622d4mi 也是婴幼儿教育的合适描述。后者的“i”不宜以“3”替换，那是斯巴达克人的做法。

婴幼儿照看 q622d4m 本来是母亲的天职，婴儿照看 q622d44 更是如此。这一观念的产生和形成，密切联系于两项因素：一是生理因素——哺乳动物的生理特征；二是社会因素——“男主外，女主内”的社会特征。工业时代以后，该天职观念在逐步弱化，那是社会因素在逐步弱化的伴随效应。如果说天职具有神圣性，那母亲天职的神圣性是否遭到了过多的挑战呢？这里只提出这个问题但不讨论[*01]。

婴幼儿照看与教育不仅是每个家庭和父母的责任，也是社会的责任，因此，下面的3位贵宾

(q622d4m,jl111,ra009aae229)——(q622-02-0)
（婴幼儿照看是一种社会责任）
q622d41i = (a703γ=b)——(q622-03-0)
（幼儿教育强交式关联于家庭、学校与社会教育）
q622(d4~1)i = a7039——(q622-04-0)
（幼儿前教育强交式关联于家庭教育）

不可缺席。

2.2.3 残疾儿照看 q622d4m7 的世界知识

这里，给出两个概念关联式[*02]：

(q622d4m,l02,p10bc51)——(q622-01)
（婴幼儿照看的对象是婴幼儿）
(q622d4m7,l02,p10bc51u509e47)——(q622-02)
（残疾儿照看的对象是残疾儿）

残疾儿有多种类型，因此，再延伸概念 q622d4m7\k 是必不可少的世界知识表示。

残疾儿照看是家庭生活的沉重负担，基因工程可能给 21 世纪带来的重大福音之一是免除残疾儿的出现。对此，不妨寄予厚望。

2.2.4 孤儿院 q6223 的世界知识

孤儿院联系于教会，不是所有的文明古国都存在孤儿院，古老的中国似乎就没有。这个问题也许已有答案，但笔者不知。

本小节仅给出下面的概念关联式：

(q6223,l02,p10bc31+50a\21u332)——(q622-03)
（孤儿院照看的对象是孤儿）

结束语

本节言有未尽之处甚多，但要点并无遗漏，此可差强人意。

注释

[*01] 这项挑战古已有之。古有奶妈，今有月嫂。当然，奶妈和月嫂都是可尊敬的职业，但是，

对奶妈和月嫂的过度依赖，就必然会对母亲天职的神圣性造成冲击。这里就给出相关的HNC符号：

奶妈	p24a+q622d44(c01)
月嫂	p24a+q622d44
哺乳	qv622d44(c01)

[*02] 此类概念关联式相当于定义式，前文已有多次说明。

第 3 节 面向老病残尊的劳作 q623 (204)

3.0-0 面向老病残尊劳作 q623 的概念延伸结构表示式

```
q623:(\k=4;\1:(d3m,*γ=b),\2*t=b,\3*γ=a,\4*α=a)
  q623\k=4                    面向老病残尊劳作的第二本体呈现
  q623\1                      老人帮扶
  q623\2                      病人护理
  q623\3                      残疾人照应
  q623\4                      尊尊
```

本节以 4 小节叙说，后续延伸在小节里说明。

3.0.1 老人帮扶 q623\1 的世界知识

先给出二级延伸表示式及其汉语说明：

```
q623\1:(d3m,*γ=b)
  q623\1d3m                   助老的 3 级形态
  q623\1d31                   超老扶助
  q623\1d32                   中老扶助
  q623\1d33                   少老扶助
  q623\1*γ=b                  助老的 3 项内容
  q623\1*9                    体力助老
  q623\1*a                    物质生活助老
  q623\1*b                    精神生活助老
```

年龄过 90 岁者为超老，80 岁以下者为少老，两者之间者为中老。对老人的如此 3 级划分，大体上已达成共识。其 HNC 符号表示就是 q623\1d3m，相应的概念关联式就省了。

助老的 3 项内容也应无异议，这里给出下面的 3 位贵宾：

```
q623\1*9 := 509e2m+p10bc55——(q623-01-0)
```

（体力助老对应于老人的日常生活）

```
q623\1*a := 50ac25+p10bc55——(q623-02-0)
```
（物质生活助老对应于人的物质生活）

```
q623\1*b := 50ac26+p10bc55——(q623-03-0)
```
（精神生活助老对应于人的精神生活）

助老本来只是一个命题，其中的 q623\1*9 更是一个近乎公理的命题，但近年该命题却成了一个话题，因为出现了 pq623\1*9（体力助老的好心人）成为被告的故事。命题与话题的本质区别确实容易混淆，在体力助老方面，媒体和法庭似乎都还处在模糊性认识 r801 阶段，有待向清晰性认识 r802 提高。

3.0.2 病人护理 q623\2 的世界知识

先给出二级延伸表示式及其汉语说明：

q623\2*t=b	病人护理的第一本体呈现
q623\2*9	亲人护理
q623\2*a	医院护理
q623\2*b	养老院护理

相应的贵宾如下：

```
(q623\2,102,p509e46)——(q623-04-0)
```
（病人护理的对象是病人）

世界知识要点如下：

亲人护理是病人护理的基础性要素，医院或养老院的病人护理不可能完全替代亲人护理，三者之间存在下面的贵宾：

```
q623\2*~9 <= q623\2*9——(q623-05-0)
```
（医院和养老院护理强流式关联于亲人护理）

医院护理不但是护士和护工的职责，也是医生的职责。医生对待病人的态度，甚至一句话、一个表情或一个眼神，都会对病人的病情产生重大影响。这是一项十分重要的世界知识，可是似乎长期被忽视了。

养老院护理 q623\2*b 是“养老院病人护理”的简称，这是一项新事物，发达国家似乎并没有“发达”多少。所以，这里必然存在许多尚待探索的世界知识。

3.0.3 残疾人照应 q623\3 的世界知识

先给出二级延伸表示式及其汉语说明：

q623\3*γ=a	
q623\3*9	残疾人生活照应
q623\3*a	残疾人劳动照应

相应的贵宾如下：

```
q623\3 := (321,102,p509e47)——(q623-06-0)
```
（残疾人照应就是为残疾人谋利益）

q623\3*9 := (50ac2n,p509e47)——(q623-07-0)
（残疾人生活照应对应于残疾人的日常生活）
q623\3*a := (50aa,p509e47)——(q623-08-0)
（残疾人劳动照应对应于残疾人的劳动）

3.0.4 尊尊 q623\4 的世界知识

先给出二级延伸表示式及其汉语说明：

q623\4*α=a	尊尊的第一本体根呈现
q623\4*8	尊养名人
q623\4*9	尊养伟人
q623\4*a	尊养哲人

相应的贵宾如下：

((q623\4*α,l02,pa00iα),α=a)——(q623-09-0)
（尊尊的 3 类对象对应于专业活动的 3 类人物）
q623\4*a = pj1*b~d33 ——(q623-0-01)
（尊养哲人强交式关联于后工业时代的非初级阶段）

结 束 语

本节主要靠 10 位贵宾叙说，其中仅 1 位异类贵宾。这可能会造成一个误解，即以为在“面向老病残尊的劳作 q623”方面，人类已达成基本共识，社会实践也已步入良好态势，但实际情况远非如此。故写下了一些奇特话语，这包括：

——……媒体和法庭似乎都还处在模糊性认识 r801 阶段，有待向清晰性认识 r802 提高。

——……一项十分重要的世界知识似乎长期被忽视。

——……发达国家似乎并没有“发达”多少。

小 结

本节标题使用了“家务劳作”这个词语，该词语里的“家”，既包括家庭的家，也包括社会大家庭这个短语里的家。

家庭正在经历从大到小的巨变，更在经历从常态到异态的反伦理巨变，这必然会引发社会大家庭态势的巨变和家务劳作形态的巨变，可统称家务劳作的时代性巨变。

笔者希望，本篇所使用的前挂符号“q”有助于家务劳作时代性巨变的表达，上述两类巨变只是整个时代性巨变的一部分，但非常突出。本章对这项突出内容却只字未提，不无遗憾，请读者谅之。

第三章

专业劳作 q63

引 言

在古老中国的“士农工商”的描述里，本章定义的概念林“专业劳作 q63”主要属于“工”，而概念林“基础劳作 q61”属于“农”，下一章定义的“服务劳作 q64”则主要属于“商”。至于概念林“劳作共相 q60”和“家务劳作 q62”，可以说是“士农工商”的非分别说。“士农工商”的描述是齐备的，其“排序弱点”并不影响本篇概念林的设计。

本章应该首先登场的贵宾是：

q63 = a21//a——(q63-01-0)
（专业劳作强交式关联于专业活动，特别是其中的生产业）

基于该贵宾的提示，本章的概念树设置为 1“共”4“殊”，如下：

q630	专业劳作的基本内涵
q631	综合性专业劳作
q632	制作
q633	基础设施建造
q634	冶与炼

第 0 节
专业劳作的基本内涵 q630 (205)

3.0-0 专业劳作基本内涵 q630 的概念延伸结构表示式

```
q630:(t,i;it=b)
  q630t             专业劳作之第一本体呈现
  q6309             预处理
  q630a             加工
  q630b             组装
  q630i             产品
    q630it=b          产品的第一本体呈现
    q630i9            产品集中
    q630ia            产品包装
    q630ib            产品存储
```

下面，以两节进行叙说。

3.0.1 专业劳作之第一本体呈现 q630t=b 的世界知识

专业劳作 q630 的终极目标是形成产品，任何产品的形成过程必然是作用效应链的全呈现，这就是说，q630β 应该是 HNC 的必然选择。

那么，为什么在这里却选取了 q630t=b，而不是 q630β？那是为了把专业劳作的终极目标——产品——突出出来，或者说，从 q630β 中抽取出来，并以另一项延伸 q630i 来予以表示。这种灵巧的处理方式并非第一次采用，请读者留意[*01]。

在专业劳作里，木匠和铁匠大约是最早的两个行业了。在这两个行业里，其专业劳作 q630t=b 的特性非常鲜明，用不着笔者来饶舌。下面，依然故伎重演，让 3 位贵宾登场。

q6309 = (009α=a)——(q630-03-0)
（预处理强交式关联于物质作用之基本形态）
q630a = 229b——(q630-04-0)
（加工强交式关联于物状态之定向转移）
q630b = (40α=b)——(q630-05-0)
（组装强交式关联于关系的第二类基本特性）

3.0.2 产品 q630i 的世界知识

本小节先让下面的两位贵宾亮相：

q630i ≡ (rwq630t=b)——(q630-01-0)[*02]
（产品强关联于专业劳作第一本体呈现的效应物）

```
q630i => a20\1——(q630-06-0)
（产品是商品之源）
```

产品的再延伸“q630it=b”，其汉语说明比较到位，不必多说。最后，让另外两位贵宾出场。

```
q630i~a = 22a——(q630-07-0)
（产品集中与存储强交式关联于物传输）
q630ia = 3219+(330t=b)——(q630-08-0)
（产品包装强交式关联于保护与显隐对立统一的本能表现[*a]）
```

结束语

近来很热门的两个词语：物联网和互联网+，在HNC视野里，其符号表示都非常简明。前者可取pwc630i(t)，后者可取pwc630i(t)*d01。当然，这只是一个建议。

重要的是下面的世界知识，q630t 不过是 a219//a21β的一部分，相应内容是本节的第二号贵宾，总算在最后出场了。

```
q630t =% rwa219——(q630-02-0)
（专业劳作第一本体呈现是建造业的一部分）
```

注释

[*a] 这里仍然沿用HNC探索初期的术语，因为《全书》第一册未对此加以改动。

[*01] 关于HNC符号符号体系的灵巧处理方式，参见《全书》第五册pp8-13。

[*02] 这位编号为“01”的贵宾，意义非同寻常，可以看作是“产品q630i”的定义式，这位老大的“姗姗来迟”还意味着，q630的两项一级延伸原本可以交换位置。

第1节 综合性专业劳作q631 (206)

3.1-0 综合性专业劳作q631的概念延伸结构表示式

```
q631:(t=a,\k=3,7;9e26,ad01,\3*o01,)
  q631t=a                综合劳作的第一本体欠呈现
  q6319                  开采
    q6319e26               矿难
  q631a                  救援
    q631ad01               国际救援
  q631\k=3               综合劳作的第二本体呈现
```

```
q631\1              面向环境保护与改造的综合劳作（环保劳作）
q631\2              面向技术研发的综合劳作（科技劳作）
q631\3              面向信息收集的综合劳作（信息收集劳作）
  q631\3*o01          信息收集劳作的最呈现
q6317               综合劳作的协同性呈现
  c6317d01            现代综合劳作
```

下面，以 3 小节进行叙说，部分二级延伸放在小节里说明。

3.1.1 综合劳作第一本体欠呈现 q631t=a 的世界知识

前文说过，量测 q600 是科技活动的奶妈；这里可以说，开采 q6319 是工业活动的奶妈。没有开采 q6319，就没有冶与炼 q634，也就没有青铜器和铁器时代。

但是，开采必然伴随着灾祸，因此，救援必须与开采同行，这就是设置延伸 q631t=a 和 q6319e26 的依据，后者就是矿难的 HNC 符号，不必前挂“r”。本小节的贵宾如下：

```
q631t = a21βi——(q631-01-0)
（开采与救援强交式关联于矿业）
q631a (≡,<=) 3228\0 ——(q631-02-0)
（救援强并流式关联于灾祸）
c631ad01 (≡,<=) 3228\0ju40c33——(q631-03-0)
（现代国际救援强并流式关联于大规模灾祸）
```

3.1.2 综合劳作第二本体呈现 q631\k=3 的世界知识

本小节仅邀请 5 位贵宾发言：

```
q631\1 = (a83α=b)——(q631-04-0)
（环保劳作强交式关联于环保基本内容）
q631\2 = a62a\4——(q631-05-0)
（科技劳作强交式关联于科技工程）
q631\3 = 21ia——(q631-06-0)
（信息收集劳作强交式关联于信息定向接收）
q631\3*c01 := a359——(q631-07-0)
（信息收集底端劳作对应于文化信息收集）
q631\3*d01 := a12\2*9——(q631-08-0)
（信息收集顶端劳作对应于安全情报活动）
```

3.1.3 综合劳作协同性呈现 q6317 的世界知识

故伎重演，先让 4 位贵宾登场：

```
q6317 =: q631+b403——(q631-09-0)
（综合劳作协同性呈现等同于综合劳作与专业协同之并）
q6317 = a00b9——(q631-10-0)
（综合劳作协同性呈现强交式关联于专业性交互）
q6317 = a62a——(q631-11-0)
（综合劳作协同性呈现强交式关联于工程）
```

q6317 = c631ad01——(q631-12-0)
（综合劳作协同性呈现强交式关联于现代国际救援）

这4位贵宾的第一位（q631-09-0），实际上就是综合劳作协同性呈现q6317的定义式。下面，写一点随感。工业时代以来，专业活动a和专业劳作q63的分工越来越细，于是，两者的分析特征（ru8112）日益凸显，而其综合特征（ru8111）则藏而不露。这是一种时代性的"显隐现象（r33m）"，是"形而上思维衰落"的重要缘起之一。应该说，农业时代的工程师更懂得综合劳作协同性呈现q6317的价值或意义。现代人谈起著名的古代建筑奇迹时，常常发出不可思议的感叹，这包括我国宋代城市建设的下水道工程。其实，上面的"更重视"就是"不可思议"的答案，或者说，是该答案的核心内容。

上列4位贵宾给出了综合劳作协同性呈现q6317的核心诠释，对该延伸的联想脉络勾画出了一个比较清晰的路线图。

建筑师pa219\1应该成为综合性专业劳作的推动者，其HNC符号是（p3618+q631），发达国家的建筑师似乎已经意识到了这一点，这是值得发展中国家关注的大事。

结束语

本株概念树的排序，很是费了一番思考。它可以构成本片概念林的最后一株概念树，也可以纳入共相概念树。本章开写时，最初的顾虑又一次回潮，但写完之后，该顾虑已烟消云散。

本节的叙说方式充分展示了下面的意图，那就是：第一类劳动q6不但是"工"的事，也是"士"的事，更准确地说，是"士商工农"共同面对的事，本节的内容充分展示了这一重要的世界知识。

第2节
制作q632 (207)

3.2-0 制作q632的概念延伸结构表示式

```
q632:(α=b,\k=7;α3,\3*i,)
    q632α=b                工具制作
    q6328                  制作
    q6329                  硬件制作
    q632a                  软件制作
    q632b                  武器制作
       q632α3                 操作
    q632\k=7               用品制作
    q632\1                 食品制作
```

```
q632\2          饮料制作
q632\3          服装制作
q632\3*i        时装表演
q632\4          装饰品制作
q632\5          玩具制作
q632\6          药品制作
q632\7          保健品制作
```

本节以 3 小节进行叙说，操作 q632α3 被提升为 1 个小节。

3.2.1 工具制作 q632α=b 的世界知识

工具制作 q632α=b 的“α”全呈现似乎不那么规范，因为在传统思维里，q6328 不应该包含 q632b。但近年“网络战”和“电磁战”概念的出现，使传统思维得以彻底摆脱模糊性思考的束缚，让“工具制作 q632α=b”脱颖而出，成为概念树“q632 制作”的第一号延伸。

工具制作 q632α=b 伴随着下列 4 位贵宾：

```
q6328 = a219\20——(q632-01-0)
（制作强交式关联于工具制造）
q6329 = a6299——(q632-02-0)
（硬件制作强交式关联于硬件技术）
q632a = a629a——(q632-03-0)
（软件制作强交式关联于软件技术）
q632b = a219\26——(q632-04-0)
（武器制作强交式关联于武器制造）
```

工具制作 q632α=b 的时代性演变最为耀眼，出乎自古以来最杰出哲学家的意料[*01]，引发了现代人的诸多幻觉与幻想[*02]，这是很自然的事。

3.2.2 操作 q632α3 的世界知识

似乎所有的古老文明都十分重视操作者 pq632α3，但对工具制作者 pq632α 并非同样重视，这是一个很有趣的文明现象。传统中华文明把 pq632α3 纳入“士”，把 pq632α 纳入“工”，希腊文明也大体如此，就是明证。

传统中华文明把 q632α3 的描述归纳成六艺[*03]，更准确地说，是六艺中的“乐射御书数”。其中，“乐”属于 q63283，“书”和“数”属于 q632a3，“射”属于(q63293;q632b3)，这 3 项属于都比较典型，只有“御”不那么典型，就归于 q63293 吧。

现代汉语捆绑于 q632α3 的精粹汉字有：“员”、“师”、“工”……其中，飞行员和宇航员是令人羡慕的职业，宇航员尤其如此。两者的 HNC 符号如下：

```
飞行员      p(~6)63283(d01)+a219\22*b
宇航员      pc63283(d01)+a219\22*bi
```

当然，这只是建议。

本株概念树的命名曾设想过改为“制作与操作”，由于对操作进行了上面的符号处理，就放弃了。

为什么要把“操作 q632α3”提升为 1 个小节呢？上面的文字只是半个答案，下面还有呼应。

3.2.3 用品制作 q632\k=7 的世界知识

用品制作与工具制作的根本区别在于前者无需操作，而后者必须可以操作。这项世界知识的表达，可以仅由一位“异类”贵宾来担任。

```
((pwq632\k=7),jl00e22,q632α3)——(q632-0-01)
(用品制作出来的产品无关于操作)
```

这位“异类”贵宾就是上面提到的另一半答案了。

二级延伸“时装表演 q632\3*i”，可看作是对“异类”的挑战。

用品制作 q632\k=7 分别说的内容，如同工具制作 q632α=b 一样，非常丰富。但彻底免于叙说，贵宾一个都不邀请，因为后来者不难依样画葫芦。至于符号“\k=7”的齐备性，自然也就跟着免于叙说了。

结束语

本节延续了以贵宾为纲的叙述方式，贵宾的选择以提供领域认定的判据为出发点。我们看到，多数贵宾确实与主体语境单元发生了联系，这正是 HNC 的期待。这一现象是否刻意为之？显然，这个问题不应该由笔者来回答。顺便说一声，为什么本节明显地留下了大量“习题”？与此有关。

注释

[*01] 这个说法必有异议，亚里士多德的崇拜者就不会同意。

[*02] 《奇点临近》是此类幻觉与幻想的代表作，好莱坞关于飞行和宇航的大片更是。在那些大片里，宇航员的作用被过度夸大，媒体推波助澜，一些关于伟人介绍的通俗读物因此而被严重误导。

[*03] 六艺指礼、乐、射、御、书、数，是儒家的经典表述。

第 3 节 基础设施建造 q633 (208)

3.3-0 基础设施建造 q633 的概念延伸结构表示式

```
q633:(\k=5,3,c01,)
  q633\k=5                    基础设施建造的第二本体呈现（基础建造）
```

```
q633\1          建筑物建造
q633\2          交通设施建造
q633\3          动力设施建造
q633\4          水利设施建造
q633\5          信息设施建造
q6333           军事基地建造
q633c01         底端基础建造
```

下面，以 7 小节进行叙说，增添一个 3.3.0 小节，用于基础建造 q633\k=5 的非分别说，底端基础建造 q633c01 不配置小节。

本节生造了一个新词——建造，可与前面的“劳作”和“制作”鼎足而三，又可与下面的“冶炼”合而为四。就专业劳作的 4 株殊相概念树来说，用 4 个不同的词语分别进行描述，显然比较合适，也比较生动。

3.3.0 基础建造 q633\k=5 非分别说的世界知识

人类社会从农业时代向工业时代转变的过程，就是大量的农民转变为工人的过程。这一重要世界知识的贵宾如下：

```
(pj1*9 => pj1*a) := (a209ju40c33,l54\5,(pj01*-9\4,pj01*-9\3))
——(a10-01-0)
（从农业时代到工业时代的过渡必然伴随着农民到工人的大规模转化）
(a209ju40c33,l54\5,(pj01*-9\4,pj01*-9\3)) => pj01*-aeb7
——(a10-02-0)
（农民到工人的大规模转化强源式关联于贫弱阶层）
pq633(\k)c01 := pj01*-aeb7——(a10-03-0)
（底端基础建造者对应于贫弱阶层）
```

这里特意提供了一个机会，对本《全书》第二册（《论语言概念空间的主体语境基元》）的一个重要细节作出交代。该册的概念关联式多数未给出编号，根本原因就在于考虑到上列贵宾的必然姗姗来迟。如果对此有“事后诸葛亮”的怀疑，笔者无意辩解。

上列 3 位贵宾是以“a10”牵头的，其重要性不言而喻。贫弱阶层的存在性是一个十分复杂的社会学课题，这里提供了一个世界知识视野的叙说。贫弱阶层当然遍及第一类劳动的各株概念树，但应该看到，基础设施建造是其主要“阵地”，就农民工来说，pq633(\k)c01 是最应该受到关注的群体。

最后，应指出两点：一是贵宾里出现了多位“pj01*-”成员；二是某些成员里的“eb7”符号。那些成员带有大量以“pj”牵头的概念关联式[*a]，可供未来图灵脑的联想之用；那个符号来于“ebn”，表示塔形结构，“eb7”表示塔的底部或底层。这是对“ebn”的最终约定，前文可能出现“^ebn”的误用，而未予改正。这两点属于细节，习惯上应该放在注释里。这里却打破惯例，在正文叙说，这符合本小节的身份。

3.3.1 建筑物建造 q633\1 的世界知识

从本小节开始，皆请出一位贵宾打头阵，随后轻松叙说。

q633\1 = a219\10+a219\11——(q633-01-0)
(建筑物建造强交式关联于城建与建筑)

此位贵宾的联想引导能力极度强大，因为 a219\10 和 a219\11 都拥有丰富的再延伸内容，它们都可以构成 q633\1 的下属，其符号表示取“q633\1+a219\1k*k”[*01]形态。

我国的房地产业 rwa219\11 近 20 多年来取得了举世瞩目的大发展，这功劳不能全归在“资本+技术”的操盘者 pa26\(k) * (d01)[**02]身上，也不能仅归功于企业家 pa219\10 或 pa219\11，广大的建造者 pq633\1ju60c33 同样功不可没。

3.3.2 交通设施建造 q633\2 的世界知识

本小节打头阵的贵宾是：

q633\2 = a219\12——(q633-02-0)
(交通设施建造强交式关联于交通基建)

近 20 多年来，我国在交通基建 a219\12 方面取得的辉煌成就举世无双，发达国家都被我们抛在后面。近来使出了“一带一路”和“亚投行”的太极高招，此高招的目的论水准属于一流，途径论和步调论的水准也不差，但视野论水准就另当别论了。依据已故蕲乡老者的设想，“印环与太环齐飞”是 21 世纪世界经济格局的头等大事，上述太极高招抓住了这盘大棋的大场与急所。这盘大棋不仅关系到印环的起飞，也关系到太环西部与北跨东部的连接[*03]。这项连接固然存在“丝绸之路”的历史背景，但更直接的历史背景是“香料之路”。无论是出于何种考虑，淡化后者都是视野论的不足，更不用说无视了。“香料之路”的历史罪恶面不能抹杀其伟大历史功绩，不能成为淡化或无视的依据。

我国交通基建 a219\12 曾赢得“铁公鸡”的有趣诨名，这里的“鸡”很不一般，乃机场与港口之非分别说也。“铁公鸡”在国内强力推行的风险并不大，但如果推向国外呢？上述视野论的不足，也包括对这个重大问题的深入考察。

3.3.3 动力设施建造 q633\3 的世界知识

本小节打头阵的贵宾是：

q633\3 = a219\13——(q633-03-0)
(动力设施建造强交式关联于资源基建)

工业时代的技术曙光是从热动力引擎 a219\22*i\2 的研发开始的，著名的瓦特先生原本就是一位动力设施建造者pq633\3。同时，动力设施建造又与能源和原料“制造”密切相关，因此，本小节还必须请来下面的两位贵宾：

q633\3 = (a219\20*9i)——(q633-04-0)
(动力设施建造强交式关联于动力机械制造)
q633\3 = a219\23~3——(q633-05-0)
(动力设施建造强交式关联于能源与原料“制造”)

这 3 位贵宾右侧的延伸概念都是大老板，带领着一群下属。通过这 3 位大老板，未来的图灵脑（微超或语超）应不难对动力设施建造的全貌了然于胸，因此其世界知识水平也应不难超过常人的语言脑，即使是在苹果、谷歌和智能手机培育出来的新一代。

上面的叙说适用于全部“专业劳作 q63”活动，为什么放在本小节叙说？因为动力设施建造的技术含量最高。某些专业劳作者 pq63 是老板们不敢轻易怠慢的，p(~6)633\3 是其中的佼佼者。在随后的两类专业劳作里，这种情况并不罕见。

3.3.4 水利设施建造 q633\4 的世界知识

本小节打头阵的贵宾不是一位，而是两位，如下：

q633\4 = a219\131——(q633-06-0)
（水利设施建造强交式关联于水资源建设）
q633\4 = a219\143——(q633-07-0)
（水利设施建造强交式关联于抗灾设施基建）

两位贵宾右侧的延伸概念也是大老板，特别是水资源建设 a219\131。本节特意引入“大老板”这个词语，不是戏言，请记住这句话吧。

3.3.5 信息设施建造 q633\5 的世界知识

本小节打头阵的贵宾与上一小节一样，也是两位，如下：

q633\5 = a219\15——(q633-08-0)
（信息设施建造强交式关联于信息设施基建）
q633\5 = a219\25——(q633-09-0)
（信息设施建造强交式关联于信息用品制造）

与这两位贵宾打交道的大老板级别更高，属于部长级。考虑到这个情况，也许应该专门为 q633\5 设置一项延伸 q633\5*d01，可命名为信息平台建造。当然，这也只是建议。

李克强先生最近在大力推动“大众创业，万众创新”的经济理念，但基于当下中国产能过大[*04]的现实，该理念的可实施领域并不多，信息平台建造 c633\5*d01 或许是其中的首选者吧。

3.3.6 军事基地建造 q6333 的世界知识

本小节打头阵的两位贵宾是：

q6333 = a219\16——(q633-10-0)
（军事基地建造强交式关联于军事设施基建）
q6333 = a459——(q633-11-0)
（军事基地建造强交式关联于军事设施）

本项延伸的 HNC 符号和汉语命名都突然拐了个弯，以“3”替换了“\6”，以“基地”替换了“设施”。这是由于考虑到两位贵宾里的大老板身份不同，在美国，这位大老板有一个鼎鼎大名的外号，叫“五角大楼”。

是否应该为 q6333 专门设置 q6333c01 延伸项，以纪念那些 pq6333c01？这由后来者决定。现在的人们在参观以往的军事基地 pwa459 遗迹时，未来的人们在参观现在的军事基地时，需要这项延伸。因为人类曾经遭受过的苦难，也许以 pq6333c01 的遭遇最为恐怖。

注释

[*a] 见“关于‘pj01*’类概念”（[280-2/01]）。

[*01]“*k”表示后续数字延伸，这也许是第一次使用。

[**02] 符号pa26\(k)*(d01)属于自延伸概念，这里把它叫作“资本+技术”的操盘者，实际上，这位操盘者就是前文所说的金帅，现在的官帅颇有青出于蓝之势，第四世界里富豪国家的教帅也在学习金帅的本事。这项世界知识应该成为21世纪的显学，但当下的实际情况却是，它依然处于奇妙的隐状态。

[*03] 这里出现了3个HNC术语：印环、太环和北跨，请参看本《全书》第四册里的“对话续1”。

[*04] 经济学界的术语是产能过剩，这里改了一个字。因为从全球视野看，“剩”字并不合适。

第 4 节 冶与炼 q634 (209)

3.4-0 冶与炼 q634 的概念延伸结构表示式

```
q634:(\k=3,α=a;\k₁k=2,\3*t=a)
  q634\k=3              冶与炼的第二本体呈现
  q634\1                雕塑
    q634\11               雕刻
    q634\12               塑造
  q634\2                陶瓷
    q634\21               陶器烧制
    q634\22               瓷器烧制
  q634\3                炼冶
    q634\31               固态物炼冶
    q634\32               液态物炼冶
    q634\3*t=a
    q634\3*9              核原料炼冶
    q634\3*a              稀土炼冶
  q634α=a               冶与炼的第一本体根呈现
  q6348                 物理炼冶
  q6349                 化学炼冶（冶炼）
  q634a                 生物炼冶（窖冶）
```

本节标题不使用现成的词语——冶炼，而使用冶与炼；两本体延伸的顺序违反常规；在延伸概念里生造了两个词语——炼冶和窖冶。为什么要这么做？读者不难揣测一二，灵巧一下就明白了，无需赘言。

这里，需要请出一位贵宾：

q634 = a33a\2——(q634-01-0)
（冶与炼强交式关联于工技）

下面，以 4 小节进行叙说。未赘言部分，将有所回应。

3.4.1 雕塑 q634\1 的世界知识

语言脑最早的创作是雕刻 q634\11，其创造物的 HNC 符号是 gwq634\11。这有甲骨文为证，有希腊神像为证。莫高窟、云冈石窟、龙门石窟等，只是雕刻创作的扩大。

塑造是雕刻的发展或弘扬，其创造物的 HNC 符号是 gwq634\12。这有佛祖和诸多菩萨的塑像为证。

如果有人追问说，上列证物都属于艺术脑的创造，何关语言脑？在脑之世界知识的视野里，这个问题不必作答。

本小节以下面的 3 位贵宾殿后：

(q634\11,sv43a,jw539e22(d01))——(q634-02-0)
（雕刻以岩石为生产材料）
(q634\12,sv41b,jw539e2m)——(q634-03-0)
（塑造以泥土与沙石为原料）
q634\1 = a219\21*a——(q634-04-0)
（雕塑强交式关联于精神生活用品制造）

3.4.2 陶瓷 q634\2 的世界知识

陶器的出现远早于雕刻，瓷器的出现远晚于雕刻，故曾考虑过将“o01”用于陶瓷 q634\2 的再延伸。后来形式美的考量占了上风，就采取 q634\2k=2 的形态了，但上述世界知识比较重要，将赋予下面的两位贵宾。

(q634\2,sv41b,jw539e21)——(q634-05-0)
（陶瓷制作以泥土为原料）
q634\21 =: q634\2(c01)——(q634-06-0)
（陶器等同于底端陶瓷制作）
q634\22 =: q634\2(d01)——(q634-07-0)
（瓷器等同于顶端陶瓷制作）
q63434\2 = a219\21*9——(q634-08-0)
（陶瓷强交式关联于物质生活用品制造）

农业时代的陶瓷制品 pwq634\2k，特别是其中的精品，是收藏家或博物馆的宝贝，HNC 有责任对这项世界知识给出相应的描述——概念关联式或贵宾。但这类描述的数量太大，本《全书》不得不知难而退。

3.4.3 炼冶 q634\3 的世界知识

本小节由下列 4 位贵宾全权代表。

q634\31 = a219\233——(q634-09-0)
（固态物炼冶强交式关联于材料制造）
q634\32 = a219\23~3——(q634-10-0)
（液态物炼冶强交式关联于能源与原料制造）
q634\3*9 => a45a3c37——(q634-11-0)
（核原料炼冶强源式关联于核武器）
q634\3*a => a629(t)(d01)——(q634-12-0)
（稀土炼冶强源式关联于尖端技术[*01]）

3.4.4 冶与炼的第一本体根呈现的世界知识

本小节的世界知识描述可以由一位贵宾全权代表，不过随后来一段闲话。

(q634α = a219\23*α，α=a)——(q634-12-0)
（冶与炼的第一本体根呈现强交式关联于资源制造方式）

闲话如下：

闲话 01：贵宾（q634-12-0）实际上是 3 位贵宾。

闲话 02：短语“第一本体根呈现”意味着不是“α=b”，“α”不全。

闲话 03：化学炼冶简称“冶炼”，这表明冶炼只是炼冶的一种特殊情况。该特殊情况由下面的贵宾代表：

q6349 (≡,=>) a219\23*9i
（化学炼冶强并源式关联于冶炼）

闲话 04：冶炼或炼一定要在高温下进行，窖冶恰恰相反，“冶”两可。

闲话05：本节生造的两个词语——炼冶与窖冶——缘起于闲话 03 和 04，本节标题“冶与炼”亦缘起于此。

闲话 06：我们看到了“资源制造方式 a219\23*α”这一语境基元概念非同寻常，然而，它不过是“物质作用基本形态 009α=a”这一主体概念基元的产物。

结 束 语

冶与炼第二本体呈现 q634\k=3 竟然具有统一的再延伸符号 q634\$k_1$k=2，这纯粹是一种巧合吗？笔者宁愿说，它不仅体现了世界知识的一种形式美，还包含一种内在美。HNC 符号体系多次展现过这一美景，把它们汇总起来加以凸显，可能有点意思，后来者有意于此乎？

小 结

如果把经济活动 a2 作最简化的硬软两分[*02]，那么我们看到，专业劳作 q63 不仅是硬经济主体的老祖宗，也是部分软经济的老祖宗。我们还看到，专业劳作不全是体力劳动，也包含脑力劳动；不全属于经济活动，也包含文化活动；不全是“能工巧匠”的事，也是“儒商”和“名士”的事[*03]。

上述一系列综合性特征当然不是专业劳作 q63 的专利，而是第一类劳动 q6 的共相。但 q63 的共相表现最为突出，下面的服务劳作 q64 次之。

注释

[*01] 这里对尖端技术使用了符号——a629(t)(d01)，其中的“(d01)”叫自延伸符号。形式上似乎是第一次采用，其实早已成为HNC符号体系的惯用手段。

[*02] 硬经济和软经济都有多种表述方式，但并没有统一的称呼。制造、建筑、化工、交通、矿业、农业、林业、渔业等属于硬经济，商业、金融、服务业、旅游业、文化产业等属于软经济。

[*03] 传统中国的许多名士喜好篆刻，它属于雕刻q634\1 1。

第四章

服务劳作 q64

引 言

上一章的引言中说过："服务劳作 q64"则主要属于"商"，故本片概念林的概念树设置，以服务业 a23 为基本参照，乃是必然之选。其结果是：1"共"9"殊"，共计 10 株概念树，如下：

q640	服务劳作的基本内涵
q641	饮食服务
q642	形象服务
q643	住宿服务
q644	行旅服务
q645	娱乐服务
q646	修理服务
q647	安全服务
q648	传递服务
q649	环境服务

第 0 节 服务劳作的基本内涵 q640 (210)

4.0-0 服务劳作基本内涵 q640 的概念延伸结构表示式

```
q640:(m,3;(~2)t=b,2i,3:(\k=3,7))
  q640m                  服务劳作的第一黑氏描述[*01]
  q6400                  义务服务
  q6401                  主动服务
  q6402                  被动服务
  q6403                  志愿服务
```

下面，以 2 小节进行叙说。二级延伸放在小节里说明。

4.0.1 服务劳作第一黑氏描述 q640m 的世界知识

本小节以两位贵宾打头阵。

```
q640m := 01m——(q640-01-0)
(服务劳作第一黑氏描述对应于承受的基本特性)
q640~2 := 01m3——(q640-02-0)
(义务与主动服务对应于服务)
```

下面，依次说明两项二级延伸。

——关于 q640(~2)t=b——服务劳作的第一本体呈现

```
q640(~2)9          责任型服务
q640(~2)a          奋斗型服务
q640(~2)b          牺牲型服务
q640(~2)9 := 0103——(q640-03-0)
(责任型服务对应于责任承担)
q640(~2)a := 0113——(q640-04-0)
(奋斗型服务对应于奋斗)
q640(~2)b := 0123——(q640-05-0)
(牺牲型服务对应于艰难困苦的承担)
```

各类古老文明都十分重视上述 3 类服务的教育，但似乎不够全面，不同文明各有自己的侧重，例如，希腊文明的一个分支——斯巴达克，就特别重视牺牲型服务 q640(~2)b 的教育。那么，是否存在一些较全面的传统文明？中华文明有资格入选吗？提出这样的问题也许并不合适，一是由于国际者[*02]必然对此十分厌恶，二是由于本小节不是讨论这个问题的合适场所。但考虑到延伸概念 q640(~2)t=b 的特殊重要性，这里必须请出下列贵宾：

q640(~2)t=b ≡ a7073——(q640-00-0)
（服务劳作的第一本体呈现强关联于教育理念）

——关于 q6402i——奴仆服务

q6402i = pj01*-9c01——(q640-06-0)
（奴仆服务强交式关联于奴仆阶层）
c6402i ≡ pj01*-9c01ua629(t)(d01)——(q640-0-01)
（后工业时代奴仆强关联于技术奴仆）

4.0.2 志愿服务 q6403 的世界知识

先给出二级延伸表示式及其汉语说明：

q6403\k=3	志愿服务的第二本体呈现
q6403\1	个人志愿服务
q6403\2	家族志愿服务
q6403\3	组织志愿服务
q64037	特定志愿服务

本小节的世界知识叙说全权委托下列贵宾：

(q6403\1,l01,p40-00)——(q640-07-0)
（个人志愿服务以个人为主体）
(q6403\2,l01,pj01*-0)——(q640-08-0)
（家族志愿服务以家庭为主体）
(q6403\3,l01,a03b)——(q640-09-0)
（组织志愿服务以超组织为主体）
(q64037,l01,a119)——(q640-10-0)
（特定志愿服务以政府为主体）

结 束 语

第一类劳动 q6 不但是“工”与“农”的事，也是“官”与“士商”的事，前文已多次叙说，这是一项重要的世界知识，将名之劳动第一知识。但是，在不同文明里，该项知识曾受到各种错误观念的严重干扰。在 21 世纪的当下，这种干扰的力度已大为减轻，但各种模糊认识依然十分流行。例如，一说起奴仆服务，似乎就是古老中国最惨无人道；一说起志愿服务，就非个人或超组织莫属，而无视另外两类。HNC 把本小节的诸位贵宾看作是各项服务劳作的正式代言人（注意，其中仅一位属于“异类”），同时，它们也是理性法庭[*a]关于劳动第一知识正式判词里的重要内容。

注 释

[*a] 这里的理性法庭是借用术语，来于本《全书》第六册。

[*01] 第一黑氏描述对应于语言理解基因氨基酸符号“m”，第二黑氏描述对应于“n”。这两个

关于黑格尔辩证法描述的短语使用过多种其他的表述形式，未予统一，今后将统一于此。

[*02] 新国际者和老国际者是前文杜撰的两个术语，这里把两者合称为国际者，是第一次使用。

第 1 节 饮食服务 q641 (211)

4.1-0 饮食服务 q641 的概念延伸结构表示式

```
q641:(e2m,γ=a;e2mc3m,9t=b,aα=b)
  q641e2m                      饮食服务基本形态
  q641e21                      直接服务（饮食服务）
  q641e22                      间接服务（饮食素材服务）
    q641e2mc3m                   饮食服务的 3 层次呈现
  q641γ=a                      饮食服务的基本类型
  q6419                        食服务
    q6419t=b                     食服务基本类型
    q64199                       主食服务
    q6419a                       副食服务
    q6419b                       辅食服务
  q641a                        饮服务
    q641aα=b                     饮服务基本类型
    q641a8                       饮料服务
    q641a9                       酒服务
    q641aa                       茶服务
    q641ab                       咖啡服务
```

下面，以两小节进行叙说。

4.1.1 饮食服务基本形态 q641e2m 的世界知识

本小节打头阵的贵宾是：

(q641e2m,103,50ac25\1)——(q641-01-0)
（饮食服务基本形态的内容是食）

接下来的 3 位贵宾是：

q641e21 := (pw,w)50ac25\1e21——(q641-02-0)
（直接服务提供的是饮食）

q641e22 := (w,pw)53(50ac25\1)——(q641-03-0)
（间接服务提供的是食品素材）

q641e2mc3m := j40c3m——(q641-04-0)
（饮食服务的 3 层次呈现对应量与范围的 3 分描述）

这 4 位贵宾实质上是对应延伸概念的定义式，符号 w50ac25\1e21 和 w53(50ac25\1) 值得体玩；食、饮食和食品素材也值得体玩。汉字“食”不包含“饮”，这里的“食”却包含；汉语无“食品素材”短语，这里却可轻松引入，且皆无义境模糊之虞。为什么？语言氨基酸符号“\1”和“e21”之功也，语言染色体符号“pw”、“w”和“53”之功也。

4.1.2 饮食服务基本类型 q641γ=a 的世界知识

本小节的世界知识可由下面的两位贵宾代言。

```
(q6419t := a23\2111*t,t=b)——(q641-05-0)
(食服务基本类型对应于食用服务三侧面)
(q641aα := a23\2112k,α=b,k=0-3)——(q641-06-0)
(饮服务基本类型对应于饮用服务基本类型)
```

两位贵宾的分别说分别是 3 位和 4 位。

贵宾两侧延伸概念的挂靠特性有所不同，同样挂靠的意义也不相同，其要点有三，兹说明如下：

第一，贵宾左侧的延伸概念不能前挂“gw”，但右侧的能。这“不能”与“能”表现了“q64”与“a2”之间的一项世界知识差异，这一差异可以推广到“q6”与“a”之间吗？请后来者思考并采取行动。就本小节的情况来说，gwa23\211 的现代汉语名称是餐饮业，但餐饮业绝不可以映射成 gwq641。这是符号表示的一项约定，乃基于世界知识表达的需要。

第二，贵宾两侧的延伸概念都可以前挂“p”，“pq6z|”[*01]表示劳作者，“paz|”则表示专业人士。就本小节的情况来说，pq641 就是餐饮业的服务员，而 pa23\211 则是餐饮业的经营者或老板，是专业人士里的“商”。

第三，在“商”与服务员之间，还有一个广大的“工”，这些“工”也以符号“paz|”表示。那么，如何区分“商”与“工”呢？答案很简单，就是“工”的“z|”位数一定多于“商”，严格的约定是：该“paz|”一定不存在对应的“gwaz”。

从上面的说明可知，古汉语的“士农工商”概括不仅存在排序方面的认知失误，还存在内容方面的缺位，应增加一个“服”字，如果用“士商工农服”[*02]来概括，那就比较圆满了。

结 束 语

本节对“第一类劳动 q6”与“第二类劳动 a”之间的分工与合作给出了进一步的说明，对 gw 和 p 的挂靠方式进行了约定性说明，这两项说明大有益于语言的理解。

回想当年，曾大力推荐过山克先生。他曾以餐饮业为依托，试图弄出一个通用的语言理解处理模式来，现在看来，未免是一个笑话。然而，类似的笑话在当下更为流行。打住吧，否则，HNC 的“八股”话语又要冒出来了。

注释

[*01] 这里第一次使用符号“z|”，它表示后续的数字符号系列。

[*02] 如果有人说，古汉语的“士农工商”概括，本来是八个字，前有“王”与“官”，后有“仆”与“奴”，缺位之说纯属胡扯，笔者表示同意。

第 2 节 形象服务 q642 (212)

4.2-0 形象服务 q642 的概念延伸结构表示式

```
q642:(γ=a,3;9:(t=a,c01),a\k=2,3o01)
  q642γ=a                  形象服务的混合呈现
  q6429                    穿戴服务
    q6429t=a                 穿戴服务的第一本体呈现
    q64299                   穿服务
    q6429a                   戴服务
    q6429c01                 穿戴劳作服务
  q642a                    修饰服务
    q642a\k=2                修饰服务的第二本体呈现
    q642a\1                  理发服务
    q642a\2                  美容服务
  q6423                    变形服务
    q6423c01                 化装
    q6423d01                 整形
```

下面，以 3 小节进行叙说。

4.2.1 穿戴服务 q6429 的世界知识

本篇迄今的叙说，贵宾们所描述的世界知识多半具有足够的齐全性，但从本章开始，情况有所变化。这意味着，从本节开始，将为贵宾们配置一些随从，以弥补其原有世界知识表达的不足，这些随从就以终结符号“-0a”表示。下面看一个例子：

```
q6429 := a23\212——(q642-01-0)
(穿戴服务(劳作)对应于穿戴服务(制作))
(q6429,jl11e21,xgwa039)——(q642-01-0a)
(穿戴服务具有鲜明的行业性)
```

在未来的图灵脑里，这些随从将合并到有关的贵宾里，这里的（q642-01-0a）就应该合并于下面的概念关联式[*a]：

(a23\212,jl11e21,(xpj1*t;xwj2*-0))
(穿戴服务具有鲜明的时代性和地域性)

现在我们知道，上面概念关联式的最后一项还需要补充下面的两个符号：

;xgwa039; pjx62e2m[**01]

前者代表行业性，后者代表男人和女人。这样补充以后，上面的无编号概念关联式就可以变成贵宾了。

这里需要交代一项重要的细节。依据上述约定，gwa23\212 代表服装行业，pa23\212 代表服装业的老板。那么，该行业的其他专业人员，包括设计者和制作者，如何安顿？a23\212 的再延伸概念，可提供充裕的描述手段。当然，那些描述是粗线条的，但包含了卧具。关键在于，它提供了一个符合提纲挈领要求的描述样板。

4.2.2 修饰服务 q642a 的世界知识

本小节的世界知识由下面的 3 位贵宾和 1 位随从代言：

q642a = a23\21*i\21——(q642-02-0)
(修饰服务强交式关联于个人形象服务)
q642a = a219\21*9\5——(q642-03-0)
(修饰服务强交式关联于形象用品制造)
q642a = pjx62e22——(q642-04-0)
(修饰服务强交式关联于女人)
(q642a,l02,pj01*-9d01) = a23\21*i\21e21——(q642-02-0a)
(贵族修饰服务强交式关联于内在形象服务)

对于这位随从，需要进行转换处理，这就留给后来者了。

最后，加两个一般概念关联式，不给汉语说明。

q642a\1 = a23\21*i\21e22\1——(q642a-01)
q642a\2 = a23\21*i\21e22\2——(q642a-02)

4.2.3 变形服务 q6423 的世界知识

本小节仅让下列 4 位贵宾上场。

q6423c01 <= (q703b;q723)——(q6423-01-0)
(化装强流式关联于欢乐或艺术参与)
q6423d01 (≡,=>) a23\21*i\21e22\3——(q6423-02-0)
(整形强并源式关联于整容服务)
q6423 <= a12\2*9——(q6423-03-0)
(变形服务强流式关联于安全情报活动)
q6423 := 332——(q6423-04-0)
(变形服务对应于隐藏)
q6423d01 = pjx62e2m——(q6423-05-0)
(整形强交式关联于女人)

结束语

形象服务 q642 的时代性呈现十分突出，人类行为的荒唐之最似乎都发生在这里。这“荒唐之最”有古代的，也有现代的。古代荒唐似乎仅限于整形 q6423d01，现代荒唐则包括两方面，除了整形，还包括穿戴服务 q6429。两项荒唐的相应符号表示分别是：

q6423d01e43（过度整形）和 q6429e43（过度穿戴服务）

曾经流行于中国的“三寸金莲”，固然是 q6423d01e43 的古代代表，但现代代表就不存在吗？q6429e43 也不存在现代代表吗？笔者不愿意叙说这个问题，故上列两项延伸都处于缺位状态。不过，在笔者看来，谷歌眼镜和苹果手表就属于 q6429e43。

注释

[*a] 此概念关联式见本《全书》第二册《论语言概念空间的主体语境基元》（p154）。

[**01] 符号pjx62e2m——男人和女人——是2005年以前定义的，在2013年撰写“jw63人”时，未引入延伸项jw63e2m，就是基于该符号的存在。该符号对“p”和“x”的运用展现了一定的灵巧性，请关注。

第 3 节
住宿服务 q643 (213)

4.3-0 住宿服务 q643 的概念延伸结构表示式

```
q643:(γ=a)
  q643γ=a          住宿服务的混合呈现
  q6439            租住
  q643a            旅住
```

本株和下一株概念树，都属于商业a22，这一世界知识提前叙说，都服务于住，相应的贵宾如下：

(q643;q644) =% a22——(q64-01-0)
（住宿和行旅服务属于商业）
(q643;q644) := 50ac25\3u52——(q64-02-0)
（住宿和行旅服务对应于动态性住）

本节不单写结束语，与下节一起合写。
下面，以两小节进行叙说。

4.3.1 租住 q6439 的世界知识

“居者有其屋”是一个古老的梦想，是社会乌托邦的重要内容之一，是世界知识匮乏症容易发作的领域之一。

农业时代的奴仆阶层，工业时代的贫弱阶层，都不可能实现“居者有其屋”。后工业时代的温饱和中产阶层，同样不可能也没有必要实现“居者有其屋”，租住 q6439 永远是一种可选择的居住方式。这些世界知识由下列两位贵宾代言。

(q6439,jl00e22,pj01*-9c01)——(q643-01-0)
（租住无关于奴仆阶层）
(q6439,jl00e21,(pj01*-9\1-3;pj01*-a~eb5;pj01*-b~e51))——(q643-02-0)
（租住相关于农业时代的士商工、工业时代的过渡和贫弱阶层、后工业时代的中产和温饱阶层）

此外，还需要请出下面的贵宾：

q6439 = a22a9\3——(q643-03-0)
（租住强交式关联于房屋租赁）

4.3.2 旅住 q643a 的世界知识

本节生造了两个词——“租住”和“旅住”，这里首先让下面的贵宾亮相：

q643a := 52(50ac25\3)——(q643-04-0)
（旅住对应于动态住[*01]）

工业时代以后，出现了多种类型的特殊旅住，如卧铺、邮轮等，符号(~6)643a 就可以给出它们的基本信息[*02]。下面，再给出两位贵宾：

q643a <= q74——(q643-05-0)
（旅住强流式关联于行旅）
q643a = a23\22*9——(q643-06-0)
（旅住强交式关联于旅馆服务）

注释

[*01] 动态住与动态性住之间的HNC符号差异体现了两者的义境差异，读者可自行领会。

[*02] 坐过高铁的人可能质疑符号“(~6)”的有效性，但这类质疑显然属于模糊性认识。

第 4 节 行旅服务 q644 (214)

4.4-0 行旅服务 q644 的概念延伸结构表示式

q644:(γ=b,\k=3,d01;)
q644γ=b　　行旅服务的混合呈现

q6449	陆行服务
q644a	水行服务
q644b	空行服务
q644\k=3	行旅服务第二本体呈现
q644\1	旅游服务
q644\2	探险服务
q644\3	迁徙服务
q644d01	顶端行旅服务

本概念延伸结构表示式特意采取开放形态。

下面，以 3 小节叙说。

4.4.1 行旅服务的混合呈现 q644γ=b 的世界知识

本小节仅叙说 4 个“细节”。

空行是广义的，桥梁就属于空行服务，故 q644b 并不违规，不必以(~6)644b 替代。

水行服务现在还没有出现 c644a，但“胶囊”运输设想[*01]可能会改变这一状况。

在后工业时代，陆行服务已经出现的重大事件是高铁，即将出现的重大事件是无人驾驶汽车。高铁主要适用于环印度洋地区和中国，而无人驾驶汽车则无处不适用。这是一项重要的知识吗？可以考虑。

空行服务 q644b 需要设置 c644bd01 吗？不必，因为它已出现在第三项一级延伸里了。

4.4.2 行旅服务第二本体呈现 q644\k=3 的世界知识

行旅服务的主体是旅游服务 q644\1，下面的贵宾必须首先出场。

q644\1 := q741——(q644-00-0)
（旅游服务对应于旅游）

接着出场的应该是下面的两位贵宾：

q644\2 := q743——(q644-01-0)
（探险服务对应于探险）
q644\3 := q746——(q644-02-0)
（迁徙服务对应于迁徙）

这 3 位贵宾所表达的世界知识非常丰富。也可以说，三者不过是 3 位中介，但这 3 位中介者的能力非同寻常，因为它们是行旅 q74 里的 3 株语境概念树。

4.4.3 顶端行旅服务 q644d01 的世界知识

本项延伸可能出乎一些读者的意料。

6644d01 指皇帝的巡游，c644d01 指太空旅游，那么 9644d01 何所指？应该不存在吧。实际上它是存在的[*02]，其世界知识仅以下面的无编号概念关联式予以表达。

q644d01 = pj2*\k=6
（顶端行旅服务强交式关联于六个世界）

结 束 语

工业时代以来，人类物质生活的巨变不是食与衣，而是住与行。食与衣的质量水平不仅没有提高，甚至有所降低[*03]；但住与行的质量水平则有天壤之别，尤其是在行的方面。

食衣住行既是人类最低期望 7121c01 的基础性内容[*04]，也是人类最高期望 7121d01 的基础性内容[*05]，于是，食衣住行这四者就变成了服务劳作 q64 的前 4 株殊相概念树。

考虑到食衣与住行的上述时代性差异，对食衣服务的叙述，以专业活动 a 的挂接为第一位；对住行服务的叙述，则以表层第二类精神生活 q7 的挂接为第一位。

注释

[*01]“胶囊”是马斯科先生提出的一项技术设想，他曾宣称，“胶囊”将是继轮船、火车、汽车、飞机之后的第五种交通工具。

[*02] 现代汉语为此贡献了两个词语——视察和专列，两者的义境不是对应的英语词语可以表达的。

[*03] 这里只就质量水平而言，不涉及食与衣的数量增长。关于极品美味的故事，本篇第一章有所叙说。

[*04] 人类最低期望7121c01的全部内容是食、衣、住、行、知、玩、医，HNC符号是7121c01\k=6，前四者对应于符号(7121c01\k,k=1-3)，这里临时取了一个名字——基础内容。

[*05] 人类最高期望7121d01的全部内容是享受、投资与自由，HNC符号是7121d01\k=3，享受对应于符号7121d01\1，这里也临时使用了同一个名字——基础内容，此“基础”的首要内容依然是食、衣、住、行。

第 5 节 娱乐服务 q645 (215)

4.5-0 娱乐服务 q645 的概念延伸结构表示式

q645:(γ=b,\k=3,i)

q645γ=b	娱乐服务的混合呈现
q6459	认知服务
q645a	参与服务
q645b	健身服务
q645\k=3	娱乐服务第二本体呈现
q645\1	乐趣服务

```
q645\2        放纵服务
q645\3        侥幸服务
q645i         修行服务
```

本节完全按常规办事，以 3 小节进行叙说。

4.5.1 娱乐服务混合呈现 q645γ=b 的世界知识

下面的 3 位贵宾相当于此混合呈现 3 项延伸的定义式：

```
q6459 := (7121c01\4;q721)——(q645-01-0)
（认知服务对应于第一类精神生活的知或表层第二类精神生活的观赏）
q645a := (7121c01\5;q722+q723+q724)——(q645-02-0)
（参与服务对应于第一类精神生活的玩
或表层第二类精神生活的文化、艺术与技艺参与）
q645b := (7121c01\6;q725)——(q645-03-0)
（健身服务对应于第一类精神生活的医或表层第二类精神生活的健身）
```

下面写几段闲话。

——闲话 01：关于寓教于乐

寓教于乐是先秦儒家教育思想的重要思考之一，这在《论语》里有生动的反映[*01]。笔者最初的打算是，以“寓教于乐”作为延伸概念 q6459 的汉语命名，“认知服务”是最终的选择。近年蓬勃发展的各种有别于常规学校的教育形态，都可以纳入“认知服务 q6459”的范畴。在某种意义上，它们多少都带有一点“寓教于乐”的特征。

——闲话 02：关于本《全书》的一项特殊漏洞

本章使用了一个非常重要的延伸概念“7121c01\k=6”，它出现在“最低期望 7121c01 综述”这个小节（[121-212]）里，该小节属于第一类精神生活里的“712 愿望”，以“综述”而不是以“世界知识”命名，这当然隐含着一些特殊考虑[*a]。这里要说明的是，该延伸概念的最初设计并不是“\k=6”，而是“\k=5”，现在的“知 7121c01\4”是在写完该编之后添加进去的。但这次添加却同时发生了不可原谅的遗忘，从而造成了《全书》的一个巨大漏洞[*02]。类似的遗忘事件可能不只这一次，特名之“特殊漏洞”，以向读者示警。

——闲话 03：关于“自医”与“被医”

当下流行的医疗、体检、保健、锻炼和卫生，似乎都存在过度（j60e43）问题，具体描述可使用“过度医疗”或“过度卫生”这两个短语[*03]，其中让笔者感受最深的是过度医疗之害，即“被医”之害，从而比较相信“自医”[*04]之利。词语“医”或“医疗”对患者而言，就等同于“被医”或“被医疗”，“自医”被抛之九霄云外。所谓“自医”，不单纯是免疫的概念，还包括有机体自身修复的概念。但免疫和修复毕竟属于专家知识，不可轻易问津，故“自医”这个词语就一直隐而未发。这里应该交代一声，7121c01\6 所对应的医，包括“自医”和“被医”，后者等同于“医疗”。当然，该“被医”时就得“被医”，该“自医”时就得“自医”，选择权要依靠你自己的清晰性思考，而不能依靠模糊性思考。这个话，很类似于“上帝的归上帝，恺撒的归恺撒”，看起来很简明，实际上非常复杂。即使如此，这里仍然要说一声，关于“自医”的概念，很值得推荐。

——闲话 04：关于“内健”与“外健”

此闲话与闲话03 完全对应。健身这个概念与医疗一样，西方文化与东方文化有重大差异。西方强调“外健”，东方强调“内健”。中华文明的儒释道都一致强调“内健”，印度文明也是如此。这里请允许笔者说一句放肆的话，现代西方文明根本不知道“内健”为何物，在他们的语言脑里，健康就是外健，“生命在于运动”这句名言亦缘起于此。我国几位大师级的长寿学者在回答关于健康奥秘的提问时，都用了三个字——不运动。这个回答，很值得思考，该回答的实际含义应该是：“内健”重于“外健”。

4.5.2 娱乐服务第二本体呈现 q645\k=3 的世界知识

本小节由下列 3 位贵宾打头阵。

```
q645\1 := (a23\315;q703tju60e41)——(q645-04-0)
（乐趣服务对应于休闲服务或表层第二类精神生活里的适度玩）
q645\2 := (a23\25*~a;q730ad01+q730bd01)——(q645-05-0)
（放纵服务对应于赌博之外的特殊需求服务或表层第二类精神生活里的放纵和淫乐）
q645\3 := (a23\25*a;q731\4)——(q645-06-0)
（侥幸服务对应于赌博或表层第二类精神生活里的娱乐与赌博性比赛）
```

在娱乐服务第二本体呈现 q645\k=3 方面，东西方文明各擅胜场。不过，应该在这里顺便说一声，在“q703 玩”方面，东西方文明各自发明了一项表征智力胜景的玩，即中国的围棋和西方的桥牌[*b]。

4.5.3 修行服务 q645i 的世界知识

延伸概念 q645i 是否设置，笔者曾思考良久，最终如此决定乃以下两项特殊思考促成。这两项特殊思考都带有 HNC 印记，第一项是瞻前顾后，此瞻前者，后工业时代的“势态性需求 jlr127”也；顾后则属于通常的历史记忆，因为在不同文明里，修行都曾在农业时代盛极一时。第二项是希望在第一类精神生活和深层第二类精神生活之间建立一条直接联系的纽带。这两项特殊思考实际上也就是两项世界知识，以下列贵宾表示。

```
q645i <= (jlr127,pj1*b)——(q645-0-01)
（修行服务强流式关联于后工业时代的需求）
q645i := (7121c01\(k),k=4-6)——(q645-0-02)
（修行服务对应于“知、玩、医”的非分别说）
q645i = (7102(t)ie46;q821a)——(q645-07-0)
（修行服务强交式关联于低度生活方式或宗教文化活动）
```

结束语

本节叙述带有大量的模糊性思考，这与本节描述内容的特殊性密切相关。

HNC 为“7121c01 生存”设置了一个“食衣住行知玩医”的七字描述，以替换汉语原来的“衣食住行”四字描述。本节是为新增加的三个字——知玩医——服务的，本节对三者的各自内涵都赋予了HNC方式的说明。对于憧憬性的东西，以“异类”贵宾表示。

本节对知玩医先进行了分别说，接着进行了非分别说。两说都没有说透，但着重阐释了“自医”与“被医”、“内健”与“外健”的概念。依据这4个概念，给出了西方文明与东方文明的一项偏重差异：前者偏重“被医”和“外健”，后者偏重“自医”和“内健”，传统中华文明更是如此。然而，这只是一项非正式描述，主要论据放在注释里，并非定论，仅供读者参考。

注释

[*a] 前文曾花费大量文字，回顾HNC探索历程中的种种失误，希望有益于来者。这里就不这么做了，而是采取点到为止的简单方式。

[*b] 笔者曾要求自己的学生学会这两门代表性“a33b智技”，惜毫无效果。

[*01] 这里就说这么一句话，不班门弄斧，作进一步的说明。

[*02] 本《全书》的第一编和第二编，在出版时变成《全书》的第一册，名称是：《论语言概念空间的主体基元及其基本呈现》。第二编分3篇，该综述属于该编的第一篇。该编第三篇第零章“行为基本内涵730”有一项特殊约定，对该编第一篇（71心理）和第二篇（72意志）的任何改动，都要在该“第零章”里作出相应改动。但在实施“\k=6”改动时，却把这项约定忘却了，从而形成了一个巨大漏洞。这是一个绝不应该发生的忘却，然而却发生了。由于第一册已经出版，暂时不可补救，仅向读者深致歉意。

[*03] “过度卫生”最明显的例子就是“饭前必须洗手”的“神圣”（在许多人心里）卫生习惯。西方人用餐时，手可以直接抓碰事物，当然需要洗手。但中国人用筷子，手并不直接接触食物，洗手的必需性显然并不存在，至少是不那么“神圣”吧。当然，“过度卫生”的实质问题在于细菌恐惧症，铺天盖地的广告都在宣传这种恐惧症。

[*04] 笔者中青年（16~37岁）时，曾因血丝虫病及其后遗症（乳糜尿）被过度医疗21年之久，前7年完全靠西医，其最终结果是不得不切除一个肾，而病症只获得短时缓解，后14年主要靠中医。但后来笔者因为一个偶然的机会知道，最早的血丝虫诊断实际上查无实据，而乳糜尿可能来于肾淋巴系统的无名损坏。所以，最后的痊愈应该是“自医”的自然结局。在这当中，一段相当长的时间里保持食物清淡，或许起了关键性作用。我这个人生性贪吃，对幼年最生动的记忆就是：大人们经常用“黄曾阳，黄曾阳，好吃大王”的顺口溜来逗我。前期7年的西医治疗效果不断化为乌有，贪吃的习惯可能是一项关键性的破坏因素。

第6节
修理服务 q646 (216)

4.6-0 修理服务 q646 的概念延伸结构表示式

```
q646:(γ=b,\k=0-4,7;)
  q646γ=b                    修理服务混合呈现
```

```
q6469                        对象修理
q646a                        内容修理
q646b                        工具修理
q646\k=0-4                   修理服务第二本体根呈现
q646\0                       基本修理
q646\1                       基础修理
q646\2                       家务修理
q646\3                       专业修理
q646\4                       补偿服务
q6467                        文物修复
```

下面，以 3 个小节叙说。

4.6.1 修理服务混合呈现 q646ɣ=b 的世界知识

先写出下列贵宾：

```
q646 := 9351a——(q646-00-0)
（修理服务对应于第二个效应三角里的恢复）
(q6469,l02,SGB)——(q646-01-0)
（对象修理以语境对象为劳作对象）
(q646a,l03,SCC)——(q646-02-0)
（内容修理以句类内容为劳作内容）
(q646b,l02,s44)——(q646-03-0)
（工具修理以工具为劳作对象）
q6469 = a6299——(q646-04-0)
（对象修理强交式关联于硬件技术）
q646a = a629a——(q646-05-0)
（内容修理强交式关联于软件技术）
```

“-00”号贵宾相当于修理服务的定义式，“-01”、“-02”和“-03”号相当于相应延伸的定义式，前两位在形式上属于“异类”，这里予以特殊照顾。“-04”和“-05”号贵宾属于另外一组，但工具修理缺席。

本小节不作任何文字说明，连上面提到的“照顾”和“缺席”，也不作任何解释。

4.6.2 修理服务第二本体根呈现 q646\k=0-4 的世界知识

```
(q646\k := q6y,(k=0-4,y=0-4))——(q646-07-0)
（5 类修理服务与第一类劳动的全部概念林对应）
```

贵宾（q646-07-0）是对修理服务 q646 第二本体呈现 q646\k=0-4 的提挈式描述，也是对相应 5 项延伸的定义式说明。

每项延伸都拥有自己的再延伸，依次说明如下：

```
——基本修理 q646\0
    q646\0*:(α=a;)
      q646\0*α=a                  基本修理的第一本体根呈现
      q646\0*8                    量测修理
```

q646\0*9	手劳作修理
q646\0*a	躯体劳作修理

相应贵宾如下：

(q646\0*α := q60y,(α=a,y=0-2))——(q646-08-0)
（基本修理的分别说与基本劳作的全部概念树一一对应）

——基础修理 q646\1

q646\1*:(α=a;)

q646\1*α=a	基础修理的第一本体根呈现
q646\1*8	土地劳作修理
q646\1*9	植物劳作修理
q646\1*a	动物劳作修理

相应贵宾如下：

(q646\1*α := q61y,(α=a,y=0-2))——(q646-09-0)
（基础修理的分别说与基础劳作的全部概念树一一对应）

——家务修理 q646\2

q646\2*:(t=b;)

q646\2*t=b	家务修理的第一本体呈现
q646\2*9	日常家务修理
q646\2*a	幼儿家务修理
q646\2*b	老弱残尊家务修理

相应贵宾如下：

(q646\2*t := q62y,(t=b,y=1-3))——(q646-10-0)
（家务修理的分别说与家务劳作的殊相概念树一一对应）

——专业修理 q646\3

q646\3*:(α=b;)

q646\3*α=b	专业修理第一本体全呈现
q646\3*8	产品修理
q646\3*9	综合修理
q646\3*a	制作修理
q646\3*b	建造修理

相应贵宾如下：

(q646\3*α := q63y,(α=b,y=0-3)) ——(q646-11-0)
（专业修理的分别说对应于专业劳作的1“共”3“殊”）

——补偿服务 q646\4

q646\4k=5	服务补偿的第二本体呈现
q646\41	饮食服务补偿
q646\42	形象服务补偿
q646\43	住宿服务补偿
q646\44	行旅服务补偿
q646\45	娱乐服务补偿

相应贵宾如下：

(q646\4k := q64y,(k=5,y=1-5))——(q646-12-0)
（修理服务分别说对应于服务劳作的前 5 株殊相概念树）

本小节也不作文明特性的说明，但有 3 个细节需要提一下。

细节 01：基础修理与家务修理的再延伸方式有所不同，前者纳入了基础劳作的共相概念树，但后者未纳入。

细节 02：专业修理的再延伸未纳入专业劳作的最后一株概念树——冶与炼 q634[*01]。

细节 03：修理服务第二本体呈现最后一项 q646\4 以“补偿服务”命名，未沿用“修理”这个词语。

4.6.3 文物修复 q6467 的世界知识

先给出下面的特殊贵宾[*02]：

(q6467,l02,(gw;rpw)ju78e82)——(q646-001-0)
（文物修复以文物[*03]为对象）

其再延伸概念如下：

q64673　　赝品制作

相应的贵宾如下：

q6467 = a36——(q646-13-0)
（文物修复强交式关联于历史文化）
(q64673,jl00e21,a59ib)——(q646-14-0)
（赝品制作关联于犯规）

结束语

在第一类劳动（劳作）的全部 25 株概念树中，可以说概念树“修理服务 q646”最为千头万绪。因为可以说，哪里有劳作，哪里就需要修理服务；也可以说，哪里有生活与劳动，哪里就需要修理服务。

本节通过概念延伸结构表示式“q646:(γ=b,\k=4,7;)”，对这一“最为千头万绪”给出了一个清晰的梳理，q646γ=b 是形而上描述的代表，q646\k=4 是形而下描述的代表，而 q6467 是一位妙不可言的形而卡。两位代表非同寻常，是 HNC 灵巧描述的有力工具。

注释

[*01] 如此处理的原因在下节叙说。

[*02] “特殊贵宾”短语可能是第一次使用，其符号标记是“-00m-0”。

[*03] 文物的HNC符号可能也是第一次使用，其意义自明，不必解释。

第 7 节 安全服务 q647 (217)

4.7-0 安全服务 q647 的概念延伸结构表示式

```
q647:(γ=b,\k=0-4,d01;)
  q647γ=b          安全服务混合呈现
  q6479            对象安全
  q647a            内容安全
  q647b            工具安全
  q647\k=0-4       安全服务第二本体呈现
  q647\0           基本安全
  q647\1           基础安全
  q647\2           家务安全
  q647\3           专业安全
  q647\4           服务安全
  q647d01          顶端安全服务
```

对上面的表示式，是否似曾相识？你的感觉没有错，前两项延伸就完全是从“修理服务 q646”仿制而来。这一做法不是偶然的，因为上节结束语里关于修理服务 q646 的话语，同样适用于安全服务。

下面以 3 小节进行叙说，前两节的再延伸与上一节大同小异，所以，下面既不给出相应的再延伸表示，也不写对应贵宾，主要采取文字叙说。对于小异，则给予特定说明，包括贵宾的补充，但不编号。

4.7.1 安全服务混合呈现 q647γ=b 的世界知识

本小节不存在小异。

这里以保险箱为例，素描一下 q647γ=b 的义境。保险箱自身的安全属于对象安全 q6479，保险箱的密码和放在里面的东西都属于内容安全，而开启保险箱的钥匙则属于工具安全。

修理服务 q646γ=b 类此。

4.7.2 安全服务第二本体呈现 q647\k=0-4 的世界知识

本小节存在两项小异，分别说明如下。

——小异 01：专业安全 q647\3 与专业修理 q646\3 的差异，如下所示：

```
专业修理              专业安全
q646\3*:(α=b;)       q647\3*:(α=b,7;)
```

专业安全 q647\3 多了一项延伸——q647\3*7，相应的贵宾如下：

```
q647\3*7  := q634\3//q634
（冶与炼安全首先对应于炼冶）
```

就炼冶 q634\3 来说，安全的重要性显而易见。这是一项很特殊的世界知识，多出来的这项延伸——q647\3*7，就是该知识的体现，它包含着如下思考：冶与炼服务的核心内容就是安全服务；冶炼的炉体修理[*a]属于专业劳作本身，不属于服务劳作。这样，上面“细节 02”里留下的尾巴，就算有个交代了。

——小异 02：服务安全 q647\4 与补偿服务 q646\4 的小异，如下所示：

```
补偿服务          服务安全
q646\4k=5         q647\4k=6
```

服务安全 q647\4 也多了一项延伸——q647\46，相应的贵宾如下：

```
q647\46  := q646
（服务安全里的修理安全对应于修理服务）
```

4.7.3 顶端安全服务 q647d01 的世界知识

本项延伸是对顶端行旅服务 q644d01 的仿效。

在顶端行旅服务小节（[242-443]）所写的无编号概念关联式也适用于这里。

结束语

本节原来打算多写一点生动的通俗话语，考虑到笔者实在不是这块料，就放弃了。不过，还是应该说一声，这两节在力求展现一种景象，那就是贵宾们编织出来的“天网恢恢，疏而不漏”景象。另外，还想加一句，这个景象十分清晰，完全可以说，预定的力求达到了预期的目的，很爽。

注释

[*a] 此短语所表达的实际上是一项专业知识，而不是世界知识。

第 8 节 传递服务 q648 (218)

4.8-0 传递服务 q648 的概念延伸结构表示式

```
q648:(\k=3;)
```

```
q648\k=3          传递服务的第二本体呈现
q648\1              物传递
q648\2              能量传递
q648\3              信息传递
```

前两位贵宾如下：

```
q648 := (q64,103,TC)——[q648-00-0]
（传递服务对应于转移内容的服务劳作）
(q648\k := jw0y,(k=3,y=1-3))——(q648-01-0)
（传递服务的第二本体 3 呈现分别对应于基本物的物质、能量和信息）
```

下面，以 3 小节叙说，主要采取闲话方式。先预说一句，本概念树的 3 项都可前挂 gw，在概念林 q64 的全部概念林中，仅对 q648 赋予这一特权。

4.8.1 物传递 q648\1 的世界知识

现在，丝绸之路已广为人知，其HNC符号可写成“rw6648\1+丝绸”或“rw6648\1+Silk”。在未来的图灵脑里，这个符号比“丝绸之路”或“Silk Road”高明。西方人更熟悉的香料之路，可如法炮制。

接下来，闲话两个人们不太熟悉的词语：茶马古道和盐茶道。两者的 HNC 符号如下：

```
茶马古道          (rw6648\1+茶,s32,青藏高原)
盐茶道            (a119-0,6648\1+盐、茶)
```

最后，闲话一下 gwc648\1，其对应词语是“物流产业”，这是对上面特权说的回应。

也许应设置再延伸概念 pec648\1*c3m 和 pec648\1*d01，前者可素描当下创业潮的主流特征，后者可素描阿里巴巴之类的企业巨人。在图灵脑里，后者的符号就是“pec648\1*d01+阿里巴巴”。

4.8.2 能量传递 q648\2 的世界知识

农业时代仅存在太阳能、风能、水能和热能的简易形态传递，工业时代才实现热能、水能的高级形态传递和电能的传递，后工业时代在推行风能和太阳能的高级形态传递。所以，“q”的 3 种形态——“6”、“~6”和“c”——都各有自己的丰富内容。

能量传递 q648\2 应设置 β 延伸 q648\2*β。因为只有(~6)648\2*β才有资格带上 gw 的桂冠，以素描那些能源巨头，这包括 gw(~6)648\2*β 的分别说和非分别说。

4.8.3 信息传递 q648\3 的世界知识

信息传递 q648\3 的时代性特征比能量传递 q648\2 更为鲜明，其“q”的 3 种自然形态——6、9 和 c——都独立存在。当然，这并不意味着“q”就不存在，例如，直接传递[*01]的形态会永远存在。以上所说属于细节，本小节的要点在于：信息传递 q648\3 不必设置 β 延伸，但需要设置如下的 3 项延伸：

```
(q648\3k=5, q648\3*i; q648\35*d01)
```

三者的相应贵宾如下：

```
(q648\3k := 800\k,k=5)——(q648-0-01)
（信息传递第二本体呈现对应于思维第二本体呈现）
q648\3*i := rw8*i——(q648-0-02)
（信息传递特定延伸对应于生理脑）
pwc648\35*d01 = a62a\5——(q648-02-0)
（互联网强交式关联于信息工程）
```

下面，对这3位贵宾来两段闲话。

——闲话01：关于两位“异类”贵宾

两位缘起于HNC的脑描述或思维描述，而这一描述还处于“异类”状态，这自然就决定了两位的特殊身份。

第一位“异类”的出场，当然有强烈的自我辩护意图[*02]，但最直接的意图是为贵宾（q648-02-0）的当选站台[*a]。

第二位“异类”的出场，是试图为各种古老医学学说提供一个描述空间，例如，中医的经络学说。生理脑rw8*i是5类功能脑（rw800\k,k=5）的基础，对于经络不能仅仅依据解剖学的视野去理解，即不能仅把经络单纯看作是信息传递的载体，还应该看作是信息传递的一种描述方式。如果假定这一描述方式仅适用于生理脑，似乎比较恰当。断然否定经络的存在显然是不合适的，但过度抬高也是不合适的。（q648-0-02）也许是一个合适的选择，仅供后来者参考。

——闲话02：关于互联网的HNC描述。

互联网的HNC描述符号或映射符号就是pwc648\35*d01，前文关于互联网的诸多论述与这个符号是相互照应的，它代表着后工业时代的伟大创造。但请注意，在这个符号里有褒有“贬”，褒者是“*d01”，“贬”者是“\35”。这个“\35”不能被“\3k,k=(k_m|)”替代吗？目前，我们看到了“\3k,k=(5,1)”的可喜迹象，但还没有看到“\3k,k=(5,4)”[*03]的初步迹象。前一句话的所指，就是无人驾驶汽车的宏伟发展前景；后一句话的所指，读者应该心中有数。

结束语

本节所描述的是一株享有特权的概念树，是第一类劳动q6里的唯一特权树。这株特权树的存在，互联网的映射符号竟然被安置在这株特权树里，这是两件不同寻常的事，是《全书》撰写过程的重大预谋之一，特此交代。

注释

[*a] 这是台湾地区的选举用词，与月台无关。

[*01] 直接传递的映射符号是a23\32*a\1。本节故意未给出“q648传递服务”与“a23服务业”之间的概念关联式，免得本概念树可前挂“gw”的特权地位遭到节外生枝的质疑。如果说这样的顾虑显

得十分可笑，笔者也并不反对。

[*02] 这里的自我辩护有两层意思：一是为HNC的脑描述模式辩护，二是为第一类劳动与思维的特殊关系辩护。

[*03] “\3k,k=(5,1)”代表科技脑与图像脑的携手合作，“\3k,k=(5,4)”代表科技脑与语言脑的携手合作。

第 9 节
环境服务 q649 (219)

4.9-0 环境服务 q649 的概念延伸结构表示式

```
q649:(t=a,\k=4-6,i;)
  q649t=a          环境服务第一本体呈现
  q6499            生活环境
  q649a            劳动环境
  q649\k=4-6       环境服务特定第二本体呈现
  q649\4           知环境
  q649\5           玩环境
  q649\6           医环境
  q649i            修行环境
```

前 4 位贵宾如下：

```
q649 := (q64,103,Cn)——[q649-00-0]
(q649t := 50at,t=a)——(q649-01-0)
(q649\k := 7121c01\k,k=4-6)——(q649-02-0)
q649i := 50ac26——(q649-03-0)
```

下面，以 3 小节叙说。

4.9.1 环境服务第一本体呈现 q649t=a 的世界知识

先写出再延伸表示式：

```
q649:(t7,(t)3;)
  q64997           便利服务
  q649a7           更新服务
  q649(t)3         废品处理服务
```

生活环境服务q6499 最需要的东西是便利，“趋便避繁”如同“趋利避害”一样，是人类生活的一种本能。在 HNC 符号体系里，“便利”这个概念很不寻常，其映射符号是 jr77e05。因此，下面的贵宾必须到场：

(q64997,l4a,jr77e05)——(q649-04-0)
（便利服务是为了便利大家的生活）

劳动环境服务 q649a7 最需要的东西是视野的更新，“弃旧图新”如同“三争”一样，是人类劳动的引擎。在 HNC 符号体系里，“更新”这个概念也很不寻常，其映射符号是 j78e83。因此，下面的贵宾必须到场：

(q6499a,l49,j78e83+l18)——(q649-05-0)
（更新服务缘起于视野的更新）

废品服务 q649(t)3 是环保基本内容的一个重要环节，下面的贵宾必须到场：

q649(t)3 =%(a83(α),α=b)——(q649-06-0)
（废品处理服务属于环保基本内容的非分别说）

这里说一句闲话：当一个大国的崛起过于快速的时候，上述 3 项服务都容易遭到忽视，准确的说法是，过度注重形式，而忽视内容，特别是在“更新服务 q649a7”方面。例如，“会议室”的用途之一是学术沙龙——q649a7，但这样的 pwq649a7 在中国实际上已不存在，虽然“会议室”数量巨大。

4.9.2 环境服务特定第二本体呈现 q649\k=4-6 的世界知识

先拷贝下面的贵宾：

(q649\k := 7121c01\k,k=4-6)——(q649-02-0)
（环境服务特定第二本体呈现对应于人类最低期望的知玩医）

对“特定第二本体呈现”的汉语命名都故意省略了“服务”二字。古往今来，没有任何国家或城市不重视“知、玩、医”环境的建设，这些建设本来是服务于人类的最低期望：获得知识、快乐和健康，也就是为上述 3 项获得提供便利。但自工业时代以来，这 3 项朴素的最低期望开始被扭曲和拔高，被纳入最高期望。后工业时代的曙光显现以后，这项转变的疯狂程度已难以言表，就闲话这么几句吧。

4.9.3 修行环境 q649i 的世界知识

在文明基因三学的科学还没有把神学和哲学挤得无立锥之地的国度，修行环境 q649i 始终是存在的。教堂、清真寺和寺庙是众所周知的常规修行环境，但还有许多奇特的修行环境鲜为人知。竹林七贤、陶渊明和王守仁先生都曾营造过自己的奇特修行环境，近代的马一浮先生也是。西方文明和印度文明也有同样的传统，希腊文明和印度文明都曾有苦行教派，不仅没有绝迹，甚至在近年都出现过奇人。一位是俄罗斯的那位数学天才——佩雷尔曼，另一位是印度的那位裸捐企业大王——多希。这两位奇人的事迹，上网就能找到，这里就不介绍了。

常规修行环境需要得到尊重，如何适应时代的变化是修行者 pq649i 自身的事，外来指导越少越好。奇特修行环境更应该得到尊重，外来指导一定害大于益。

本小节就闲话这些吧。

结束语

本节内容主要是为未来设置的，故采取了点到为止的叙说方式，也写了一些怪话，无非是为了呼应一下前文关于人类最低期望 7121c01 和最高期望 7121d01 的系列论述。

描述“7121c01\k=6”7 个汉字里的后两个——“玩”和“医”，总觉得不贴切，但十多年下来，也没有想到更合适的，只能求救于读者了。

小结

本章叙述的 9 株殊相概念树实际上分为两组，前 7 株（q641～q647）是第一组，后 2 株是第二组。

第一组属于典型的所谓第一类劳动。在那里，与前面的各片概念林一样，尽可能对两类劳动给出一个比较明确的界限，这是通过相关的贵宾加以体现的。划分这个界限是为了方便语境单元的辨认。

第二组则故意模糊所谓两类劳动的界限，它试图表明，不是所有领域都存在两类劳动的巨大鸿沟。每个人都可以而且应该充当两类劳动的能手，特别是在传递服务和环境服务方面。

当然，两类劳动的界限不可能消除，人类最高期望的存在也不可能消除，追求这两消除或任一消除的任何主义都一定是乌托邦。但是，应该鼓励每个人做两类劳动的能手，应该鼓励人们抑制对最高期望的无止境追求。在 21 世纪的当下，这两项鼓励不只是非常欠缺，而且往往是反其道而行之。

鼓励不能单靠宣传，要靠制度建设，要靠多种形态与内容之成长环境的建设，本章的最后一节提供了一些示例。宣传性鼓励只能取得动态性的短期效果，而不能取得势态性的长期效应。20 世纪的历史充分证明了这一点，人类不应该忘记这个最重大的历史教训。

本 编 跋

这个跋，以自问自答的形式讨论一个问题，那就是：思维 8 和第一类劳动 q6 属于不同的概念范畴，为什么要打破常规，把两者安顿在同一编的上、下两篇里呢？

这个问题的要点，前面已经交代过了，那是指两者之间的特殊交织性，下面稍加细说。

第一类劳动与思维之间的相互作用就相当于“上帝”，是这位“上帝”先创造了语言脑，随后又创造了科技脑，于是上帝正式宣告：他完成了创造人类的伟大使命。但上帝有所隐瞒，他没有说出他将向人类派出三代使者的计划，第一代使者的名字叫亚当和夏娃，他们将主宰人类社会万千年；第二代使者的名字叫资本和技术，但他们仅仅主宰人类社会几百年；随后，上帝将派出第三代使者。

“仅仅几百年”是一项无比重大的信息，第三代使者的名字至关重要。然而，上帝迄今都还对这两件大事密而未宣。在 21 世纪的当下，这一历史势态已经十分明显。HNC 不过做了一点猜测而已，这猜测的基本依据，主要来于对思维 8 和第一类劳动 q6 的某些思考。

在思维方面，清晰性思考日渐式微，模糊性思考却大行其道；以综合与演绎为主导的形而上思考方式，变成了像文言文一样的“怪物”，令人讨厌；探索与发现都逼近了某种极限“难关”，意识与语言脑的探索之旅最为明显。于是，策划与设计、评估与决策都跳不出丛林法则的魔障，世界呈现出一种群魔乱舞的奇特景象。

在第一类劳动方面，从基础劳作到服务劳作，自然法所赋予的各种适度性要求都被全面严重践踏。其结果是：在食物无比丰富的同时，自然赐予的美妙食物在趋于消逝；在豪华建筑森林般耸立于城市的同时，充满人文气息的古建筑在趋于消逝；在人类最高期望无比膨胀于全球的同时，全球半数人口的最低期望却依然处在“难于上青天”的可悲状态；人们在幻想着以各种智能机器人替代全部第一类劳动和部分第二类劳动的同时，以为未来现实世界的主体就是所谓的网络世界。这些混乱情况令人眼花缭乱，连智商接近爱因斯坦的霍金先生都因此而不断发出人类将自行毁灭的警告。

在HNC 看来，上列乱象的根本原因就在于人类对思维和第一类劳动的内容缺乏一个简明的全貌性认识，本编试图为这一认识的形成提供一些关键性的素材。

本编的“5+5”片概念林和“20+25”株概念树，符合关键性素材的透齐性要求吗？读者应该了解笔者的答案。该答案的要点之一是：各类贵宾既足以让彼山的全部成员齐心协力，也可以让彼山与此山之间的信息联系畅通无阻。本编为此提供了足够的示例。

第五编

第二类精神生活

编 首 语

本编论述第二类精神生活，分上、下两篇，分别论述表层第二类精神生活和深层第二类精神生活，相应的映射符号分别是 q7 和 q8。

与精神生活的三类型划分相比，第二类精神生活的表层与深层之分更容易引起争议，争议的触发点（视角）也更为丰富。一个最明显的触发点就是，交往、娱乐、比赛和行旅本身不都有表层与深层之分吗？这就是表层与深层第二类精神生活之间的交织现象。对于这一现象，将在本编的跋里给出一个呼应性说明。

表层第二类精神生活

篇首语

表层第二类精神生活 q7 辖属下列 5 片概念林，1“共”4“殊”：

q70　表层第二类精神生活基本内涵
q71　交往
q72　娱乐
q73　比赛
q74　行旅

第零章

表层第二类精神生活基本内涵 q70

引 言

表层第二类精神生活之基本内涵 q70 可以用“谈、感、玩、行、食”概括，前两者对应于以“言 7311”为主的语言行为，后三者对应于以“行 7312”为主的语言行为。这里的“食”指文化意义的“饮食文化”。是否还需要补充其他汉字对 q70 作更完备的描述可以讨论，但先把这 5 个汉字定下来应该没有异议。这 5 个汉字将构成下列 5 株概念树：

q701	谈
q702	感受
q703	玩
q704	行
q705	“食”

“谈”是表层精神生活的基础性内容，婴儿以哭喊的方式宣告自己的诞生，这就是“谈”的最原始形态。因此，把“谈”定义为 q70 的第一株概念树 q701 应该没有异议，谈 q701 就是语言交际。婴儿出世之后，就以感受的方式开始学习，没有感受就不可能有知识和语言的习得。感受也就是定向信息接受的基本方式21ia\k，因此把感受定义为 q702 也应该没有异议。婴儿的成长过程有两件大事：学会玩耍和行走。因此，把“玩”和“行”定义为 q703 和 q704 理所当然。汉语里“吃喝玩乐”一词在语用的意义上反映了表层精神生活 q70 基本内涵的主体，因此这里把“吃喝”简记为“食”，并把它定义为 q705。

这 5 株概念树具有下面的基本概念关联式[**01]：

(q701,q702)=%50a9//50at——(q70-01-0)
（谈和感受属于人之状态的基本描述，首先是“生活”）
(q703,q704,q705)=%50ac26//50ac2n——(q70-02-0)
（玩、行、食属于人之状态的生活，首先是精神生活）

注释

[**01] 本篇大部分内容写于2007年，当时对重要概念关联式尚未使用简化术语——贵宾。那个时候，还有远离哲学术语的强烈想法，本体论或认识论描述、黑氏或非黑氏对偶之类的短语一概摈弃不用。这次定稿过程决定保持原貌，对延伸概念的汉语命名不作任何改动，仅对概念关联式加上编号。

第 1 节 谈 q701 (220)

0.1-0 谈 q701 的概念延伸结构表示式

```
q701:(e2m,\k=3,i; e2me1n,\3*(7,3),i\k=m)
  q701e2m                谈之基本类型
  q701e21                对谈
  q702e22                讲谈
     q701e2me1n          谈者与听者
  q701\k=3               谈之基本形态
  q701\1                 言谈
  q701\2                 笔谈
  q701\3                 形态谈
     q701\3*7              手语
     q701\3*3              “眼语”
  q701i                  “自谈”
```

谈 q701 辖属 3 项联想脉络：一是谈之基本类型 q701e2m，q701e21 对应于对谈，q701e22 对应于讲谈；二是谈之基本形态 q701\k=3，q701\1 对应于言谈，q701\2 对应于笔谈，q701\3 对应于手谈；三是谈的一种特定形态 q701i，命名为“自谈”。

谈 q701 具有下列基本概念关联式：

q701=%923e2m——(q701-01-0)
（谈属于理智层面上信息转移的入出）
q701=%7311——(q701-02-0)
（谈属于言）

下面，以 3 小节进行论述。

0.1.1 谈之基本类型 q701e2m 的世界知识

在语境的意义上，必须把谈 q701 里的对谈和讲谈区别开来，对谈的参与者具有同等的话语权，讲谈的参与者则不具有同等的话语权，关于谈 q701，没有比这更重要的世界知识了。因此，两者构成了谈 q701 的第一项联想脉络，符号化为 q701e2m，q701e21 对应于对谈，q701e22 对应于讲谈。

对谈与讲谈 q701e2m 的第一组概念关联式如下：

(q701e21,jl11e21,(40aea3,409e21))——(q701-03-0)
（对谈具有对等性和双向性）
(q701e22,jl11e21,(40aea1,409e22))——(q701-04-0)
（讲谈具有主宰性和单向性）

对谈 q701e21 是双向语言交际，对谈者至少是双方，也可以是多方，但数量是受限的。在言谈形态 q701\1 下，谈者 q701e21e15 与听者 q701e21e16 同时存在。讲谈 q701e22 是单向语言交际，讲者 q701e22e15 一人，听者 q701e22e15 多人，且数量不限。

对谈与讲谈具有鲜明的时代性，打电话是典型的 9701e21，电视电话是典型的 c701e21，QQ 则是 c701e21+q701\2。“广播”讲话是典型的 9701e22，电视讲话是典型的 c701e22，博客则是 c701e22+q701\2。

对谈与讲谈 q701e2m 的第二组概念关联式如下：

q701e21%=a00a3a——(q701-05-0)
（对谈包括协商与谈判）
((a00a39;a00a3b),jl11e21jlu12c33,q701e22)——(q701-05-0)
（决策性会议和研讨必有讲谈）
q701e22%=a72^e21——(q701-06-0)
（讲谈包括教）
q701e2m=a35\0——(q701-07-0)
（谈强交式关联于专栏节目）

0.1.2 谈之基本形态 q701\k=3 的世界知识

第二类精神生活的基本特征之一是交际与抒发并重，且存在抒发重于交际的情况，延伸概念“q701\3 形态谈”正是为此而设置的。形态谈与心理学的肢体语言只是大体对应，并不等同。

谈之基本形态 q701\k 具有下面的基本概念关联式：

(q701\1,s44b,jgwa30\1)——(q701-01)
（言谈以语音为工具）
(q701\2,s44b,jgwa30\2//jgwa30\~1)——(q701-02)
（笔谈主要以文字为工具）
(q701\3,s44b,51a\1)——(q701-03)
（形态谈以人的整体形态为工具）
(q701\3*7,s44b,51a\22)——(q701-04)
（手语以手为工具）
(q701\3*3,s44b,(52(51a\21),jw62-9\6,jw62-9\2))——(q701-08-0)
（“眼谈”以脸部动态[**01]为工具）

本小节最后想说的是，《红楼梦》里的女杰们都有丰富的 q701\k 抒发，许多精彩片段属于 q701\3 语境单元。

0.1.3 “自谈”q701i 的世界知识

“自谈”的第一位内容是自我抒发，第二位内容是对未来的交代。因此，“自谈”需要设置延伸结构表示式 q701i\k=o，其定义如下：

q701i\k=o	“自谈”的基本类型
q701i\1	日记

q701i\2　　　　　　遗言

"自谈"具有下面的基本概念关联式：

(q701i,jl11e21,a009aae219+332a)——(q701-05)
（"自谈"具有隐私权）
(q701i\1;q701i\2) = pa00i8//p——(q701-05)
（日记或遗言主要强交式关联于名人）
q701i\1:=(3319,l14,r407e31-0)——(q701-06)
（日记对应于自我抒发）
q701i\2:=(2393e43,l15,r407e31-0+11e22)——(q701-07)
（遗言对应于身后的强求）

"自谈"的时代性表现比较特殊。日记 q701i\1 的时代性主要表现在日常生活关注内容的时代变迁，例如，农业时代的日记会记录天象、父祖辈的诞辰和冥日等，而这些内容现代人就不那么关注了。农业时代的遗诏关乎国家命运，这一现象现在也已不复存在了。

结 束 语

本节引入了大量不常见的词语，包括带引号的词语。本无新意，何不"就便"？例如，肢体语言等。思考再三，还是决定维持原状。主要理由是，在语言脑和图像脑之间，"叩其两端"是第一要务，谨慎处理交织区为上策。

注 释

[**01] 脸部动态的映射符号是52(51a\21)，这里使用的是"(52(51a\21),jw62-9\6,jw62-9\2)"，这个符号明示了眼睛对于脸部动态的第一位作用。曾设想过将这个复合概念简化成51a\21*3，最终还是放弃了，因为它毕竟属于语言脑与图像脑交织区的概念。这里特意引入"眼谈"这个术语，为什么用"眼谈"而不用"脸谈"？因为从信息传递来说，眼睛的作用仅次于口，言语不能替代眼神，特别是不能替代眼神的抒发力。说"眼睛是心灵的窗户"只说到了眼神的效应侧面，而没有说到眼神的作用侧面。文学对"眼谈"的威慑力或影响力有许多精彩的描写，延伸概念q701\3的设置，即基于上述思考。本节未选用肢体语言这个现成的术语，亦缘起于此。

第 2 节
感受 q702 (221)

0.2-0 感受 q702 的概念延伸结构表示式

```
q702:(\k=2,t=b;\k*i,bc2m)
  q702\k=2                感受基本方式
  q702\1                  看
    q702\1*i                读书
  q702\2                  听
    q702\2*i                倾听
  q702t=b                 感受效应
  q7029                   充实
  q702a                   批判
  q702b                   反省
    q702bc2n                反省的层次性
    q702bc25                表层反省
    q702bc26                深层反省
```

感受 q702 辖属两项概念联想脉络：一是感受基本类型 q702\k=2，q702\1 对应于看，q702\2 对应于听；二是感受效应 q702t=b，q7029 对应于充实，q702a 对应于批判，q702b 对应于反省。

感受 q702 具有下列基本概念关联式：

```
q702=% 21ia——(q70-03-0)
（感受属于信息定向接受）
q702≡a723——(q70-04-0)
（感受强关联于自学）
```

0.2.1 感受基本方式 q702\k=2 的世界知识

感受基本方式 q702\k=2 的基本概念关联式是

```
(q702\k ≡ 921ia\k,k=2)——(q702-00-0)
（感受基本方式强关联于信息定向理性接受的基本方式）
```

这一基本概念关联式表明，将感受 q702 独立于谈 q701，就是对“将接受 21 独立于转移基本内涵 20”思路的继承。在语言哲学的意义上，就是将理解独立于交际。当然，这一独立性是相对的，然而它是绝对必要的，因为人类智慧的继承与发展主要是通过对前人智慧结晶（即牛顿所说的巨人肩膀）的理解，而不是（也不可能）通过与前人的交际来实现。应该说，西方语言学传统的根本弱点就在于它过于强调了语法和交际的意义，没有给予理解相对独立的地位。训诂学的根本弱点则恰恰相反，它过于强调了理解（这起源于它以我国古典著作为研究对象），相对忽视了语法和交际的意义。

感受方式具有看、听、嗅、味、触 5 种，这里我们只选取了看和听这两种基本方式。这当然与挂接符号 q 密切相关，三个历史时代的看听方式出现了天壤之别的巨变，但后 3 种方式至少在目前还没有这种变化迹象。

汉语对表层第二类精神生活有“读万卷书，行万里路”及“百闻不如一见”的精彩描述，这两个大句是对延伸概念“看与听 q702\k=2”的绝妙注释。

看 q702\1 里面的读书是一个值得特殊关注的概念，汉语有“书中自有黄金屋，书中自有颜如玉”的古老命题；宗教界有“日日诵经”的伟大传统。另外，我们曾遇到过鲁迅先生的深沉劝诫——“中国古书年轻人一个字也不要读”，也遇到过林彪元帅的著名号召——“老三篇要天天读”等。近年，又遇到了电子书挤压纸质书的狂飙。古老命题、伟大传统、深沉劝诫和著名号召各有自己的特定语境，电子书以“快餐”为主，是所谓“第三只苹果”的杰作，传统的“精美食品”被挤压得几乎无立足之地。考虑到这些情况，有必要对延伸概念 q702\1*i（读书）设置下列概念关联式：

(q702\1*i,jl00e22jlu12c32,SGU;s31,pj1*bc35)——(q702-0-01)
（在后工业时代初级阶段，读书可以无关于语境单元）

与“q702\1 看”对应的“q702\2 听”也对应设置了一项延伸——q702\2*i，汉语命名为倾听。这是一项极为重要的延伸，以下列概念关联式予以强调。

q702\2*i ≡ 7220ae57——(q702-0-02)
（倾听强关联于“学与故步自封之间的过渡”——（未名）[**01]）
q702\2*i = 72229e25——(q702-01a-0)
（倾听强交式关联于宽宏）

倾听存在反概念^(q702\2*i)：

^(q702\2*i) = 72229e26——(q702-01b-0)
（反倾听强交式关联于狭隘）

人类社会还不曾出现过相互倾听的时代，即使是最具有宽容性的传统中华文明也是如此。但 21 世纪出现了倾听的紧迫需求，因为在六个世界里的每一世界与另外五个世界之间，特别是在前文讨论过的文明接壤区[*02]，倾听的呼唤几乎为零，但反倾听的叫唤则甚嚣尘上。谈判、妥协、共处、双赢、共同发展、求同存异、这关系或那关系的建立等，都需要相互倾听。倾听的第一要点是换位思考，尊重对方的文明传统，尊重对方的特定理念、理性和观念，即使你认为自己精华无比，也不能认定对方就是狗屎一堆。第二要点是超越社会丛林法则的洞穴视野，要看到利益决定一切的法则已经开始出现消退的迹象，而且后工业时代要求它必须逐步退出历史舞台。如果认识到这两个要点，那就不难做到：即使对方蛮横地反倾听，自己仍然要坚持倾听，而不是以反倾听相互对抗。这样的态势会出现吗？虽然不能说指日可待，但应该不会遥遥无期。

0.2.2 感受效应 q702t=b 的世界知识

感受效应 q702t=b 的基本概念关联式如下：

```
q702t<=d3//d——(q702-01)
（感受效应流关联于理念，首先是其中的观念）
q702t=(711;722)//7——(q702-02)
（感受效应强交式关联于心理活动，首先是其中的态度和禀赋）
```

这两个概念关联式的形式意义在于指明：感受效应 q702t 密切关联于第一和第三类精神生活，而其实质意义则在于指明：人类的第一和第三类精神生活也会通过感受效应 q702t 而呈现出它们的时代性。

感受效应 q702t=b 的 3 项 q7029（充实）、q702a（批判）和 q702b（反省）是一主两翼式的三位一体。上面已指出：感受 q702 强关联于自学，而自学的根本目标就在于充实自己。所以延伸概念“q7029 充实”是感受效应 q702t=b 的主体，在充实 q7029 的同时，批判 q702a 和反省 q702b 的能力也会相应提高。宋明理学极度重视感受效应，特别是其中的反省 q702b，这是世界文明之光里的一片特殊云彩，在近代中国备受责难。但它全是封建糟粕吗？下面的一组概念关联式，表述了 HNC 的不同思考。

感受效应 q702t=b 的基本概念关联式如下：

```
q7029:=(3418,l03,7222//;l02,r407e31-0)——(q702-02-0)
（充实主要是提高自身的素质）
q702a==8133——(q702-03-0)
（感受效应的批判是思维里批判的虚设）
q702b =: 7110be72e25——(q702-04-0)
（反省等同于自省）
q702bc21:=(841,l02,r407e31-0)——(q702-05-0)
（表层反省是对自身的评估与裁定）
q702bc22:=(8133,l02,r407e31-0)——(q702-06-0)
（深层反省是对自身的批判）
```

《论语》的开篇有曾子的“吾日三省吾身，为人谋而不忠乎？与朋友交而不信乎？传不习乎？”的名言，这里的“三省”只是省 q702b 之丰富内涵的一部分，文字上也似乎只涉及省的表层 q702bc25。在西方经典文献里，奥勒留的《沉思录》和奥古斯丁的《忏悔录》是对“感受效应 q702t=b”的宏伟描述，但笔者的读后感反而不及曾子的三句话鲜活。

结束语

本节特意做了两件事：一是引入了一对玩新[*a]概念——倾听和反倾听；二是无端提及宋明理学的话题。

倾听的词典意义可映射为 q702\2*i，但其玩新意义则必须映射为 c702\2*i。以后者为基点，又兜售了一次 HNC 关于后工业时代的思考。

“感受效应 q702t=b 世界知识”小节里的概念关联式全是“-0”形态，这可能会造成 HNC 完全赞同宋明理学的误会。HNC 对孔圣人都有重大保留，何况宋明理学？那些概念关联式只不过试图表明，自省 q702b 在人类精神生活里占有特殊地位。

注释

[*a] 玩新是笔者在讨论语法逻辑时引入的一个术语，见《全书》第四册。

[**01] 在撰写“禀赋作用效应链7220β的世界知识”小节时，对7220ae57未想出合适的汉语捆绑词语，故以“未名”暂代，现在打算选取“倾听”，但不只是“很注意地听取”的意思，要加上引号。

[*02] 例如，第一世界与北片第三世界、第二世界与东片第三世界、第四世界与第五世界的接壤区。

第 3 节 玩 q703 (222)

0.3-0 玩 q703 的概念延伸结构表示式

```
q703:(t=b;(~9)d01)
   q703t=b                  玩之基本形态
   q7039                    调节
   q703a                    放松
      q703ad01                 放纵
   q703b                    欢乐
      q703bd01                 “淫乐”
```

概念树“玩 q703”只设置一项交织延伸 q703t=b，命名为“玩之基本形态”，q7039 对应于调节，q703a 对应于放松，q703b 对应于欢乐。

玩 q703 具有下面的基本概念关联式：

```
q703=%50a9——(q703-01-0)
(玩属于“生活”)
q703:=(521078^e22,103,50aa)——(q703-02-0)
(玩对应于暂停劳动)
```

本节不分小节。

0.3-1 玩 q703 之基本形态 q703t=b 的世界知识

玩 q703 之基本形态有 3 项：q7039（调节）、q703a（放松）和 q703b（欢乐），这是一个“一主两翼”型的交织延伸。玩直接与“生活”50a9 相联系，又间接与劳动 50aa

相联系。这意味着，玩不只是纯粹休闲的意义，还有服务于“劳动 50aa”的意义，而这个“劳动”是包含学习的。

放松 q703a 和欢乐 q703b 具有特定对比性延伸概念 q703ad01 和 q703bd01，两者的对应汉语词语是：放纵、“淫乐”，都属于消极行为，具有下面的基本概念关联式：

q703(~9)d01=%7312e26——(q703-03-0)
（放纵与“淫乐”属于消极行为）

在农业和工业时代，贵族和富家子弟容易陷入放纵（q703ad01）和“淫乐”（q703bd01）的可悲状态，但整个社会对此持批判态度，而且拥有比较强大的约束力量。到了后工业时代，对放纵与“淫乐”的批判力和约束力反而大大减弱了。其根本原因在于，对自由与人权的过度鼓吹必将导致放纵与“淫乐”的泛滥，西方文明特别是极度自我陶醉的美国文明应该对此有所反思了。

玩之基本形态 q703t=b 是否还应该设置其他的延伸概念呢？这留给后来者去处理。需要提醒的一点是，请注意到下面的概念关联式：

q703=>(q72;q73)——(q703-04-0)
（玩强源式关联于娱乐和比赛）

结 束 语

从本节开始叙说的“玩、行、‘食’”属于“表层第二类精神生活基本内涵 q70”的外在呈现，可简称休闲。休闲的中心是玩，下面的行和“食”都是围绕着玩的。我们可以说，为玩而行，即通常意义下的旅行；也可以说为玩而“食”，例如，著名的英式小饮，即工作间隙当中的小饮。

“玩、行、‘食’”在相关的概念树里都有详尽描述，其实，依附于 q70 的 5 株概念树都是如此，把它们集中到表层第二类精神生活基本内涵 q70 的麾下，不过是试图为表层精神生活 q7 提供一个提纲挈领式的描述，使殊相概念林的设置有所依归。

“玩、行、‘食’”这 3 节，都不分小节，也没有必要为每株概念树写结束语，下面的两节就免了。

第 4 节 行 q704 (223)

0.4-0 行 q704 的概念延伸结构表示式

q704:(\k=3,\k*7)
q704\k=3　　行的基本形态

```
q704\1                  陆行
  q704\1*7                “步行”
q704\2                  水行
  q704\2*7                “泛舟”
q704\3                  飞行
  q704\3*7                “翱翔”
```

行 q704 只设置一项并列延伸 q704\k=3，命名为“行之基本形态”，q704\1 对应于陆行，q704\2 对应于水行，q704\3 对应于飞行。行之基本形态 q704\k 又设置定向延伸 q705\k*7，分别命名为“步行”、“泛舟”和“翱翔”。

行 q704 具有下列基本概念关联式：

```
q704=%22b——(q704-01-0)
（行属于自身转移）
q704=%50a9——(q704-02-0)
（行属于“生活”）
q704=>q74——(q704-03-0)
（行强源式关联于行旅）
```

0.4 行之基本形态 q704\k=3 的世界知识

行之基本形态 q704\k=3 具有下面的基本概念关联式：

```
(q704\k=22bt,k=3,t=b)——(q704-04-0)
（行之基本形态强交式关联于三类实际空间的自身转移）
(q704\1,s32,wj2*1)——(q704-05-0)
（陆行以陆地为空间条件）
(q704\2,s32,wj2*2)——(q704-06-0)
（水行以水域为空间条件）
(q704\3,s32,wj2*3;s31,pj1*~9)——(q704-07-0)
（飞行以空域为空间条件，以后农业时代为时间条件）
```

进入工业时代以后，人类“衣食住行”的最大变化是行，行的巨大变化表现为行速的巨大提升，来源于物转移工具 pws44b9 的革命性巨变。但必须指出，作为表层第二类精神生活的行 q704 与行速的变化无关，这一世界知识极为重要。其具体体现为以下三点：一是将行 q704 的唯一延伸概念 q704\k=3 表述为“行之基本形态”而不是“行之基本类型”；二是上面的第一个概念关联式采用强交式关联而不是强关联；三是 q704\k 具有统一的定向延伸 q704\k*7,并分别表述为“步行”、“泛舟”和“翱翔”。q704\k*7 是行 q704 的主要体现。

q704\k*7 是否需要作进一步延伸呢？笔者认为不需要，细节的描述可以依靠组合方式来解决。例如，这里“步行” q704\k*7 里的“步”可以用自己的脚，也可借用马、牛、骆驼等动物的脚。以 HNC 符号体系为依托，使用简单的“+”组合方式来描述这些细节知识，难道还有什么不可克服的困难吗？

敏锐的读者可能会问，q704\1*7 和 q704\2*7 所描述的行 q704 似乎是对农业时代精神生活的回归，时代性对于它们还有什么意义呢？这是“步”字所引起的误导，这里的“步”是广义的，包括交通工具。这样，飙车和漂流不就分别属于 c704\1*7 和 9704\2*7 吗？

最后应该说明，飞行 q704\3 实际上只出现在后农业时代。对于后工业时代，还应该配置 c704\3*7c4n 的延伸，以便分别描述已有的航空和航天飞行，以及未来的行星际和恒星际飞行。不过，这类飞行在《封神演义》和《西游记》里已有所描述，因此，q704\3 里的“q”仍然是不可替换的。

第 5 节
“食”q705 (224)

0.5-0 “食”q705 的概念延伸结构表示式

```
q705:(t=a;9i,a\k=3)
  q705t=a                “食”之基本形态
  q7059                  “美食”
    q7059i                 喝汤
  q705a                  饮
    q705a\k=3              饮之基本类型
    q705a\1                饮酒
    q705a\2                饮茶
    q705a\3                饮咖啡
```

“食”只设置一项交织延伸 q705t=a，命名为“‘食’之基本形态”。q7059 对应于“美食”，q705a 对应于饮。对饮 q705a 又设置并列延伸 q705a\k=3，分别对应于饮酒 q705a\1、饮茶 q705a\2 和饮咖啡 q705a\3。

“食”具有下列基本概念关联式：

```
q705=50ac25\1——(q705-01-0)
（表层精神生活基本内涵里的“食”强交式关联于生活里的食）
q705a\k:=a23\2112(~0)——(q705-02-0)
（饮之基本类型对应于饮用服务的具体类型）
q7059=a23\2111——(q705-03-0)
（“美食”强交式关联于食用服务）
```

0.5 “食”之基本形态 q705t=a 的世界知识

概念树“食”q705 之基本形态为什么采用交织延伸 q705t=a，而不采用并列延伸

q705\k=2 呢？对广东人来说，采用后者也许更为自然，因为他们很重视喝汤。但这里并没有把喝汤放在饮 q705a 而是放在“美食”q7059 的延伸概念里。应该说明，上面的辩护并没有道出什么实质意义，要害在于这里把“食”q7059 纳入表层第一类精神生活的基本内涵 q705，相信古往今来的诗人会欣然同意这一点。在这一概念框架里，“美食”与饮必然是交织而不是并列的。

小 结

对于人类最低期望 7121c01，前文曾给出过“衣食、住、行、知、玩、医”的“\k=6”描述，那是第一类精神生活的描述方式。这里把它变换成“感受、谈、玩、行、‘食’”的第二类精神生活描述方式。

玩 q703、行 q704 和“食”q705 都属于“生活”50a9，意味着劳动 50aa 的暂停。而感受 q701 和谈 q702 并没有这一要求，因此，玩、行、“食”三者也统称休闲。但休闲并非完全无关于劳动，有时甚至是劳动的强大催化剂。前面提到的英式小饮，实际上是一种最简易的学术沙龙，会起到创造性劳动催化剂的奇妙作用。

今天上午（2015 年 6 月 12 日），我同池毓焕博士小沙龙时，从《全书》第一册定稿过程的一个巨大漏洞，说到该册的另一个巨大疏忽，那就是概念树“7312 行”的全省略。池博士找出了当年的一个谈话记录，该谈话明确指出：“7312 行”的概念延伸结构表示式是“7312 言”的拷贝。因此，那个“省略”实际上是忘了进行拷贝。拷贝的意思是：有什么样的言，就有什么样的行。这个意思，其实就是“731 言与行”里之“7312 行”的定义，不是指全部的行。这个定义方式确实十分灵巧，但灵巧过度往往伴随着疏忽，不幸在“7312 行”这株概念树上发生了，谨向读者深致歉意。

这里，利用本编第一个小结的“头版”效应，为概念树“7312 行”（[123-12]）编织一个补丁，以弥补上述巨大疏忽。该补丁主要做一件事，就是拷贝“行 7312”的概念延伸结构表示式，母版就是“言 7311”之相应表示式。当然，汉字说明作了相应替换。至于该概念树的世界知识，则不作论述，仅以补丁身份，叙说 6 个要点。

1.2-0 行 7312 的概念延伸结构表示式

```
7312:(β,\k=0-2,e0m,n,e5n,e5m,e7m,e7n,e2n,e4n;
    ai,(~9)t=a,\0(c01,*i),4e4n,(~4)d01,e57:(e2n,i),e53d3n,
    e7mc3n,e75c2n,e76:(c01,d01),(e2n)t=a,)
  7312β                    行之作用效应链表现
    7312ai                   妄行
    7312a9                   风行
    7312aa                   带头
    7312b9                   关系行为
    7312ba                   “状态”行为
  7312\k=0-2               行之基本形态
  7312\0                   信息行为
```

7312\0c01　　肢体行为
7312\0*i　　工具行为
7312\1　　常规行为
7312\2　　文明行为
7312e0m　　行之基础性表现（功用）
7312e01　　交际行为
7312e02　　批判行为
7312e03　　参照行为
7312n　　行之第一表现（虚实）
73124　　行为游戏（戏行）
73124e4n　　戏行的度表现
73124e45　　适度戏行
73124e46　　低度戏行
73124e47　　过度戏行
73125　　真实行为
73125d01　　实干
73126　　虚假行为
73126d01　　欺诈行为
7312e5n　　行之第二表现（善恶）
7312e55　　善行
7312e56　　恶行
7312e57　　反思行为
7312e57e2n　　反思行为的辩证表现
7312e57e25　　积极反思行为
7312e57e26　　消极反思行为
7312e57i　　领悟行为
7312e5m　　行之第三表现（雅俗）
7312e51　　雅行
7312e52　　俗行
7312e53　　趣行
7312e53d3n　　趣行的层级性表现
7312e7m　　行之第四表现（理性）
7312e71　　正确行为
7312e72　　错误行为
7312e73　　失误行为
7312e7mc3n　　理性行为的层级性表现
7312e7n　　行之第五表现（理念）
7312e75　　王道行为
7312e76　　霸道行为
7312e77　　超霸行为
7312e75c2n　　王道行为的层级性表现
7312e76c01　　低级霸道行为
7312e76d01　　高级霸道行为
7312e2n　　行之第六表现（效用）
7312e25　　积极效用行为

```
7312e26                  消极效用行为
  7312(e2n)t=a             效用行为的两种特定表现
  7312(e2n)9               煽动性行为
  7312(e2n)a               诱惑性行为
7312e4n                  行之技艺表现
7312e45                  适调行为
7312e46                  低调行为
7312e47                  高调行为
```

下面，给出 6 项补丁说明。

——说明 01：关于 73129 的虚设

先拷贝一段“原文”：

言 7311 必然具有作用效应链的全面表现，在 HNC 视野里，这是最基本的世界知识。读者可能感到奇怪的是，在 7311β 的延伸描述里只给出了 7311(~9)的约定延伸，这需要略加解释，但答案非常简明，就是下面的概念关联式：

```
73119 == (7311e0m+7311n+7311:(e5o+e7o+e2n))
(言之作用效应侧面是言之功用和伦理表现的虚设)
```

以“行”替换把这段拷贝文字里的“言”，以 7312 替换 7311，那么，这块补丁的“手艺”，就接近于《红楼梦》里那个“心比天高”的丫头了。

——说明 02：关于“状态”行为

最近，偶然听到一位朋友对《乌合之众》[*a]的高度赞赏，感慨万端。该书不过是对“状态”行为的描述，作者是一位点说高手，有不少精彩段落，但面体说的水平实在不敢恭维，因为“状态”行为 7312ba 毕竟只是行为的“沧海一粟”。这个“一粟”与“沧海”的关系，作者们通常是回避的，这是 20 世纪以来所有心理学专著的通病，《乌合之众》的作者也不例外。考虑到该书并不为广大读者所熟悉，这里仿效“言 7311”的做法，仅作示例说明，信手拈来的典型示例是：中国土豪二代的行为。

——说明 03：关于行之基本形态 7312\k=0-2

这项“言 7311”与“行 7312”的对比描述，是对“有什么样的言，就有什么样的行”命题或论断最有趣的例证，具体描述如下：

```
7311\k=0-2      言之基本形态          7312\k=0-2      行之基本形态
7311\0          信息语言              7312\0          信息行为
  7311\0c01       肢体语言              7312\0c01       肢体行为
  7311\0*i        多媒体语              7312\0*i        工具行为
7311\1          言（口语）            7312\1          常规行为
7311\2          文（书面语）          7312\2          文明行为
```

这个例证，必然招来诸多异议甚至谴责，但不拟辩解。这里仅申说一点，所有刑事案件的侦破都要依赖于嫌疑人的“信息行为 7312\0”，其中的两项再延伸——“肢体行为 7312\0c01”和“工具行为 7312\0*i”——更是侦破案件的关键要素。

——说明 04：关于行为游戏（戏行）73124

行为游戏（戏行）这个词语来于维特根斯坦的语言游戏，但其映射符号把这个概念描述得十分清晰。“73124”是“7312n”的对立统一项，“7312n”的汉语命名是行之第一表现（虚实），那是为了与随后的第二到第六表现相匹配。这 6 项行为表现直接与“伦理 j8”的 6 株殊相概念树挂接，体现了面体说描述方式的基本功。这 6 项表现可直接名之“行之虚实表现”、“行之善恶表现”、“行之美丑表现”、“行之理性表现”、“行之理念表现”和“行之效用表现”，前 3 项与人们所熟知的真善美相呼应。这 6 项“行之表现”是一个整体，不可“攻其一点，不及其余”，但点说爱好者恰恰酷爱此道。

——说明 05：关于领悟行为 7312e57i

与“7312e57i”对应的“7311e57i”，其汉语命名是“寓言”，寓言意味着某种领悟，故这里以“领悟行为”命名。前文曾多次论述反思，以“反思行为”作为“7312e57”的汉语命名可谓“天作之合”。

人类社会最缺乏的是领悟行为，但它并非笔者的臆造，而确实存在于这个世界。德国文化名城德累斯顿在第二次世界大战后期曾遭到美英空军惨绝人寰的轰炸，但数万死难者纪念碑的铭文却是：“来自德国、走向世界的战争恐怖回到了我们这座城市。”这样的立碑行动就属于领悟行为，特别值得日本人学习。

——说明 06：关于行之技艺表现 7312e4n

这里再作一次言与行的对比：

7311e4n	言之技艺表现	7312e4n	行之技艺表现
7311e45	白话	7312e45	适调行为
7311e46	文言	7312e46	低调行为
7311e47	言不及义	7312e47	高调行为

这一对比自然也会遭到质疑，但或许不至于遭到谴责，同样不拟辩解。

补丁说明到此结束，再次请求谅解。

注释

[*a] 该书作者叫古斯塔夫·勒庞（1841～1931年），被誉为“群体社会的马基雅维利”，是弗洛伊德学说的崇拜者，其局限性或缘起于此。

第一章

交往 q71

引 言

把交往作为表层第二类精神生活的第一株殊相概念林q71大约是有异议的。《论语》的第二句话就是“有朋自远方来，不亦乐乎？”可见交往 q71 在孔夫子的思想体系中也占有十分重要的位置。

对于交往的具体内容,汉语的 4 个汉字给出了十分贴切的表述,那就是“邀、访、别、赠”，四者将构成交往 q71 的前 4 株殊相概念树 q711、q712、q713 和 q714，但它们显然不能满足交往描述的齐备性要求。交往具有其特殊的言行方式，这一思考就导致殊相概念树 q715 和 q716 的设置。于是，交往 q71 的全部概念树如下所示，其中共相概念树 q710 的设置属于 HNC 的惯例。

q710	交往基本内涵
q711	邀约
q712	访问
q713	别离
q714	赠受
q715	交际语言
q716	交际动作

第 0 节 交往基本内涵 q710 (225)

1.0-0 交往基本内涵 q710 的概念延伸结构表示式

```
q710:(\k=5,e2m,γ=a,7;\2k=2,\3*t=b,\5*7)
  q710\k=5            交往基本类型
  q710\1              日常交往
  q710\2              亲朋交往
    q710\2k=2           亲朋交往的基本类型
    q710\21             亲属交往
    q710\22             朋友交往
  q710\3              特定关系交往
    q710\3*t=b          特定关系交往的类型描述
    q710\3*9            国家、民族之间的交往
    q710\3*a            “社团”之间的交往
    q710\3*b            个人之间的交往
  q710\4              社交型交往
  q710\5              利益型交往
    q710\5*7            恶性利益型交往
  q710e2m             交往基本关系
  q710e21             主方
  q710e22             客方
  q710γ=a             交往特定形态
  q7109               介绍
  q710a               请求与回应
  q7107               “缘见”
```

交往基本内涵 q710 具有下面的基本概念关联式：

q710≡249i——(q71-01-0)
（交往基本内涵强关联于人类的交换表现）

这一概念关联式是交往基本内涵的形而上描述，q710 的 4 项延伸概念是其形而下描述。这 4 项延伸概念分别是：①交往基本类型 q710\k=5；②交往基本关系 q710e2m；③交往特定形态 q710γ=a；④“缘见”q7107。下面分 4 个小节进行论述。

1.0.1 交往基本类型 q710\k=5 的世界知识

对交往基本类型采用变量并列延伸 q710\k=o 当然更符合有备无患的原则，但这里没有这样做。上列 5 类型交往的概括乃基于“不必有备”的信心。这一点，当然有待来者

的检验。

下面分 5 个子节进行论述。

1.0.1.1 日常交往 q701\1 的世界知识

日常交往 q710\1 毫无疑义应列为表层第二类精神生活之首，每一个人从幼年到老年都需要日常交往，不同时期的交往对象有所不同。学生的日常交往对象主要是同学，在职者的日常交往对象主要是同事，邻里曾是持家者和闲居者的主要日常交往对象，公园朋友现在成了中国退休者的主要日常交往对象。为了表达这些世界知识，有必要对日常交往 q710\1 设置延伸概念吗？没有必要，采用组合方式加以表达是明智的选择。

1.0.1.2 亲朋交往 q710\2 的世界知识

亲朋交往 q710\2 是表层第二类精神生活最重要的内容，它分为亲属交往和朋友交往两类，映射符号为 q710\2k=2。q710\21 对应于亲属交往，q710\22 对应于朋友交往。q710\2k 是 r 强存在概念，rq710\2k 分别对应于“亲情 rq710\21”和“友情 rq710\22”。

亲朋交往 q710\2 具有下列基本概念关联式：

q710\2≡713——(q710-01)
（亲朋交往强关联于情感）
q710\2=(j82e71,j82e75)——(q710-01-0)
（亲朋交往强交式关联于善与高尚）
q710\2=>50b9e25——(q710-02-0)
（亲朋交往强源式关联于社会关系的和谐）
q710\21<=411iβ——(q710-0-01)
（亲属交往强流式关联于家庭的作用效应链表现）
q710\22<=421\4——(q710-03-0)
（朋友交往强流式关联于观念的相互依存）

没有充分的亲朋交往，就不会有社会的和谐，这是毫无疑义的，上列前 3 个概念关联式就是对这一世界知识的表述。我国传统文化对亲朋交往 q710\2 给予高度重视，《论语》第一章的第四段记载了曾子的每日“三省”，其中的前两“省”——“为人谋而不忠乎？与朋友交而不信乎”——就指明了亲朋交往 q710\2 的基本准则。传统中华文明特别重视家庭，形成了“孝”的概念，其映射符号是 r411i(β)。该概念备受谴责，谴责者大多数是点说高手，HNC 也需要倾听他们的声音，这就是概念关联式（q710-0-01）的缘起。

1.0.1.3 特定关系交往 q710\3 的世界知识

《珞珈论丛》[**a]里有下面的话：

上列 6 类型交往（6 种类型是把现在的亲朋交往一分为二）也可归并为 4 种：“日常交往”、“情感型交往”、“特定关系交往”和“利益型交往”。“日常交往”可视为交往类型的“不管部”，“情感型交往”和“利益型交往”则为交往类型的两端，大体相当于古代中国的所谓“君子之交”与“小人之交”。两端之间的“特定关系交往”，内涵最为丰富，包括个人、社团、阶层、阶级、民族、国家之间的交往，个人交往中又有朋友、同事、上下级、领袖与群众、干群、官兵、同学、战友、师生、亲戚、邻居、主仆等不同类型，民族、国家之间的交往则有政治、经济、文化之分。

这段话对交往类型的论述比较到位，对特定关系交往q710\3给予了足够详尽的说明，据此，对q710\3赋予交织延伸q710\3*t=b，其内容拷贝如下：

```
q710\3*t=b        特定关系交往的类型描述
q710\3*9          国家、民族之间的交往
q710\3*a          “社团”之间的交往
q710\3*b          个人之间的交往
```

特定关系交往的类型描述q710\3*t=b具有下面的基本概念关联式：

```
(q710\3*t = a13\k,t=b,k=2)——(q710-04-0)
（特定交往的特定类型描述强交式关联于政治斗争的类型描述）
```

这个概念关联式很特别，因为“t”与“\k”并不对应。这一不对应性意味着对此类概念关联式存在一项特殊约定。在此处，该约定的具体内容是：特定关系交往q710\3的不同类型q710\3*t=b可以与政治斗争类型描述a13\k=2组成复合概念。此约定不难推广。

特定关系交往还存在下列概念关联式：

```
q710\3 = a14——(q710\3-01-0)
（特定关系交往强交式关联于外交活动）
q710\3 = a30b——(q710\3-02-0)
（特定关系交往强交式关联于文化的交流与融合）
```

由此可见，“昭君出塞”、“文成远嫁”、“玄奘取经”、“鉴真东渡”、“马可东游”等著名事件都需要概念框架6710\3*t的参与。

1.0.1.4 社交型交往q710\4的世界知识

社交型交往q710\4具有下面的特殊基本概念关联式：

```
q710\4=(q710\2,q710\3,q710\5)——(q710\4-01-0)
（社交型交往强交式于亲朋交往、特定关系交往和利益交往）
```

这就是说，社交型交往q710\4实质上是各类交往的综合形态，概念联想脉络的综合形态一般不需要给予独立描述，但交往例外。这一思考主要来于下面的基本概念关联式：

```
q710\4<=(q83,q84)——(q710\4-02-0)
（社交型交往强流式关联于红白喜事）
```

那么，是否有必要设置延伸概念q710\4k=2以描述联系于红白喜事的社会交往呢？中国古代的“礼”，欧洲贵族的诸多“宫廷”规矩，现代富豪之间的诸多“俱乐部”规则，实际上都与红白喜事有密切联系。尽管这个问题涉及太多的专家知识，且中国古“礼”更是遭到近代国人的痛恨，但笔者依然认为，设置延伸“q710\4k=2”是合适的，它们具

有下面的概念关联式：

q710\41 <= q83
q710\42 <= q84

1.0.1.5 利益型交往 q710\5 的世界知识

利益型交往 q710\5 具有下面的基本概念关联式：

q710\5<=(a0099t;93a1t)——(q710\5-01-0)
（利益型交往强流式关联于专业活动的“三争”和人的索取与需求）

这一概念关联式表明，如果把利益型交往 q710\5 叫作“小人之交”，那是一种乌托邦式理念 d10d01 的表述。但是，利益型交往毕竟具有“人一过，茶就凉”的特性，因此，应设置定向延伸概念“恶性利益型交往 q710\5*7”，并给出下面的概念关联式：

q710\5*7=(j82~e71,j82~e75)——(q710\5-02-0)
（恶性利益交往强交式关联于恶与无情、卑鄙与虚伪）

1.0.2 交往基本关系 q710e2m 的世界知识

交往基本关系 q710e2m 也可以称为主客关系，q710e21 对应于主方，q710e22 对应于客方。这一交往基本关系的描述来源于关系基本构成里的第一类双方描述407m，存在下面的基本概念关联式：

q710e2m<=407~0——(q71-02-0)
（交往基本关系强流式关联于关系基本构成的此与彼）

主客关系是交往描述的基本参照，存在于交往的全部殊相概念树。不过，其中的邀约 q711 和访问 q712 更加凸显了这一关系，因此，应该给出下面的概念关联式：

q710e2m:=(q711,q712)//——(q71-03-0)
（主客关系首先对应于邀约和访问）

交往基本关系 q710e2m 还应该具有下面的基本概念关联式：

q710e22:=(22be91,l02,(wj2-00+q710e21))——(q71-04a-0)
（客方自身转移到主方所在的地点）
q710e2m := (22be91,l02,(wj2-00u843(t)d33+407~0))——(q71-04b-0)
（主客双方转移到彼此约定的地点）

1.0.3 交往特定形态 q710γ=a 的世界知识

交往特定形态 q710γ=a 的两项内容拷贝如下：

q7109	介绍
q710a	请求与回应

下面分两个子节进行论述。

1.0.3.1 介绍 q7109 的世界知识

介绍具有下面的基本概念关联式：

q7109=%65239——(q710-05-0)
（介绍属于人类的信息定向转移）

介绍 q7109 具有并列延伸 q7109\k=2，其定义式如下：

q7109\k=2	介绍基本类型
q7109\1	自我介绍
q7109\2	中介

自我介绍 q7109\1 具有下列基本概念关联式：

q7109\1:=407n——(q710-06-0)
（自我介绍对应于关系基本构成之第二呈现）
(q7109\1,101,p407e31-0;103,r407e31-0;102*21,4076)——(q710-07-0)
（自我介绍者是关系基本构成的我，
介绍内容是自己，信息接受者是关系基本构成的其他）

中介 q7109\2 具有下列基本概念关联式：

q7109\2:=407e3m——(q710-08-0)
（中介对应于关系基本构成之第一三方）
(q7109\2,101,p407e33-0;103,407~e33//407e3m;102*21,407~e33)
——(q710-09-0)
（介绍者是关系基本构成的他，介绍内容首先是关系基本构成你我两方，
信息接受者是关系基本构成的你我两方）

两类介绍都存在听者与读者的区分，存在听者或读者在场与不在场的区分，这不难通过概念组合方式予以解决，这里就从略了，但需要给出下列概念关联式：

q7109=q710\4——(q710-10-0)
（介绍强交式于社交型交往）
q7109\1=53a00e45——(q710-11-0)
（自我介绍强交式关联于求职）
q7109\2=^(a01a39)——(q710-12-0)
（中介强交式关联于推荐）
q7109\2=a23\32*b——(q710-13-0)
（中介强交式关联于信息咨询服务）

1.0.3.2 请求与回应 q710a 的世界知识

请求与回应 q710a 自然具有延伸概念 q710a^e2m，其定义式如下：

q710a^e21	请求
q710a^e22	回应

请求与回应 q710a 具有下列基本概念关联式：

```
q710a=q710\5——(q710-14-0)
(请求与回应强交式关联于利益型交往)
q710a^e21=%2393——(q710-15-0)
(请求属于信息定向转移里的要求)
q710a^e22=%30a——(q710-16-0)
(回应属于效应基本内涵里的反馈)
```

1.0.4 “缘见”q7107 的世界知识

按照佛学的术语，每个人一生的一切交往都来于“缘起”，这包括上引《路珈论丛》里列举的 12 种类型个人交往。但“缘起”的偶然性侧面值得特殊关注，这里的“缘见”就是用于描述交往的偶然性侧面，这种交往的基本特征是不具有连续性，否则就可以纳入交往类型 q710\k 之一了。《世说新语》里记述的钟会与嵇康的著名会见，就属于“缘见”。

“缘见”q7107 是一个 u 强存在概念，HNC 将把 uq7107 用于各种交往的情形展开描述。例如，汉武帝与卫子夫的关系具有“缘见”性 ruq7107，而唐太宗与武则天的关系则不具有。

也许，“缘见”q7107 应设置 q7107c0m 和 q7107d0m 的延伸，汉语里的“巧遇”、“邂逅”属于前者，而“缘分”、“冤孽”属于后者。这就留给来者去处理吧。

结 束 语

交往基本内涵 q710 不同于一般的共相概念树，与殊相概念树的交织性十分复杂。这里应特别指出，交往基本类型 q710\k=5 是交往的主体，q710 的其他延伸概念和 q71 的全部殊相概念树都只是对交往的不同环节或不同侧面的描述，具有伴随性或枝节性，但不可或缺。因此，应给出下面的基本概念关联式：

```
q710\k:=(j721;j725)——(q71-05-0)
((q710:,l52ie21;q710\k);q71~0):=j726——(q71-06-0)
```

这两个概念关联式就是对上述世界知识的形式化描述，交往领域句类代码的设计，交往领域的认定，都必须依靠这一世界知识的指导。

本节所给出的概念关联式，有些具有十分烦琐的形式，如（q710-07-0）和（q710-09-0）。但这是图灵脑的知识需求，没有这些基础性知识，未来的图灵脑不可能完成背景判断并实现记忆[*01]。

这里需郑重预告，本章下面的 6 节文字皆为这次定稿过程新写，故行文风格必有所变化。其中，前 4 株概念树的概念延伸结构表示式完全采用原设计，未作任何改动；后两株增添了新内容。刚才已经指出，这 6 株语境概念树在“q71 交往”这片概念林里，仅居于伴随或枝节的地位，但不可或缺。基于此，以下 6 节皆采取漫谈形式，不写结束语，前 4 节不分小节。

注释

[**a] 《珞珈论丛》写于2002年，是日记形式的。当时，听说先父的武汉大学故居行将拆建，遂有偿愿之行。回珞珈山闭关一月，HNC全部概念林和概念树的设置，主要是在那段时间敲定的。该论丛的原始形态是《珞珈日记》，与此类似的资料都不收入本《全书》的附录。不过，《珞珈论丛》前面，有给苗传江博士的短信，仍有参考价值。现拷贝如下，短信里的许先生是时任全国人大常委会副委员长的许嘉璐先生。

传江：

《珞珈日记》全文传你一阅，HNC概念基元符号体系底层的设计或构建不是短期可以完成的。《珞珈日记》仅仅是开了一个头。HNC的发展，许先生指出了“沿途加油”的路线，并亲自带领我们在这一路线上前进。但是，作为HNC的始作俑者，我必须更多关注HNC的基础研究，对“教授兼企业家”的过度提倡必有害于科学事业的发展，我对此深信不疑。产品的成功可以改善HNC的经济处境或项目地位，但HNC的学术进展还得依仗学术本身，产品不能代替学术。

学术本身的需求和产品的需求并不是天然统一的，有时甚至会产生剧烈的冲突，今后我将全力关注学术需求，产品的需求由你负责，这里不是一个简单的转换问题。深刻理解学术体系本身的内在逻辑是重要的。这就是你有必要全文阅读《珞珈日记》及今后的相关文字的原因了。

传来的语料很有代表性，兼有叙述与论述两种基本类型的特色，但我仍希望看到更多的样板，麻烦你再提供一些。

仰山老人　02-7-19

[*01] 关于背景判断和记忆生成的论述见《全书》第五册。

第 1 节
邀约 q711 (226)

1.1-0 邀约 q711 的概念延伸结构表示式

q711:(e2m;)	
q711e2m	邀约对偶二分
q711e21	邀请
q711e22	应邀

1.1 邀约 q711 的世界知识

笔者没有读过关于邀约活动的专著，应该存在这样的专著。

在一些著名外交官的回忆录里，在近代欧洲的经典小说里，在20 世纪艺术成就最高的电影里，我们看到，邀请与应邀在交往活动中占有何等独特的地位。

不过，回忆录、小说和电影里所描写的，仅属于邀约活动的一个侧面，仅局限于社会的上层人士。这是一项十分重要的世界知识，需要一个描述，那就是下面的概念关联式。

```
((SIT,q711e2m) := pj01*t,t=b)——[q711-00-0]
（邀约活动与社会时代相对应）
(q711e2m,s31,pj1*9) = (pj01*-9d01,pj01*-9\k=o)——(q711-01-0)
（农业时代的邀约活动首先属于贵族阶级，其次是中间阶层）
(q711e2m,s31,pj1*a) = (pj01*-aeb5,pj01*-aeb6)——(q711-02-0)
（工业时代的邀约活动首先属于上流阶层，其次是过渡阶层）
(q711e2m,s31,pj1*b) = (pj01*-be51,pj01*-be52)——(q711-03-0)
（后工业时代的邀约活动首先属于豪强阶层，其次是中产阶层）
```

近年，著名的巴菲特午餐就属于c711e2m。

《红楼梦》里描述的多次邀约活动则属于6711e2m。

映射符号q711e2m似乎需要配置自延伸符号(ckm)和(d0m)，这就留给后来者去处理了。

最后，需要补充两个概念关联式：

```
q711e21 := q710e21——(q711-04-0)
（邀请对应于主方）
q711e22 := q710e22——(q711-05-0)
（应邀对应于客方）
```

第2节 访问q712 (227)

1.2-0 访问q712的概念延伸结构表示式

```
q712:(e2m;)
  q712e2m              访问对偶二分
  q712e21              来访
  q712e22              往访
```

1.2 访问q712的世界知识

这里先说两段题外漫谈。

第一段是关于概念基元五元组特性的漫谈。该漫谈的经典表述有两个要点，要点01是：HNC符号体系的每一个概念基元，或每一项延伸概念，都具有(v,g,u,z,r)特性。要点02是：某些概念基元具有“r”或“z”强存在特性，这时要特意予以说明。前文仅强调了这两个要点，其实还应该加上要点03：如果某概念以名词命名，则应该同时给出该概念的汉语动词，否则即表示该概念具有弱“v”存在性。要点 03 的缺失，应该看作是本《全书》的重大疏忽之一。这里给出一个示例，那就是“q710e2m 交往基本关系”。这里，vq710e2m 的对应词语都很丰富，符号“vq”表明，相应词语的时代性很强。近年流行的“宫廷戏”，应该为 v6710e2m 的汉语捆绑词语提供了丰富多彩的素材。这段漫谈的最后，给出一个当前常用的 vq710e21 词语——接待。

第二段是关于“q711 邀约”和“q712 访问”能否合并成一株概念树的漫谈。该漫谈作为一个问题，是没有答案的。或者说，答案只能是下面的灵巧回答，其要点有二。

第一，为了（q71y,y=1-6）具有统一的单项延伸形态。

第二，为了下面的“异类”概念关联式：

RB1(q711) := q710e21——[q710-01-0]
（邀约的 RB1 对应于主方）
RB1(q712) := q710e22——[q710-02-0]
（访问的 RB1 对应于客方）

“异类”贵宾[q710-02-0]已经回到了本节，下面接着漫谈。

两类劳动之间不是截然分离的，3 类精神生活之间也不是截然分离的，劳动与精神生活之间更不是截然分离的。这 3 句话无异于废话，关键在于：它们之间如何分工，又如何合作。HNC 的诀窍不过是，通过各种类型的概念关联式来描述这一分工合作景象。在自然语言空间，该景象确实是一团乱麻，但在语言概念空间却不是。《全书》第五册（已出版）和第六册（已出版），已经阐明了该景象的“非乱麻性”或清晰性。笔者自觉尽了全力，但效果如何？不得而知。这里的漫谈，不过是凑个热闹，其立足点是下面的概念关联式：

(q71y,y=1-6) = a14——(q71-04-0)
（交往的全部殊相概念树强交式关联于外交活动）

就访问 q712 来说，现代人最容易想到的是国事访问，那么是否需要设置 q712d01 来加以描述呢？如果真这么做，那就表明，还是自然语言空间的“乱麻”把你搅糊涂了。表层第二类精神生活 q7 里的“访问 q712”绝不能包含国事访问，因为那是专业活动“a14 外交”的“专利”，不容“侵犯”。这就是说，“q712”与“a14”各有明确分工，国事访问拥有专门的映射符号 a14\2d01。

但是，描述访问和描述国事访问的句类表示式或句类代码是一样的[**01]，这意味着在句类空间并不能区分“访问 q712”和“国事访问 a14\2d01”。然而，在语境空间，这一区分却易如反掌，“语境单元是领域的函数”论断的威力即在于此。

国事访问有一套官方的“a14”模式，但也会出现类似民间的“q711+q712”模式。那是一种特殊形态的示好，这个意思也能包含在（q71-04-0）里面吗？问得好，回答却比较灵巧：大致不差。因为“q711+q712”本来就是友谊的呈现，（q71-04-0）必然还有一个亲密伙伴，那就是下面的概念关联式：

(q71y,y=1-6) = 7113——(q71-05-0)
（交往的全部殊相概念树强交式关联于友谊）

上列概念关联式是否抓住了“q712 访问”联想脉络的“牛鼻子”呢？还需要添加什么吗？读者自己思考吧。

注释

[**01] 这只是该概念关联式所提供的诸多信息之一，但最为关键。对于这个问题，前文的阐释有所不足。本节将略有弥补，见下文。

第 3 节 别离 q713 (228)

1.3-0 别离 q713 的概念延伸结构表示式

```
q713:(e1n)
  q713e1n          别离的依存二分
  q713e15          送别
  q713e16          告别
```

1.3 别离 q713 的世界知识

“孤帆远影碧空尽，唯见长江天际流”，是送别 q713e15 的描述；“桃花潭水深千尺，不及汪伦送我情”，是告别 q713e16 的描述。因为前者是送别者 pq713e15 的话语，后者是告别者 pq713e16 的话语。

别离 q713e1n 描述一定采用 R014T2bJ 句类，在送别语境下，RB1 不转移，RB2 转移；在告别语境下，RB1 转移，RB2 不转移。描述这一语境知识的概念关联式如下：

```
RB2(q713e15) := 22be92——[q713-01-0]
(被送者离开)
RB1(q713e16) := 22be92——[q713-02-0]
(告别者离开)
```

前文曾多次引用过乔姆斯基的著名论断：语言是一个“ill-defined”的东西。自然语言会出现“告别暴力”、“告别战争”之类的表述。这些表述能采用 R014T2bJ 句类吗？不能。那么，有适用于此类描述的句类吗？当然有，否则，HNC 第二公理就完蛋了。答案十分简单，把 R014T2bJ 换成 R51T0J 就 OK 了。

如果提问：当人们“各奔东西，相互告别”的时候，上面的两个句类表示式都不怎么管用了吧！那怎么办呢？回答同样十分简单，把 R014T2bJ 换成 R004T2bJ 就 OK 了。讲详细一点，这属于 q713e1n 的非分别说，需要添一个下面的概念关联式：

RBm(q713e1n) := 22be92——[q713-03-0]
（告别者各奔东西）

上面的叙述，应该是“HNC 黄埔”（前文曾不止一次提起过）课堂上的日常情景。它曾是笔者多年的梦想，这里不过是借机聊以自慰一下而已。

最后，应给出下面的概念关联式：

(q713e1n,jlv00e22,q84)——(q713-01-0)
（别离无关于白喜事）

第 4 节 赠受 q714 (229)

1.4-0 赠受 q714 的概念延伸结构表示式

q714:(^e2m,e21;^e2meam,(^e2m):(3,e7n))

q714^e2m	赠受的二分描述
q714^e21	赠送
q714^e22	接受
q714e21	回赠
q714^e2meam	赠受的关系描述
q714^e2mea1	上对下的赠受
q714^e2mea2	下对上的赠受
q714^e2mea3	同级之间的赠受
q714(^e2m)3	医疗赠受
q714(^e2m)e7n	赠受的“美学”呈现

1.4 赠受 q714 的世界知识

本节将给出下面的 4 组概念关联式：

——第 1 组

q713^e2m := 209aa//209~9——(q714-01-0)
（赠受对应于关系与状态的定向转移，首先是所有权的定向转移）

(q713^e2m,jlv00e22,3a03)——(q714-02-0)
（赠受无关于贿赂）

(q713^e2m =: 3a03,sv33,c51)——(q714-03-0)
（在社会形态上，赠受形态等同于贿赂）

——第 2 组

q713^e2m = 7112+7113——(q714-04-0)
（赠受强交式关联于亲情与友谊）

q713^e2m = 7132\1i——(q714-05-0)

（赠受强交式关联于亲情与友谊）
(q713^e2m,jlv00e22,7113e25)——(q714-0-01)
（赠受无关于君子之交）
——第 3 组
q713^e2m => a237b——(q714-06-0)
（赠受强源式关联于捐献服务）
q714(^e2m)3 := (q714(^e2m),l03,(jw62-a,r407e31-0))——(q714-07-0)
（医疗赠受对应于自身器官的赠受）
q714(^e2m)3 = a82ae22——(q714-08-0)
（医疗赠受强交式关联于外科手术）
——第 4 组
q714(^e2m)e7n := j83e7n——(q714-08-0)
（赠受的伦理呈现强交式关联于伦理的雅俗呈现）

这 4 组概念关联式体现了 HNC 概念联想脉络的基本原则，也就是世界知识表述的基本原则。对于这一原则，前文已从不同角度进行过多次阐释[**01]，这里就不重复了。

最后交代两个细节：一是符号“^e2m”，二是“异类”（q714-0-01）。

符号“e2m”用于转移描述，已给出“先入后出”的约定。这里的“赠”与“受”是“先出后入”，为“e2m”之反。“赠受二分描述 q714^e2m”来于此。

（q714-0-01）是上列关联式里唯一的“异类”，关于它，汉语有一句十分精彩的描述，叫“君子之交淡如水”。可是，“君子”这个概念本身就属于“异类”，故该概念关联式的“异类”头衔是必须戴上的。诞生于第一世界的各种主义有一个不良习惯，那就是喜欢给自己喜欢的东西“加冕”普世的桂冠，HNC 基于三个历史时代和六个世界的文明认识，或许已经免除了这一陋习。

注释

[**01] 该原则可简称透齐性原则。笔者虽然在不同场合对该原则讲过多次，但依然不透不齐，请看作是一份比较齐全的素材吧。后来者应该对这些素材再加提炼，以求“蓦然”境界。

第 5 节
交际语言 q715 (230)

1.5-0 交际语言 q715 的概念延伸结构表示式

q715:(e7n,\k=4;e75t=b)
q715e7n 交际语言基本类型
q715e75 交际雅语

```
q715e76                交际俗语
q715e77                交际鄙语
q715\k=4               交际语言的形态呈现
q715\1                 话语
q715\2                 文字
q715\3                 符号
q715\4                 艺术
  q715e75t=b             雅语的三分
  q715e759               敬辞
  q715e75a               谦辞
  q715e75b               祝词
```

下面，以两小节叙说。

1.5.1 交际语言基本类型 q715e7n 的世界知识

交际语言 q715 就是“7311 言”里的“交际语 7311e01”，即：

```
q715 ≡ 7311e01——(q715-00-0)
（交际语言强关联于交际语）
```

“q715”用于描述交际语的时代性差异，“7311e01”用于描述交际语与批判语和论述语（7311~e01）的巨大区别。

交际语言的基本类型都可以用于日常交往活动，而外交活动一定要使用交际雅语。但当下，个别政治家喜欢破坏这一规则，此外，个别文化人特别喜爱粗鄙语言，这是后工业时代初级阶段的特有现象。这些世界知识以下面的概念关联式表示。

```
q715e7n := q710ju73c01——(q715-02-0)
（雅语、俗语或鄙语都可以用于日常交往）
q715e75 := a14——(q715-03-0)
（外交活动通常使用交际雅语）
(pa1ju731(c31),lv00*7131\1e51,q715~e75;s34,a14;s31,pj1*bd33)
——(q715-0-01)
（在后工业时代的初级阶段，个别政治家喜爱在外交场合使用交际雅语之非）
(pa3ju731(c31),lv00*7131\1e51,q715e77;s34,a35;s31,pj1*bd33)
——(q715-0-02)
（在后工业时代的初级阶段，个别文化人喜爱在信息文化中使用粗鄙语言）
```

这里需要交代一个重要情况：“q715e7n”的最初设计符号是“q715e4n”，但在“憔悴”阶段，曾经改换成“q715 γ =b”。这个中间符号，前文已多次使用过。相应文字已经出版，此漏洞[*a]不及改正，对不起。

1.5.2 交际语言形态呈现 q715\k=4 的世界知识

本小节仅给出下列概念关联式

```
(q715\k := 23\k,k=1-3)——(q715-04-0)
（交际语言的前 3 种形态与信息转移的前 3 种形式相对应）
```

```
q715\4 = q723——(q715-05-0)
（艺术交际形态强交式关联于艺术参与）
(汉族,lv00*312*(c01),q715\4)——[q715-0-01]
（汉族缺失艺术交际形态）
```

注释

[*a] 此漏洞是池毓焕博士发现的。

第 6 节 交际动作 q716 (231)

1.6-0 交际动作 q716 的概念延伸结构表示式

```
q716:(e1n,t=a;ry(e1n),ry(t);ry(t)e25)
  q716e1n              交际动作的二分描述
  q716e15              招呼
  q716e16              回应
    rq716(e1n)           礼貌
  q716t=a              交际动作的第一本体欠[*01]呈现
  q7169                争吵
  q716a                斗殴
    rq716(t)             结怨
      rq716(t)e25          和解
```

下面，以两小节叙说。

1.6.1 交际动作的二分描述 q716e1n 的世界知识

其基本概念关联式如下：

```
q716e1n := 65239*(c01)——(q716-00-0)
（招呼与回应对应于人类最基础的信息定向转移）
```

其非分别说是一个“r”强存在概念，对应的汉语直系捆绑词语是礼貌。它具有下面的概念关联式：

```
rq716(e1n) => d13o01——(q716-0-01)
（礼貌强源式关联于文化理念的底层和顶层形态）
```

传统中华文明过度重视文化理念的顶层形态 d13d01，专门给它捆绑了一个直系词语——礼。在“十三经”里，关于“礼 d13d01”的经书竟多达 4 部，因为《孝经》实质上也属于“礼”。这在全球的古老文明里确实是绝无仅有。

20 世纪以后，中华文明从一个极端走向了另一个极端，在把“礼d13d01”当作封建垃圾（确实严重存在）彻底清除的同时，文化理念的底层形态 d13c01 也被漠视了。上节的“异类”（q715-0-02）是对这一社会现象的描述。

1.6.2 交际动作第一本体欠呈现 q716t=a 的世界知识

其基本概念关联式如下：

q716t <= 43~e71——(q716-01-0)
（争吵与斗殴强流式关联于冲突或摩擦）
q7169 =: 43e723+gwa3*8——(q716-02-0)
（争吵等同于语言暴力）
q716a =: 43e723+jw62-9——(q716-03-0)
（斗殴等同于肢体暴力）
q716t = (a7+312*(c01),l03,rq716(e1n))——(q716-04-0)
（争吵与斗殴强交式关联于礼貌教育的缺失）

注释

[*01] 第一本体呈现可全可欠，是全字省略，还是欠字省略，可能在撰写过程中有不同约定。

小结

本章 6 株殊相概念树的内容是这次定稿时补写的，6 节文字都采取 HNC“闲话”方式，但各有侧重。第 1 节侧重于交往知识的时代性变化；第 2 节侧重于 5 大范畴语境的分工协作；第 3 节侧重于混合句类的灵巧组合与运用；第 4 节侧重于联想脉络的齐备性构建；第 5 节和第 6 节则侧重于遭到严重忽视的重要交往知识。所谓 HNC“闲话”方式，其基本“武器”就是概念关联式。

“遭到严重忽视的重要交往知识”是一项要蜕描述，文字里仅以几个“异类”概念关联式予以表达，显得过于单薄。这里拷贝一段德国现任总理默克尔女士的话语，以略事弥补。默克尔女士的话是：“仅仅是脸书网的存在并不意味着我自然而然拥有好友，脸书网似乎并不能让你生活幸福。”

第二章

娱乐 q72

引 言

符号 q72 的意思是：表层第二类精神生活的第二号殊相概念树，在语言概念空间的视野里，这是一项殊荣或桂冠。那么，这顶桂冠应该授予自然语言空间的哪座山头呢？智力法庭的裁决是，授予汉语的“娱乐”，并建议q72 不设置 q720。

这一裁决认同了本章的初始设计，下面照办。

q721	观赏
q722	文化参与
q723	艺术参与
q724	技艺参与
q725	健身
q726	休闲
q727	儿童娱乐

智力法庭是本《全书》的正式术语，见第六册的最后两编。

本章各节也不写结束语。

第 1 节
观赏 q721 (232)

2.1-0 观赏 q721 的概念延伸结构表示式

```
q721:(γ=b;9\k=3,a\k=2,b\k=3)
  q721γ=b                    观赏的混合呈现
  q7219                      文化观赏
    q7219\k=3                  文化观赏的第二本体呈现
    q7219\1                    自然景色观赏
    q7219\2                    历史文化观赏
    q7219\3                    风俗考察
  q721a                      文艺观赏
    q721a\k=2                  文艺观赏的第二本体呈现
    q721a\1                    文学阅读
    q721a\2                    艺术观赏
  q721b                      技艺观赏
    q721b\k=3                  技艺观赏的第二本体呈现
    q721b\1                    体育观赏
    q721b\2                    力技观赏
    q721b\3                    智技观赏
```

下面，以 3 小节叙说。

2.1.1 文化观赏 q7219 的世界知识

先给出下列概念关联式：

```
SGB(q7219\1) := rx(jw53β)——[q7219-01-0]
(自然景色观赏的语境对象是自然景观)
SGB(q7219\2) := rwa36——[q7219-02-0]
(历史文化观赏的语境对象是历史文化景观)
(SGC(q7219\3) := 50bt,t=b)——[q7219-03-0]
(风俗考察的语境内容是社会状态的基本侧面)
```

前文曾屡说，五元组(v,g,u,z,r)是抽象概念的基本属性，但一直没有明说，具体概念也可以通过“x”的引荐，而拥有这一属性。在论述“x”概念时，也没有指出这一点，这充分表明，当时对“x”和(v,g,u,z,r)的认识，还没有达到“蓦然”的境界。

外使[q7219-01-0]里的符号“rx(jw53β)”是一片非常精彩的“知秋之叶”，特此说明。

2.1.2 文艺观赏 q721a 的世界知识

本小节仅给出下列概念关联式：

```
SGB(q721a\1) := gwa31——[q721a-01-0]
（文学阅读的语境对象是文学作品）
(SGB(q721a\2) := gwa329\1k,k=5)——[q721a-02-0]
（艺术观赏的语境对象是第一类艺术活动的作品）
SGC(q721a\2) := a32a\k=0-4——[q721a-03-0]
（艺术观赏的语境内容是各种类型的艺术表演）
SGC(q721a) := gwa32b——[q721a-04-0]
（文艺观赏的语境内容是建造艺术作品）
```

2.1.3 技艺观赏 q721b 的世界知识

先给出下列概念关联式：

```
q721b\1 = a339——(q721b-01-0)
（体育观赏强交式关联于体育活动）
q721b\2 = a33a——(q721b-02-0)
（力技观赏强交式关联于力技活动）
q721b\3 = a33bi//a33b——(q721b-03-0)
（智技观赏强交式关联于智技活动，杂技最受欢迎）
(zq721b\1 >> zq721b~\1,s31,pj1*b)——(q721b-04-0)
（在后工业时代，体育观赏的价值远大于力技观赏和智技观赏）
```

本小节，作两点自问自答。

第一，技艺 a33 以“t=b”延伸，而技艺观赏 q721b 却以“k=3”延伸，为什么？这是由于概念的交织性强呈现于技艺三侧面之间，而弱呈现于技艺观赏的相应三侧面之间，甚至可以说非常地弱。

第二，体育观赏的价值居于技艺观赏的绝对冠军地位，这或许是后工业时代初级阶段的特有现象吧？为什么不加以注明？答案是：未必，不加为上策。

第 2 节
文化参与 q722 (233)

2.2-0 文化参与 q722 的概念延伸结构表示式

```
q722:(\k=3;)
  q722\k=3          文化参与的第二本体呈现
  q722\1            文化节日
  q722\2            方志
  q722\3            文物保存
```

这个表示式符合透齐性要求吗？回答是："q722\k=3"是作用效应链三侧面的对应产物。文化节日对应于文化参与的作用效应侧面；方志对应于文化参与的过程转移侧面；文物保存对应于文化参与的关系状态侧面。有人问，这三"对应"前面加"大体"二字是否更合适一些呢？回答是：两可。

本节的基本概念关联式是：

```
q722 = q804——(q722-00-0)
（文化参与强交式关联于纪念）
```

下面，以 3 小节叙说。

2.2.1 文化节日 q722\1 的世界知识

先给出下面的概念关联式：

```
q722\1 = pj01*\k=6——(q722-01-0)
（六个世界各有自己的文化节日）
q722\1 = pj52*——(q722-02-0)
（不同民族各有自己的文化节日）
```

对于第三世界 pj01*\3，前文特意强调了 pj01*\3k=3 的划分，（q722-01-0）为这一划分提供了又一重要佐证。

第二世界的文化节日，近年开始受到重视，但其活力或生命力亟待提高与加强。

2.2.2 方志 q722\2 的世界知识

上一小节的两个概念关联式可移用于 q722\2。

在六个世界里，也许第二世界的方志形态最为丰富多彩。

中国方志的一个特殊形态是族谱。

族谱和县志是汉族文化的两项重要文化遗产，属于专家知识。这里仅给出下面的概念关联式：

```
(族谱;县志) =% q722\2——[q722-01]
```

2.2.3 文物保存 q722\3 的世界知识

文物的映射符号是 rwq804。

文物保存者不同于文物收藏者，两者的映射符号如下：

```
文物保存者    pq722\3
文物收藏者    p9461+rwq804
```

文物保存 q722\3 具有下面的基本概念关联式：

```
q722\3 ::= (3818,102,rwq804)——(q722-03-0)
```

这是一个关于文物保存的定义式。

文物保存者 pq722\3 主要是可尊敬的民间人士。

上面提到的族谱和县志也许是第二世界特有的文物。

第 3 节 艺术参与 q723 (234)

2.3-0 艺术参与 q723 的概念延伸结构表示式

```
q723:(t=b,\k=3,i;i\k=3)
  q723t=b                   艺术参与的第一本体呈现
  q7239                     舞
  q723a                     歌
  q723b                     奏
  q723\k=3                  艺术参与的第二本体呈现
  q723\1                    画
  q723\2                    刻
  q723\3                    织
  q723i                     文字参与
    q723i\k=3                 文字参与的第二本体呈现
    q723i\1                   小说
    q723i\2                   诗词
    q723i\3                   书法
```

下面，以 3 小节叙说。

2.3.1 艺术参与第一本体呈现 q723t=b 的世界知识

本小节仅给出下面的概念关联式：

```
q7239 (=,=>) a32a\1——(q723-01a-0)
(舞强交并源式关联于舞艺)
q723a (=,=>) a32a\2——(q723-01b-0)
(歌强交并源式关联于歌艺)
q723b (=,=>) a32a\3——(q723-01c-0)
(奏强交并源式关联于奏艺)
```

上面的 3 个概念关联式可统一写成下面的形式：

```
(q723t (=,=>) a32a\k,t=b,k=1-3)——(q723-01-0)
```

2.3.2 艺术参与第二本体呈现 q723\k=3 的世界知识

先给出下面的概念关联式：

```
q723\1 (=,<=) a329\11——(q723-02a-0)
(画强交并流式关联于绘画)
q723\2 (=,<=) a329\12——(q723-02b-0)
(刻强交并流式关联于雕塑)
q723\3 (=,<=) a329\13——(q723-02c-0)
(织强交并流式关联于工艺)
```

上面的 3 个概念关联式可统一写成下面的形式：

```
(q723\k (=,<=) a329\1k,k=1-3)——(q723-02-0)
```

本小节以逻辑符号“(=, <=)”替换了上一小节的“(=, =>)”，若问缘由，则回答：世界知识视野里的景象就是如此。

2.3.3 文字参与 q723i 的世界知识

先给出下面的概念关联式：

```
q723i~\3 = a31——(q723-0-01)
(小说与诗词强交式关联于文学)
q723i\3 = a32——(q723-0-02)
(书法强交式关联于艺术)
```

这是两个“异类”，因为把文学归于语言脑，把艺术归于艺术脑，只是 HNC 的观点。

不同文明的文学形态基本上大同小异，尤其是在小说方面，但诗词需要另说。汉语的唐诗宋词是一座形态独特的文学“珠峰”，不懂唐诗、宋词、元曲，就谈不上懂得中国文学或中国文化。古老的骈文和散文可以说“俱往矣”，但古诗词不能这么说，如果有更多的中国人能够以唐诗、宋词的形态进行文字参与 q723i\2，那将是中国文化复兴的重要标志之一。当然，这也需要从娃娃抓起。对“书法 q723i\3”，应持同样的态度，虽然笔者的艺术脑极度低下。

第 4 节 技艺参与 q724 (235)

2.4-0 技艺参与 q724 的概念延伸结构表示式

```
q724:(t=b,i;9e2m,b\k=o,i\k=3)
  q724t=b                  技艺参与的第一本体呈现
  q7249                    锻炼
     q7249e2m                锻炼的对偶二分
     q7249e21                内炼
     q7249e22                外炼
```

```
q724a               力练
q724b               智练
  q724b\k=o           智炼的第二本体呈现
  q724b\1             围棋
  q724b\2             桥牌
q724i               存证
  (~6)724i\k=3        存证的第二本体呈现
  (~6)724i\1          拍照
  (~6)724i\2          录音
  (~6)724i\3          录像
```

下面，以两小节叙说。

2.4.1 技艺参与的第一本体呈现 q724t=b 的世界知识

先给出下面的概念关联式：

(q724t := a33t,t=b)——(q724-01-0)
（锻炼、力练和智练对应于体育、力技和智技）
(q724t,jlv00e21,pj01*e2m,t=b)——(q724-02-0)
（锻炼、力练和智练关联于文明的东西之分）

汉语说明里的 6 个词语，4 个是新的，体现了汉字的独特优势。

下面，对（q724-02-0）进行补充[*a]说明。

锻炼的目的在于强健身体，但强健有内外之别，内在强健与外在强健是两回事，不能混为一谈，故前文曾引入过内健与外健的概念或术语。在农业时代，游牧民族都高度重视外健，某些部落或城邦也是，斯巴达最为典型。现代西方文明继承了这一传统，于是，体育就成了外健的代表。但体育的固有内容或本来面目不应该如此，难道不应该去寻求内健的代表吗？或许，中国的太极拳和印度的瑜伽都具有充当代表的资格。

过度锻炼而忽视内健，过度“被医”而忽视“自医”[*b]，是蔓延于全球的两大社会病症，这是金帅造成的诸多罪孽之一。

以上，就是设置延伸概念 q7249e2m 的缘由。

关于智炼，东方世界和西方世界各有一项伟大的发明，那就是围棋和桥牌。这就是设置延伸概念 q724b\k=o 的缘由。

至于力炼，由于笔者是彻底的外行，其再延伸就暂缺吧。

2.4.2 存证 q724i 的世界知识

先给出下面的概念关联式：

q724i =% a359——(q724-03-0)
（存证属于信息收集）
(~6)724i\1 = a329\5——(q724-0-01)
（拍照强交式关联于摄影）
(~6)724i~\2 ::= (3818,110,rw23\3)——(q724-04-0)
（拍照和录像是对图像的保存）

```
(~6)724i\2 ::= (3818,l10,gwa3*9//jw2)——(q724-05-0)
（录音是对声音的保存）
```

上列概念关联式里，有一位“异类”，不作解释，但请留意。另请留意，存证第二本体呈现的符号——(~6)724i\k=3——本身就表明，它不存在于农业时代。

注释

[*a] 这个问题前文已有多次论述，这里的补充可能重复，不一一引说。

[*b] 这两个词语见[142-451]。

第 5 节
健身 q725 (236)

2.5-0 健身 q725 的概念延伸结构表示式

```
q725:(e2m,i;i\k=o)
  q725e2m                  健身的对偶二分
  q725e21                  内健
  q725e22                  外健
  q725i                    修行
     q725i\k=o               修行的若干类型
     q725i\1                 菩萨式修行
     q725i\2                 基督式修行
     q725i\3                 阳明式[**01]修行
```

下面，以两小节叙述。

2.5.1 健身对偶二分 q725e2m 的世界知识

本小节正式引入内健与外健的概念。在“q645 娱乐服务”（[142-45]节）里对两者进行过预说，当时加了引号。该预说足够深入，这里可不作文字补充，只给出下面的概念关联式：

```
q725 => q645b——(q725-01)
（健身强源式关联于健身服务）
```

在表层第二类精神生活与第一类劳动之间，特别是在概念林“q72 娱乐”与概念树“q645 娱乐服务”之间，此类概念关联式为数众多，（q725-01）不过是一个示例。本章并不打算详细列举，特此说明。

下面，给出两个“异类”：

(zq725e22 > zq725e21,s31,pj1*~b)——(q725-0-01)
（在农业和工业时代，外健的价值大于内健）
(zq725e22 < zq725e21,s31,pj1*b)——(q725-0-02)
（在后工业时代，外健的价值小于内健）

2.5.2 修行 q725i 的世界知识

前文曾对概念群“713 情感”进行过比较系统的论述，见《全书》第一册 pp228-247。对情感给出了“7131 基本情感”、“7132 外因情感”和“7133 内因情感”的区分，三者是情感脑向语言脑派遣的常驻代表，或名之神学代表。不同文明的神学是代表的派遣方，通常是派遣 3 位代表。唯佛学别树一帜，派遣了 4 位代表，分别名之第一、第二、第三和第四佛性，第一佛性与基本情感对应；第二佛性与外因情感对应；第三和第四佛性与内因情感对应。这一描述即来于王阳明先生的良知理念，良知特别重视内因平常心的培育。平常心与佛性的映射符号如下：

平常心	(713y(\k)e5o,y=1-3)
佛性	(713y(\k)e5od01,y=1-3)
第三平常心（觉悟）	7133\1e57
第四平常心	7133(~\1)e55

修行就是对平常心的培育，其定义式如下：

q725i ::= (3118b,l10,(713y(\k)e5o,y=1-3))——(q725-0-03)
（修行就是对平常心的培育）

下面，给出一组“异类”：

q725i\1 := 7131(\k)e53——(q725-0-04)
（菩萨式修行对应于第一平常心）
q725i\2 := 7132(\k)e53——(q725-0-05)
（基督式修行对应于第二平常心）
q725i\3 := 7133\1e57+7133(~\1)e53——(q725-0-06)
（阳明式修行对应于第三和第四平常心）
自医 =: rq725i——[q725-0-01]

本节的重要概念关联式都属于“异类”，其简明解释是，这些世界知识来于 HNC 关于“知、玩、医”的特殊思考，而 HNC 本身就是一个“异类”。

注释

[**01] “阳明式”里的阳明指明王朝的王守仁（字阳明）先生，这位先生是宋明理学的代表人物之一。在近代中国，宋明理学已成为臭不可闻的狗屎堆，比“孔二”和“孟三”还臭。最近有位大学教授说：**孔二是接近于狗日的野合产品，孟三是接近于禽兽的下三滥**。在当代中国，这样的言论当然会受到一定的指责，但是，一位针对指责之声而为该教授辩护的网上“雄文”，却得到网民压倒性的支持。有感于此，特意在这里引入“阳明式”词语。至于守仁先生的事迹，本节不作介绍，仅在下一小节对“阳明式”修行的含义略加说明。

第 6 节
休闲 q726 (237)

2.6-0 休闲 q726 的概念延伸结构表示式

```
q726:(e4n,e2n,\k=2,e2m)
  q726e4n              休闲的 B 类对偶三分
  q726e45              适度休闲
  q726e46              低度休闲
  q726e47              过度休闲
  q726e2n              休闲的对立二分
  q726e25              积极休闲
  q726e26              消极休闲
  q726\k=2             休闲的第二类本体呈现
  q726\1               第一类休闲
  q726\2               第二类休闲
  q726e2m              休闲的对偶两分描述
  q726e21              男式休闲
  q726e22              女式休闲
```

休闲的基本概念关联式是：

```
q726 =: (03,103,a+q6)
（休闲等同于免除劳动）
```

下面，分 3 小节叙说[*a]。

2.6.1 休闲的 B 类对偶三分 q726e4n 的世界知识

虽然本延伸的世界知识具有符号自明性，但给出下面的概念关联式仍十分必要。

```
q726e46 = (50ae71;7111e71)——(q726-01)
（低度休闲强交式关联于勤劳或敬业）
q726e47 = (50a~e71;7111~e71)——(q726-02)
（过度休闲强交式关联于懒惰与懈怠或不敬业）
(q726e45+jr509) = pj01*-to——(q726-01-0)
（适度休闲标准强交式关联于社会的不同阶层）
((q726e45+jr509),jl00e21,(pj52*;wj2*-0))——(q726-02-0)
（适度休闲标准关联于民族和地域）
```

两位贵宾级概念关联式里的两个符号需要说明一下。

第一，关于“(q726e45+jr509)”，它是符号“(jr509,l10,q726e45)”的省略形态。这

种省略形态通常仅用于“gw8”或“jr”与其他概念的“l10”组合方式。

第二，关于“pj01*-to”，它是“社会不同阶层”的映射符号。其中的“t”是“t=b”的省略，是代表三个历史时代的变量映射符号；“o”是不同历史时代不同社会阶层的变量映射符号[*b]。

（q726-02-0）也许应该改成（q726-0-01），因为前文曾多次倍予赞誉的欧盟似乎对这项世界知识也缺乏足够的认识，从而欧盟内部的政治家之间似乎未对此进行过充分沟通。否则，希腊的债务危机怎么会弄出如此大的动静？

2.6.2 休闲的对立二分 q726e2n 的世界知识

本项延伸的世界知识同样具有符号自明性。理论上，应该设置“\k”形态的清单式再延伸，但这个清单就留给后来者吧。

2.6.3 关于 q726\k=2 和 q726e2m 的世界知识

本小节仅给出下面的概念关联式：

```
q726\1 := pa00e45——(q726-03)
（第一类休闲对应于在职者）
q726\2 := pa00~e45——(q726-04)
（第二类休闲对应于退休者和失业者）
q726e21 := p+xjw62e21——(q726-05)
（男式休闲对应于男人）
q726e22 := p+xjw62e22——(q726-06)
（女式休闲对应于女人）
```

注释

[*a] 本节延伸概念的汉语表述采用了HNC描述的最终样板，包括本体论描述和认识论描述。

[*b] 该映射符号的描述见《全书》最后一株概念树——简明挂靠物oj——的说明文字([280-2.01]节)。

第7节 儿童娱乐 q727 (238)

2.7-0 儿童娱乐 q727 的概念延伸结构表示式

```
q727:(c2m,e3m,\k=0-5)
  q727c2m            儿童娱乐的阶段两分
  q727c21            婴儿娱乐
  q727c22            幼年娱乐
  q727e3m            儿童娱乐的对仗三分
```

q727e31　　　　　　自我娱乐
q727e32　　　　　　亲情娱乐
q727e33　　　　　　友情娱乐
q727\k=0-5　　　　儿童娱乐的第二本体根描述
q727\0　　　　　　生理娱乐
q727\1　　　　　　图像娱乐
q727\2　　　　　　情感娱乐
q727\3　　　　　　艺术娱乐
q727\4　　　　　　语言娱乐
q727\5　　　　　　科技娱乐

这里，应给出下面的概念关联式：

q727 (≡,=>) q622——(q727-00-0)
（儿童娱乐强并源式关联于面向幼儿劳作）
(q622,lv00*01m3,q727)——(q622-0-00)
（面向幼儿劳作服务于儿童娱乐）
(q622-0-00)=:(q727-00-0)
（此“异类”等同于彼“正常”）

下面，以 3 小节叙说。

2.7.1 儿童娱乐阶段两分 q727c2m 的世界知识

先给出下面的概念关联式：

q727c2m := p10bc51——(q727-01-0)
（儿童娱乐阶段两分对应于人的幼年）
pwq727c2m =%(a219\21*a,a219\21*9)——(q727-0-01)
（儿童娱乐用品首先是精神生活用品，其次才是物质生活用品）
q727c21 := q622d44+q622d43——(q727-02-0)
（婴儿娱乐对应于婴儿照看与行走期照看）
q727c22 := q622d42+q622d41——(q727-03-0)
（幼年娱乐对应于语言期照看与幼儿照看）

这里需要说明的是，异类（q727-0-01）与 HNC 无关，它源于不同文明对儿童教育认识的巨大分歧。

2.7.2 儿童娱乐对仗三分 q727e3m 的世界知识

先给出下面的概念关联式：

q727e3m := r407e3m——(q727-04-0)
（儿童娱乐三分对应于关系基本构成的三方认识）
(q727e31,lv00*01m3,(v3118b,r7111))——(q727-0-02)
（自我娱乐服务于事业意识的培育）
(q727e32,lv00*01m3,(v3118b,r7112))——(q727-0-03)
（亲情娱乐服务于亲情意识的培育）

(q727e33,lv00*01m3,(v3118b,r7113))——(q727-0-04)
（友情娱乐服务于友谊意识的培育）

关系基本构成的概念非常重要，其映射符号是“407”，如果读者对符号“407”及其延伸符号不甚熟悉，请务必回去细读一下“关系基本构成的延伸结构及其世界知识”小节（[110-404],《第一册》pp105-107）。本小节试图表明，人类语言脑里最原初的“我”与“你”，就是自己和父母，随后又出现“他”，这是语言脑的一项基础功能。语言脑的这项功能，哺乳动物或其他高等动物也会有，但这不等于说那些动物也存在语言脑，因为上述功能只是语言脑的“沧海一粟”。

在上列概念关联式里，符号(v3118b,r711y)需要注释一下，以下面的等式[**01]表示：

(v3118b,r711y) =: (3118b,l10,r711y)

2.7.3 儿童娱乐第二本体根描述 q727\k=0-5 的世界知识

本小节连概念关联式都可以省略，读者一看就明白，这项延伸不过是 HNC 对其“脑功能模块”说的再张声势，事实确实如此。

注释

[**01] 在《理论》阶段，曾引入逻辑组合符号“o_1#o_2”和“o_1\$$o_2$”，以分别表示作用型和效应型动态概念，后弃而不用，有点可惜。其实，符号“vr3118b#711y”可以完全取代下面的等式。

小 结

本章的新写文字更接近于《全书》的收尾形态，主要依靠概念关联式。上一个小结，曾把这种撰写方式叫作“闲话”方式，因为在概念关联式后面，不时会写几句应景式话语，故名之闲话。对于按分册顺序阅读此书的读者，“闲话”方式可能会带来不便，但这种不便也会带来好处，那就是有利于与 HNC 思维习惯或思维方式接轨。

在第一类精神生活（7y,y=1-3）里，曾把人类的最低期望概括成 6 个词语——衣与食、住、行、知、玩、医，这 6 个词语可分成“前三”与“后三”两组。表层第二类精神生活实质上不过就是这 6 个词语的内容扩展，但重点选择了“后三”里的玩和“前三”里的行。为这两个词语对应的概念——7121c01\5 和 7121c01\3，本章专门配置了 3 片概念林——“q72 娱乐”、“q73 比赛”和“q74 行旅”。前两者主要服务于“玩 7121c01\5”；后者主要服务于“行 7121c01\3”。按照写作常规，这些话应该写在本篇的篇首语里，但本《全书》基本不遵循此类常规，这里是又一示例。

另外 4 个词语——衣与食、住、知、医——的世界知识，当然也与表层第二类精神生活有密切联系，这散见于本篇的各片概念林，包括共相概念林 q70。这里有几个重要细节需要闲话一下。

第一是关于医的闲话。在“第一类劳动 q6”里，曾阐释过内健与外健、自医与被医的概念，提出了“西方文明过度重视外健与被医，忽视内健与自医；而传统东方文明反

之”的说法。本章对该说法给出了内容逻辑的表述方式，那就是关于内健、外健和自医的 HNC 映射符号：q725e2m 和 rq725i。

第二是关于文艺与生活的闲话。大陆文化人都知道下面的名言：文艺源于生活，高于生活。但该名言并不适用于文艺的所有领域，概念关联式（q723-02o-0,o=(a;b;c)）对此提出了质疑，请参考。

第三是关于第二类精神生活时代性的闲话。本来，符号“q7”的“q”已经给出了时代性标记，问题是这个标记够用吗？本章探讨了这个问题。在何处进行过这一探讨，笔者将故伎重演，隐而不言。

第三章

比赛 q73

引 言

概念林“q73 比赛”的概念树配置如下：

q730	比赛基本内涵
q731	比赛类型
q732	比赛规则
q733	裁判
q734	赛事组织
q735	比赛效应

比赛的 5 种殊相概念树可以作“一分为三”的思考：第一是比赛类型 q731，第二是比赛规则 q732 和裁判 q733，第三是赛事组织 q734 和比赛效应 q735。

一想到或说到比赛，最先被激活的不就是“什么比赛呢”这一概念联想吗？这就指向比赛的类型划分了。因此，把比赛类型列为比赛殊相概念树之首 q731 应该是没有疑义的。HNC 对“类型”的处置采取了不同的方案，这里是让它充当殊相概念树之首，但更多情况是把它纳入共相概念树的延伸概念，例如，交往基本类型 q710\k=5。为什么要这样做？这是不是一个富有趣味和很有价值的研究课题呢？

比赛规则 q732 与裁判 q733 是比赛的特定内涵。规则 rc04a 这一人类社会赖以生存的重要概念也许就是发源于比赛。比赛规则 q732 的存在及其执行（即裁判 q733）乃是一切正规比赛赖以正常进行的前提条件。因此，他们具备进入比赛殊相概念树行列的充分资格。

如果说比赛规则 q732 和裁判 q733 是比赛的前提条件，那么，赛事组织 q734 和比赛效应 q735 就是比赛的社会条件。这里的社会条件实质上就是对比赛之作用效应链表现的最简表述，是概念“作用效应链之基本表现 003”在比赛这个领域概念里的具体化。各类赛事已成为当代媒体关注的焦点之一，各类“赛迷”已成为当代社会的一个特殊庞大群体，这一社会现象在 100 年前是不可思议的。对各类赛事的过度关注也许应该引起人类的反思，但也正是从这一反思中，笔者认定：赛事组织 q734 和比赛效应 q735 也具备进入比赛殊相概念树行列的充分资格。

设置了比赛 q73 的上列 5 种殊相概念树以后，HNC 就不担心比赛的描述完备性了，其他的可以由共相概念树“比赛基本内涵 q730”来包干了。

本章撰写方式，将仿效第一章，除共相概念树“q730 比赛基本内涵”之外，都不写结束语。

第 0 节 比赛基本内涵 q730 (239)

3.0-0 比赛基本内涵 q730 的概念延伸结构表示式

```
q730:(e2m,e2n,e5n,e3m;e3mo01)
  q730e2m          比赛的作用描述
  q730e21          攻
  q730e22          守
  q730e2n          比赛的过程转移描述
  q730e25          入选
  q730e26          落选
  q730e5n          比赛的效应描述
  q730e55          胜
  q730e56          败
  q730e57          平
  q730e3m          比赛的关系状态描述
  q730e31          参赛者
  q730e32          参与者
  q730e33          观众或赛迷
```

通常，共相概念树的延伸结构设计都比较费事，但 q730 例外，从其 4 项延伸的汉语说明即可窥知。

下面，以 4 小节分说。

3.0.1 比赛作用描述 q730e2m 的世界知识

本小节仅给出下面的基本概念关联式：

```
q730e21 := 00——(q730-01)
(比赛的进攻对应于作用)
q730e22 := 01+02——(q730-02)
(比赛的防守对应于承受与反应)
```

3.0.2 比赛过程转移描述 q730e2n 的世界知识

本小节先给出下面的基本概念关联式：

```
q730e25 := 1079e21——(q730-03)
(比赛的入选对应于过程的进)
q730e26 := 1079e22u409e22——(q730-04)
(比赛的落选对应于过程的单向性退)
```

对（q730-04）里的复合概念 1079e22u409e22，值得闲话几句。这里的关键概念是“单向性 u409e22”，自然语言的不可逆转则对应于 ru409e22。请注意，这里并未使用“ru”，而是“u”，因为落选不能等同于不可逆转[*a]。这些精细的概念差异都可以体现在 HNC 符号体系里。这里借机建议，读者不妨回去翻阅一下《全书》第一册的 pp103-104，那里以“关系指向性 409e2m”为依托，第一次提出了内容逻辑的概念，第一次使用了“形式逻辑学与语法学都是‘千年老叟’”的话语[*b]，那不是偶然的随笔而写。

下面对 q730e2n 作进一步说明，它存在如下特殊延伸：

```
q730(e2n)γ=a
q730(e2n)9          优胜赛
q730(e2n)a          淘汰赛
q730e25-            决赛
q730e25-0           半决赛
q730e25d0[n]        比赛优胜者排名
q730e25d0[1]        第一名或冠军
q730e25d0[2]        第二名或亚军
q730e25d0[3]        第三名或季军
```

3.0.3 比赛的效应描述 q730e5n 的世界知识

本小节仅给出下面的基本概念关联式：

```
q730e5n := 30ae2n——(q730-01-0)
（比赛效应描述对应于效应变化的基本描述）
q730~e56 := 30ae25——(q730-01a-0)
（胜或平对应于达到）
q730e56 := 30ae26——(q730-01b-0)
（败对应于落空）
```

3.0.4 比赛关系状态描述的世界知识

先给出下面的基本概念关联式：

```
q730e3m := 407e3m——(q730-02-0)
（比赛关系状态描述对应于关系基本构成的我、你、他）
q730e32c01 := pea2+02e603——(q730-03-0)
（低端参与者对应于赞助商）
q730e32d01 := (a03bb\1;pea039)——(q730-04-0)
（高端参与者对应于世界体育组织或行业组织）
```

q730e31o01 的低端和高端汉语表述分别是业余和专业，q730e33o01 的相应词语是观众和赛迷。

结束语

这里，要给出比赛q730的定义式，如下：

```
q730 =: q72u420——(q730-00)
（比赛是一种相互依存兼排斥[*01]的娱乐）
```

“q730比赛基本内涵”的4项延伸是按作用效应链的自然顺序排列的，熟悉球类、拳击等以外比赛的读者或许对居于首位的“q730e2m攻与守”很不以为然，其实那里并非不存在“攻与守”，只是其“攻与守”的形态比较隐蔽和更为高级而已。

注释

[*a]“入选得而复失，落选失而复得”的现代故事大家都比较熟悉，这里写的是一个关于19世纪后期中国的故事。

中国科举制度的殿试三甲是当年的最大荣耀，可是清王朝光绪年间的一场殿试，却出现了比赛逆转事件，原来的第一名（状元）变成了第二名（榜眼），依次类推，第三名（探花）落选三甲，原来的第十名却跃升为状元。该事件起因于光绪皇帝当时的情绪极度低落，先拿起第十名的试卷翻看。该卷的第一个大句是：臣闻主忧臣辱，主辱臣死。这个大句道出了光绪内心的迫切需求，从而诱发了一场千年唯一的殿试逆转事件。与该事件有关的趣闻（比较可靠的传说）和该状元的姓名籍贯就省略了。

[*b] 后来演变成逻辑仙翁和语法老叟的HNC专用术语。

[*01]“相互依存兼排斥”是420的汉语表达，《全书》第一册p112里曾指出，42m或42n的基本特征之一是：对立统一体弱存在而不是强存在，故自然语言无相应描述词语。十年前写下这个大句的时候，还心存忐忑，但现在看来，那完全没有必要。当下的六个世界之间，特别是在第一世界与第二世界、第二世界与第三世界、第一世界与北片第三世界之间，是多么需要表述420的词语，但大家都没有找到。

第1节 比赛类型q731 (240)

3.1-0 比赛类型q731的概念延伸结构表示式

```
q731:(\k=4,c2n,c3m;~\4e2m,\4e2n)
  q731\k=4          比赛类型的j52描述
  q731\1            体力性与智力性比赛
  q731\2            对抗性与水平性比赛
  q731\3            个人性与团队性比赛
  q731\4            娱乐性与赌博性比赛
```

q731c2n　　比赛类型的 j51 描述
q731c25　　业余比赛
q731c26　　专业比赛
q731c3m　　比赛类型的 j40 描述
q731c31　　wj2*-00 型比赛
q731c32　　wj2*-0 型比赛
q731c32　　wj2*-型比赛

下面，以 3 小节论述，二级延伸放在小节里说明。

这里，在汉语说明里夹用了 HNC 符号，也许是第一次。

3.1.1 比赛类型 j52 描述 q731\k=4 的世界知识

先给出下列概念关联式：

q731\1e21 := a33~b——(q731-01a-0)
（体力性比赛对应于体育和力技）
q731\1e22 := a33b——(q731-01b-0)
（智力性比赛对应于智技）
q731\2e21 ::= q731ju71b——(q731-02a-0)
q731\2e22 ::= q731ju70e22——(q731-02b-0)
q731\3e21 := (a339\kxpj40-00,a33b\1)——(q731-03a-0)
（个人性比赛对应于个人体育项目及棋类）
q731\3e22 := (a339\kxpj40-0,a33b\2)——(q731-03b-0)
（团队性比赛对应于团队体育项目及牌类）
q731\4e25 ::= q731ju86e25——(q731-04a-0)
q731\4e26 ::= q731ju86e26——(q731-04b-0)
q731(~\4)e2m := p+xjw62e2m——(q731-05-0)
（娱乐与赌博之外的 3 类比赛都有男女之别）

其中的两对定义式未给出汉语说明，因为给不如不给。

3.1.2 比赛类型 j51 描述 q731c2n 的世界知识

本小节仅给出下面的两个概念关联式：

q731c25 = a34——(q731-06-0)
（业余比赛强交式关联于大众文化）
q731c26 = a33——(q731-07-0)
（专业比赛强交式关联于技艺）

3.1.3 比赛类型 j40 描述 q731c3m 的世界知识

本小节仅给出下面的外使：

q731c31 := 国家内部的比赛——[q731-01-0]
q731c32 := 国家之间的比赛——[q731-02-0]
q731c33 := 国际比赛——[q731-03-0]

第 2 节 比赛规则 q732 (241) [*a]

3.2-0 比赛规则 q732 的概念延伸结构表示式

q732:(γ=b,3,e2m;γt=a,9c0m,9d0m)

q732γ=b	比赛规则的类型描述
q7329	参赛资格规则
q732a	比赛动作规则
q732b	胜负判定规则
q732γt=a	比赛规则的特定作用效应链表现
q732γ9	比赛规则的制定
q732γb	比赛规则的修改
q7323	比赛违规处置
q732e2m	比赛规则基本属性
q732e21	软性比赛规则
q732e22	硬性比赛规则

比赛规则具有下列基本概念关联式：

q732=%c04a——(q732-01)
（比赛规则属于社会性规范）
q732γ<=q731——(q732-02)
（比赛规则类型描述强流式关联于比赛类型）
q7323=a54e3m——(q732-03)
（比赛违规处置强交式关联于执法基本内涵）

上述三项延伸概念的设置满足比赛规则 q732 的描述充分性要求吗？是！诚然，这只是直觉与演绎的“略施小技”，但值得信赖。这里不妨交代一声：在比赛规则 q732 延伸概念设置的思考过程中，笔者不由得联想起乔姆斯基先生传奇的一生，因为他曾为语言生成规则的完备性奋斗了 20 年之久，但终于迷途知返，从语言规则完备性的寻求转向语言原则的探求。这是一项极具启示性的教训，无比珍贵。比赛规则的 3 项延伸概念是这一启示的直接产物，因为它们实质上属于比赛原则，而不是比赛的具体规则。

从比赛 q732 之概念联想脉络的视角来说，比赛规则类型描述 q732γ=b 和比赛违规处置 q7323 两者是该联想脉络的主体，而比赛规则基本属性 q732e2m 只是一项从体。

下面，以 3 小节进行叙说。

3.2.1 比赛规则的类型描述 q732γ=b 的世界知识

由上面的基本概念关联式 q732γ<=q731可知，比赛规则的具体知识必然是浩如烟

海，但从这一烟海中仍然不难看到一切比赛规则必须包含的共性知识，那就是由 q732γ=b 所描述的 3 项内容：参赛者范围的约定 7329、比赛动作范围的约定 q732a 和胜负标准的约定 q732b。

比赛规则类型描述 q732γ=b 具有交织延伸 q732γt=a，描述比赛规则的制定 q732γ9 和修改 q732γa。映射符号 q732γt=a 表明：比赛规则的制定与修改可以非分别说，也可以分别说。这一延伸概念具有下面的基本概念关联式：

(q732γt,l01,pea03bb//p-q73;l03,q732)
（比赛规则的制定者与修改者首先是超文化组织，也可以是参赛者自身）

超文化组织 a03bb 除了 a03bb\k 的并列延伸之外，还具有名目繁多的组合概念，但这不会造成 q732γt 领域句类代码知识运用的无所适从，不仅如此，初见的专名超文化组织应不难由此而推知。

比赛规则的制定与修改似乎不应该具有强时代性，q732γt 里的“q”是否形同虚设？否！这只要指出曾在欧洲流行的决斗就可以释然了。

参赛资格规则 q7329 应给出 q7329c01 和 q7329d01 的延伸，前者对应于业余性比赛，后者对应于专业性比赛。

3.2.2 比赛违规处置 q7323 的世界知识

比赛中必然存在违规情况，违规的处置主要是裁判的事，但有些违规（例如，服用兴奋剂）的处置不由裁判管辖，而由比赛组织者 pfq734、超文化组织 pea03bb 或政府部门 a12ae21 来管辖。比赛违规处置 q7323 描述的，是这类违规，因此，q7323 具有下列基本概念关联式：

q7323=q733
（比赛违规处置强交式关联于裁判）
(q7323,l01,(pfq734;pea03bb;a12ae21))
（比赛违规处置的执行者是比赛组织者、超文化组织或政府部门）

比赛违规处置 q7323 的领域句类代码可以轻易地把这一重要世界知识纳入到语境单元的情景框架里。

3.2.3 比赛规则基本属性 q732e2m 的世界知识

将比赛规则基本属性作两分描述并以对偶性延伸 q732e2m 予以表示乃 HNC 的常规，无需赘述，q732e21 对应于软性比赛规则，q732e22 对应于硬性比赛规则。这里需要指出的只是以下两点：第一，这一延伸概念不必赋予相应的领域句类代码，因为它只是概念树 q732 的从体；第二，q732e2m 是一个 u 强存在概念，其存在价值（即设置这一延伸概念的目的）就在于 uq732e2m 是一个不可缺少的概念组合工具。

敏感的读者会问：比赛规则的软硬性具有强时代性吗？当然。在农业时代，许多赛事是贵族或公民的特权，民众或非公民是不允许参加的；在工业时代，曾一度严格区分参赛者的专业与业余之分。

注释

[*a] 本节以后的文字，包括下一章，写于2007年，这次定稿仅作一些技术性处理。

第3节
裁判q733 (242)

3.3-0 裁判q733的概念延伸结构表示式

```
q733:(γ=a,e7m,c2m,d0m;ac2m)
  q733γ=a              裁判运作
  q7339                比赛现场掌控
  q733a                比赛规则执行
    q733ac2m             比赛规则执行的类型两分
    q733ac21             违规判定
    q733ac22             违禁判定
  q733e7m              裁判表现之基本描述
  q733e71              公正裁判
  q733e72              “黑”裁判
  q733e73              裁判失误
  q733d2m              裁判心理依赖性描述
  q733d21              强心理依赖性裁判
  q733d22              弱心理依赖性裁判
  q733d0m              裁判水平描述
```

裁判q733的4项延伸概念设置乃基于下述思考：第一项q733γ=a基于对裁判之特定作用效应表现的思考，第二项q733e7m基于对裁判之特定基本属性的思考，两者构成了裁判q733概念联想脉络的主体。这意味着后两项延伸概念q733c2m和q733d0m就是两项从体了。

裁判具有下面的基本概念关联式：

q733=%841a
（裁判属于思维活动的裁定）

3.3.1 裁判运作q733γ=a的世界知识

裁判运作q733γ=a描述裁判q733的两项基本功能：一是比赛现场的掌控q7339；二是比赛规则的执行 q733a。两者应分别设置领域句类代码，因为它们具有不同的基本概念关联式。

q7339=%93609
（比赛现场掌控属于作用效应链的理性控制）

q733a=%a02eb33
（比赛规则执行属于专业活动的检查）
(q7339,l03,(11ebm+52q73))
（比赛现场掌控面向比赛的动态全过程）
(q733a,l02,pq730e31;l03,q732a)
（比赛规则执行的对象是比赛参与者，内容是比赛动作规则）

但裁判运作 q733γ 整体具有下面的基本概念关联式：

(q733γ,l82,q732)
（裁判运作以比赛规则为依据）

比赛规则执行 q733a 被赋予对比性延伸 q733ac2m，q733ac21 描述违规判定，q733ac22 描述违禁判定，两者具有下列概念关联式：

q733ac21<=(^(04a),l01,pq730e31)
（违规判定流关联于比赛参与者的犯规）
q733ac22<=(^(049),l01,pq730e31)
（违禁判定流关联于比赛参与者的犯禁）

这就是说，违规判定与违禁判定同时具有交织性，不能从符号“c2m”本身作出后果严重性的直接判断。足球比赛里的红牌警告属于违禁判定，而点球属于违规判定，但点球的后果严重性往往大于红牌警告。

对违规与违禁判定是否需要再作对比性延伸呢？两可。

3.3.2 裁判表现之基本描述 q733e7m 的世界知识

数字符号可以产生赏心悦目的美感，符号 q733e7m 具备这一资格吗？公正裁判、“黑”裁判和裁判失误与符号 q733e71、q733e72 和 q733e73 的一一对应是不是一项“绝配”呢？

公正 j85e75 这一基本概念非常复杂，其历史局限性极为突出，因为人类社会精神世界的进步本质上依赖于对公正性认识的不断深化。但是，裁判的公正性是非常简明的，然而，裁判的不公正性却又是一个必然的存在，并具体表现为 e7m 特性，q733e7m 是社会现象之第二类对偶性表现的典型示例之一。马拉多纳表演的上帝之手是裁判失误 q733e73 的著名事例，至于“黑”裁判招致的众多体坛丑闻，那就不必具体叙述了。

对于裁判表现之基本描述 q733e7m，应给出下列基本概念关联式：

q733~e71=>a35\0
（“黑”裁判与裁判失误源关联于信息文化的“新闻”）
q733e71=a00i8
（公正裁判与名人效应强交式关联）

3.3.3 裁判心理依赖性描述 q733d2m 的世界知识

裁判应该铁面无私，但这是理想化的描述。裁判必然继承判断的基本属性，不可能是纯理性的，特别是软性比赛规则的执行，很难避免情感因素的介入，这是引入延伸概念 q733d2m 的基本依据。这个符号意味着裁判 q733 都存在心理依赖性，只有强弱的不同。q733d21 表示强心理依赖性裁判，q733d22 表示弱心理依赖性裁判。

q733d2m 存在下面的基本概念关联式：

q733d2m=q732e2m
（强心理依赖性裁判强交式关联于软性规则型比赛，
弱心理依赖性裁判强交式关联于硬性规则型比赛）
q733d2m<=q732e2m
（强心理依赖性裁判强流链式关联于软性比赛规则，
弱心理依赖性裁判强流链式关联于硬性比赛规则）

这就是说，裁判的心理因素与比赛规则的基本属性之间，既存在强交式关联，又存在强链式关联。

裁判的心理因素 q733d2m 与裁判的表现 q733e7m 也密切相关，存在下列概念关联式：

q733d21=>q733e72
（强心理依赖性裁判强源链式关联于“黑”裁判）
q733d22=>q733e71
（弱心理依赖性裁判强源链式关联于公正裁判）

3.3.4 裁判水平描述 q733d0m 的世界知识

对裁判水平不采用常规对比延伸符号进行描述，是需要辩护的，但这里不作正面辩护，而是首先给出下面的概念关联式：

q733d0m≡a307
（裁判水平描述强关联于广义文化活动）
q733d01=a00e45
（最高级裁判强交式关联于在职）

这意味着裁判可以是一种职业。如果对裁判水平采用常规对比延伸 q733dkm，那上列概念关联式就缺乏概念联想的应有弹性了。

第 4 节
赛事组织 q734 (243)

3.4-0 赛事组织 q734 的概念延伸结构表示式

q734:(β,c2m;9t=a,a7,bi)

q734β	赛事组织的作用效应链表现
q73499	赛事总揽
q7349a	颁奖
q734a7	转移型赛事
q734bi	赛事公关活动
q734c2m	赛事组织之水平描述

```
q734c21                    业余性赛事组织
q734c22                    专业性赛事组织
```

赛事之组织 q734 必然具有作用效应链的全局性特征，因此延伸概念 q734β 的设置乃 HNC 的必然之选。由于比赛类型 q731 具有业余与专业的区分，赛事组织 q734 当然也有相应的区分，以延伸概念 q734c2m 表示。

3.4.1 赛事组织的作用效应链表现 q734β 的世界知识

比赛本身必然涉及三方面的对象——参赛者、预事者和观众 pq730e3m，赛事组织者 pq734 形式上属于其中的 pq730e32，但实质上不是，而是比赛的"上帝"。比赛关联对象 pq730e3m 的多质性是各类专业活动所不能比拟的，各类专业活动所遇到各种历史性难题（如政治活动里的民主与专制制度之争、经济活动里的自由与计划原则之争、文化活动里的理性与理念交织性之争）在比赛里都转化成一种自适应或自调整状态，使得上述历史性难题的任何极端性解决方案都不得不自动"让贤"。延伸概念 q734β 的设置主要是为了表达比赛 q734 的这一根本特性。

因此，赛事组织 q734 也许是管理人才培养的最好课堂，据说，美国的教育理念深谙此道，比其老师（西欧）还要高明。

延伸概念q734β是否作进一步的"t=a"交织延伸，面临着共相与殊相表达的两可难题。以 q734a 为例，任何比赛都存在过程的序描述 11~eb0，都存在转移的起止状态 22e2m（入场和退场），似乎延伸概念 q734at=a 设置的必要性是毋庸置疑的。但是，这样做的结果将使得某些比赛（如汽车拉力赛、远距离帆船比赛、江海横渡比赛等）之独特转移特性的表达层次性降低，从而降低了它的凸显性或激活效率。基于上述思考，q734β 的延伸概念设置将采用"a00β"模式，如上面的"q734β:"所示。

对于"q734β:"的具体论述，这里就从略了。下面只给出一组概念关联式：

```
(q7349,l01,(a03bi+;a03bb\1)//)
（赛事总揽者主要是非政府组织和国际竞赛组织）
(q7349,jl11e21,u52)
（赛事总揽具有动态性）
(q734a7,jl11e22,pj1*9)
（农业时代不存在转移型赛事）
(q734bi,l02,(pea20a;ra35(t)//)
（赛事公关活动的主要对象是企业和传媒）
```

3.4.2 赛事组织之水平描述 q734c2m 的世界知识

赛事组织之水平描述 q734c2m 是一个 u 强存在延伸概念，但并非从体，q734c21 和 q734c22 分别表示业余性和专业性赛事组织。q734c2m 显然具有下面的基本概念关联式：

```
q734c2m:=q731c2m
（赛事组织之水平描述对应于比赛类型之水平描述）
```

对上面小节的第一个概念关联式，可以将描述主位 q7349 改成 q7349+q734c2m，这样该概念关联式的述位就可以给出更确切的描述。

第 5 节
比赛效应 q735 (244)

3.5-0 比赛效应 q735 的概念延伸结构表示式

```
q735:(t=b,7,e26;7d01)
  q735t=b                赛事参与者效应
  q7359                  意志效应
  q735a                  才能效应
  q735a                  素质效应
  q7357                  娱乐效应
    q7357d01               赛迷效应
  q735e26                消极赛事
```

比赛效应 q735 辖属三项概念联想脉络：一是赛事参与者效应 q735t=b，二是娱乐效应 q7357，三是消极赛事 q735e26。前两项概念联想脉络已经穷举了比赛效应的对象与内容，为什么还要加上一个 q735e26 呢？这将在第 3 小节说明。

3.5.1 赛事参与者效应 q735t=b 的世界知识

赛事参与者效应 q735t=b 的世界知识无需赘述，因为它集中体现在下列概念关联式里：

q735t=72
（赛事参与者效应强交式关联于第一类精神生活的意志）
q7359=720
（意志效应强交式关联于意志的基本内涵）
q735a=721
（才能效应强交式关联于能动性）
q735b=722
（素质效应强交式关联于气质）
(q735t,102,q730~e33)
（赛事参与者效应的对象是比赛的参赛者和预事者）

3.5.2 娱乐效应 q7357 的世界知识

娱乐效应 q7357 也无需赘述，集中体现在下列概念关联式里：

q7357=q721
（娱乐效应强交式关联于观赏）
(q7357,102,q730e33)
（娱乐效应的对象是“观众”）

如同观赏 q721 会产生“星迷”一样，娱乐效应也会产生“赛迷”，对这一现象以映射符号 q7357d01 表示。对“星迷”和“赛迷”都可以引入“e2n”延伸，这里不作定论。

3.5.3 消极赛事 q735e26 的世界知识

比赛并不是一项“有百利而无一害”的活动。历史上曾经出现过许多有害的比赛。在西方流行数百年之久的决斗就属于典型的消极赛事 6735e26。笔者的故乡（湖北省蕲春县）有“教授县”之美名，然而，在 20 世纪上半叶还保留着一种“节日械斗”的民俗，观者云集，械斗中的“凶手”和死者竟然都是“英雄”。

消极赛事将赋予 r 强存在属性，这一属性将以映射符号 rc735e26 表示。这就是说，这一概念将仅用于对后工业时代赛事效应的描述。许多展现人类体能极限的项目，到了后工业时代，已成为强弩之末了，其 rc735e26 效应已经不可忽视了，这甚至包括个别奥运项目。

以往的消极赛事已成历史，眼下的消极赛事将留给未来，深入讨论 rc735e26 似乎为时尚早，就此打住吧。

第四章

行旅 q74

引 言

行旅 q74 的概念树配置如下：

q740	行旅方式
q741	旅游
q742	别居
q743	探险
q744	探访
q745	“出差”
q746	迁徙

行旅所包含的内容不完全属于第二类精神生活50ac26a，也不完全属于生活50ac2n，它还关涉到人之状态的基本描述 50at=a。基于这一思考，行旅 q74 的共相概念树 q740 将不赋予“行旅基本内涵”的汉语定名，而以“行旅方式”定名。当然，行旅 q74 的各殊相概念树都与第二类精神生活有关，其编号将大体体现这一关联性依次递减的趋向。下列基本概念关联式表示了这一趋向。

q741<=50ac26a
（旅游强流式关联于第二类精神生活）
q742<=50ac2n
（别居强流式关联于生活）
q743<=(a62,50ac26a)
（探险强流式关联于广义技术活动与第二类精神生活）
q744<=(a307,50ac26a)
（探访强流式关联于广义文化活动与第二类精神生活）
q745=50a(t)\3*3
（表层第二类精神生活的“出差”强交式关联于人之状态的出差）
q746=50a(t)\31
（表层第二类精神生活的迁徙强交式关联于人之状态的迁徙）

行旅 q74 就是人之自身转移，但不是所有的人之自身转移都属于行旅，因此，行旅具有下面的基本概念关联式：

q74 =: (22b,101,p)

这一概念关联式表明：第二类精神生活里的迁徙者和“出差”者一定是 TA，但人之状态里的迁徙者和“出差”者则可能不是 TA，而是 S0B，这就是两者的本质区别。所以，前列基本概念关联式组的最后两式只能是强交式关联，而绝不能是强关联。

第 0 节
行旅方式 q740 (245)

4.0-0 行旅方式 q740 的概念延伸结构表示式

```
q740:(\k=o;\3*t=a)
  q740\k=o          行旅方式的基本类型
  q740\1            步行
  q740\2            兽力工具行
  q740\3            人力机具行
  q740\4            兽力机具行
  q740\5            引擎机具行
```

行旅方式 q740 仅设置一项变量并列延伸概念 q740\k=o，描述行旅方式的基本类型，类型划分的标准只选取工具这一项。行旅的时代性变革实质上就是行旅工具的变革，这一变革仍在进行中，这就是对并列延伸选取变量而不选常量的缘故。

4.0.1-1[①] 步行 q740\1 的世界知识

走路是人的本能，但不是所有的走路都属于步行 q740\1，因此，应首先给出下面的基本概念关联式：

```
q740\1:=(6522b,l18,50ac26a)
```

所以，这里的步行是密切联系于第二类精神生活的行走，不等同于自然语言的步行。如果说行走 6522b 重在特定目的地 TB，那么，步行 q740\1 则重在行走的过程本身。步行的这一基本特性充分体现在下面的两个概念关联式里：

```
q740\1≡508ai*9
(步行强关联于特殊景观)
q740\1=q721
(步行强交式关联于观赏)
```

由此可见，也许用“游山玩水”作 q740\1 的汉语诠释更为适当，因为特殊景观主要体现自然之美，而 q740\1 的本意就是领略自然之美。

可以直接激活步行 q740\1 的汉语词语不少，“漫步、踏青和爬山”等就是铁定的激活词语，“游”基本铁定，散步、逛、涉水和郊游等虽然并不铁定，但不难依据上下文判定它们是否激活了 q740\1。

① 此级及以下层级的标题中，末尾为“-阿数序号”（如 1.1.1-1）的表示同一延伸层级的概念分项概述，而末尾为“.阿数序号”（如 1.1.1.1）则表示概念进一步延伸的对应层级。全书同。

4.0.1-2 兽力工具行 q740\2 的世界知识

兽力工具行 q740\2、人力机具行 q740\3 和兽力机具行一直是农业时代的基本行旅方式，这里应首先给出下面的基本概念关联式：

```
(q740\2;q740\3;q740\4):=pj1*9
```

这并不意味着三者在工业时代将趋于消失，q740\2 并不能用 6740\2 替代。作为旅游 q741 的项目之一（映射符号为 q741+q740\2），它将永远存在，人们不会失去对骏马草原游、骆驼沙漠游的兴趣。

4.0.1-3 人力机具行 q740\3 的世界知识

农业时代服务于人力机具行 q740\3 的陆行交通工具（如轿子、独轮车、滑竿等）是应该被淘汰的，其映射符号将取 pw6740\3*9；工业时代前期出现的相应交通工具（如人力车和人力三轮车）也是应该被淘汰的，其映射符号将取 pw9740\3*9。即使是特色旅游，也不应该允许这样的特色存在。但是，水上行旅则又当别论，因为现代技术的使用可能会对泛舟之乐产生摧毁性影响。

为了描述上述世界知识，人力机具行 q740\3 将设置延伸概念 q740\3*t=a，定义如下：

q740\3*t=a	人力机具行的基本类型
q740\3*9	陆地人力机具行
q740\3*a	水上人力机具行

q740\3*t=a 具有下列概念关联式：

```
q740\3*9=:6740\3*9
q740\3*9:=pj1*9
（陆地人力机具行对应于农业时代）
(q740\3*a=%q741b,s31,pj1*~9)
（在非农业时代，水上人力机具行属于特色旅游）
```

笔者是“乐盲”，但年轻的时候曾为苏联访华歌舞团的《伏尔加船夫曲》而震撼，余音至今犹在耳际。天然的长江三峡虽然已不复存在，但三峡纤夫的号子声应在当今小三峡的语境中永存，这就是 q740\3*a 概念关联式所试图描述的义境。

水上人力机具行 q740\3*a 产生了现代水上运动的许多项目，下面的概念关联式描述了这一世界知识：

```
q740\3*a=>a339\4:
（水上人力机具行强源式关联于水上运动）
```

4.0.1-4 兽力机具行 q740\4 的世界知识

农业时代的陆地交通工具 pwa219\22*9 主要是兽力机具，工业时代以后，引擎机具替代了兽力机具。但兽力机具行 q740\4 将作为特色旅游（如雪地或冰上的狗拉雪橇行）而长期存在。上述世界知识体现在下列概念关联式里：

```
q740\4:=pj1*9
（兽力机具行对应于农业时代）
(q740\4=%q741b,s31,pj1*~9)
（在非农业时代，兽力机具行属于特色旅游）
```

4.0.1-5 引擎机具行 q740\5 的世界知识

引擎机具行 q740\5 对应于非农业时代，具有下列基本概念关联式：

```
q740\5:=pj1*~9
q740\5=:(~6)740\5//c740\5//9740\5
（这意味着符号 q740\5 实际上不被使用）
```

符号 q740\5 实际上仅用于一些词项的诠释，如下面的例示：

```
汽车=:22b9\4+(~6)740\5
火车=:22b9\3+(~6)740\5
高速列车=:22b9\3+c740\5
飞机=:22bb\2+(~6)740\5
喷气式飞机=:22bb\2+c740\5
飞船=:22bb\4+c740\5
```

小 结

行旅方式概念树 q740 的延伸概念拟主要用于词语诠释，需要设置领域句类代码的，只是步行 q740\1。各延伸概念 q740\k 都不难以(q740\k,s44b9,y)的形式写出各自的基本百科全书知识，这里就从略了。

第 1 节
旅游 q741 (246)

4.1-0 旅游 q741 的概念延伸结构表示式

```
q741:(t=b,c3m,e26,i;9-0)
  q741t=b             旅游基本类型
  q7419               常规旅游
  q741a               专业旅游
  q741b               特色旅游
  q741c3m             旅游层次性
  q741e26             旅游消极效应
  q741i               太空旅游
```

旅游 q741 具有下面的基本概念关联式：

q741≡a23\221
（旅游强关联于旅游服务）

旅游业 pfa23\221 在服务业 pfa23 中的地位日益增强，在一些国家甚至成为国民经济的支柱产业。它还拥有绿色产业的美名，但实际情况并非如此，因此，这里特别设置延伸概念 q741e26 以揭示这一美名的误导。

旅游 q741 的 4 项延伸概念都需要设置各自的一级领域句类代码，第一项延伸概念 q741t=b 还需要设置各自的种属领域代码。

4.1.1 旅游基本类型 q741t=b 的世界知识

旅游基本类型 q741t=b 分别描述常规旅游 q7419、专业旅游 q741a 和特色旅游 q741b。下面分 3 个子节进行论述。

4.1.1-1 常规旅游 q7419 的世界知识

常规旅游 q7419 是旅游 q741 的主体，常规旅游 q7419 和特色旅游 q741b 的膨胀会导致旅游消极效应 q741e26 的出现，因此，本子节的第一个基本概念关联式是：

q741~a=>q741e26
（常规旅游和特色旅游强源式关联于旅游的消极效应）

在农业和工业时代，常规旅游 q7419 实际上是少数人的特权，这一世界知识将以下列概念关联式予以表达：

(q7419,l01,pa;s31,pj1*~b)
（在农业和工业时代，常规旅游是专业人士的特权）
(q7419,l01,pa3//;s31,pj1*9)
（在农业时代，常规旅游首先是文化人士的特权）

常规旅游 q7419 有团体旅游 q7419-与个人旅游 q7419-0 之分，两者需要分别设置各自的二级领域句类代码。

常规旅游 q7419 进入普罗大众（即第一类劳动者）的第二类精神生活是后工业时代到来的标志之一，这一世界知识以下列概念关联式表示：

(q7419,l01,(pq6;)):=pj1*b

4.1.1-2 专业旅游 q741a 的世界知识

专业旅游 q741a 的第一项概念关联式是：

q741a=%a307
（专业旅游属于广义文化活动）

如果说专业旅游 q741a 是专业人士的特权，那是一个模糊命题，但下面的概念关联式肯定是一个真命题：

```
(q741a,101,pa307//p53a307)
（专业旅游者是广义文化人或潜在的广义文化人）
```

郦道元、徐霞客和马可·波罗等人将被映射为 p6741a+，玄奘、司马迁、顾炎武和汤若望的映射符号里将出现“+6741a”，这就是义境表示。

专业旅游 q741a 还需要继续延伸吗？不！

4.1.1-3 特色旅游 q741b 的世界知识

特色旅游 q741b 是后工业时代的产物，其基本概念关联式有：

```
q741b:=pj1*b
q741b=:c741b
q741b<=508ai9//508aia
（特色旅游首先强流式关联于特殊景观，其次是特殊文明）
```

亚马孙原始森林和青藏高原是地球上的两大特殊景观，亚马孙原始森林也许可以直接映射为 ww508ai9+，但青藏高原则必须映射为 ww508ait+jw53ae22，因为西藏具有特殊的文化。但青藏高原的生态环境十分脆弱，它原有的独特文化与其生态环境是比较匹配的，如果不充分考虑到这一点而过度追求改革与发展，就可能导致消极旅游效应 q741e26。因此，对于特色旅游，还应该给出下面的概念关联式：

```
q741b=a80(α)e2n
（特色旅游强交式关联于生态）
q741bju60e43=>a80(α)e26
（过度的特色旅游将导致生态失衡）
```

最后，应该给出下面的概念关联式：

```
q741b=(q743;q744)
（特色旅游强交式关联于探险与探访）
```

4.1.2 旅游层次性 q741c3m 的世界知识

旅游三层次划分 q741c3m 的汉语表述如下：

```
q741c31              短程旅游
q741c32              远程旅游
q741c33              超远程旅游
  q741c33d01           环球旅游
```

短程旅游是偶然需要住宿服务的旅游，远程旅游是必然需要住宿服务的旅游，这一基本世界知识由下列概念关联式表示。

```
(q741c31,jl27jl12c01,a23\22*9)
(q741~c31,jl127jl12d01,a23\22*9)
```

q741c3m 具有统一的一级领域句类代码，各自的种属特性可放在背景 BACE 的条件项里描述。

4.1.3 旅游消极效应 q741e26 的世界知识

延伸概念 q741e26 的设置，是一件痛苦的事，这里不打算展开论述。而只给出下列概念关联式：

```
q741e26:=pj1*b
q741e26=:c741e26
q741e26:=(3528,103,(a36;a80(α)e2n))
（旅游消极效应相应于对历史文化和生态的破坏）
q741e26<=d12e26
（旅游消极效应强流式关联于消极经济理念）
```

4.1.4 太空旅游 q741i 的世界知识

太空旅游 q741i 的基本概念关联式如下：

```
q741i:=pj1*b
q741i=:c741i
```

太空旅游应设置 q741ic4m 的延伸，以分别描述绕地太空旅游 q741ic41、月球旅游 q741ic42、行星际太空旅游 q741ic43 和恒星际太空旅游 q741ic44。人类已经实现了 q741ic41，q741ic42 和 q741ic43 都有可能在 21 世纪实现，q741ic44 的实现则是遥远未来的事。不过，各种太空旅游在想象文学 a31b 特别是宗教性想象文学 a13buq821 里，早已有生动的描述。

第 2 节 别居 q742 (247)

4.2-0 别居 q742 的概念延伸结构表示式

```
q742:(γ=b;b7)
  q742γ=b              别居基本类型
  q7429                避暑
  q742a                避寒
  q742b                暂居
```

别居是一种高级生活方式，在农业时代是权势者的特权，工业时代扩展到有成就的专业人士，后工业时代进一步扩展到非贫困阶级，这些基本世界知识以下列概念关联式表达：

```
(q742,jl111,50ac2nju51c44)
（别居是高质量的生活）
q742:=(24b9,103,50ac25\3)
（别居对应于居住状态的变换）
```

(q742,l02*50,pra00999;s31,pj1*9)
（在农业时代，别居是权势者的特权）
(q742,l02*50,pra0099t;s31,pj1*a)
（在工业时代，有成就的专业人士都可以享受别居）
(q742,l02*50,pfa20979~c35;s31,pj1*b)
（在后工业时代，非贫困阶级都可以享受别居）

别居仅设置一项延伸概念，以半交织延伸q742γ=b 表示，定名别居基本类型。具体描述避暑 q7429、避寒 q742a 和暂居 q742b，避暑和避寒可合用一个领域句类代码，但暂居的领域代码则需要独立设置。

4.2.1 别居基本类型 q742γ=b 的世界知识

农业时代的权势者早已懂得并充分体验过 q742γ=b 所描述的三种生活享受，为避暑而建夏宫，为避寒而建冬宫，为休闲而建别墅，这些专门用于别居的建筑物将直接映射为 pwq742γ。在工业和后工业时代，pwq742γ的建设并没有随着农业时代权势者的消亡而消亡。但是，别居不再单单依靠pwq742γ，而大量使用“休闲”建筑 pwa21\11*9\3 了。

别居的基本概念关联式有：

pwq742γ=%pwa219\11*9\3
（别居建筑属于“休闲”建筑）
pwq7429<=508ai9
（避暑建筑强流式关联于特殊景观）

4.2.1-1 避暑 q7429 的世界知识

避暑 q7429 是别居 q742 的第一需要，汉语不仅有避暑的词项，还有“避暑胜地”的词项，暂居 q742b 也有相应的词项——别墅，但汉语没有为避寒 q742a 配置相应的词项，这显然与汉语的地理环境有关。

避暑的基本概念关联式如下：

(q7429,s31,wj11c42)
（避暑在夏天）
q7429:=(031,l03,5089e439)
（避暑是为了免除酷热）
(pwq7429,s32,jw53ae22//(wj2-00u5089e429,l54\4c21,wj2*2)//)
（避暑建筑通常位于山区或滨海的寒带地区）

4.2.1-2 避寒 q742a 的世界知识

人类对避寒的需求远小于避暑，这一方面与人类早就掌握了制热技术而很晚才掌握制冷技术有关，另一方面也与御寒可以多穿而避暑存在“脱光”的极限有关。因此，避寒的基本概念关联式如下：

(q742a,s31,wj11c44)
（避寒在冬天）

```
q742a=%50ac25e22
（避寒属于奢侈生活）
(pwq742a,s32,(wj2-00u5089e419,l54\4c21,wj2*21)//)
（避寒建筑通常位于滨海的温带地区）
q742a:=(031,l03,5089e429)
（避寒是为了免除寒冷）
```

4.2.1-3 暂居 q742b 的世界知识

暂居 q742b 具有下列基本概念关联式：

```
(pwq742b,s32,((wj2-00,l55\1,pwj2);~(pwj2)))
（别墅位于城市郊区或农村）
q742b:=50a(t)~e51
（暂居对应于人之基本状态的闲与空）
q742b:=(031,l03,472e21)
（暂居是为了免除干扰）
(pwq742b,jl11e22,ua22a;s31,pj1*9)
（在农业时代，别墅不具有租赁性）
(pwq742b,jl11e21jl12c36,ua22a;s31,pj1*~9)
（在非农业时代，别墅可以具有租赁性）
```

结 束 语

避暑 q7429 和避寒 q742a 具有年度循环特性，与季节密切相关，目的性也比较鲜明。暂居 q742b 不具有上述特性，其目的性比较复杂，而所谓的“免除干扰”，其内容尤为复杂，这里就不具体论述了。暂居 q742b 之所以要独立设置领域句类代码，原因即在于此。

第 3 节 探险 q743 (248)

引言

汉族对宇宙的最初认识被抽象为天与地这两个具体概念，接下来的问题是：天有多高？地有多大？早期的中华文明思考过这个问题吗？现在我们至少可以这样说：中华文明对此的思考深度远不及希腊文明，因此，中华文明实质上不存在西方经典意义上的本体论和认识论。关于“安徽有个大宝塔，离天只有一丈八；四川有个峨眉山，离天只有三尺三；湖北有个黄鹤楼，半截矗在天里头”的争辩（一个安徽人、一个四川人和一个湖北人的讽喻性争辩）表现了“天高有限”的认识，而“溥天之下，莫非王土；率土之滨，莫非王臣”的命题（《诗经 · 小雅 · 北山》）和“四海龙王”的神话表现了“地大有限”的认识。“闭关锁国”和“海禁”的政策不能仅仅简单归罪于“封建专制”，那只是表层因素，而不是深层因素。彼得大帝时代的俄罗斯，其封建专制的程度绝不亚于康熙时代的清王朝，两位伟人都生活在工业文明的曙光刚刚降临的年代，然而，彼得大帝面对这一曙光而猛然惊醒，康熙则浑然不觉。两位伟人的这一巨大反差决定了两个大国、两个民族此后数百年的不同命运。造成这一巨大反差的根本原因是什么？与曙光之源的距离远近当然是一个因素，但肯定不是主要因素。日本不是离曙光之源更远一些吗？伊斯兰文明不是离曙光之源近得多吗？不同文明对工业文明曙光的不同反应，其深层原因只能从其文明基因的结构特征里去寻找，“闭关锁国”和“海禁”的深层因素只能是其文明基因的缺陷。当前，后工业时代的曙光正在降临，各种文明又一次面临着反思自身基因缺陷的呼唤，这是后工业时代的呼唤。概念树探险 q743 里蕴含着这一呼唤的声音，所以，这里写下了上面的话。

4.3-0 探险 q743 的概念延伸结构表示式

```
q743:(\k=o,i;
       \1:(e2m,*i),\2e2m,\3*t=a,\5*i,\6(k=2,*i),ie2m;
       ie21\k=o)
  q743\k=o              探险类型
  q743\1                山谷探险
  q743\2                极地探险
  q743\3                沙漠探险
  q743\4                原始森林探险
  q743\5                海洋探险
  q743\6                河湖探险
  q743\7                文化遗迹探险
  q743i                 探险追求

    q743\1e2m             山谷探险的类型描述
    q743\1e21             高山探险
    q743\1e22             深谷探险
    q743\1*i              洞穴探险
    q743\2e2m             极地探险的类型描述
    q743\2e21             北极探险
    q743\2e22             南极探险
    q743\3*t=a            沙漠探险的类型描述
    q743\3*9              沙漠生态探险
    q743\3*a              沙漠人文探险
    q743\5*i              海洋岛屿探险
    q743\6k=2             河湖探险的基本类型
    q743\61               河流探险
    q743\62               湖泊探险
    q743\6*i              河湖岛屿探险
```

```
q743ie2m              探险追求的集中描述
q743ie21              大地探险
  q743ie21\k=o          大地探险的特定内容
  q743ie21\1            火山探险
  q743ie21\2            外空探险
q743ie22               星际探险
```

探险 q743 辖属两项概念联想脉络：一是探险类型 q743\k=o，二是探险追求 q743i。探险 q743 还需要第三项延伸概念吗？相信每一位读者心中都会有一个清晰的答案。

探险具有下面的基本概念关联式：

```
q743=%a62a\0
（探险属于综合工程）
(q743,jl111,(411j730,l44,(a,q6)))
（探险是两类劳动的典型结合）
(q743,jl11e21,r3228\0)
（探险存在危险性）
(q743\k,jl11e227,q743i;s31,pj1*b)
（在后工业时代，各项具体探险活动已失去探险追求的意义）
```

4.3.1 探险类型 q743\k=o 的世界知识

探险类型的描述取变量并列延伸 q743\k=o，也许上面列举的 7 种具体类型已经满足完备性的要求了，最终的版本也许可以改成 q743\k=7，目前不作定论。

4.3.1-1 山谷探险 q743\1 的世界知识

山谷探险 q743\1 的基本概念关联式是：

```
q743\1=q740\1
（山谷探险强交式关联于步行）
```

山谷探险 q743\1 包括高山探险 q743\1e21、深谷探险 q743\1e22 和洞穴探险 q743\1*i 3 种类型。山与谷符合 e2m 的对偶特性，但高山与深谷有其特殊性。因此，对延伸概念 q743\1e2m 有必要进行特定的说明，但这里从略，只给出下面的概念关联式：

```
(q743\1e21,l02,(rjw53a)9-0e51)
（高山探险以高山为对象）
(q743\1e22,l02,(rjw53a)9-0e52)
（深谷探险以深谷为对象）
(q743\1*i,l02,(rjw53a)9-0e53i)
（洞穴探险以洞穴为对象）
```

人们对高山探险的热情远大于深谷探险和洞穴探险，这一世界知识以下面的概念关联式表示：

```
(zr7140e55,l45,q743\1e21)>>(zr7140e55,l45,(q743\1e22;q743\1*i))
```

高山探险和深谷探险不需要各自设置领域句类代码，但洞穴探险需要独立设置。

激活高山探险 q743\1e21 的词项很可能是一些著名高山的名称，如珠穆朗玛峰或珠峰。但山谷探险 q743\1e22 和洞穴探险 q743\1*i 通常不存在这一便利条件。

4.3.1-2 极地探险 q743\2 的世界知识

地球极地 jjw-000\23e2m 的生态环境非常特殊，农业时代不存在极地探险 q743\2，因此，其第一项概念关联式是：

```
q743\2=:(~6)743\2
```

极地有北极与南极之别，因此，极地探险 q743\2 必然具有 q743\2e2m 的延伸概念，q743\2e21 表示北极探险，q743\2e22 表示南极探险。两者的基本概念关联式是：

```
(q743\2e21,l02,jjw-000\23e21)
（北极探险以北极为对象）
(q743\2e22,l02,jjw-000\23e22)
（南极探险以南极为对象）
```

在工业时代后期，北极探险具有重要的军事价值，在后工业时代，极地探险具有重大的科学价值，这两项世界知识的概念关联式如下：

```
(q743\2e21,jl11e21,za40b;s31,pj1*ac37)
(q743\2e2m,jl11e21,za619;s31,pj1*b)
```

两类极地探险不需要分设领域句类代码。探险内容 T09C 是领域句类代码 SCD 的重点语块，工具 In 和条件 Cn 是事件背景 BACE 的重点语块。

4.3.1-3 沙漠探险 q743\3 的世界知识

沙漠(rjw53be21)e26 的生态环境也非常特殊。沙漠探险 q743\3 具有交织延伸 q743\3*t=a，q743\3*9 描述沙漠生态探险，q743\3*a 描述沙漠人文探险。沙漠探险 q743\3 的基本概念关联式如下：

```
(q743\3*9,l02,(rjw53be21)e26;l03,508a\k)
（沙漠生态探险以特定沙漠为对象，以其生态为内容）
(q743\3*a,l02,(wwj2-00,l54\1e21,(rjw53be21)e26);l03,a36)
（沙漠人文探险以特定沙漠中的特定地点为对象，以其历史文化为内容）
q743\3*a≡q743\7
（沙漠人文探险强关联于文化遗迹探险）
(q743\3,jl111jl12c35,a63e22a)
（沙漠探险可能是一项验证性实验研究）
```

沙漠生态探险 q743\3*9 和沙漠人文探险 q743\3*a 要分别设置领域句类代码，因为前者重在 TB3，后者重在 TB。

4.3.1-4 原始森林探险 q743\4 的世界知识

原始森林是植物的王国，动物的乐园，人类的朋友。人类一直对这位朋友索取过多，而报答甚少。随着后工业时代曙光的降临，人类开始有所反思了，“原始森林是地球之肺”

的论断似乎已成为人类的共识。因此，这里将给出下面的基本概念关联式：

```
q743\4=:c743\4
```

这并不意味着在农业和工业时代不存在原始森林探险，而是表明 HNC 只关心后工业时代的原始森林探险 c743\4。

原始森林探险q743\4 不设置延伸概念，其领域句类代码的形式等同于沙漠生态探险。

原始森林探险具有下面的基本概念关联式：

```
(q743\4,l02,(wwj2-0,s32,wj2*12))
（原始森林探险以山区的特定地区为对象）
```

4.3.1-5 海洋探险 q743\5 的世界知识

海洋探险 q743\5 是一切海洋文明 a30\3*a7\2 的先驱，没有农业时代的海洋探险，就没有所谓的海洋文明。这一世界知识可表示为下面的概念关联式：

```
6743\5=>a30\3*a7\2
（农业时代的海洋探险强源式关联于海洋文明）
```

工业时代的海洋探险是形成工业时代帝国文明的决定性因素之一，这一世界知识可表示为下面的概念关联式：

```
9743\5=>a30\0*a
（工业时代的海洋探险强源式关联于工业时代的帝国文明）
```

在后工业时代，科学探索已成为海洋探险 q743\5 的基本目标。

三个历史时代海洋探险的巨大差异可以直接通过“q”的不同取值来表示，而不必另行设置延伸概念 q743\5k=3 或 q743\5*t=b。这就是说，分设(6//9//c)743\5 的领域句类代码符合简明原则，但是，三者不能替代 q743\5 的共相领域代码。

海洋探险 q743\5 应设置一项定向延伸概念 q743\5*i，表示岛屿探险，它需要配置自己的二级领域代码。

海洋探险具有下面的概念关联式：

```
(c743\5,l02,(wwj2-00//wwj2-0,l54\1e21,wwj2*21))
（后工业时代的海洋探险首先以特定海洋的特定“地点”为对象）
9743\5=q743ie21
（工业时代的海洋探险强交式关联于大地探险）
```

哥伦布和麦哲伦的壮举将以 9743\5 为第一符号项，但郑和七下西洋的壮举则应以 a149（使节活动）为第一符号项，以 6743\5 为第二符号项。同理，张骞和班超的壮举也都应以 a149 为第一符号项，但以 q743ie21 为第二符号项。

4.3.1-6 河湖探险 q743\6 的世界知识

河湖探险 q743\6 的时代性特征等同于海洋探险 q743\5，但海洋探险的全部概念关联式都不能移用于河湖探险。河湖探险的延伸概念q743\6k=2无需赘述，其基本概念关联式如下：

```
 (q743\61,l02,(rjw53a)ae31)
（河流探险以特定河流为对象）
(q743\62,l02,(rjw53a)ae32)
（湖泊探险以特定湖泊为对象）
(q743\6,l03,(a6439;a643a))
（河湖探险以环境和生态研究为内容）
(q743\62,jl111jl12c35,a63e22a)
（湖泊探险可能是一项验证性实验研究）
(q743\61,jl111jl12c35,q724)
（河流探险可能是一项娱乐的技艺参与活动）
```

4.3.1-7 文化遗迹探险q743\7的世界知识

文化遗迹探险q743\7的第一项概念关联式是：

```
q743\7=%a36
（文化遗迹探险属于历史文化活动）
```

许多文化遗迹（特别是史前文化遗迹）常处于人迹罕至的地方，这一特殊环境使之得以保存下来，从而使得某些历史文化活动带有探险性，这就是设置延伸概念q743\7的依据了。对它不再设置延伸概念，符号q743\7将主要用于复合概念的构成。

4.3.2 探险追求q743i的世界知识

探险q743的本质是人类理性的一种追求，延伸概念q743i反映了这一基本世界知识，其概念关联式是：

```
q743i=%b009
（探险追求属于人类的理性追求）
```

人类理性追求b009包括利益追求b0099和知识追求b009a（见本卷第六编上篇），探险追求q743i对探险者个人pq743来说，或许主要是知识追求b009a，但对于探险的组织者(pa0189,l03,q743)来说，则主要是利益追求b0099。对于这些知识，不难写出相应的概念关联式，但这里从略。

探险追求q743i所追求的知识涉及自然科学的全部，但延伸概念q743ie2m则集中描述对天与地的知识追求，q743ie21定名为大地探险，q743ie22定名为星际探险。

探险追求q743i属于精神文明r307a，没有探险追求的文明肯定不是文明基因健全的文明。工业时代曾经称霸全球的所有强国都具有强烈的大地探险追求q743ie21，后工业时代的强国则必须具有星际探险追求q743ie22。

大地探险 q743ie21（即探明“地有多大”）实质上只存在于工业时代，星际探险q743ie22只存在于后工业时代，这一世界知识可写成下面的概念关联式：

```
q743ie21=:9743ie21
q743ie22=:c743ie22
```

这就是说，关于“地有多大”的探险将以映射符号9743ie21表示。

但是，并非所有的大地探险都具有9743ie21特性，因此，符号q743ie21还应该保留。延伸概念q743ie21\k=2就反映了这一知识表示的需要。火山探险q743ie21\1和外空探险q743ie21\2需要设置各自的领域句类代码。后者具有下面的概念关联式：

```
q743ie21\2=:c743ie21\2
```

结 束 语

本节的论述既未涉及探险者，也未涉及探险的组织者。前者将与相应领域句类代码的T2bA对应，后者将与X0A对应。仅此提示。

第4节 探访q744 (249)

引言

探险q743主要是面向自然，探访q744主要是面向社会。因此，探险与探访具有下面的基本概念关联式：

```
(q743,145,508)
(q744,145,50b)
q743=q744
```

在许多情况下，探险与探访合而为一，工业时代前期的许多著名探险活动同时也是探访活动，因此也就不可能区分探险者和探访者。探访q744的延伸概念的设置将考虑到这一世界知识表示的需要。

人类历史上实际存在的探访主要是好奇型和传播性的探访，而不是交融性的探访。后者应该成为探访的基本理念，遗憾的是，人类还没有充分认识到树立这一理念的重要性。

探访活动的最终效应是达成一种特殊形态的交往，否则就不是成功的探访了。

上述三点，是探访q744延伸概念设置的基本依据。

4.4-0 探访q744的概念延伸结构表示式

```
q744:(t=a,i,e1n;ac2m,it=a)
  q744t=a                    探访基本类型
  q7449                      好奇型探访
```

q744a	使命型探访
q744i	交织型探访
q744e1n	探访效应
q744e15	探访
q744e16	被访
q744ac2m	使命型探访的层次性表现
q744ac21	传播性探访
q744ac22	交融性探访
q744it=a	交织型探访的基本类型
q744i9	好奇型交织探访
q744ia	使命型交织探访

探访配置了三项概念联想脉络，交织延伸 q744t=a 描述探访的基本类型——好奇型探访 q7449 和使命型探访 q744a，定向延伸 q744i 描述探险与探访之交织，简称交织型探访，q744e1n 描述探访效应。后者的存在是探访成功的标志，其领域句类代码可借用交往活动 q71 的已有形式。

引言中说到的传播性和交融性探访只是使命型探访的层次性区分。好奇型探访 q7449 注重信息的定向输入，使命型探访 q744a 注重信息的定向输出，两者必然需要不同的领域句类代码。使命型探访的高级形态——交融性探访 q744ac22 属于文化理念的实践，需要独立配置自己的领域句类代码。

探访的基本概念关联式是：

(q744,l01*23,pq744e15;l02*23,pq744e16)

4.4.1 探访基本类型 q744t=a 的世界知识

两类探访具有下面的基本概念关联式：

(q7449,s35e22\1e21,rb009ac01)
（好奇型探访主要是受好奇心驱动）
(q744a,s35e22\1e22,rb00d01)
（使命型探访主要是受使命感驱动）
q7449=21ia
（好奇型探访强交式关联于信息的定向接受）
q744a=23γ
（使命型探访强交式关联于信息的定向转移与传输）

上面，前两个概念关联式都采用了“受……驱动”的表述方式，但实际内容存在着本质区别，前者着重于动因，因而满足于对受访者的了解或有关知识的获得；后者着重于目的，改造受访者的雄心居于主导地位。

4.4.1-1 好奇型探访 q7449 的世界知识

好奇型探访密切联系于文明形态和历史文化的研究活动，在学科上密切联系于人种学和语言学。汉语“读万卷书，行万里路”里的“行”，就是指 q7449，这一世界知识以下列概念关联式表示：

```
q7449:=(~(a60t),l03,a30\k)
（好奇型探访对应于文明形态的探索）
q7449=(a64i+(pj529;jgwa30))//a64i
（好奇型探访强交式关联于文化学科，特别是其中的人种学和语言学）
```

好奇型探访具有明显的时代性，这方面的世界知识以下列概念关联式表示：

```
(q7449,l01,p67449//;l45,a30\0//;s31,pj1*9)
```

此式表明：在农业时代，好奇型探访主要是个人行为，探访目标主要是帝国文明，马可·波罗对元帝国的探访是著名的事例。

```
(q7449,l01,pea03//;l45,(a30\3*9c01;a30\3*ac01)//;s31,pj1*~9)
```

此式表明：工业时代以后，好奇型探访主要是泛组织的行为，探访目标主要是弱少民族的民族文明和极端不发达地区的地区文明。

这里说的“弱少民族”通称“土著”，土著社会通称部落，他们的人口总数大约占世界人口的5%，但他们使用的语言却占全球6000种语言的90%以上。一些著名的土著专名（如美洲的印第安人、大洋洲的毛利人、极地的爱斯基摩人）自然可以充当q7449的激活词语，但重要的是，一旦q7449被激活，则与“a64i3+ppj529+”相关的专用术语的辨认与学习似乎就不难进入计算机智能处理的阶段了。

4.4.1-2 使命型探访q744a的世界知识

使命型探访q744a具有对比延伸q744ac2m，但是，交融型探访q744ac22还只是未来的憧憬。因此，本小节的论述实质上只针对传播型探访q744ac21，但仍以使命型探访名之。

使命型探访q744a具有下列基本概念关联式：

```
(q744a,l01*011,pq821b//;l03,rq820://)
（使命型探访的主要承担者是传教士，传播内容主要是信仰知识）
((q744a,l03,a343),l01*011,a03b;
s1108,(53a,s32,wj2-0q744e16);s31,pj1*b)
```

此式表明：在后工业时代，以知识普及为内容的使命型探访主要由超组织来承担，目标是为在受访地区开展专业活动做准备。

使命型探访q744a的传播知识T3C与传播者T0A的目标密切关联，如果是世界卫生组织（WHO）主持的q744a，那一定是与卫生活动有关；如果是国际金融组织［如世界银行（IBRD）或国际货币基金组织（IMF）］主持或参与的q744a，那一定是与土著居民地区的经济发展有关。在q744a领域句类代码所蕴含的知识框架中，此项知识最为重要和突出，它将把T3C的百科全书式内容置于T3A的统摄之下。HNC理论精心设计的语言知识“同行优先”原则，将在这里得到充分的展示。当然这并不是说一切问题都会迎刃而解，问题的复杂性主要来于TA的复杂性，当TA是美国“和平队”时，那T3C可能就不那么单纯了。

4.4.2　交织型探访 q744i 的世界知识

交织型探访 q744i 具有下面的定义式

```
q744it::=q744t+q743
```

基督教、伊斯兰教和佛教的传教士们早年的拓荒性传教活动基本属于使命型交织探访 q744ia，那么，玄奘的西行壮举应纳入好奇型探访 q744i9 吗？否！它直接属于交织型探访。

与农业和工业时代带有浓重宗教色彩的交织型探访相比，当代的某些交织型探访 q744i 也许更值得引起人们的重视，因为这类探访具有更强的理念性，具有交融性探访的初步特征。

交织型探访 q744i 不需要独立设置自身的领域句类代码，探访 q744 语境单元 SGU 的基本特征是：不同的 DOM 可以共享相同的 SCD 表示式。

4.4.3 探访效应 q744e1n 的世界知识

探访效应 q744e1n 的基本概念关联式是：

```
q744e1n=q71
（探访效应强交式关联于交往）
```

此式表明：探访效应 q744e1n 将具有众多的领域句类代码，这些句类代码可直接沿用交往 q71 的相应领域代码。

探访领域代码的一般形式是：

```
SCD(q744)=:SCD(q744t)+{SCD(q744e1n)}
```

前者主要描述探访的过程，后者主要描述探访的效应。一次特定的探访活动可能没有形成探访效应的语境，这就是 SCD(q744e1n)必须加上符号“{}”的理由了。

结 束 语

探访与探险一样，要区分探访活动的组织者和探访者自身，前者以语块 X0A 表示，后者以语块 T3A 表示。X0A 可能不存在，这时 T3A 兼任 X0A 的角色。T3A 则必须存在，因为它对应于 pq744e15。

探访与探险不同的是：探险只存在TB，而不存在T3B；探访则必须两者都存在，T3B 对应于 pq744e16。

第5节
“出差”q745 (250)

引言

行旅q74的最后两种概念树——“出差”q745和迁徙q746——是行旅殊相概念树中的两个异类。异类殊相概念树靠后排列是HNC符号设计的基本原则之一，如何让计算机把握这一基本原则呢？HNC的思路就是依靠相应的概念关联式，本章引言的两个强交式概念关联表示式就代表了这一努力方向的初步尝试。在那两个概念关联式里，q745和q746强交式关联于人之状态的非分别说50a(t)，这就是说，两者已不是单纯的精神生活50ac26，而是与劳动50aa交融在一起了。

“出差”q745还具有行旅的返回特性，但迁徙q746则丧失了这一基本特性。这一世界知识以下列概念关联式表示：

```
((q74~6,l52ie21,q740),jl11e21,u20e90)
(除迁徙之外的全部殊相行旅都具有返回特性)
(q746,jl11e22,u20e90)
(迁徙不具有返回特性)
```

4.5-0 “出差”q745的概念延伸结构表示式

```
q745:(e2m,i,7;)
  q745e2m          国情考察
  q745e21          国内考察
  q745e22          国外考察
  q745i            定向考察
  q7457            无向考察
```

“出差”q745配置了三项概念联想脉络，对偶性延伸q745e2m描述国情考察，q745e21相应于国内考察，q745e22相应于国外考察；定向性延伸q745i和q7457分别描述定向考察和无向考察。由上面的表述可见：以符号q745定名的“出差”实际上都是考察，但这些考察既不是个人行为，也不是一般团体组织的行为，而是纯粹的政府行为。这是对“出差”q745的基本约定，这一世界知识以下列概念关联式表示：

```
(q745,l01*00,a119;l01*22b,p40\12e51)
(“出差”的组织者是政府，“出差”者是政府官员)
```

不言而喻，带引号的出差仍然是出差，具有下列基本概念关联式：

```
q745=%50a(t)\3*3
（"出差"属于出差）
q745=q744
（"出差"强交式关联于探访）
```

4.5.1 国情考察 q745e2m 的世界知识

国情考察 q745e2m 的两种类型字面上只是地域的国内外之别，但实质上关系到考察内容的重大差异，因此需要分别设置领域句类代码。

国情考察 q745e2m 密切联系于国家治理 a129，具有下面的基本概念关联式：

```
q745e2m<=a129
（国情考察强流式关联于国家治理）
q745e21=a123e21e7n
（国内考察强交式关联于民意回应）
q745e22=b1
（国外考察强交式关联于改革）
```

前文（本章"探险"节的引言）曾提到彼得大帝和康熙两位伟人面对工业时代曙光的不同反应，前者由于具有时代曙光的警觉，因而特别重视q745e22，甚至亲自出马；后者根本没有这种警觉，导致了清王朝政府对 q745e22 活动的 200 多年延误。当然，前已指出：如果把中华民族的这一历史性悲剧归咎于康熙个人，那只是极度历史性无知的表现。

是否需要设置延伸概念 q745e2md0m 以描述各级高官（特别是帝王）的视察甚至微服私访呢？后来者自行处理吧。

后工业时代的网络技术当然会对 c745e2m 产生不可思议的影响，但笔者不认为它会取消 c745e2m 的存在价值，网络上的"见"不可能完全替代"百闻不如一见"里的"见"。

专制制度国家的国内考察 q745e21 特别关心"水能载舟，亦能覆舟"的警语，民主制度的国家是否不再关切这一警语呢？恰恰相反。但是，下列概念关联式所反映的世界知识似乎未受到应有的重视，许多近现代哲人都对此出现过幼稚病的荒唐表现。

```
((rq745e2m,145,a12\2e2m),jl11e21jluc01,(u331,ju81e25);l14,a10e26)
（专制制度的内外政治应变考察结果偶然具有公开性和真实性）
((rq745e2m,145,a12\2e2m),jl11e21jluc01,(u332,ju81e26);l14,a10e25)
（民主制度的内外政治应变考察结果偶然具有隐蔽性和虚假性）
```

4.5.2 定向考察 q745i 的世界知识

定向考察 q745i 就是社会性信息定向接收，但它密切联系于政策的制定，因此，具有下列基本概念关联式：

```
q745i=%c21ia
（定向考察属于社会性定向信息接收）
q745i=>(3118,103,a103)
（定向考察强源式关联于政策的制定）
```

这两个概念关联式可以合并成下面的形式：

```
q745i::=(c21ia,145,(3118,103,a103))
```

定向考察 q745i 不再设置延伸概念。考察形态既有国内外之分，又有公开与秘密之分，考察内容更涉及两类劳动和三类精神生活的方方面面。因此，定向考察的形而下描述只能采取“q745i+”的复合方式。

定向考察 q745i 拥有比较丰富的动词激活词语，如“巡视、视察、微服私访”，其中的“巡”字专用于最高级别的 q745id01，“巡”前接方位字“东、南、西、北”一定构成 q745id01 的激活词语。

4.5.3 无向考察 q7457 的世界知识

无向考察 q7457 属于治国谋略 a12\k 中的政治待遇 a12\3，蒋介石先生是这一谋略的极致运用者之一。

无向考察 q7457 的基本世界知识以下列概念关联式表示：

```
(q7457,101*00,a119ua10e26)
（无向考察是专制制度的产物）
q7457:=a12i6+u332
（无向考察实质上是隐蔽性惩罚）
q7457=%a12\31
（无向考察属于对特殊人物的政治待遇）
pq7457=:pa00i
（无向考察者一定是杰出人士）
q7457=q741
（无向考察强交式关联于旅游）
```

无向考察几乎不存在专用的激活词语，因此，无向考察的语境单元萃取 SGU(q7457) 似乎十分困难，其实不然。这里的要点是：考察效应语块 T3DBC 是定向考察的必需项，而对于无向考察，它只是一个可选项，更重要的是，两者的文字表述方式必然存在明显的差异。这一差异的论述和知识表示，我可以想见读者的浓厚兴趣，但我要遗憾地说：这不是本《全书》的任务。

结束语

“出差”q745 的三项概念联想脉络可共用一个领域句类代码，不需要分别设置。三者的区别可以通过领域项 DOM(q745:)来表达。

第 6 节 迁徙 q746 (251)

引言

人类的史前时代就是一个迁徙的时代，这一史前时代将在本节里给予简单描述。农业时代前期，部落或民族迁徙仍然是社会演变的基本要素，工业时代初期，海外迁徙成为社会演变的巨大推动力。现在是后工业时代初期，民族和海外迁徙又再次成为社会的重大话题。

中国人比较熟悉汉族王朝相对虚弱的两个朝代的大规模南迁，即东晋和南宋的南迁。中国人也熟悉闽粤民众下南洋和冀鲁民众闯关东的壮举，这些只是迁徙 q746 的众多起因中的两种，也只是迁徙的众多形态中的两种。那么，迁徙的概念延伸结构表示式是否将如同共相概念树 40 和 50 一般复杂呢？答案并非如此。迁徙的一级延伸概念不过只有两项：一是 q746β，它足以对迁徙的各种起因和形态给出统摄性的描述；二是 53q746，其中的 536746 将用于史前时代的迁徙描述，而 53c746b 将用于未来星际迁徙的描述。

4.6-0 迁徙 q746 的概念延伸结构表示式

```
q746:(β,53y;β:(t=a,i);βie2m,ate2m)
  q746β                   迁徙之作用效应链表现
  53q746                  势态性迁徙

  q7469                   作用效应型迁徙
    q74699                  作用型迁徙
    q7469a                  效应型迁徙
    q7469i                  工业迁徙
  q746a                   过程转移型迁徙
    q746a9                  过程型迁徙
    q746aa                  转移型迁徙
    q746ai                  特定就业迁徙
  q746b                   关系状态型迁徙
    q746b9                  关系型迁徙
    q746ba                  状态型迁徙
    q746bi                  福利性迁徙
```

作用型迁徙 q74699 的典型事例是西方的殖民迁徙，效应型迁徙 q7469a 的典型事例是上述汉族的两次大规模南迁，但下南洋和闯关东则属于作用效应型迁徙 q7469；过程型迁徙 q746a9 的典型事例是留学，转移型迁徙的典型事例是当代特定意义下的移民，但历史上的某些游民、阿拉伯世界的贝都因人和欧洲的吉卜赛人则属于过程转移型迁徙 q746a；关系型迁徙 q746b9 的典型事例是以色列的复国移民潮，状态型迁徙 q746ba 的典型事例是农民向市民的转变，但跨国孤儿领养和跨国婚姻则属于关系状态型迁徙 q746b 了。

势态性迁徙将主要用于史前时代的迁徙描述。

4.6.1 迁徙作用效应链描述 q746β 的世界知识

在迄今为止的所有β延伸中，只对迁徙 q746 赋予了完备的 q746β t=a 形态。这是一个很有趣的现象，在本《全书》全部完成以后，如果有读者愿意对全部β延伸作一番综合性研究，笔者将深感欣慰。

下面将对 q746β 所约定的 3 种迁徙形态和 q746β t=a 所约定的 6 种迁徙形态进行论述。

4.6.1-1 作用效应型迁徙 q7469 的世界知识

作用效应型迁徙 q7469 曾对历史演变进程产生过重大影响。古代帝国的兴亡常直接导源于斯，西罗马帝国的灭亡是典型事例。欧洲各民族国家的建立皆起于斯，西半球现代各国的建立亦皆起于斯。为什么中华文明是所有古代文明帝国中的唯一幸存者？为什么印度文明到现在还保留着种姓制度的沉重负担？虽然作用效应型迁徙 q7469 不能构成唯一的解释，但肯定是最重要的一项解释。这一世界知识的概念关联式如下：

```
q7469=>((31~0,l02,ppj2//ppj11);s31,pj1*9//pj1*ac21)
```

此式表明：作用效应型迁徙强源式关联于一个国家或朝代的兴亡，在农业时代如此，在工业时代的初级阶段也是如此。

作用效应型迁徙 q7469 需要上述的非分别说，也需要对作用型迁徙 q74699 和效应型迁徙 q7469a 作分别说。两者的基本概念关联式如下：

```
q74699:=(139e51,l02,(pj2;pj529);s31,pj1*~b)
（在农业和工业时代，作用型迁徙对应于一个国家或民族的上升时期）
q7469a:=(139e52,l02,(pj2;pj529);s31,pj1*~b)
（在农业和工业时代，效应型迁徙对应于一个国家或民族的衰落时期）
q74699=a15e05
（作用型迁徙强交式关联于侵略）
q7469a=a15e06
（效应型迁徙强交式关联于抗战）
q7469a=03b
（效应型迁徙强交式关联于免除伤害）
```

作用效应型迁徙 q7469、作用型迁徙 q74699 和效应型迁徙 q7469a 需要分别设置领域句类代码。三者都具有语块 T2bA，但作用型迁徙 q74699 还必须增加语块 X0A，且具有下面的等式：

```
X0A(q74699)=:a119
（作用型迁徙的作用者是政府）
```

上列概念关联式可能会造成一种错觉，以为作用效应型迁徙 q7469 在后工业时代将趋于消失，当然现实情况并非如此。但是，作用效应型迁徙的形态确实发生了实质性的变化，从以人员迁徙为主的形态转变为以工业迁徙为主的形态，当前的突出表现是低端的制造业和软件业从发达国家向发展中国家的转移。这一转移现象以定向延伸概念 q7469i 表示，它具有下面的基本概念关联式。

```
q7469i:=((20,l03*20,a21β),l54\5e21,pj2xj1*b;l54\5e22,pj2xpj1*a)
（工业迁徙对应于工业从发达国家向发展中国家的转移）
q7469i=a22i
（工业迁徙强交式关联于经济全球化）
```

迁徙 q746 的概念延伸结构表示式 q746:表明：延伸概念 q746β 具有同样的二级延伸 q746βi 和三级延伸 q746βie2m，两者具有统一的概念关联式如下：

```
q746βi=:c745βi
q746βie2m:=(j42ebn,l14,pj2)
```

4.6.1-2 过程转移型迁徙 q746a 的世界知识

在迁徙 q746 按作用效应链的三类型划分中，过程转移型迁徙 q746a 对社会发展的影响似乎不像作用效应型迁徙那样直接和显著，这只是人为约定造成的结果，这种人为性主要体现在下面的概念关联式里。

```
q7469:=(7312ju40-0,jl11e21,u40\12e52)
（作用效应型迁徙对应于群体性行为，并具有民众性）
q746a:=7312ju40-00
（过程转移型迁徙对应于个体性行为）
q7469=a103
（作用效应型迁徙强交式于政策）
q746a=a50\2+
（过程转移型迁徙强交式关联于管理法）
```

当然，所谓群体性和个体性行为必然具有交织性，个体性行为一旦成为民众性的潮流，就变成群体性行为了。前述下南洋、闯关东的壮举，以及我国清初时期两湖和江西民众的大举入川都是一时的民众性潮流，因此，被纳入作用效应型迁徙 q7469。但是，留学则被纳入过程型迁徙 q746a9，为什么？因为留学虽然也可以成为一股浪潮，但不可能带有民众性。

过程转移型迁徙 q746a 当然也需要分别说和非分别说，分别说即区分过程型迁徙 q746a9 和转移型迁徙 q746aa，三者需要配置不同的领域句类代码。

目前，从不发达国家向发达国家的跨国性就业迁徙已成为后工业时代的一个巨大社会问题，因此，设置定向延伸概念 q746ai 对此作专门描述，定名为特定就业迁徙。它具有下面的概念关联式：

```
q746ai:=((309b,145,a00e45),154\5e21,pj2*~c33;154\5e22,pj2*c33)
（特定就业迁徙对应于从不发达国家向发达国家的就业迁徙）
(q746ai,jl11e21,u40\12e52)
（特定就业迁徙具有民众性）
```

当前各国政府都针对特定就业迁徙设置了移民法，其映射符号是 a50\2+q746aie22。所谓非法移民，多数是非法特定就业迁徙，其映射符号是 pa5a9+(a50\2+q746aie22)。

过程转移型迁徙 q746a 的交织性延伸 q746at=a 也需要配置延伸概念 q746ate2m。于是，留学的映射符号就是 q746a9e22，那么，与 q746a9e21 对应的词语有哪些呢？现代汉语里有“上大学”，科举时代有“会试”。至于我国“文化大革命”时期的上山下乡，则用 q746ate21 来描述比较确切，这些细致的工作就留给后来者吧。

4.6.1-3 关系状态型迁徙 q746b 的世界知识

有了上面的论述，笔者觉得：这一小节可以完全留给后来者去处理。我真的要这么做了，请读者原谅我的懒惰。

4.6.2 势态性迁徙 53q746 的世界知识

势态性迁徙 53q746 具有下面的基本概念关联式：

```
53q746=:53(~9)746
```

此式表明：工业时代实际上不存在势态性迁徙。农业时代的势态性迁徙536746 特指史前时代的迁徙，后工业时代的势态性迁徙 53c746 特指未来的星际迁徙。

在人种学、地理学、社会学、考古学和语言学的专著或普及性著作里，我们都能看到关于史前迁徙的大量描述。例如，美洲印第安人、大洋洲波利尼西亚人的来源就有十分丰富的文献。此类文献的理解处理就必须依靠延伸概念 536746 的领域句类代码知识。

SCD(536746)的基本语块除了迁徙领域代码SCD(q746)所必须具有的语块——T2bA（迁徙者）、TB2（迁徙者的最终定居地）和 TB1（迁徙的出发地）之外，还必须引入语块 R1-1iS0 和 TB3，R1-1iS0 表示当前定居者，TB3 表示迁徙的途经地域，它包括陆地和海洋。这意味着 SCD(536746)的 T2bA 表示原始迁徙者，与当前定居者 R1-1iS0 一样都与特定种族相对应，因而存在下面的基本概念关联式：

```
R1-1iS0=:ppj529+
T2bA=:ppj529+
R1-1iS0<=T2bA
```

结 束 语

迁徙 q746 的概念延伸结构表示式具有艺术科学之美，笛卡儿先生是这一探索境界的热烈倡导者和追求者。前几年，我国出版了一套“哲人咖啡厅”丛书，其中的《笛卡儿思辨哲学》最为精当，特此推荐。本节也许是思辨哲学的一个富有启示性的试验场，为什么把关系状态型迁徙 q746b 的探索留待来者？就是为了给读者提供一个亲身体验的机会。

深层第二类精神生活

篇首语

深层第二类精神生活 q8 辖属下列 6 片概念林，1“共”5“殊”。

q80	联想
q81	想象
q82	信念
q83	红喜事
q84	白喜事
q85	法术

这 6 片概念林就是深层第二类精神生活 q8 的定义。对于这种定义方式，这里不作任何说明，读者应该已习以为常了。

在三类精神生活里，深层第二类精神生活主要是神学管辖的范畴，哲学可以从旁协助，而科学最好是做一个旁观者，不宜擅自介入，因为神学的宇宙既不是哲学的宇宙，更不是科学的宇宙，世界亦然。类似的话语可移用于深层第三类精神生活，它是哲学与神学共同管辖的范畴，科学同样不宜擅自介入。至于第一类精神生活和两类表层精神生活，则可以说它们是哲学和科学共同管辖的范畴，神学最好是做一个旁观者，也不宜擅自介入。

当然，“不宜擅自介入”的原则只是形而上思考的建议，而现实生活是从来不接受这类建议的。科学不仅擅自介入了深层精神生活，而且是深度介入。深层第二类生活之所以带上“q”符号特征（即浓重的历史时代特征），科学擅自介入的责任最大。以上话语，是对符号“q8”的交代。“q8”各片概念林的汉语命名，显然都带有被介入的印记，很难得到神学家的认同，笔者在这里要说一声：对不起。

第零章

联想 q80

引　言

在篇首语里，讲了一通文明基因三学的基本分工原则，也讲了一下三学必然相互渗透的势态。本章的符号与汉语命名“q80 联想”就是这一渗透的产物，而本片概念林的概念树设置则是这一渗透的充分展现，下文会给出具体说明。

联想 q80 的概念树的配置共计 5 株，1“共”4“殊”，如下：

q800	联想基本内涵
q801	记忆
q802	回忆与忘却（回忆）
q803	思念
q804	纪念

第 0 节
联想基本内涵 q800 (252)

0.0-0 联想基本内涵 q800 的概念延伸结构表示式

```
q800:(e3m,\k=0-5,β;
      e31γ=2,e32:(o01,γ=b,e2m),e33:(\k=8,i),βt=a;βte2m)
```

q800e3m	联想的认识论基本描述（联想基本描述）
q800e31	句类联想
q800e32	语境单元联想
q800e33	基本属性联想
q800\k=0-5	联想的第二本体根呈现
q800\0	生理联想
q800\1	图像联想
q800\2	情感联想
q800\3	艺术联想
q800\4	语言联想
q800\5	科技联想
q800β	联想的β呈现

下面，以 3 小节进行论述，后续延伸概念都放在小节里说明。

这里来一段闲话。《全书》第三册的撰写放在最后，但在第一册里写下了大量的预说。这样安排的初衷只是为了防止意外，但却取得了意外的便利。上面的汉语说明清单，就是一份最好的证据。

0.0.1 联想基本描述 q800e3m 的世界知识

把“e3m”叫作认识论基本描述，这可能是第一次。如果这里写下“有意为之”，确有夸张之嫌，但事实正是如此。因为用在任何别的地方，都没有用在这里如此贴切。符号 q800e3m 也因此而获得联想基本描述的命名。

句类联想 q800e31、语境单元联想 q800e32 和基本属性联想 q800e33，这三者是语言脑的生命或灵魂，从而也是图灵脑的生命或灵魂。逻辑仙翁和语法老叟曾在属性联想方面做过大量的探索，但不能不说两位前辈或先行者在 q800~e33 的两方面，确实建树甚微[*01]。

如何实现句类联想和语境单元联想，已在《全书》第五册进行过比较集中的全面论述，但基本属性联想的论述则散见于各片概念林和各株概念树的有关章节。不过，在《全书》第四册里，有两处比较集中的局部论述，那就是第二卷的语法逻辑概念（第四编）和语习逻辑概念（第五编）。这些局部论述存在一个重大缺陷，那就是没有与现代语法学的丰硕成果充分接轨，这项繁重的工作只好拜托后来者了。

语言脑联想的宏观结构绝不是词语类型或词语属性可以概述的，也不是语形、语义和语用三侧面可以概述的。对任何宏观结构的考察，都需要一个超越该结构本身的形而上视野，语言脑也不能例外。依据 HNC 的探索成果，句类联想、语境单元联想和基本属性联想才符合语言脑的超越性视野标准。所以，下面以 3 个次节的形式，对这三个视野里的世界知识分别进行论述。

0.0.1-1 句类联想 q800e31 的世界知识

先给出再延伸的汉语说明。

```
q800e31γ=2            句类联想的混合呈现
q800e319              广义作用句联想
q800e31a              广义效应句联想
```

两者的基本概念关联式如下：

```
q800e319 := (X,T,R;D) <= (0,2,4;8)——[q80-01-0]
q800e31a := (P,Y,S;jD) <= (1,3,5;jl)——[q80-02-0]
```

对这两位特级外使，自然语言的诠释难免显得苍白无力，不诠释为上策[*02]。

0.0.1-2 语境单元联想 q800e32 的世界知识

先给出再延伸的汉语说明。

```
q800e32:(o01,γ=b,e2m)
   q800e32o01      语境单元联想的最描述
   q800e32c01      基本语境单元
   q800e32d01      主体语境单元
   q800e32γ=b      语境单元的空间呈现
   q800e329        思维与劳动（语境单元空间呈现之一）
   q800e32a        深层第二类精神生活（语境单元空间呈现之二）
   q800e32b        深层第三类精神生活（语境单元空间呈现之三）
   q800e32e2m      语境单元的时代性呈现
   q800e32e21      表层第二类精神生活（语境单元时代性呈现之一）
   q800e32e22      表层第三类精神生活（语境单元时代性呈现之二）
```

下面，给出各项延伸的概念关联式：

```
q800e32c01 := (7y,y=1-3)——(q800-01-0)
（基本语境单元对应于第一类精神生活）
q800e32d01 := a——(q800-02-0)
（主体语境单元对应于专业活动或第二类劳动）
(q800e32γ = pj01*\k,γ=b,k=6)——(q800-0-01)
（语境单元的空间呈现强交式关联于六个世界）
(q800e32γ = (wj2*-;wj2*-00),γ=b)——(q800-03-0)
（语境单元的空间呈现强交式关联于地域和地区）
q800e329 := (8+q6)——(q800-03a-0)
（语境单元空间呈现之一对应于思维与劳动）
```

q800e32a := q8——(q800-03b-0)
（语境单元空间呈现之二对应于深层第二类精神生活）
q800e32b := d——(q800-03c-0)
（语境单元空间呈现之三对应于深层第三类精神生活）
(q800e32e2m := pj1*t,t=b)——(q800-0-02)
（语境单元的时代性呈现强交式关联于三个历史时代）
q800e32e21 := q7——(q800-04-0)
（语境单元时代性呈现之一对应于表层第二类精神生活）
q800e32e22 := b——(q800-0-03)
（语境单元时代性呈现之二对应于表层第三类精神生活）

本组贵宾[*03]勾画了语境单元联想的基本脉络，其景象十分简明而清晰，但其中的3个异类（q800-0-0m,m=1-3）需要另说。这是三件非常煞风景的东西，而这个东西又与下述基本事实密切相关。

那是一个什么样的基本事实呢？这3个异类不是一般的异类，而是3个非常特别的异类。与之密切相关的基本事实很难用自然语言来陈述，汉语难，也许英语更难。但是，又不能不陈述一下，先以下面的方式试说一下吧。

在人类当前的语言脑里，并不存在上述语境单元联想基本脉络的全部，特别是其中的3个异类。比方说，人们多半可以认同（q800-03-0），但很难同时认同（q800-0-01）。实际上，这两位贵宾是对同一项世界知识的表达，HNC曾把该项世界知识以“五言绝句”的形式加以概括，那就是：“文明不可统，世界必三分。”如果对这个“绝句”形态的大句进行分别说，那就是：信仰文明、理念文明和理性文明是3种源远流长的文明[*04]，全球经济一体化的历史潮流不可能把这3种文明也推向政治与文化的一体化，信仰文明将继续铸造伊斯兰世界的政治文化生态，理念文明将继续铸造市场社会主义世界的政治文化生态，理性文明将继续滋润经典文明世界的政治文化生态。HNC把上列三个世界分别编号为第四、第二和第一世界，三者是六个世界里拥有自己独特的文明标杆[*05]的三位代表。任何一个世界（特别是第一世界）都不要痴心妄想去主宰全球，并改变其他世界的政治文化生态。但是，第一世界不这么想，第四世界的激进势力更不这么想，第三世界里也有人不这么想。这些“不这么想”，是当前世界一切动荡的终极根源，而上列3位异类正是对这一终极根源的符号表示。因此可以说，这3位异类既是对人类未来的期盼，也是对语言脑当前实际状态的灵巧式描述。

0.0.1-3 基本属性联想q800e33的世界知识

此项延伸是语言学的传统探索领域，在西方叫修辞学，在中国叫小学。修辞学的集中成果就是8大词类和6大句子成分，小学的集中成果叫“文字音韵训诂+学问文章皆须以章句为始基”。这就是说，西方语言学主要在语形学这一个战场作战，而小学则同时在三个战场——语形、语义和语用——作战。但双方作战的目标都集中在基本属性联想这一个方面，没有去触及句类联想和语境单元联想。不过，双方的作战成果都十分显赫，西方的成果里不仅有语法老叟的贡献，还有逻辑仙翁的贡献。

HNC把双方的贡献提升到语言概念空间进行梳理，给出下面的描述：

```
q800e33:(\k=8,i)
   q800e33\k=8      属性联想的第二本体呈现
   q800e33\1        基本本体概念
   q800e33\2        基本属性概念
   q800e33\3        基本逻辑概念
   q800e33\4        语言逻辑概念
   q800e33\5        语习逻辑概念
   q800e33\6        综合逻辑概念
   q800e33\7        基本物概念
   q800e33\8        挂靠物概念
   q800e33i         五元组概念
```

相应的概念关联式如下：

```
q800e33\1  := j1-j6——(q80-01)
q800e33\2  := (j7,j8)——(q80-02)
q800e33\3  := jl——(q80-03)
q800e33\4  := l——(q80-04)
q800e33\5  := f——(q80-05)
q800e33\6  := s——(q80-06)
q800e33\7  := jw——(q80-07)
q800e33\8  := ow[*06]——(q80-08)
q800e33i  := (v,g,u,z,r)——(q80-09)
```

0.0.2 联想第二本体根呈现 q800\k=0-5 的世界知识

本小节只给出下面的概念关联式：

```
q800\0  := rw8*i——(q80-10)
（生理联想对应于生理脑）
q800\1  := rw800\1——(q80-11)
（图像联想对应于图像脑）
q800\2  := rw800\2——(q80-12)
（情感联想对应于情感脑）
q800\3  := rw800\3——(q80-13)
（艺术联想对应于艺术脑）
q800\4  := rw800\4——(q80-14)
（语言联想对应于语言脑）
q800\5  := rw800\5——(q80-15)
（科技联想对应于科技脑）
```

0.0.3 联想β呈现 q800β 的世界知识

本小节将从两个独一无二说起。

从符号 q800β 到符号 q800βt=a 的延伸可能是独一无二的，从符号 q800βt=a 到符号 q800βte2m 的再延伸则肯定是独一无二的。HNC 符号体系本来是很厚重的，但这两个独一无二具有化厚重为清淡的奇妙功能，下面的汉语说明清晰地展示了这一点，读者不可不察。

q800βt=a	联想的β全呈现
q800βte2m	联想β全呈现的基本二分描述
q80099	作用联想
q80099e2m	(AK,EK)——“上帝”与作用
q8009a	效应联想
q8009ae2m	(BK,CK)——对象与内容
q800a9	过程联想
q800a9e2m	(SK,KS)——句蜕与块扩
q800aa	转移联想
q800aae2m	(SC,SCD)——句类与领域句类
q800b9	关系联想
q800b9e2m	(K,fK)——主块与辅块
q800ba	状态联想
q800bae2m	(SGB,SGC)——语境对象与语境内容（具体概念和抽象概念）

结束语

本节从联想基本描述q800e3m、联想第二本体根呈现q800\k=0-5和联想β呈现q800β三个侧面对联想基本内涵q800进行了系统描述。所谓联想基本内涵就是指人脑的功能，在整体上，该描述并未达到透齐性标准，因为HNC只关注语言脑功能的探索。但在语言脑这个局部，联想基本描述q800e3m和联想β呈现q800β是否达到了透齐性标准？这个问题十分重大，直接关系到图灵脑探索的成败。所以，在《全书》第六册里，曾就这个问题请求智力法庭进行过审议，有兴趣的读者请查阅该庭议记录。

联想q80及其基本内涵q800具有历史时代性，故前挂符号“q”不可或缺，这是把记忆——联想的基础——805虚设于思维基本内涵80里的根本原因。即使是智慧的顶级天才柏拉图和康德，我们也不能要求他们具有现代人的联想。但另外，他们的联想智慧又是超越时代的，现代人的联想丰度也许是历史长河中最差劲的时段，因为当前正处于后工业时代的初级阶段。已进入后工业时代豪华列车的乘客和尚在工业时代快速列车上的乘客各有自己的焦虑，两者的分别说是豪华焦虑和温饱焦虑，两者的非分别说就是文明焦虑，在经济视野里就是速度焦虑。焦虑中的人们很难保持清醒的判断，靠战争或武力消除文明焦虑的手段不能再使用了，制裁或围堵的手段也不管用。我们必须寻求消除文明焦虑的新方式。其实这种方式并不难寻找和建立，HNC为此提供了丰富的素材，本节实际上充当着素材索引的角色。

注释

[*01] 现代语言学不知道广义作用句和广义效应句的区分，不知道格式与样式的区分，这是工业时代以后出现的最为不可思议的学术悲剧，可名之此山悲剧。古汉语曾出现过描述此悲剧的名句，那就是：**不识庐山真面目，只缘身在此山中。**

[*02] 此上策的前提是：读者已经阅读过《全书》第五册。

[*03] 贵宾是指编号里带有符号“-0”的概念关联式，若该编号居中，则名之异类。这是《全书》第六册的常用术语，（q800-0-01）就是一个异类。

[*04] 这3种文明的映射符号是a30\1k=3，基础性论述见《全书》第二册pp188-189。

[*05] 文明标杆的说法曾受到已故蕲乡老者的严厉批判，但笔者以为，老者在内心里是认同这个提法的，故依然采用。

[*06] 符号“ow”的含义比较复杂，请参看全书第四册里的[280]编。

第 1 节 记忆 q801 (253)

0.1-0 记忆 q801 的概念延伸结构表示式

```
q801:(e2m,e3m,t=b;e31:(7,e2m),(t)e2n)
  q801e2m                    记忆的基本二分
  q801e21                    显记忆（记忆）
  q801e22                    隐记忆
  q801e3m                    记忆的基本三分
  q801e31                    自我记忆
    q801e317                   恋情记忆
    q801e31e2n                 好恶记忆
  q801e32                    亲情记忆
  q801e33                    友情记忆
  q801t=b                    记忆的第一本体呈现
  q8019                      对象记忆
  q801a                      内容记忆
  q801b                      背景记忆
    q801(t)e2n                 恩仇记忆
```

记忆 q801 有 3 项一级延伸，后两项延伸里的记忆仅指显记忆，具有下面的概念关联式：

(q801e3m,q801t=b) =% q801e22——(q801-00)
（记忆基本三分和记忆第一本体呈现都属于显记忆）

下面，以 3 小节叙说。

0.1.1 记忆的基本二分 q801e2m 的世界知识

显记忆 q801e21 就是自然语言的记忆，隐记忆 q801e22 是 HNC 提出来的，是语言脑概念联想脉络的总称，是 456 株概念树及其延伸概念和各类概念关联式的总和。在《全书》第五册里（第四编“论记忆”）有系统论述。

每个人的智力水平主要取决于其隐记忆的丰度，而不是记忆，未来图灵脑或语言超人的智力水平也是如此。大数据只是记忆的原料，而不是记忆，与隐记忆毫无关联。人工神经网络或近年出现的各种名称很美的自学习算法都不能把数据变成记忆，更丝毫无助于隐记忆的形成。因此，试图通过这些算法取得语言信息处理的突破，无异于农业时代的炼金术。信息产业界的巨头们，什么时候会产生回头是岸的醒悟呢？应该为期不远了。

最后，给出本小节的基本概念关联式：

q801e2m := 33~0——(q801-01)
（记忆基本二分对应于第一个效应三角里的显隐二分）

0.1.2 记忆的基本三分 q801e3m 的世界知识

先给出下面的概念关联式：

q801e3m := 407e3m——(q801-02)
（记忆基本三分对应于关系基本构成的我、你、他）
q801e31 = 712——(q801-01-0)
（自我记忆强交式关联于愿望）
q801e31 = 50a\k=4——(q801-02-0)
（自我记忆强交式关联于人之状态特定作用效应链表现）
q801e32 = 7112——(q801-03-0)
（亲情记忆强交式关联于亲情）
q801e33 = 7113——(q801-04-0)
（友情记忆强交式关联于友情）
q801e317 = 7132\1e51i——(q801-05-0)
（恋情记忆强交式关联于爱情）
q801e31e2n = 7131\1~e53——(q801-06-0)
（好恶记忆强交式关联于第一基本情感的喜好与厌恶）

记忆的基本三分q801e3m 必然进入记忆特区[*01]，这是一项非常重要的世界知识。上列贵宾也传递了一项特殊的世界知识，现诠释如下。

——关于第一号记忆特区

记忆基本三分 q801e3m 将另名第一号记忆特区，每一个人都会拥有这一记忆特区，并把它放在记忆区块的显要位置，故以第一号记忆特区命名。该特区的形成过程要依靠上列贵宾（q801-0m-0,m=1-6）的引导。

——第一记忆特区与自我意识密切相关

这一重要信息由（q801-02）提供，未来图灵脑“自我”意识的培育将以此为依托，并从这里起步。当然，这只是 HNC 理论的一项设想——关于微超[*02]的一项基础性设想。

——关于世界知识时代性呈现的表达方式

任何语境概念基元都具有时代性呈现，在 5 大类语境概念范畴里，HNC 只对其中的两大范畴（第一类劳动和第二类精神生活）赋予时代性标记“q”。未赋予该标记的三大范畴（第二类劳动和第一、第三类精神生活）只对个别延伸概念给出时代性标签“=pj1*t”。但标签方式仅适用于突出重点，不能照顾到一般情况。那么，这个“漏洞”如何弥补呢？上面的贵宾系列就是答案。

0.1.3 记忆第一本体呈现 q801t=b 的世界知识

先给出下面的概念关联式：

```
q8019 := SGB——[q801-*-01]
（对象记忆对应于语境对象）
q801a := SGC——[q801-*-02]
（内容记忆对应于语境内容）
q801b := BAC——[q801-*-03]
（背景记忆对应于事件背景）
q801(t)e2n := r7132\1~e53——(q801-*-01)
（恩仇记忆对应于恩仇）
```

与记忆基本三分 q801e3m 不同，记忆第一本体呈现 q801t=b 不必然进入记忆特区，但存在这种可能性。这项世界知识极为特殊，又非常重要，故在上列概念关联式里，以符号“-*-”予以表示。

结束语

本节是语言记忆的全方位宏观描述，给隐记忆和各种特区记忆安置了相应的符号表示，并特意定义了第一号特区记忆。

从过程的源汇流奇视野来看，记忆是第一类与第二类精神生活的交汇地带，是语言理解过程的奇。这些重要的世界知识皆仅以概念关联式予以表述，非常干巴，抱歉。本来结合恋情记忆、好恶记忆和恩仇记忆等，可以写出比较精彩的闲话，这就留给后来者吧。

注释

[*01] 记忆特区是HNC记忆理论的一个重要概念，基本论述见《全书》第五册pp480-486。

[*02] 微超必须具有强烈的自我意识，而语超则需要超然于自我，这是微超与语超的根本区别。在微超论和语超论里，这一点可能没有讲透。

第 2 节
回忆 q802 (254)

0.2-0 回忆 q802 的概念延伸结构表示式

```
q802:(m;1:(o01,e7m),2c2m,0e1m)
  q802m                    回忆的基本效应描述
  q8021                    回忆
    q8021o01                 回忆的最描述
    q8021c01                 常规回忆
    q8021d01                 铭刻回忆
    q8021e7m                 回忆的真实性呈现
    q8021e71                 真实回忆
    q8021e72                 虚幻回忆
    q8021e73                 偏差回忆
  q8022                    忘却
    q8022c2m                 忘却的对比两分描述
    q8021c21                 常规忘却（忘了）
    q8021c22                 失忆
  q8020                    杂忆
    q8020e1m                 杂忆的辩证表现
    q8020e10                 太极杂忆
    q8020e11                 主动杂忆
    q8020e12                 被动杂忆
```

这里，先给出下面的基本概念关联式：

```
q801 = LU——[q80-01]
（记忆强交式关联于语言理解）
q802 => LP——[q80-02]
（回忆强源式关联于语言生成）
q802m := (v45m,q801)——(q80-01-0)
（回忆的基本效应描述是对记忆的选用弃）
q802m := 31m——(q802-01)
（回忆的基本效应描述对应于第一个效应三角的生与灭）
```

曾出现过将高级[*01]贵宾(q80-01-0)改成异类的呼唤，但决定不予采纳。

下面，以 3 小节叙说。

0.2.1 回忆 q8021 的世界知识

回忆 q8021 具有天然的“叩其两端”特性[*02]，这似乎有点不可思议。不过，每位读者不妨自我体验一下，并自行作出是否如此的答案。

回忆具有“e7m”特性，也似乎同样不可思议，该特性以下面的概念关联式表示：

q8021e7m = j81e7m——(q802-0-01)
（回忆的真实性呈现强交式关联于基本属性的真伪势态呈现）

近年出版的诸多回忆录里，虚幻回忆和偏差回忆的占比呈现出明显的上升态势。就中国来说，这绝不是中华文明复兴的福音。

0.2.2 忘却 q8022 的世界知识

忘却 q8022 同回忆 q8021 一样，也存在“e7m”特性。这当然不是不重要的世界知识，但这项知识已经隐含在高级贵宾（q80-01-0）里了，另外，它不像 q8021e7m 那样张扬，放它一马是合适的。

这样，对忘却只赋予 q8022c2m 的再延伸，具有下面的概念关联式：

q8022c2m := jru70e2m——(q802-02)
（忘了对应于动态性，失忆对应于静态性）

0.2.3 杂忆 q8020 的世界知识

杂忆 q8020 的再延伸“q8020e1m”是杂忆特性的充分展现，其基本概念关联式如下：

q8020e1m = jru70e1m——(q802-02-0)
（杂忆的辩证表现强交式关联于自然属性里的太极、主动与被动呈现）
q8020~e10 = 7211~0——(q802-03-0)
（主动杂忆和被动杂忆强交式关联于智力的聪慧与愚钝）
q8020e10 = 72110e25——(q802-04-0)
（太极杂忆强交式关联于大智若愚）

结 束 语

本节的内容有两点值得向读者推荐：一是关于“杂忆 q8020”的概念；二是关于“回忆真实性呈现 q8021e7m”的概念。

在实际生活中，杂忆是回忆的基本形态，其中的太极杂忆 q8020e10 更是回忆的高级形态。这是神学与哲学的共同课题，科学不宜参与。

在笔者个人的交往生涯里，深切感受之一是：偏差回忆 q8021e73 的占比似乎最大。这是哲学与科学的共同课题，神学不宜参与。造成这一现象的根本因素是什么？是广义利益（包括权、利、名）的考量吗？是观念或理性的偏颇吗？也许这些因素都具有一定作用，但应该优先考虑的因素似乎是记忆 q801 本身，是背景记忆 q801b（见上一节）的严重缺失所致[*03]。

注释

[*01] 这里的高级来于该贵宾由“q80”牵头。

[*02] 以符号“o01”表示延伸概念的“叩其两端”特性早已是HNC的惯例，这里需要说明的是“铭刻回忆”里的“铭刻”来于“刻骨铭心”的节略。

[*03] 背景记忆有BACA和BACE的区分，见全书第五册里的“论记忆”。如果将两者混同起来，那就会形成偏差记忆。古人由于信息不足而陷于混同，今人则由于信息过滥而陷于混同。

第 3 节 思念 q803 (255)

0.3-0 思念 q803 的概念延伸结构表示式

```
q803:(\k=3,d01;\3*7,d01\k=2;\3*7e2m)
  q803\k=3                思念的第二本体呈现
  q803\1                  事业思念
  q803\2                  亲情思念
  q803\3                  友谊思念
    q803\3*7                爱情思念
      q803\3*7e2m             爱情思念的二分呈现
  q803d01                 思念最呈现（殉情）
    q803d01\k=2             殉情的两种呈现
    q803d01\1               理念殉
    q803d01\2               爱情殉
```

先给出下面的概念关联式：

q803 := q802jur73d01——(q80-16)
（思念对应于珍贵回忆）

下面，以两小节叙说。

0.3.1 思念的第二本体呈现 q803\k=3 的世界知识

先给出下列概念关联式：

(q803\k := 711y,k=1-3,y=1-3)——(q803-01-0)
（思念第二本体呈现对应于态度的 3 株殊相概念树）
q803\3*7 <= 7132\1e51i——(q803-02-0)
（爱情思念强流式关联于爱情）
q803\3*7e2m := 409e2m——(q803-03-0)
（爱情思念的二分呈现对应于关系第一类特性里的指向性）
q803\3*7e22 =: 单恋——[q803-01]

上列概念关联式所传递的世界知识，在符号表示方面都十分精当，相应的汉语说明也比较到位。需要补充的只是，爱情思念二分呈现 q803\3*7e2m 的各自占比应该是心理学的一项重要数据，知者请予示知。

0.3.2 殉情 q803d01 的世界知识

先给出下列概念关联式：

```
q803d01 ::= (v14eb63+r4075,14b,q803)——(q80-17)
（殉情就是为思念而自杀）
q803d01\1 = a30\12——(q803-04-0)
（理念殉强交式关联于理念文明）
q803d01\2 = d23——(q803-05-0)
（爱情殉强交式关联于浪漫理性）
```

对于最后的这位贵宾，任何读者都会联想起许多动人的故事。但关于前一位贵宾的故事，则似乎是中国最为丰富，从古代到近代，持续不断。愿意了解这一丰富性的读者，可自行探索，这里就不叙说[*01]了。

结束语

本节的叙说，不仅离不开在其前面的第一类精神生活，也离不开在其后面的深层第三类精神生活，例如，贵宾（q803-05-0）里的“浪漫理性 d23”。这种情况的发生，早不是第一次了，在“记忆 q801”节里就出现过第五册才出场的“领域对象 SGB”和“领域内容 SGC”之类。本《全书》的前后照应方式，“与众不同”，请适应吧，给你添麻烦了，对不起。

注释

[*01] 近代中国有不少名人为理念而殉，但有关纪念文字都予以隐讳，或有意，或无意，辨别不难，但考证不易。因为20世纪以来的中国，传统理念被学界主流视为精神毒品，比宗教的精神麻醉品作用更坏。不过应该说一声，理念殉者pq803d01\1不一定是名人，读者可在本《全书》里找到相应的叙述，其中的一段见《全书》第一册p211。

第4节 纪念 q804 (256)

0.4-0 纪念 q804 的概念延伸结构表示式

```
q804:(t=a,\k=3)
  q804t=a           纪念的第一本体呈现
  q8049             对象纪念
  q804a             内容纪念
```

```
q804\k=3                  纪念的第二本体呈现
q804\1                    神学意义的纪念（神学纪念）
q804\2                    哲学意义的纪念（哲学纪念）
q804\3                    科学意义的纪念（科学纪念）
```

这里，先给出下面的概念关联式：

```
q804 := q803u11eb3(d01)——(q80-17)
（纪念对应于永恒的思念）
```

下面，以两小节叙说。

0.4.1 纪念的第一本体呈现 q804t=a 的世界知识

先给出下面的概念关联式：

```
q8049 := (q804,(pa00i;(p-14eb6,14b,a0099t=b)))——(q804-01)
（对象纪念对应于名人或三争活动的牺牲者）
q804a := (q804,ra00β*(d01))——(q804-02)
（内容纪念对应于专业活动的重大效应）
```

这两个概念关联式未赋予贵宾符号，不是两者没有这个资格，而是由于考虑到地球村的六个世界对于这一资格的认识存在巨大争议。

0.4.2 纪念的第二本体呈现 q804\k=3 的世界知识

如果说六个世界关于“纪念第一本体呈现 q804t=a”的认识存在巨大争议，那关于“纪念第二本体呈现 q804\k=3”的认识的差异就更为巨大了。这一差异不仅存在于不同世界之间，也存在每一世界的内部，第二世界的情况尤为突出。因此，本小节仅给出下列概念关联式：

```
q804\1 = (q821;a60ae31)——(q804-03)
（神学纪念强交式关联于宗教或神学）
q804\2 = a60ae32——(q804-*-01)
（哲学纪念强交式关联于哲学）
q804\3 = a61+a62——(q804-04)
（科学纪念强交式关联于科技）
```

结束语

本节的叙说更加珍惜未来，全部概念关联式不带符号“-0”，其中之一还带了“-*”，都是这一意图的体现。

小结

本章是语言脑联想的全方位描述，考虑到语言脑与其他功能脑之间必然存在千丝万缕的联系，对这一联系不能视而不见，故提供了相应的描述空间。

在思考深层第二类精神生活共相概念林“q80 联想”联想脉络的时候，忽然想起应该将记忆从联想里分离出来，接着，将回忆从记忆里分离出来，将思念从回忆里分离出来，将纪念从思念分离出来。这么 4 步走下来，“联想 q80”的“无缝天衣”就赫然在目了。啊！原来透齐性描述也可以如此轻便，原来“咫尺天涯”的景象，不仅存在于真理与谬误之间，或伟人与暴君之间，也可以存在于“忽然”与“蓦然”之间。

“4 步走下来”的一项突出感受是，深层第二类精神生活与两类劳动的联系比较疏远，与第一类精神生活的联系则十分密切，而本编上篇提供的关于第一类精神生活的状态则恰恰相反。这个情况如此醒目，本编里已有的概念关联式已提供了足够的证据。这从一个侧面表明，第二类精神生活的浅层与深层之分确有其深刻的哲理依据。这一哲理的通俗汉语描述是：人往高处走，水向低处流。这一通俗描述可能存在下面的变换：物质生活向表层走，精神生活向深层流。存在这种可能性吗？至少不能持悲观态度，这是本章阐释的基本出发点。遗憾的是，阐释的形态以概念关联式为主，这又要麻烦读者去适应它了。

第一章

想象 q81

引 言

想象是创造性思考的奶妈，用HNC符号来表示，就是53804。用佛学的词语来说，如果把联想q80对应于深层第二精神q8的“色”，那就可以把想象q81对应于q8的“空”。

上一章，在“色”空间里走了4步，每一步越走越实。本章将在“空”空间里走3步，每一步越走越空，如下所示：

q810	想象的基本内涵
q811	理性想象
q812	幻想
q813	迷信

上述4步走和3步走分别为本篇各片概念林的概念树设计提供了两个样板。

如果考察想象的全过程，则可以说“想象的基本内涵q810”是该过程之源，“理性想象q811”是该过程之流，“幻想q812”是该过程之汇，迷信则是该过程之奇。

第 0 节
想象的基本内涵 q810 (257)

1.0 想象的基本内涵 q810 的概念延伸结构表示式

```
q810:(β;βt=a;(βt)d01,99d01,9ae2n)
  q810β                    想象的β呈现
  q8109                    1st 天意
  q810a                    2nd 天意
  q810b                    3rd 天意
    q810βt=a                 想象的完整β呈现
      pq810(βt)d01            上帝
      rwq81099d01             天
      rwq8109ae2n             天堂与地狱
```

关于β呈现和完整β呈现，前文已有透齐性说明，并多次给出了示例。想象β呈现的意义不言自明，这里就不作分别说了。

在想象的空间里，不存在β呈现是不可思议的，不存在完整β呈现也是不可思议的。下面以闲话的形式分 3 小节叙说。这闲话对想象空间来说，就是世界知识。

1.0.1 关于作用效应侧面想象 q8109 的闲话

在作用侧面 q81099，三个代表性世界[*01]存在巨大差异，两个世界分别出现了万能全知的“上帝”或“真主”概念，其映射符号是 pq810(βt)d01。第二世界没有形成这个概念，仅存在一个类似的概念，叫作“天”，其映射符号是 rwpq81099d01。

就语言概念空间来说，概念 pq810(βt)d01 的出现，是神学思考最伟大的发明。传统中华文明没有这项发明，它止步于 rwq81099d01 的思考。这项论断未必需要训诂，因为项羽的那一声著名感叹[*02]，就是一片知秋之叶。前文关于传统中华文明“神学哲学化，哲学神学化，科学边缘化”[*03]的闲话，即来于上述论断。

在效应侧面 q8109a，基督文明的思考似乎也居于领先形态，对天堂与地狱的描述比较适度，其他文明则似乎都存在过度渲染地狱恐怖性的弱点。这个课题比较庞杂，不像 q81099 那么简明，把它推给专家知识为上策。

1.0.2 关于过程转移侧面想象 q810a 的闲话

在农业时代，q810a 是神学的专利。工业时代以后，哲学首先打破了神学的垄断，对 q810a 进行了卓有成效的理论探索，马克思答案[*04]代表了这一探索的高峰。科学把 q810a 的探索从想象形态转变为实践形态，最有代表性的理论成果是进化论和宇宙学的诞生。

但进化论和宇宙学不能替代 q810a 的神学思考，深层第二类精神生活需要孙悟空和土行孙那样的神话人物，这些人物的本事，科技产品永远也赶不上。这就是说，科技归科技，想象归想象，最伟大的技术产品（pwa62t*(d01)）并不能替代想象产物（roq810a）。

以上的闲话，是对篇首语里关于三学互不介入建议的呼应。

1.0.3 关系状态侧面想象 q810b 的闲话

与前两小节相比，本小节的闲话最难，或者说，根本就不宜在 q810b 方面进行闲话。因此，本小节将采取轻飘飘的叙说方式，仅写出如下的 4 个大问句。

大问句 01：印度文明在 q810b 方面的探索是否最有特色？印度的种姓制度的变迁与印度的现代化进程如何相互影响？

大问句 02：中国传统社会结构的“士农工商”划分或描述如何与马克思答案的阶级学说进行接轨？在这个问题上，毛泽东先生与梁漱溟先生的争论是否仍有探索价值？

大问句 03：人民或大众的概念与底层及中产阶层的概念如何接轨？智者或精英的概念又如何与豪门或富豪的概念接轨呢？

大问句 04：专制与专政的概念是否存在本质区别？专制与民主是否一定不可兼容？

大问句 05：人性善恶区分的重要性是否居于伦理属性的第一位？鸽性与鹰性[**05]的区分是否同样重要甚至更为重要？

结 束 语

本株概念树为作用效应链呈现提供了最完整的样板，本节原本可以提供(GX,GY)学习的最好教材，但笔者不才，这个大好机会被浪费掉了，非常可惜，万分对不起。

不过，本节对神学的特殊地位，进行了卖力的阐释。为什么要这么做？因为人类曾经为跨出神学独尊的农业时代洞穴奋斗过几个世纪，现在人类又面临着跨出工业时代洞穴的历史时刻，此洞穴的历史性标志就是科学独尊。难道这次跨出也需要几个世纪吗？人类当然不希望这样。但是，康熙皇帝的失误[*06]鲜为人知，当代政治能人都如同康熙一样，对自己的“身首异处”状态毫无察觉，“身”在新时代里，而“首”却在旧时代里。康熙的情况是，“身”在工业时代里，“首”在农业时代里。当下的情况是，“身”在后工业时代里，而“首”在工业时代里。这类“身首异处”的政治能人，21 世纪初的占比几乎是 100%，这非常可怕。一个同样可怕的数字是，鹰性能人的占比远远大于鸽性能人。看到如此不祥的预兆，笔者不得不横下一条心，宁可闹笑话，也要卖一把力气。那么，这把力气应该从哪里卖起？HNC 的判断是，要从撼动科学独尊的态势做起，因为科学独尊者是不会认可后工业时代曙光的，正如同当年的神学独尊者不认可工业时代的曙光一样。

注释

[*01] “三个代表性世界”指第一、第二和第四世界，后文将简称“三代表世界”。

[*02] 该感叹的原文是：此天亡我，非战之罪也。这段精彩的话语多半是司马迁先生的想象，但先生想象的话语不同于通常的低级杜撰，可以与历史真相并行不悖。

[*03] 该闲话见《全书》第一册pp458-461。

[*04] 马克思答案的论述见《全书》第一册pp455-457。

[**05] 人性的善与恶对应于伦理属性的j82e7o，人性的鸽与鹰对应于伦理属性的j85e7n。

[*06] 康熙失误的论述见《全书》第一册p220。

第 1 节
理性想象 q811 (258)

1.1-0 理性想象 q811 的概念延伸结构表示式

```
q811:(α=b;(α)i;(α)io01)
  q811α=b                    理性想象的第一本体全呈现
  q8118                      经验理性想象
  q8119                      先验理性想象
  q811a                      浪漫理性想象
  q811b                      实用理性想象
    q811(α)i                  理性想象的综合效应
      q811(α)io01              理性想象综合效应的最描述
      q811(α)ic01              迷信
      q811(α)id01              信念
```

一级延伸 q811α=b 是第一本体全呈现的珍贵样板，请读者善用。下面，以两小节叙说。

1.1.1 理性想象的第一本体全呈现 q811α=b 的世界知识

先给出下列概念关联式：

```
(q811α => d2y,α=b,y=1-4)——(q81-01)
(理性想象第一本体全呈现强源式关联于深层第三类精神生活的 4 株殊相理性概念树)
q8118 <= 73229——(q811-0-01)
(经验理性想象强流式关联于经验理性行为)
q8119 <= 73228——(q811-0-02)
(先验理性想象强流式关联于先验理性行为)
q811a <= 7322a——(q81-02)
(浪漫理性想象强流式关联于浪漫理性行为)
q811b <= 7322b——(q81-03)
(实用理性想象强流式关联于实用理性行为)
```

在上列 5 个概念关联式里，有三位以“q81”牵头的高级贵宾，另有两位以“q811”牵头的异类。这很不寻常，这里不予诠释，但需要写出下面的大段闲话。

第一类精神生活形式上无表层与深层之分，但实质上是存在的。属于深层的是形而上行为 732，属于表层的是形而下行为 733。上面的两位异类，是三类深层精神生活之间相互交织的突出呈现。站在深层第二类精神生活的彼山，环顾左右，所观察的基本景象，就是上列 5 个概念关联式所描述的世界知识。

1.1.2 理性想象的综合效应 q811(α)i 的世界知识

“叩其两端”的描述方式（即彼山的最描述）特别适合于“理性想象综合效应 q811(α)i”的世界知识表示，现代汉语奉献了两个特别合适的词语，对应于低端的是迷信，对应于高端的是信念。迷信将在想象这片概念林 q81 里，占据一株概念树 q814，而信念将在深层第二类精神生活这个概念子范畴 q8 里，占据一片概念林 q82。

结束语

这里将重复一句话：q811α=b 是第一本体全呈现的珍贵样板。再加一句话：q811(α)io01 是彼山最描述的珍贵样板。

在本节的前两位异类里出现了一个符号错位现象，想象的“8”对应于行为的“9”；想象的“9”对应于行为的“8”。这一错位现象在专家（哲学）的视野里必然十分纠结，但在世界知识的视野里却十分简明。异类里的行为属于“行为形而上描述 732”里的“理性行为 7322”，形而上视野里的理性，当然把“第一个吃螃蟹的人”排在第一位，也就是把“验前”或“先验”排在第一位，于是就出现了“73228 先验理性行为”的符号表示。但是，从想象或实践的视野看，“后验”或“验后”毕竟是思维与实践的第一驱动因素，于是这里有“q8118 经验理性想象”的符号表示。最后，在“理性 d2”这一概念子范畴里，还有经验理性排在第一位 d21、先验理性屈居第二 d22 的举措。

第 2 节 幻想 q812 (259)

1.2-0 幻想 q812 的概念延伸结构表示式

```
q812:(α=b;8o01,9\k=o,)
  q812α=b            幻想第一本体全呈现
  q8128              社会幻想
  q8129              政治幻想
  q812a              经济幻想
  q812b              文化幻想
    q8128c01           大同世界
    q8128d01           共产主义
```

q8129\1 第一政治幻想
q8129\2 第二政治幻想

这里，又出现了第一本体全呈现的珍贵样板，不妨先给出下面的概念关联式：

(q812α=ay,α=b,y=0-3)——(q81-04)
（幻想第一本体全呈现强交式关联于社会的主体呈现）

下面，以 3 小节叙说。

1.2.1 社会幻想 q8128 的世界知识

社会幻想具有 q8128o01 的再延伸，分别表示社会幻想的低端和高端形态。在地球村的六个世界，也许都存在社会幻想两端形态的对应词语。如果要推举两者的代表，汉语里的“大同世界”和“共产主义”应该当之无愧。

前者是中华文明的土产，后者是舶来品。所有的古老文明都具有拒绝舶来品的顽强特质，唯独历史悠久的中华文明例外，此其一。所有最描述的两端都具有相互吸引而不是相互排斥的特质，因此，“共产主义”在中华大地传播时所遇到的阻力必然最小，此其二。中华文明原本是汉家天下，在工业时代的曙光降临时，那个持续 3000 年以上的汉家天下恰好第二次遭遇到异族统治。异族统治者忙于与传统中华文明接轨，以利于巩固自己的异族政权，从而一再延误了迎接工业时代曙光的大好时机，此其三。当时机一再延误的严重后果猛然降临时，工业时代的阳光已十分强烈，产生该阳光的本体——“资本+技术”——躲在后台，并隐藏于深处，让浮在表面的“德赛”两先生在前台尽情表演，从而误导了近代中国的诸多革命前驱，此其四。

前文曾系列论述过“20 世纪中华文明断裂”的话题，这是中华文明在 20 世纪遭遇的独特经历。上述四点，是对该话题的素描式概括，没有新意，只是重复。其目的在于再次提醒一声，第一世界的高人依然在施展误导的故伎，所以，第二世界一定要静下心来，思考一下近一个世纪以来屡被误导的历史教训。

最后就便说一声，q8128o01 拥有一个全球通行的非分别说词语，叫乌托邦。

1.2.2 政治幻想 q8129 的世界知识

政治幻想的再延伸使用了第二本体变量描述 q8129\k=o，两示例给出了正式汉语命名。其基本世界知识以下列概念关联式表示：

q8129\1 = a10b3——(q81-0-01)
（第一政治幻想强交式关联于社会主义）
q8129\2 = a10e25*(d01)——(q81-0-02)
（第二政治幻想强交式关联于民主制度的高端最描述）
a10e25*(d01) =: 普世政治制度——[q81-0-01]
（民主制度高端最描述等同于普世政治制度）
pq8129\1 =: 老国际者——[q81-0-02]
（第一政治幻想者即老国际者）
pq8129\2 =: 新国际者——[q81-0-03]
（第二政治幻想者即新国际者）

这里需要说明两个细节：①符号“a10e25*(d01)”未在“a10e2n 政治制度”小节（《全书》第二册 pp39-42）里引入，那不是疏忽，而是有意为之。因为在当时的“a1 政治”理论阐释里，重点放在政治制度与政治体制的差异方面，一切有争议的话题尽可能暂时搁置。②第二世界的未来根本上取决于古老中华文明的全面复兴，但两股西流[*01]的信奉者都不明白这一要点，故前文曾引入术语——新、老国际者——加以描述，其正式映射符号如上。

1.2.3 经济幻想 q812a 与文化幻想 q812b 的世界知识

这两项一级延伸的再延伸都暂付阙如，下面只来一段闲话。

经济幻想和文化幻想来于同一样东西，前文名之科技迷信，映射符号是 7102ad01。科技迷信具有第一本体延伸 7102ad01t=b 和第二本体延伸 7102ad01\k=2。本闲话的核心内容不过是下面的两位异类：

(q812a <= 7102ad01t,t=b)——(q81-0-03)
（经济幻想强流式关联于科技迷信的第一本体呈现——三迷信）
(q812b <= 7102ad01\k,k=2)——(q81-0-04)
（文化幻想强流式关联于科技迷信的第二本体呈现——两无视）

结束语

本节除了一个“(q81-04)”之外，其他概念关联式全是异类。这表明，本节内容不宜在此山作深入讨论。因此，本节采取两种特殊的叙说方式：一是闲话方式；二是彻底回避方式。前者用于前两个小节，后者用于后面的一个小节。

注释

[*01] 两股西流指：以“德赛”两先生为代表的第一股西流和以马克思答案为代表的第二股西流。

第 3 节
迷信 q813 (260)

1.3-0 迷信 q813 的概念延伸结构表示式

```
q813:(o01;o01t\k,t=b,k=6)
  q813o01                    迷信最描述
    q813o01t=b                 迷信最描述的第一本体呈现
      q813o01t\k=6               迷信最描述的第二本体呈现
```

下面，让两个概念关联式首先登场，以免除自然语言描述的累赘。

(q813o01t := pj1*t,t=b)——(q81-0-05)
（迷信最描述第一本体呈现对应于三个历史时代）
(q813o01t\k := pj01*\k,k=6)——(q81-0-06)
（迷信最描述第二本体呈现对应于六个世界）

这两位异类把HNC该说的话都包[*01]了，下面直接跳到结束语。

结束语

迷信是想象的归宿之一，这一归宿是精神生活的一种依托。

人作为个人，都习惯于闲话别人有迷信，似乎自己没有。

但中国人作为一个整体，却十分特别。在20世纪，习惯于指责自己封建迷信几千年，似乎别的民族和国家就没有这个经历。这个表现堪称全球冠军。

现在是21世纪初，中国人的重大迷信表现可能再次赢得全球冠军，其具体表现前文已有所论述，这里就不重复了。

注释

[*01] 这个“包”字显得很野蛮，其实无非就是两句话：三个历史时代各有自己的迷信，六个世界也各有自己的迷信。例如农业时代的第二世界，迷信“不孝有三，无后为大”，现在这个迷信已基本消失了。同样在第二世界，农业时代并不存在“发财是硬道理”的迷信，可是在20世纪与21世纪之交，这个迷信却猛然盛行起来，给第二世界的发展造成了巨大拖累。当然，每个时代还有不同阶段，每个世界还有不同种群，其迷信内容各有特色。例如“发财是硬道理”这个迷信，有一个民族就一直奉为圭臬。这些关于时代和种群细化的迷信知识，就属于专家的管辖范围，HNC给自己定下了不介入的规矩。

小结

本章引言中说过，想象q81对应于深层第二类精神生活q8的“空”。上面，我们在这个语言概念空间的“空”里走了3步，确实是越走越“空”，最后走到了“q813迷信”的尽头。但是，迷信只是想象的归宿之一，不是全部。想象还有另外两个归宿或彼岸：一个叫信念，另一个叫理念。全球的各种古老文明，绝大多数都走上了信念的彼岸，唯独中华文明独树一帜，走向了理念的彼岸。这个彼岸就是罪恶之渊吗？有一位不学无术的先生，曾经在20世纪初对这个重大课题，给出过Yes的轻率答案。十分诡异的是，这个Yes答案的空前轻率性却获得了空前的响应，这在世界文化史上，绝无仅有。然而，轻率性的东西终究经不起时间的考验，理念的彼岸不是罪恶之渊的反思已在进行中，虽然阻力依然很大，但是，历史终究是在正确或错误反思的交替中迂回前进的，错误的东西不可能“千秋万代”。只有符合历史动向的正确反思才是推动社会前进的伟大动力，后工业时代也不会例外。

第二章

信念 q82

引　言

上一章的小结中说，想象的归宿之一是信念，而且这一归宿得到绝大多数古老文明的认可，从而造成农业时代神学独尊的历史态势。因此，把信念列为深层第二类精神生活 q8 的第二株殊相概念林 q82，乃是 HNC 的必然选择。

信念的终极形态是宗教，把宗教排在q82殊相概念树的首位 q821，也是 HNC 的必然选择。于是，信念 q82 的各株概念树的席次如下：

q820	信念基本内涵
q821	宗教
q822	灵魂
q823	戒律
q824	轮回

后面的 3 株概念树是宗教构成 3 要素，三者缺一不可，否则就不是宗教。这就是说，不承认灵魂和轮回的信念理论体系，就不是宗教。儒家既不讲灵魂，更回避轮回，因此可以说，把儒学叫作儒教，不是别有用心，就是无知。

第 0 节 信念基本内涵 q820 (261)

2.0-0 信念基本内涵 q820 的概念延伸结构表示式

```
q820:(d01,β,\k=0-6;d01-0)
  q820d01                     信念最高主宰
     q820d01-0                  最高特使
  q820β                       信念β呈现
  q8209                       灵魂
  q820a                       轮回
  q820b                       戒律
  q820\k=0-6                  信念第二本体根呈现（信念伦理呈现）
  q820\0                      根信念
  q820\1                      第一信念
  q820\2                      第二信念
  q820\3                      第三信念
  q820\4                      第四信念
  q820\5                      第五信念
  q820\6                      第六信念
```

下面，以 3 小节叙说。

2.0.1 上帝 q820d01 的世界知识

符号“q820d01”是信念基本内涵的第一项延伸，它表示信念的最高形态或境界，对应于现代汉语的词语——上帝。概念空间的“q820d01 信念最高主宰”携带下面的两位最高级贵宾：

```
pq820d01 =: pq810(βt)d01——(q8-01)
（信念最高主宰者等同于想象空间的上帝）
(q820d01-0,jl111,(p24a\21,101*2,q820d01;102*2,p-))——(q8-02)
（最高特使是信念最高主宰者派往人间的代表）
```

信念最高主宰者和最高特使在第一世界和第四世界分别有神圣的名字：前者是上帝和真主；后者是耶稣和先知穆罕默德。第五、第六和北片第三世界都使用第一世界的名字。

2.0.2 信念 β 呈现的世界知识

信念β呈现的三侧面就是本章引言中所说的宗教 3 要素，不过排序有所不同。在这里，轮回 q820a 属于过程转移侧面，却排在第三位；戒律属于 q820a 关系状态侧面，排在第二位。相应的概念关联式如下：

```
q8209 := q822——(q82-01)
（信念作用效应呈现对应于概念树灵魂）
q820a := q824——(q82-02)
（信念过程转移呈现对应于概念树轮回）
q820b := q823——(q82-03)
（信念关系状态呈现对应于概念树戒律）
```

2.0.3 信念第二本体根呈现 q820\k=0-6 的世界知识

本项延伸的世界知识充分展现于下面的概念关联式：

```
(q820\k := j8y, (k;y)=0-6)——(q82-04)
（信念第二本体根呈现对应于伦理属性）
```

结束语

在 HNC 概念体系的整体框架里，信念基本内涵 q820 及其延伸概念的定位非常简明，用 HNC 语言来叙说最为方便。本节文字充分体现了这一便利性。

第 1 节 宗教 q821 (262)

2.1-0 宗教 q821 的概念延伸结构表示式

```
q821:(t=b,\k=o;a\k=o,(t)c2m,\k1k=o)
  q821t=b              宗教第一本体呈现
  q8219                宗教政治
  q821a                宗教文化
    q821a\k=o            宗教文化第二本体呈现
    q821a\1              祷告
    q821a\2              做礼拜
    q821a\3              朝拜
  q821b                宗教教育
    q821(t)c2m           宗教第一本体呈现综合效应的对比二分
  q821\k=o             宗教第二本体呈现
  q821\1               佛教
  q821\2               基督教
  q821\3               伊斯兰教
  q821\4               印度教
```

先给出下面的基本概念关联式：

(q821,jl111,(a01,100*01m3,q820β+q820d01))——(q82-00)[*01]
（宗教是服务于信念β呈现与信念最高主宰的组织机构）

下面，以两小节叙说。

2.1.1 宗教第一本体呈现 q821t=b 的世界知识

先给出下列概念关联式：

q8219 = a1——(q821-01)
（宗教政治强交式关联于政治）
q821a = a3——(q821-02)
（宗教文化强交式关联于文化）
q8219 = a7——(q821-03)
（宗教教育强交式关联于教育）

在这组关联式里，文明主体 3 要素之一的“a2 经济”竟然没有出现，而另一要素“a3 文化”却出现了两次（a3 和 a7，a7 属于 a3）。宗教第一本体呈现的这一特性，代表了文明主体性的一种“缺陷”，该“缺陷”类似于传统中华文明的“士农工商”排序缺陷[*a]。该“缺陷”的实质，代表着宗教第一本体呈现的一种综合效应，故用符号 q821(t)c2m 予以表示，其中的“c2m”反映该“缺陷”的强弱。该符号具有下面的概念关联式：

q821(t)c2m := q821(t)*(53d2n)[*02]

由此可以推知，凡q821(t)c22的国度，其现代经济表现一定比较差；反之，凡 q821(t)c21 的国度，其现代经济表现一定比较好。六个世界在后工业时代的经济表现充分印证了上述论断，具体事例俯拾即是。但这毕竟属于专家知识，这里就不来具体叙说了。

上列概念关联式组的逻辑连接符号“=”可用“=%”替换。

2.1.2 宗教第二本体呈现 q821\k=o 的世界知识

宗教第二本体呈现 q821\k 拥有第二本体再延伸 q821\k$_1$k=o，这也是众所周知的世界知识。这一世界知识得到如此简明的表达，请好奇一把吧！

这里需要介绍的是下列众所周知的事实：q821\1k=2；q821\2k=3；q821\3k=2。

将印度教列为 q821\4，应该不至于引起太大异议。这里有三个要点需要叙说：①印度即将成为世界第一人口大国；②印度教信徒的虔诚度当下仅次于伊斯兰教信徒，这一重要世界知识似乎被忽视了；③印度教 q821\4 的再延伸不能单纯采取 q821\4k 的形态。

结 束 语

本节文字十分简略，但要点突出，值得细读。

任何文明都有神的概念，其映射符号为gwq821(\k)，请记住吧。

注释

[*a] 对此，前文曾有多次论述。

[*01] 概念关联式（q82-00）就是宗教的定义式。前文曾严厉批评过把儒学叫作儒教的语言“游戏”或语言“霸权”，其基本依据就是这位高级贵宾。

[*02] 符号“*(53d2n)”是第一次使用。这里隐含着下面的概念关联式：

```
q821(t)*(53d2n) =: q821(t)+53d2n
```

此等式可用于任何概念。考虑到使用机会不多，以往隐而未说。

第2节 灵魂q822 (263)

2.2-0 灵魂q822的概念延伸结构表示式

```
q822:(o01;c01c2m,d01t=a,d01(t))
  q822o01               灵魂的“叩其两端”描述
  q822c01               灵魂低说
  q822d01               灵魂高说
    q822c01c2m            灵魂低说的两分对比描述
    q822c01c21            第一类精神生活的灵魂（心灵）
    q822c01c22            深层第三类精神生活的灵魂（节操）
    q822d01t=a            灵魂高说的第一本体欠描述
    q822d019              神学灵魂
    q822d01a              哲学灵魂
    q822d01(t)            玄论灵魂
```

考虑到“q822灵魂”这一概念的极端特殊性，对其延伸概念的汉语说明，采取了“前所未有”的表述方式，诸如“叩其两端”描述、灵魂低说、灵魂高说、神学灵魂、哲学灵魂、玄论灵魂等。

在实际生活中，可使用下面的概念关联式：

```
q822c01c2m =: q822c2m
(q822d01t =: q822t,t=a)
```

这就是说，实际生活中使用的灵魂，是灵魂的简化描述。前文如此，本节也将如此。下面，以两小节叙说。

2.2.1 灵魂低说q822c2m的世界知识

本小节仅给出下面的概念关联式：

q822c21 := (r7(y),y=1-3)——(q82-05)
（心灵对应于心理效应）
q822c22 := rd10d01——(q82-0-01)
（节操对应于仁之效应）

2.2.2 灵魂高说 q822t=a 的世界知识

本小节也仅给出下面的概念关联式：

q8229 := a60ae31——(q822-01)
（神学灵魂对应于神学）
q822a := a60ae32——(q822-02)
（哲学灵魂对应于哲学）
(q822t,jlv00e22,a60ae33)——(q822-03)
（神学与哲学灵魂无关于科学）
q8229 <= q822c21——(q822-04)
（神学灵魂强流式关联于心灵）
q822a <= q822c22——(q822-0-01)
（哲学灵魂强流式关联于节操）
(q8229,jlvr00e22,jw01)——(q822-05)
（神学灵魂独立于物质）
(q822d01(t),jlv00e21,jw0y,y=1-3)——(q822-06)
（玄论灵魂相关于宇宙基本要素）

结束语

上面的两小节全用 HNC 语言叙说，这并非不得已而为之，恰恰相反，是得心应手之举，是先进工具最佳运用的成效。这个情况，类似于第二次世界大战中的“一体战”[*a]。那些对此没有准备的国家，莫不在大战初期一败涂地；而有所准备的国家，都曾取得了巨大成功。

上列贵宾里出现一位异类，它缘起于概念“d10d01 仁”。从符号意义来说，它代表理念的最高境界。对“仁”的正式阐释，虽然安排在下文（本卷第六编下篇），但前文已有充分预说，可以看作是“熟人”了。

最后一位贵宾，多数读者可能很不熟悉，建议用“量子纠缠与灵魂”和“微管量子引力效应”上网查询一下，就可以略知一二。该贵宾表明，HNC 关于科学不宜介入神学的建议不是不可以考虑的。

注释

[*a] 当时的“一体战”分“陆空”、“海空”和“海陆空”三类，前者的通俗叫法是著名的闪电战，后者的著名战例是诺曼底战役。中国军队有一个军参加了该战役，表现优异。在那个年代，中国赢得联合国五大常委之一的殊荣，这是20世纪的奇观之一，该军的贡献不可忘怀。

第 3 节
戒律 q823 (264)

2.3-0 戒律 q823 的概念延伸结构表示式

```
q823:(t=a;9\k=6,a:(d01,\k=3),(t)c01)
  q823t=a                  戒律第一本体呈现
  q8239                    物质生活戒律
    q8239\k=6                物质生活戒律的第二本体呈现
    q8239\1                  衣食戒律
    ……
  q823a                    精神生活戒律
    q823ad01                 精神生活第一戒律
    q823a\k=3                精神生活戒律的第二本体呈现
    q823a\1                  享受戒律
    ……
    q823(t)c01               戒律非分别说的集中呈现
                             （神学生活方式）
```

下面，以 3 小节叙说。这些叙述，实质上只有闲话资格，故小节皆以闲话名之。在闲话之前，应给出下面的概念关联式：

```
q823 := (a5,l14,pj01*uq821)——(q82-06)
（戒律就是宗教世界的法律）
q823 = (c04α，α=b)——(q823-01)
（戒律强交式关联于社会性制约）
```

2.3.1 物质生活戒律 q8239 闲话

“舌尖上的中国”曾是一段时间的媒体热门话题，此话题里隐含着两个有趣的命题：一是“美食在中国”，二是“汉人无食忌”。曹雪芹先生如果看到那段时间的媒体文字，一定会发出九斤老太的感叹。

物质生活戒律大体[*01]对应于“生存 7121c01”。对生存竟然搞出戒律来，应该说这不仅是宗教的伟大创造，甚至是伟大的先见之明。第一个伟大是由于它开启了珍视生命的先河，第二个伟大是由于它早已深刻认识到，人类的一切罪恶（包括腐败）皆起于生存，终于幸福。在 HNC 符号体系里，生存的映射符号是 7121c01，名之最低期望；幸福的映射符号是 7121d01，名之最高期望。

这就是说，物质生活戒律 q8239 是对最低期望的制约。其世界知识以下面的概念关联式表示：

```
(q8239\k := 7121c01\k,k=6)——(q82-07)
(物质生活戒律第二本体呈现对应于生存基本需求)
```

2.3.2 精神生活戒律 q823a 闲话

接着上一小节的闲话，精神生活戒律 q823a 主要是对最高期望的制约。其基本概念关联式如下：

```
(q823a\k := 7121d01(~\2)e46,k=3)——(q82-01-0)[*02]
(精神生活戒律第二本体呈现对应于第一与第三幸福的低度追求)
q823ad01 := 绝对信仰最高主宰的全知与全能——[q823-0-01][*03]
(精神生活第一戒律与关于最高主宰的绝对信仰相对应)
```

这两位异类贵宾非同寻常，将分别放在两个注释里进行说明。

2.3.3 神学生活方式 q823(t)c01 闲话

伊斯兰教的麦加朝圣活动，印度教的恒河沐浴，基督教的圣诞节和复活节，所有宗教的祈祷和忏悔活动，都是一种生活方式。其映射符号为q823(t)c01，汉语命名是神学生活方式，以区别于世俗生活方式 7102(t)i。这里，需要给出第二位特级贵宾：

```
r50a(c2n) =: 7102(t)i+q823(t)c01——(q82-02-0)
(生活方式包括世俗和神学两个侧面)
q823(t)c01 <= q823ad01——(q82-03-0)
(神学生活方式强流式关联于对最高主宰的绝对信仰)
```

结 束 语

本节出现了 3 位特级贵宾，但他们竟然不是异类，汉语读者一定会感到奇怪，因为汉族自古以来就没有真正神学生活方式的经历。从孔夫子到秦始皇，都是神学生活方式的坚决拒绝者。后来某些王朝的个别皇帝曾提倡过神学生活方式，但从来没有形成气候。

中华传统文明的这一特色是“哲学神学化，神学哲学化，科学边缘化”的必然结果，有人隐约感觉到了这一点，但不明究竟，因而依据中国社会近年发展中的消极现象，提出了“中国文化巫术化”的论断，并试图给出治疗该病症的药方。该人具有“话语仅明说一半”的特点，但该论断和药方并不寻常，将在后文陆续评说。这里只指出一点，特级贵宾（q82-01-0）对第二幸福采取放任不管的态度，这显然是一项严重缺陷。因为在 3 项过度幸福里，过度第二幸福（过度投资）的危害最大。

注释

[*01] 这“大体”二字十分重要，因为关于生存的汉语7字描述（衣、食、住、行、知、玩、医）里，“知”与精神生活的联系更为密切。

[*02] 在现代汉语里，幸福是一个美好的词语。但HNC赋予幸福下面的映射符号（见《全书》第一册pp217-219——最高期望7121d01综述）：

```
(7121d01\ke4n,k=3) := 幸福
7121d01\1 := 第一幸福（享受）
7121d01\2 := 第二幸福（投资）
7121d01\3 := 第三幸福（自由）
```

在神学独尊的农业时代，第二幸福（投资）的概念还处于萌芽状态，故精神生活戒律只涉及第一和第三幸福，如（q82-0-02）所示，但这丝毫不影响精神生活戒律所展现的思想光芒——追求低度幸福。面对着（q82-0-02），你丝毫没有神学先知伟大的感触吗？反正笔者的这种感触非常强烈。所以，在“最高期望7121d01综述”小节里，写下了如下话语：最高期望7121d01的下列延伸概念主要是为未来准备的。在精神生活戒律方面，佛教的思考最为深邃。但这些思考遭到的破坏也最为严重，近年更是愈演愈烈。

[*03] 宗教的基本特征就是：坚信最高主宰的存在，坚信最高主宰必然是全知的和全能的，并把这坚信变成绝对信仰。在科学视野里，这一基本特征非常荒唐。但精明的政治家从来不这么看，在这科学独尊时代依然如此，所以，那些迷信德先生和赛先生的人们，确实需要从[q823-0-01]学习一点世界知识。

第 4 节 轮回 q824 (265)

2.4-0 轮回的概念延伸结构表示式

```
q824:(α=b;9m)
   q824α=b          轮回的第一本体根呈现
   q8248            灵魂不灭
   q8249            转世
      q8249m           转世的黑氏对偶描述
      q82490           今生
      q82491           前世
      q82492           来世
   q824a            天堂
   q824b            地狱
```

下面以 3 小节闲话，将天堂与地狱合并为 1 小节。本节闲话将是纯粹的闲话，连概念关联式都不使用。

2.4.1 灵魂不灭 q8248 闲话

这里的灵魂是神学灵魂 q8229，而不是哲学灵魂 q822a。灵魂不灭是神学的基本前提，是轮回的根概念 q8248，转世 q8249、天堂 q824a 和地狱 q824b 都是它的衍生品。轮回第一本体根呈现 q824α=b 是一个关于现实世界和想象世界的完整描述，符合透齐性标准。

现实世界和想象世界的映射符号分别是：

现实世界	pj01*uq80
想象世界	pj01*uq81

在深层第二类精神生活的视野里，或者说在神学的视野里，想象世界比现实世界更重要。转世只是灵魂的一种选择，现实世界只是灵魂的暂时驿站。这是一种精神境界，一种视死如归的精神境界，它可以通向至善，也可以通向大恶，关键在于宗教领袖的引导。汉语有句俗话说：隔行如隔山，这是非常重要的世界知识。政治和媒体界不宜冒充内行，上策是：少干外行的事，少说外行的话。

2.4.2 转世 q8249 闲话

转世就意味着有前世和来世，因此，上面仅对 q8249 给出了二级延伸 q8249m。

关于 q8249m 的话题，是情感脑的重大需要，是艺术脑和语言脑的重要“客人”，但与科技脑无关。

以往，个别宗教曾出现过转世奇迹。现在，个别热衷的企业家，试图借助科技的力量，创造又一种转世奇迹。转世奇迹都属于神话，神话的映射符号是 gwq812。

2.4.3 天堂 q824a 与地狱 q824b 闲话

天堂和地狱都是神话，但两神话体现了德治与法治的高度综合，因而是最有价值的神话，相信两神话的存在，属于绝对的好事。这个大句的第一小句不能取消，从而未能免除整个大句所蕴含的冒犯性，很对不起。

传统中华文明对这个最有价值的神话却采取了很不郑重的态度，这个态度的带头人就是孔圣人，从这个意义上说，他确实是一位不够明智的圣人。仁义的提倡不能替代该神话的积极效应。因为前者只适用于占比甚少的君子，而后者则同时适用于君子、小人和俗人。

结 束 语

本节的撰写方式，在《全书》里独一无二。把相应的叙说或论述文字变成 HNC 语言，非常容易。但对于微超或语超来说，这不是当务之急，所以，笔者就偷懒了。

第三章

红喜事 q83

引　言

本篇的前三章，可以说是深层第二类精神生活 q8 的形而上描述，从本章开始的后三章则是深层第二类精神生活 q8 的形而下描述。神学通过这三片概念林，从想象世界跨入现实世界，从而为现实世界带来了许多想象的色彩。HNC 把神学跨入的印记符号化为 q83、q84 和 q85，相应的汉语命名分别是红喜事、白喜事和法术。

从汉语命名可知，q83 和 q84 共用了一个词语——喜事，这意味着“喜事”是两者的共相，下面将在 q830 里表达这一共相信息，而在 q840 表达另一共相信息。这是在两概念林之间，对其共相概念树符号设计的一项特殊安排，在全部 456 株概念树中独一无二，特此预先说明。

红喜事 q83 辖属 4 株概念树，1“共”3“殊”，后续两片概念林类此。

红喜事 4 株概念树的汉语命名如下：

q830	红喜事基本内涵
q831	生庆
q832	婚庆
q833	事业庆

前文曾多次提到过人生园田的六字概述——事业、亲情、友谊，那么，这 3 株殊相概念树的排序为什么有别于六字概述呢？这里并不作解释，只建议读者想一想。

第 0 节
红喜事基本内涵 q830 (266)

3.0-0 红喜事基本内涵的概念延伸结构表示式

```
q830:(e2m,;e22^ebn)
  q830e2m                    庆贺的对偶双方表示（主与客）
  q830e21                    主方
  q830e22                    客方
    q830e22^ebn                客方的金字塔表示
```

本延伸结构表示式里的符号“,;”虽然不是第一次采用，然而却是第一次具有确定的含义。该含义的表达式如下：

```
((e2m,;),f14,q830) =: ((,\k=3),f14,q840)——(q83+q84-01)
（红白喜事基本内涵的一级延伸是同类型的两项）[*01]
```

本节不分小节，仅叙说主与客 q830e2m 的世界知识。本节也不写结束语，下一章的对应节亦然。

3.0 主与客 q830e2m 的世界知识

本节应首先给出下列两位贵宾：

```
q83 => q710\41——(q83-01)
（红喜事强源式关联于第一类社交型交往）
q830e2m := q710e2m——(q83-02)
（主与客对应于交往基本关系）
```

这两位贵宾，加上下一章的（q84-01），一同勾勒了第二类精神生活表层与深层之间最重要的联系。“最重要”之说何所据？就在于“q710”的出现。汉语里不是有“点到为止”的成语吗？这里可以用上了[*02]。

注释

[*01] 前文曾多次提及笔者对“卖破绽”的特殊爱好。有些“破绽”自己后来都忘记了，但这个“破绽”，即（q83+q84-01），却一直记忆犹新，因为它在《全书》残缺版里是一个明摆着的隐含。

[*02] 在[151-1014]子节里，给出过“q710\41 <= q83”的概念关联式，未予编号。但请注意，（q83-01）并不是它的替代品。如何处理两者之间的关系，留给后来者思考。

第 1 节
生庆 q831 (267)

3.1-0 生庆 q831 的概念延伸结构表示式

```
q831:(o01;c01:([0],[k]-0[k]),d01\k;d01~\3[k])
  q831c01                   生庆低端描述（低端生庆）
    q831c01[0]                婴庆
    q831c01[k]                生日庆
      q831c01[0]-0[k]           婴庆延伸
  q831d01                   生庆高端描述（高端生庆）
    q831d01\k                 生庆高端描述第二本体呈现
    q831d01\1                 诞庆
    q831d01\2                 国庆
    q831d01\3                 节庆
      q831d01~\3[k]             周年庆
```

在上面的汉语说明里，“庆”字显然处于核心地位，下面两节亦然。这里，有必要给出“庆”的映射符号和红喜事的概念关联式：

庆 =: (q83,l10,(537301\21)e25)——[q83-01][**01]
（庆是 q83 的直系捆绑汉字）
q83 ≡ (537301\21)e25——(q83-03)
（红喜事强关联于祈福活动）
q831 := ((537301\21)e25,l03,311)——(q831-01)
（生庆对应于对诞生的祈福）

下面，以两小节叙说。[k]是正整数的约定符号，前文已有说明。

3.1.1 低端生庆 q831c01 的世界知识

先给出下面的概念关联式：

q831c01 := ((537301\21)e25,l03,65~eb6)——(q831-02)
（生庆低端描述对应于对生命的祈福）
q831c01[0] := ((537301\21)e25,l03,65eb5)——(q831-03)
（婴庆对应于对婴儿诞生的祈福）
q831c01[k] := ((537301\21)e25,l03,r65eb7)——(q831-04)
（生日庆对应于对生活的祈福）

对低端生庆 q831c01，HNC 引入 3 项延伸概念，还生造了一个词语——婴庆。对第 3 项——婴庆延伸 q831c01[0]-0[k]——将免去相应的概念关联式，因为符号“-0[k]”已足以传递相关的世界知识。具体说就是，q831c01[k]里的[k]以年计，q831c01[0]-0[k]里的[k]以日或月计。

3.1.2 高端生庆q831d01的世界知识

先给出下面的概念关联式：

```
q831d01 := ((537301\21)e25,103,311)——(q831-05)
（高端生庆对应于对诞生的祈福）
(q831d01\1,102,(q820d01-0;a00α=a;pe))——(q831-06)
（诞庆的对象是最高特使、名人或组织）
(q831d01\2,102,pj2*)——(q831-07)
（国庆的对象是国家）
(q831d01\3,102,j1099)——(q831-08)
（节庆的对象是节日）
```

我们看到，诞庆和国庆的对象是具体概念，节庆的对象是抽象概念，故前者存在周年庆，而后者不存在。延伸概念q831d01~\3[k]清晰地表达了这一世界知识。

结 束 语

也许可以说，不同文明低端生庆的形态大同小异，但高端生庆的形态则不能这么说。节庆的差异尤为巨大。HNC应该给出下面概念关联式：

```
((51,q831d01\3//q831d01) = pj01*\k,k=6)——(q831-09)
（高端生庆的形态强交式关联于六个世界，特别是在节庆方面）
```

生庆的世界知识无比丰富多彩，HNC仅尽力如上，其他都属于专家的事。

注释

[**01] 这可能是本《全书》第一次以异类贵宾的形式给出的直系捆绑汉字，这不仅是由于“庆”字表现了汉字共相表达的高超技巧，还由于它是复合概念“(q83,110,(537301\21)e25)”的直系捆绑。关于前者，对比一下英语的“Happy birthday”和“celebrate National Day”，就不难获得“一叶知秋”的感受。关于后者，那应该说，异类贵宾的动用似乎势在必行。遗憾的是，笔者此刻不能给出汉字异类贵宾在1200个汉字精粹里的占比估计值，虽然我很早就想做这件事。

这里，还要说一段闲话，一段关于数据基本特征的闲话。这段闲话本来打算放在《全书》第六册叙说，但撰写过程中忘了，这里补说一下。没有这项补说，本注释是不够资格带“**”的。

数据所对应的信息有显隐之分，图像数据是“显”信息的代表，语言数据则是“隐”信息的代表。这就是说，数据具有33m的特征，这是数据的基本特征。大数据处理的鼓吹者对这一基本特征是视而不见？还是视而不知？他们自己从未交代过，笔者不免怀疑，他们未曾深入思考过这个重大问题。HNC为什么强调大脑之谜的探索，要以语言脑的探索为突破口？强调新一代智能产业的支柱要以语超或微超为依托？其实不过就是基于对数据基本特征的思考。

第 2 节
婚庆 q832 (268)

3.2-0 婚庆 q832 的概念延伸结构表示式

```
q832:(\k=0-o,[k];\0[k],~\0e21[k],[k]d01,[kmax]e2n)
  q832\k=0-o            婚庆第二本体根呈现
  q832[k]               周期婚庆
    q832\0[k]             一夫一妻婚庆
      q832~\0e21[k]         一夫多妻婚庆
    q832[k]d01            白头偕老（终身婚姻）
    c832[km]|             婚姻“建议”形态（契约婚姻）
```

这里，应给出下面的两个概念关联式：

```
q832 := ((537301\21)e25,l03,9411i)——(q832-01)
(婚庆对应于对结婚的祈福)
c832[km]| := 9412iua009aa——(q832-0-01)
(婚姻“建议”形态对应于契约性离婚)
```

汉语说明里出现了关于婚姻“建议”形态的文字，下面交代。

下面以两小节叙说。

3.2.1 婚庆第二本体根呈现 q832\k=0-o 的世界知识

在《全书》第一册 p108 里有言：在文明社会出现之前，人类存在 65411i，但不存在 9411i。9411i 和 r9411i 的汉语直系捆绑词语是结婚和婚姻。那里并没有讨论婚姻的各种形态，因为婚姻的形态强交式关联于三个历史时代，也强交式关联于当下的六个世界。对于 HNC 来说，把婚姻形态问题放在本节来讨论，几乎是不二的选择。

HNC 选用符号“\k=0-o”来表达婚姻形态，以“q832\0”表示一夫一妻制，以“q832~\0e21”表示一夫多妻制。后者意味着“一妻多夫”现象的存在，其映射符号是“q832~\0e22”，但该现象不属于本《全书》的讨论范围，那是专家知识的事。

3.2.2 周期婚庆 q832[k]的世界知识

周期婚庆的映射符号 q832[k]是 HNC 符号体系灵巧表示的范例之一，q832[50]的汉语名称叫金婚，词典赋予“西方习俗”的解释，似乎不妥。

在周期婚庆的名义下，定义了 4 项延伸，它们是对婚姻形态的两种基本描述。第一种基本描述关系到婚姻的“一夫一妻”与“一夫多妻”制；第二种基本描述关系到“婚姻终身”与“婚姻契约”制。

在当下地球村的六个世界里，“一夫多妻”制依然在两个世界赫然存在，因此，HNC不能写出下面的概念关联式：

```
一夫一妻 ≡ 社会现代化——[社会-01]
```

终身婚姻 q832[k]d01 符号里的“d01”包含褒义。当然，包办婚姻 6832[k]d01 应该批判，自由恋爱婚姻 9832[k]d01 应该歌颂。但 20 世纪的中国文学，是否为此耗费了太多精力？

本小节需要重点介绍的是契约婚姻 c832[k_{max}]|，其特定意义已显藏（非隐藏）于映射符号里的 3 个基因符号：“c”、“[k_m]”和“|”。“c”表示契约婚姻只适用于后工业时代，目前尚未出现；“[k_m]”表示以它所标记的约定年限替代历来的终身默认，期满婚姻自动结束；“|”表示在双方同意下，可继续婚约，但[k_m]数值可以变动。

契约婚姻的核心思考是：在契约年限内不许离婚，外遇有罪。这样做，就可以为年幼的子女提供父母双全的保障，最大限度地减少单亲家庭或被插足家庭的悲剧。

契约婚姻意味着离婚概念的根本变革，也是人类婚姻观念的根本变革，同时意味着离婚诉讼不复存在。这时，婚姻法的主要课题是两个：① [k_m]的选定；②在[k_m]期间内，一方发生重大变故（包括死亡）的后效处理。

结 束 语

本节依托“周期婚庆 q832[k]”这个概念，提出了“契约婚姻 c832[k_{max}]|”的设想，这只是一个建议。笔者父母辈那一代人，感人的终身婚姻 q832[k]d01 实在太多了，占比约在80%。笔者这一代人也差强人意，虽然占比下降了不少。当前第二世界的婚姻势态实在不敢恭维，但传统中华文明似乎最具有婚姻创新的潜力，故不揣冒昧，提出上述建议。

第 3 节 事业庆 q833 (269)

3.3-0 事业庆 q833 的概念延伸结构表示式

```
q833(t=b;9t=b,ao01,bt=b)
  q833t=b          事业庆的第一本体呈现
  q8339            政治事业庆
  q833a            经济事业庆
  q833b            文化事业庆
```

一级延伸的汉语说明，充分表达了本株概念树的基本特色：与文明主体 3 要素相联系。

下面，以 3 小节叙说，二级延伸都放在小节里说明。

3.3.1 政治事业庆 q8339 的世界知识

先给出二级延伸的汉语说明：

q8339t=b	政治事业庆的第一本体呈现
q83399	外交庆
q8339a	军事庆
q8339b	法律庆

接着，给出下面 4 位贵宾：

q83399 (=,<=) a14——(q833-01)
（外交庆强交并流式关联于外交活动）
q8339a (=,<=) a43——(q833-02)
（军事庆强交并流式关联于军事效应）
q8339b (=,<=) a5——(q833-03)
（法律庆强交并流式关联于法律活动）
(q8339b//q8339t,jl11e22jlu12c36,q8339b[0])——(q833-04)
（政治事业庆可能不存在诞生庆，特别是法律庆）

前两位贵宾分别联系于专业活动的两株概念树，第三位则联系于专业活动概念林，这项差异很有趣，需要来一段闲话。最后一位涉及红喜事的一项重要特性，也有这种需要。两段闲话将分别标记为闲话 01 和闲话 02，并皆以待思考命名。

——闲话 01：关于法律庆的待思考

本闲话起源于如下的提问：外交、军事和法律都属于广义政治，但为什么政治事业庆只选择政治活动 a1 和军事活动 a4 里的 1 株概念树（选一），却囊括了法律活动的全部概念树（全选）呢？选一的提问不难回答，因为政治活动和军事活动只有 a14 和 a43 这两株概念树存在红喜事，其他概念树的类似情况则纳入纪念 q804 的范畴。全选的提问则需要待思考，贵宾（q833-03）意味着法律 a5 活动的每一株概念树 a5y 都可能存在红喜事，这是一种思考方向，不是吗？HNC 目前只能做到这一点或走到这一步，故以待思考名之[*01]。

——闲话 02：关于无“诞生庆 [0]”的待思考

本闲话涉及贵宾（q833-04）所传递的信息——人类的法律认识处于严重滞后状态。这是本《全书》法律章（《全书》第二册 pp281-329）试图传递的基本信息。由于法律认识严重滞后，其诞生庆[0]的缺位居于政治事业三庆之首就不足为怪了。

法律认识最缺乏共识，六个世界的文明差异，主要表现在法律认识方面。法律和法律认识的全球化是两件事，绝不能混为一谈。可是，混为一谈的事不存在吗？在这个问题上，人类已经达到了清晰性思考的水平吗？笔者存疑，需要待思考。

3.3.2 经济事业庆 q833a 的世界知识

仿照上一小节，先给出二级延伸的汉语说明，随后也给出 4 位贵宾。

q833ao01　　　　经济事业庆的两端描述
q833ac01　　　　低端经济庆
q833ad01　　　　高端经济庆

q833ac01 (=,<=) a20a——(q833-05)
（低端经济庆强交并流式关联于企业）
q833ad01 (=,<=) a649b\2——(q833-06)
（高端经济庆强交并流式关联于经济学）
(q833ac01,jlv11e21jlu12c32,q833ac01[0])——(q833-07)
（低端经济庆经常存在诞生庆）
(q833ad01,jlv11e22jlu12e22)——(q833-08)
（高端经济庆还不存在）

3.3.3 文化事业庆 q833b 的世界知识

同样照搬上面的撰写方式。

q833bt=b　　　　文化事业庆的第一本体呈现
q833b9　　　　神学庆
q833ba　　　　哲学庆
q833bb　　　　科学庆

q833b9 (=,<=) a60ae31——(q833-09)
（神学庆强交并流式关联于神学）
q833ba (=,<=) a60ae32——(q833-10)
（哲学庆强交并流式关联于哲学）
q833bb (=,<=) a60ae33——(q833-11)
（科学庆强交并流式关联于科学）
(q833b9,jlv11e21u53d26)——(q833-12)
（神学庆弱存在）
(q833ba,jlv11e21jlu12e22)——(q833-13)
（哲学庆未存在）
(q833bb,jlv11e21jlu12e21)——(q833-14)
（科学庆已存在）

结 束 语

本节的许多贵宾是当下读者难以理解的，前文曾多次提及，农业时代神学独尊，工业时代科学独尊，后工业时代应该逐步走向三学鼎立，协同发展。那些难以理解的贵宾都与这一思考有密切联系，有的表达方式比较奇特，例如，故意以“未存在”替换通常的“不存在”等。这些都属于未来的事，这里就不来说明了。

小 结

本章引言里说，从本章开始的后三章则是深层第二类精神 q8 的形而下描述。神学通过这三片概念林，从想象世界跨入现实世界，从而为现实世界带来了许多想象的色彩。现在应该补充说一声，这里的形而下，不仅是以往的和现在的，也包括未来的。未来的形而下，当然比未来的形而上更难以理解，这导致难以理解的贵宾在本章大量出现。借这个机会，来一段关于爱因斯坦美谈的闲话。

据说，爱因斯坦的相对论，当时只有 12 个人看得懂。其实，这样的美谈不应该仅属于爱因斯坦先生，亚当·斯密先生和康德先生都有资格享受这一殊荣，毛泽东先生也是。亚当·斯密先生在其两论[*02]里所展现的深邃思考，康德在其三批判和三论[*03]里所展现的真知灼见，真正明白的人也许连 12 个都不到。毛泽东在其三论[*04]里所展现的至高谋略，就更是这个情况了。闲话可以任性，就到此为止吧。

注释

[*01] HNC符号体系有一个“概念林的殊相概念树数量最多为11”的约定，该约定具有很强的HNC专业性，不属于本闲话的范围。法律a5这片概念林的殊相概念树数量恰好达到最大，在专业活动领域是唯一的，在全部概念林中是罕见的。这首先意味着，贵宾（q833-03）是一个庞大的话题，其次还意味着这必然是一个存在巨大争议的话题。

人类社会的各种争端与危机都缘起于三争，三个历史时代都是如此。但解决争端与危机的基本途径是否也是如此呢？这是一个十分重大的问题或课题，首先应该追问或思考的是，我们是否过度依赖20世纪伟大政治家和思想家留下的文明遗产，而不知创新？在专业活动领域这一编里，HNC提供了众多思考的素材，在法律a5这一章里提供的素材更多一些。

大略而言，农业时代解决争端的基本途径是战争，工业时代延续了这个传统，但增加了外交的分量。后工业时代又增加了法律的分量，这才是21世纪的新景象或名之历史潮流。在这个历史潮流里，外交（政治）和法律的分量在逐步增强，战争（军事）的分量在逐步减弱，最后趋近于零。但是“必有一战”的传统思维依然十分顽强，这是形而上思维衰落最典型、最可悲的呈现。

[*02] 亚当·斯密的两论指《国富论》和《道德情操论》。

[*03] 康德的三批判众所周知，三论指《道德形而上学》、《论理性界限内的宗教》和《永久和平论》。

[*04] 毛泽东的三论指《新民主主义论》、《论联合政府》和《论人民民主专政》。

第四章

白喜事 q84

引言

上一章的引言里已经交代过，白喜事 q84 的概念树配置方式与红喜事 q83 相同，1“共”3“殊”，且两者共相概念树的一级延伸构成互补关系。这里需要补充交代的是，红喜事不仅联系于生命的生，也联系于效应的生，但白喜事则仅联系于生命的死。这就是说，红白喜事的内容是不对称的，对这一不对称性的讨论，放在白喜事的共相概念树里。

白喜事 4 株概念树的汉语命名如下：

q840	白喜事基本内涵
q841	葬
q842	祭
q843	悼念

第 0 节 白喜事基本内涵 q840 (270)

4.0-0 白喜事基本内涵 q840 的概念延伸结构表示式

```
q840:(,\k=3;\1*^eam)
  q840\k=3          白喜事第二本体呈现
  q840\1            亲人白喜
  q840\2            名人白喜
  q840\3            友朋白喜
```

本延伸结构表示式十分特殊，导致本节的说明方式也与众不同，见下面的标题。

4.0 关于红白喜事不对称性的处理

所谓红白喜事不对称性，其确切含义是：两喜事共相概念树的内容是一样的，而殊相概念的内容是有差异的。这就是说，白喜事也存在 q840e2m，而红喜事也存在 q830\k=3。红喜事第二本体呈现 3 项内容的汉语说明是：亲人红喜、名人红喜和友朋红喜，也就是把这里的“白”以“红”替换。

白喜和红喜分别是白喜事和红喜事的简称。对于亲人白喜，给出了二级延伸 q840\1*^ eam，亲人红喜 q830\1 亦然。q840\1*^eam[*01]的汉语说明如下：

```
q840\1*^eam       白喜的关系描述
q840\1*^ea1       长辈白喜
q840\1*^ea2       晚辈白喜
q840\1*^ea3       同辈白喜
```

在各种古老文明中，也许中华文明的长辈白喜最为独特。不过，在打倒孔家店之前，最独特的东西（垃圾）已被废除。所以，在当年的打倒呐喊声中，核心目标多少显得有点不够清晰，以致在 100 年后的今天，华人的长辈红喜（父母再婚）依然是一个严重问题。

注释

[*01] 此延伸概念必须引入符号“^”，这非常关键。为什么？请读者自行思考，不说明。

第 1 节
葬 q841 (271)

4.1-0 葬 q841 的概念延伸结构表示式

```
q841:(\k=3,7;\1*i,7o01;\1*ie26)
  q841\k=3                    葬之第二本体呈现
  q841\1                      土葬
    q841\1*i                    陪葬
      6841\1*ie26                 殉葬
  q841\2                      火葬
  q841\3                      天葬
  q8417                       墓
    q8417o01                    墓的最描述
    q8417c01                    墓之世俗形态
    q8417d01                    墓之理念形态
```

下面，以两小节叙说。

4.1.1 葬之第二本体呈现 q841\k=3 浅说

本小节以浅说名之，因为笔者对天葬和殉葬都了解很少，没有陈述其世界知识的资格。《孟子》里的“始作俑者，其无后乎”，笔者就没有搞明白，《礼记》里有关丧葬的内容，不明白的就更多了，岂敢妄说。

但是，葬之第二本体呈现取“\k=3”似乎符合齐备性要求，不必像原初设计那样小心翼翼，取“\k=o”，因为海葬可并入天葬。天葬需要再延伸，这留给后来者去处理。

词典对葬的定义是“掩埋人的尸体”或“处理人的尸体”，HNC 的定义式如下：

```
q841 ::= (v30b,102,jw6u14eb6)——(q84-01)
（葬定义为对死去生命体的处理）
q841\k := (q841,102,jw63u14eb6)——(q841-01)
（葬之第二本体呈现以人的遗体为对象）
```

这样定义以后，林黛玉的名句“我今葬花人笑痴”，现代人的“宠物葬”，就都可以免除语超的理解障碍了。

火葬必有效应物 rwq841\2，汉语的直系捆绑词语是骨灰。

陪葬必有陪葬物，其映射符号取 pwq841\1*i，在考古学上具有重要学术价值。

4.1.2 墓 q8417 的世界知识

墓是土葬的效应物，这应成为墓 q8417 的定义式：

```
q8417 ::= rwq841\1——(q84-02)
```

中华大地在清王朝以前，总人口一直在 1 亿人以下，清王朝之后猛然超过了 4 亿人。传统中华文明曾十分重视墓的建造，现在应该有所反思。第二世界曾为计划生育作出了光辉典范[*01]，现在是为墓的改革作出新贡献的时候了。延伸概念“q8417d01 墓之理念形态”是为这一思考而设置的，其定义式如下：

```
q8417d01 := (jlv11e22,pwq8417)——(q84-03)
（墓之理念形态对应于墓之人造物不存在）
q8417d01 =: rwq841\2+q841\3
（墓之理念形态等同于“骨灰+天葬”）——(q84-04)[*02]
```

墓之人造物 pwq8417 具有延伸 pwq8417-0，其汉语直系捆绑词语叫墓碑。墓碑必有文字，其映射符号为 gwq8417-0，具有下面的概念关联式：

```
gwq8417-0 := (50a\11;50a\31)——(q841-02)
（墓碑文字对应于姓名、性别、生卒时间或其专长与贡献）
```

结束语

传统中华文化有一句影响深远的话，叫“入土为安”。这个话只适用于农业时代，对工业时代或许依然适用，但肯定不适用于后工业时代。

联合国在不断提高对 2100 年的全球人口总量预期，其中对中国和美国人口的预期最为靠谱。但遗憾的是，预期报告的作者们始终没有写出一句最关键的话，那就是：屡次超出其原来预期的增长人口全部来于第五和第四世界。第一世界原居民的人口总量在减少，已进入后工业时代的日本，人口也在减少。由此可见，六个世界的概念是多么实用和重要。

注释

[*01] 这一光辉典范不仅尚未得到认同，而且遭到各类专业人士的攻击。这不是说中国的计划生育政策在执行过程中不存在官帅色彩的偏差，但偏差毕竟是第二位的，各路攻击者的共同弊病是形而上思维的极度衰落。

[*02] 墓之理念形态已经存在，周恩来先生早已为我们作出了光辉榜样。笔者这一代人有责任使这一榜样在中华大地蔚然成风。

第 2 节
祭 q842 (272)

4.2-0 祭 q842 的概念延伸结构表示式

```
q842:(\k=2;\1*t=b,\2k=2)
  q842\k=2                  祭之第二本体呈现
  q842\1                    事业祭
    q842\1*t=b                事业祭的第一本体呈现
    q842\1*9                  偶像祭
    q842\1*a                  神祭
    q842\1*b                  免灾祭
  q842\2                    亲友祭
    q842\2k=2                 亲友祭的第二本体呈现
    q842\21                   亲人祭
    q842\22                   友人祭
```

下面，分两小节叙说。实际上不过是两段闲话，皆以闲话名之，理由已述。

4.2.1 事业祭 q842\1 闲话

虽然只是闲话，但其再延伸表示式仍然考虑了齐备性的要求。这就是说，q842\1*t=b 的描述是齐备的，各种文明的祭祀活动都在其中。

事业祭 q842\1*t 具有下列基本概念关联式：

```
(q842\1*t (=,<=) ay,t=b,y=0-8)——(q84-05)
（事业祭第一本体呈现强交并流式关联于专业活动）
(q842\1*t = q821t,t=b)——(q84-06)
（事业祭第一本体呈现强交式关联于宗教第一本体呈现）
(q842\1*9,l4a,(2393e41,l03,3219))——(q84-07)
（偶像祭以祈求保佑为目的）
q842\1*a =% q821a——(q84-08)
（神祭属于宗教文化）
(q842\1*b,l4a,(2393e41,l03,03b))——(q84-09)
（免灾祭以请求免除伤害为目的）
```

基于上列贵宾，下面将给出两位“异类”：

```
(ra307,jlv11e21,q842\1*9)——(q84-0-01)
（所有的文明都存在偶像祭）
(传统中华文明的主流,jlv11e22,q842\1*a)——[q84-0-01]
（儒学文明不存在神祭）
```

4.2.2 亲友祭 q842\2 闲话

二级延伸 q842\2k=2 乃 HNC 的必然之选。这样，祭的一级延伸就展现出了“万岁此园田”[*01]的景象，从而也就体现了“q842 祭”的齐备性要求。

最后，给出下面的概念关联式：

```
q842\1 (=,<=) 7111
（事业祭强交并流式关联于事业态度）
q842\2 (=,<=) 7112+7113
（亲友祭强交并流式关联于亲情与友谊）
```

结束语

本闲话主要采用 HNC 语言，虽然其效率远高于自然语言，但读者可能很不习惯。因此，本结束语将做一点弥补工作。

中国历代皇帝的祭天、祭地、祭孔，甚至祭佛和祭道，都属于偶像祭 q842\1*9，而不属于神祭 q842\1*a。民间的祭关岳、祭龙王、祭观音菩萨等亦然。

韩愈先生的《祭鳄鱼文》，则属于免灾祭 q842\1*b 的样板。

然而，传统中华文明最有特色的祭祀也许是亲人祭 q842\21。

笔者幼年曾回故乡旅居祖宅[*02]7 年（4～11 岁），其间参加过黄氏宗族的各种祭祖活动。那些活动给笔者留下的最深印象是，祭祀者受到的待遇仅仅取决于其辈分，与“权利名”毫无关联。当年，辈分最高者已寥寥无几，笔者属于次高，位列上座。两高里有穷困潦倒者，但是，两高的应有待遇则一视同仁，使笔者惊愕不已，至今记忆犹新。当然，糟粕是明显的，那就是祭祀者全是男性，女性只能在后台做服务劳作，这同《红楼梦》里的描述有所不同。

注释

[*01] 这是笔者七十抒怀（八声甘州）里的一句：事业亲情友谊，万岁此园田。见《全书》第二册p435。

[*02] 笔者祖居叫仰山堂，已不存在，但曾在Google地图上出现过。《全书》里的“一位形而上老者与一位形而下智者的对话”（第二册p392-399）的谈话地点，就安排在仰山之脊，以示对祖辈的纪念。

第 3 节 悼念 q843 (273)

4.3-0 悼念 q843 的概念延伸结构表示式

```
q843(\k=3,([0];{[k]});\2k=2,\3*α=b;\3*be2m)
  q843\k=3                    悼念第二本体呈现
```

```
q843\1                事业悼念
q843\2                亲友悼念
q843\3                灾祸悼念
q843([0];{[k]})       悼念基本形态
```

首先，给出下面两位贵宾：

```
q843 (=,<=) q803+q804——(q84-10)
（悼念强交并流式关联于思念与纪念）
(q843,102,jw63)——(q84-11)
（悼念以生命体为对象）
```

下面，以 4 小节闲话，二级延伸放在小节里说明。闲话主要采用自然语言，基本不使用概念关联式，也不写任何形而上的话语。

4.3.1 关于事业悼念 q843\1 闲话

传统中华文明似乎很不重视事业悼念 q843\1，霍去病墓旁的“仿祁连山”，似乎是唯一留存的遗迹。事业悼念的文字也不多，最有名的文章也许就那么一篇：**张中丞传后序**，最有名的诗也许就那么一句：**一将功成万骨枯**。当然，间接表达悼念之情的诗句为数不少，例如：**可怜无定河边骨，犹是深闺梦里人**；**醉卧沙场君莫笑，古来征战几人回**，但这些毕竟不属于正式的事业悼念。

六个世界在事业悼念方面的表现差异比较大，在这个特定问题上，第一世界似乎走在前面，第四世界也有自己的特色。那么，第二世界是否存在补课的需要？前文实际上以暗示语言给出过答案。

4.3.2 关于亲友悼念 q843\2 闲话

与事业悼念 q843\1 相反，传统中华文明特别重视亲友悼念 q843\2，特别是其中的亲人悼念 q843\21。

传统中华文明在亲友悼念方面的文学遗产非常丰富，其文学形态主要是墓志铭和挽联，挽联形态在民国时期依然十分活跃，现在是彻底衰落了。此衰落就注定一去不复返吗？挽联的文学魅力不可以在中华文明伟大复兴的事业中占有（1/n,n>>1）的分量吗？

4.3.3 关于灾祸悼念 q843\3 闲话

本小节应首先给出下面的概念关联式：

```
(q843\3*α:= 3228\k,α=b,k=0-3)——(q843-01)
（灾祸悼念的二级延伸对应于灾祸的基本类型：灾祸、天灾、人祸、荒溢之灾）
```

本闲话将以 pwq843\3*α=b 为依托先写出下面的两句话：

——语句 01：应该思考（pwq843\3*α=b）的全面建设；

——语句 02：应该尊重不同群体对 pwq843\3*8 的特定需求。

下面仅对语句 01 略作说明。当下对 q843\3*α=b 的认识远不全面，两个最明显的事例是：①关于海面上升和冰川消失的“q843\3*8 天灾”世界知识仅呈现在科学界的报告里，没有相应的“pw”向广大民众普及；②经济领域的“q843\3*be22 溢灾”仅呈现在经济学家的著作里，没有相应的“pw”向广大民众普及。

4.3.4 悼念基本形态 q843([0];{[k]})闲话

我们熟悉的遗体告别仪式，就属于 q843[0]，它独立存在，不可能存在 q843[k]形态。但有些悼念仅存在 q843[k]，而不可能存在 q843[0]。这就是本项延伸所传递的世界知识。

结束语

六个世界都需要反思自己在悼念方面的不足，第一世界也不例外，它对在自己地盘上发生的多次“q843\3*be22 溢灾”，就缺乏最起码的反思。至于第四、第二世界和北片第三世界，需要反思的东西或许更多。

小结

改革是当下全球的通用词语，但任何词语一被通用，就会出现空泛化的弊病。用围棋术语来说，该弊病的通常表现是，大场和急所常被忽视，而忙于大官子。白喜事属于人类家园的大场，后工业时代的白喜事应该全面彻底地告别传统形态，然而，认定传统形态不可改变的观点依然占据着主流舆论，还出现了个别急先锋人物。他们在隐蔽而巧妙地传播“必有一战”思维，这才是人类面临的最大恐怖威胁，不可不察。

第五章

法术 q85

引 言

本章所定义的法术，与词典所定义的法术差异甚大。词典定义的法术有两个义项，都有对应的英语词语，而“q85 法术”则没有这个幸运。差异甚大并不意味着 HNC 法术与词典法术没有联系，恰恰相反，两者的联系十分密切。

本章将力求对此差异和联系给出力所能及的说明。

作为深层第二类精神生活的最后一片概念林，上述情况是否使得 q85 的概念树设置大费周章？No！其设计思路非常类似于概念林“710 心情”，于是，法术 q85 的概念树配置如下：

q850	法术基本内涵
q851	作用型法术
q852	效应型法术
q853	智能型法术

第 0 节
法术基本内涵 q850 (274)

5.0-0 法术基本内涵 q850 的概念延伸结构表示式

```
q850(t=b,o01;ae2m,)
  q850t=b            法术的第一本体描述
  q8509              神学法术
  q850a              哲学法术
  q850b              科学法术
  q850o01            法术的两端描述
  q850c01            低端法术
  q850d01            高端法术
```

下面，以两小节闲话有关的世界知识。二级延伸放在小节里说明。

5.0.1 闲话法术第一本体描述 q850t=b 的世界知识

先给出下面的概念关联式：

(q850t := a60ae3m,t=b)——(q85-01)
（法术第一本体描述对应于知识基本构成的神学、哲学和科学）

神学法术的最高描述分别在《圣经》和《古兰经》里，两者没有实质性区别。

哲学法术的最高描述存在东西方的本质区别。西方的最高描述在斯宾诺莎和康德的著作里，而东方的最高描述则在佛学里，两者差异甚大，二级延伸概念q850ae2m 即用于表示这一差异。

科学法术并非仅存在于现代，杠杆撬起地球的著名故事就表明了这一点。但现代科学法术的表现很不寻常，霍金先生在扮演着急先锋角色，而好莱坞则在大力推波助澜。

5.0.2 闲话法术两端描述 q850o01 的世界知识

低端法术通称巫术，有人不明白这一点，把高端法术也纳入巫术，竟然写出了“中国文化巫术化”的文章，这是世界知识匮乏症的典型案例之一。

高端法术就是某些风行一时的主义，法西斯主义和日本军国主义是 20 世纪众所周知的两名邪恶代表。说穿了，他们的本事不过就是利用高端法术，蒙蔽了两个优秀民族，从而犯下了罪恶滔天的反人类罪行。21 世纪出现的恐怖主义是又一位高端法术的邪恶代表。

但是，在后工业时代，更危险的是那些隐蔽的高端法术。“必有一战”的思维就是此类隐蔽高端法术结出的“硕果”之一。应该说，金帅和教帅都是施行高端法术的高手，前文已多次指出过这一点，并期盼着新生的官帅可以避免这两位老“帅”的老路，走出一条新路。这并非幻想，因为古老中华文化具有不走这条老路的文明基因。在所有古老文明中，这一特性可谓独一无二。HNC 只是领悟到了这一点，但绝对没有能力把这一点讲清楚。尽管如此，下一编仍将继续努力。

本节的巫术只是一个虚设概念，表示式如下：

q850c01 == q852c01——(q850-01)

结 束 语

本节提出的诸多概念看似“新奇”，实际上都不过是文明基因概念的简单推演。其他的话就不必说了。

第 1 节 作用型法术 q851 (275)

5.1-0 作用型法术 q851 的概念延伸结构表示式

```
q851:(e15,i;iebn)
  q851e15              虚幻法术
  q851i                作用型法术之效应呈现
    q851iebn             作用型法术的效应范围描述
    q851ieb5             作用型法术之内部效应
    q851ieb6             作用型法术之外部效应
    q851ieb7             作用型法术之边界效应
```

先给出下面的基本概念关联式：

q851 (=,<=) (q8509,q850a)——(q85-02)
（作用型法术强交并流式关联于神学及哲学法术）
q851e15 := 0+j81e22——(q85-03)
（虚幻作用对应于神学意义的空作用）
q851iebn := 3+j42ebn——(q85-04)
（作用型法术的效应范围描述对应于效应的范围关系描述）

下面，以两小节闲话有关的世界知识。

5.1.1 闲话虚幻法术 q851e15 的世界知识

在所有古老文明的经典著作中，唯独中华文明虚幻法术的学术地位最低。如果觉得这一文化现象值得探索，并试图追问其根源，那么，所谓“天不生仲尼，万古如长夜”

的话语，就不能完全看作是胡说八道了，那位董仲舒先生也就不能简单看作是“千古罪人”了。

但是，对于虚幻法术的信众，绝不能简单地给他们扣上愚昧的帽子。因为人类需要心灵的上帝，这是神学世界的头等大事，与科学世界无关。你说人家愚昧，其实你自己未必没有另一方面的愚昧，甚至愚昧得更为荒唐。

虚幻法术映射符号里的符号“e15”非常传神，读者自己体会一下吧。

对贵宾（q85-02）里的符号“,q850a”，也同样期盼于读者。

5.1.2 闲话作用型法术之效应 q851i 的世界知识

本小节首先要说的闲话是，本延伸概念的再延伸 q851iebn 是一个尚未探索的课题。在“科技 a6”章的“学科 a64”节（《全书》第二册 pp349-367）里，给出过待探索课题的暗示性清单，训诂学是其中最大的一项，它就包含 q851iebn。

第一世界的精英似乎探索过自然界和人类社会面临的全部课题，对前者可以这么说，但对后者绝不可以。经典社会主义世界与第二世界和北片第三世界的传承关系，第四世界与第五世界之间的交织关系，第一世界与北片第三世界之间的纠结关系，他们的考察或研究缺乏最基本的文明视野。而这一视野的缺乏与 q851iebn 的失研[*a]密切相关。

对 q851iebn 进行过最深入思考的是毛泽东先生，而所有研究毛泽东或毛泽东思想的著作都没有触及到这一点。在 q851iebn 的运用方面，毛泽东先生远比斯大林先生高明，列宁先生去世也早，难以进行比较，但毫无疑义，列宁先生也是这方面的绝顶高手，第一次十月革命奇迹般的胜利，《布列斯特-立托夫斯克和约》的签订，新经济政策的猛然而短暂施行，都表明了这一点。毛泽东先生对尼克松先生的哲学之谈，他那 5 根手指的妙喻，该妙喻与 20 世纪 70 年代以后全球巨变之间不可思议的契合，竟然没有人阐释过，这就是 q851iebn 失研的铁证。

结 束 语

本节的叙说方式可能使大多数读者如坠五里雾中，笔者对此只能表示歉意。前文曾多次提到语言的面具性，伟大的智者——顶级智能者，而不是智慧者——善于把许多美好的词语变成一类高端作用型法术的工具，许多美好的愿望，也可以通过相应的词语，变成另一类高端作用型法术的俘虏。这一文化现象具有空前性，但笔者并未因此而气馁，因为这不过是后工业时代初级阶段必然出现的过渡性乱象。

注释

[*a] 这里的“失研”是一个新词，它来于近日的流行词——失联。

第 2 节 效应型法术 q852 (276)

5.2-0 效应型法术 q852 的概念延伸结构表示式

```
q852:(e1n,i,c01,7;i~4,c01\k=5)
  q852e1n                    效应型法术之认识论描述
  q852i                      效应型法术之效应呈现
    q852i~4                    效应型法术之“自然属性”呈现
    q852i5                     效应型法术之客观呈现
    q852i6                     效应型法术之主观呈现
  q852c01                    巫术
    q852c01\k=5                巫术之第二本体呈现
    q852c01\1                  星象
    q852c01\2                  特异功能
    q852c01\3                  卜筮
    q852c01\4                  算命
    q852c01\5                  风水
  q8527                      效应型法术之势态呈现（看相）
```

先给出下面的基本概念关联式：

```
q852 (=,<=) (q850a,q8509)——(q85-05)
（效应型法术强交并流式关联于哲学及神学法术）
q852i~4  := 3+j74~4——(q85-06)
（效应型法术之“自然属性”呈现对应于客观与主观效应）
q8527 (=,<=) jl12——(q85-07)
（看相强交并流式关联于势态判断）
```

下面，以 4 小节闲话有关的世界知识。

5.2.1 闲话效应型法术之认识论描述 q852e1n 的世界知识

变量延伸符号“e1n”和常量延伸符号“e15”表达了效应型法术与作用型法术的本质差异，前者具有特定施法者和受法者，后者则仅着眼于万能的施法者，万物皆受其法，受法者无权与施法者“并列”。贵宾（q85-05）和贵宾（q85-02）给出了这一本质差异的认识论描述，前文多次提及的阿奎那命题之争[*a]亦缘起于此。

人们都熟悉世界三大宗教之说，如果从上列两位贵宾的视野来考察，佛教实际上不宜与基督教和伊斯兰教并列，因为佛法属于贵宾（q85-05）所描述之法，而基督教和伊斯兰教所宣讲的则属于贵宾（q85-02）所描述之法。

5.2.2 闲话效应型法术之效应呈现 q852i 的世界知识

如果说作用型法术的探秘者着重于其效应呈现 q851iebn 的把握与运用，那么就可以说，效应型法术的探秘者则着重于其效应呈现 q852i~4 的把握与运用。

这里有两个问题必须追问，可以把 q852i~4 的把握与运用仅仅归纳成唯物论与唯心论之间的论争吗？可以把 q851iebn 的把握与运用仅仅归纳成封建帝王的权谋或统治术吗？这两项追问的简单答案——Yes1 和 Yes2，至今还在中国十分流行。

本小节不来评说 Yes1 和 Yes2 的简化失误，只先对两答案的信奉者说这样 3 句话：①权谋或统治术不只是封建帝王的专利，更是金帅和教帅的专长；②Yes1 将使你戴上变形眼镜看佛学、原始儒学和宋明理学；③Yes2 将使你戴上有色眼镜看毛泽东先生。

以上对“q85 法术”的阐释都过于形而上，本小节最后，将对此略事弥补，给出一张两类法术之效应呈现的常用词语对照表（表 5-1），以期有助于对概念“法术 q85”的理解。

表 5-1　两类法术效应呈现之典型对照词语

作用型法术 q851		效应型法术 q852	
q851ieb5	（忏悔，求罚）	q852i5	保佑；（拜神，念经）
	（驯服，检讨）		
	（人权，拉动内需）		
q851ieb6	圣战	q852i6	（仁，良知）；（般若，诸法无相）
	（镇压，专政）		
	颜色革命		
q851ieb7	（归附，同化）		
	统战		
	（全球化，普世价值）		

我们看到，作用型法术经历过时代性的巨大变革，显得活力十足，而效应型法术则显得裹足不前，形影相吊。但问题在于，这个星球承受不起那作用型法术的强力折腾，怎么办？

5.2.3 闲话巫术 q852c01 的世界知识

从本小节开始，到本章结束，将采取另一种闲话方式，希望有助于减轻纯粹形而上描述带给读者的困扰。

巫术 q852c01 的再延伸，表面上大家都相当熟悉，实际上未必。

巫术第二本体呈现的 5 项内容 q852c01\k=5，传统中华文明具有全面发展的特征，但其他文明仅着重于前两项或前三项，后两项——算命和风水——或许是传统中华文明的专利。

传统中华文明的这一特征与“三化一无”[*b]有关，更与《易经》雄踞群经之首的至高地位有关。《易经》似乎为“q852c01\k=5”提供了不容置疑的理论依据，其至高无上的地位即缘起于此。那么，谁是奠定这一地位的始作俑者？不是某位皇帝，而是学者孔夫子[*01]。然而有趣的是，孔夫子的这一重大失误，热衷于打倒孔家店者，恰恰没有注意到。

提出“中国文化巫术化”的学者也不明白这一点，他仅基于某些现代中国官员和富豪迷信巫术“q852c01\k,k=3-5”的表象，就作出“巫术化”的结论，这是典型的“只见树木，不见森林”的失误。中国文化森林里的许多树木确实具有巫术化倾向，但应该追问一声，巫术化是中国文化森林的整体现象吗？如果用“官帅化”和“金帅化”这两个词语来描述，是否更准确一些呢？还有一个更著名的论断叫“中国教育在培养精致的利己主义者”，表面上似乎比“巫术化”高明，实质上两者具有异曲同工之妙。因为两位先生都不了解两类法术效应的区别和真谛，也不了解传统中华文明是第二类法术效应的杰出代表，不仅不是封建糟粕，甚至可以说是人类文明最高形态的精华[*02]。

后工业时代迫切需要的是第一类法术效应的抑制和第二类法术效应的弘扬，而当下的全球态势则恰恰相反，蕲乡老者[*c]的悲观即缘起于此。

5.2.4 闲话看相 q8527 的世界知识

前文曾多次强调，势态或势的概念是传统中华文化的伟大发明。但这里应该补充一句，该概念的过度运用也会造成一种负面效应，那就是“三化”现象，特别是其中的科学边缘化。

看相实质上就是对势的把握与运用。《史记》和《汉书》[*d]记录了许多神奇的看相故事，不可全信，但也不可全疑。也许未来生命科学的研究成果可以证明，在 6 种功能脑中，语言脑的自然属性和伦理属性[*03]与面相特征之间存在着最强的关联性。

为什么要设置一级延伸 q8527？上述思考就是答案。

结 束 语

本节采取了不求甚解的撰写方式，最典型的表现有：“特异功能 q852c01\2”和“典型对照词语”表等。

在笔者看来。当下是一个作用型法术极度张扬而效应型法术极度衰落的时期，不求甚解不是出于无奈，而是基于一种期盼，一种如同已故蕲乡老者的期盼。

注释

[*a] 基本论述见《全书》第一册pp456-457。

[*b] “三化一无”的正式陈述是：神学哲学化，哲学神学化，科学边缘化，无神论。具体论述见《全书》第一册pp458-462。

[*c] 见《全书》第二册p393。

[*d] 这包括《汉书》、《后汉书》和《三国志》。

[*01] 这一论断当然需要训诂，也许已有专家训诂过，但笔者没有见到，知者请见告。

[*02] 这一论断是马一浮先生在抗日战争期间正式提出来的，笔者不过是借用一下而已。请参看刘梦溪先生主编的《中国现代学术经典·马一浮卷》pp3-45（泰和会话）。

[*03] HNC符号体系的自然属性(j0-j6)和伦理属性(j7-j8)主要是为语言脑而设计的。科技脑与自然属性的联系更密切一些，但与伦理属性呈弱关联。两类属性合称基本属性j，图形脑仅与自然属性有一定关联，艺术脑仅与伦理属性有一定关联，生理脑和情感脑与基本属性的关联就十分微弱了。

第 3 节
智能型法术 q853 (277)

5.3-0 智能型法术 q853 的概念延伸结构表示式

```
q853:(t=b;td01,(t)c01)
  q853t=b                    智能型法术之第一本体呈现
  q8539                      政治法术
  q853a                      经济法术
  q853b                      文化法术
    q853td01                   智能泡沫
    q8539d01                   政治泡沫
    q853ad01                   经济泡沫
    q853bd01                   文化泡沫
    q853(t)c01                 文明泡沫
```

先给出下面的基本概念关联式：

q853 (=,<=) q850b——(q85-08)
（智能型法术强交并流式关联于科学法术）
(q853t:= ay,t=b,y=1-3)——(q85-09)
（智能型法术之第一本体呈现对应于文明的主体呈现）

下面，以 3 小节进行闲话，3 闲话都仅涉及 c853t=b，文明泡沫 c853(t)c01 的闲话将纳入第 3 小节里。

5.3.1 闲话现代政治法术 c8539

现代政治法术在 21 世纪的当下竟然处于方兴未艾的势态，这里不能不冒昧说一声，这似乎在蕲乡老者的意料之外。

该法术的集中呈现就是君王梦的“复活”，有人在以世袭制和终身制为目标而顽强拼搏着。有几位做君王梦的政治强人倒下了，但更多的强人在前仆后继，而且那倒下的，并非主要源于内因，而是外因。

于是，有些现代政治法术的献策者就感叹说，如果那些倒下的强人当年决心弄出个核武器来，那外因就不敢轻举妄动了。贵宾（q85-08）所试图传递的世界知识里，就包含这些献策者的感叹。其汉语说明里的“科学法术”也许改成“科技法术”更合适一些，但这毕竟属于语言的枝节问题。

现代政治法术的献策者在第二到第四世界都大有人在，他们的前辈深信，核大战不会导致人类家园的毁灭，这一判断依然潜伏在某些献策者的语言脑里。他们对导弹核武器的虔诚信念十分可怕，如果再加上“必有一战”信念的话。

但应该强调指出，现代世袭制存在多种形态，HNC 不否定其全部形态，并耗费了大量文字试图说明，其中的一种形态可以在后工业时代的过渡阶段发挥关键性的积极作用。虽然该论证曾遭到蕲乡老者的严厉批评，但笔者并不后悔。

政治法术的信奉者一定是三争法则或丛林法则的坚定信奉者，他们认定该法则是主宰人类社会发展的永恒上帝，万世不变。因此，如果他们中的一些人对某些现代政治强人制造的政治泡沫 q8539d01 表示可以理解，本来就不必大惊小怪，因为这历来是政治法术的一项基本世界知识。可当下第一世界的精英们却偏偏要惊怪一番，而且要求别人也跟着他们一起惊怪，何苦来哉！但是，对第一世界的惊怪，也不宜以惊怪应之，有人热衷于此，那就未免等而下之了。

5.3.2 闲话现代经济法术 c853a

所谓现代经济法术，一言以蔽之，那就是与经济公理[*a]唱反调。前文曾对 c853a 给出过两种概括：一是“三迷信和两无视”[*b]；二是“需求外经”[*c]。他们在千方百计制造各种经济泡沫 c853ad01，且自以为得计。最新的泡沫叫“大数据+人工智能”，此泡沫制造者或许非常狡猾，但也不排除非常糊涂，他们在故意混淆数据的两种基本类型：信息显含数据与信息隐含数据，前者如图像数据，后者如自然语言数据。这两类数据需要本质不同的信息处理谋略与技术，但 pc853ad01 一定会对这一重大提示或警告置之不理。

5.3.3 闲话现代文化法术 c853b

当下，探讨现代政治法术及其泡沫的文字并不多，探讨现代经济法术及其泡沫的文字正在成为经济学界的主流，但都不得要领[*01]。但是，探讨文化法术及其泡沫的文字则非常罕见，多如牛毛的都是吹捧性文字。这些现代文化法术的吹鼓手都是进化论的盲目迷信者，不知退化为何物[*d]。

不过，上面提到的“中国文化在巫术化”和“中国教育在培育精致的利己主义者”，属于难得一见的探讨性文字，那么，为什么HNC 却对两者提出异议呢？因为两位先生仅针对文化泡沫 c853bd01，而对文化泡沫之上的文明泡沫 c853(t)c01，则避而远之。

文明泡沫的基本表现就是虚假的文明繁荣，虚假文明繁荣的幕后制造者是金帅和官帅[*e]，但站在前台表演的却是各种类型的文化人，其中媒体人往往充当 pc853(t)c01 的急先锋，尤其是后工业时代的当下。所谓的“第三只苹果”，就是这位急先锋“玩新”出来的。

幸运的是，当前的金帅和官帅都还比较冷静，不像两帅的前辈那么狂妄。两帅的前辈，特别是官帅的前辈，曾自以为一切终极真理在握，轴心时代天才圣哲和工业时代启蒙大师的深邃思考，在官帅前辈的视野里，都不过是儿童玩具，甚至是“狗屎一堆”。在第二世界的中国，在北片第三世界，这一狂妄性的逐步清除是一个非常艰难的过程，但毕竟出现了本质性的变化，虽然还有许多人在念念不忘那个狂妄年代的印记。这是一个历史性的巨变，将对 21 世纪的世界发展势态产生决定性的影响，第一世界千万不能对此发生误判。

结束语

本节的 3 小节完全采取闲话方式，使用了大量 HNC 术语，故表达方式带有浓重的 HNC 色彩。这是非常严重的文字缺陷，但其优点却具有不可替代性，特此说明。

在某种意义上可以说，所谓后工业时代的初级阶段就是一个充满文明泡沫的年代，这就是本节希望向读者传递的基本信息。

注释

[*a] 见《全书》第一册pp325-329。

[*b] 见《全书》第一册pp177-180。

[*c] 见《全书》第一册pp407-410。

[*d] 见《全书》第一册pp337-338。

[*e] 请参看《全书》第一册的术语索引。

[*01] 此话是对上一小节论述的呼应。

小结

本章是深层第二类精神生活的最后一章，却以法术命名，希望读者能以见怪不怪的心态看待它。法术者，凸显其然，而深隐其所以然也。六个世界各有其自身的凸显与深隐需求，这就是各种法术在当下大行其道的基本缘由了。在某种意义上可以说，所谓后工业时代的曙光，本质上就是法术的光芒。这诚然不是一幅令人振奋的景象，但回想一下工业时代的曙光，那不就是“资本+技术”的光芒吗？它更加不令人振奋。历史往往何其相似乃尔，信然。

本 编 跋

第二类精神生活的撰写，分两个时间段进行，表层的基本内容写于 8 年之前（2007 年）。当时这样做，是为了促进语境分析技术的诞生。这一愿景破灭的回忆，必然对第二阶段的撰写产生难以言说的微妙影响。

这 7 年来，表层第二类精神生活 q7 的基本形态发生了翻天覆地的变化，在语境单元的全部范畴中，q7 的变化是最大的。这位“老大”可了不得，因为它是 21 世纪最耀眼技术明星的伴侣。但是，HNC 并不看好这位“老大”，故本编写了不少闲话。

HNC 期盼的是 q8 的时代性变化，相对于 q7 而言，q8 是个慢性子，7 年的时间算不了什么。故本编的下篇，大量采用了慢吞吞的文字，为的是配合 q8 的脾气。

热衷 q7，冷淡 q8，甚至把严肃的 q8 变成庸俗的 q7，这是专业素质和文明素质趋于低下的表现，应该引起高度警惕。让 q7 上接 q8，让 q8 下接 q7，这才是人类文明健康发展的唯一正确方向。

第六编

第三类精神生活

编 首 语

本编论述第三类精神生活，分上、下两篇，相继论述表层和深层第三类精神生活，相应的数字映射符号分别取 b 和 d。这一对符号既表明第三类精神生活在语言脑里的特殊地位，也表明语言概念空间的一种奇特景象，那就是第三类精神生活同第一类精神生活和第二类劳动一样，其时代性呈现极为缓慢。

从源流关系来说，表层第三类精神生活 b 密切联系于专业活动 a，深层第三类精神生活 d 密切联系于深层第二类精神生活 q8。四者两两之间具有下面的基本概念关联式：

b (=,=>) a——(b-01)
（表层第三类精神生活强交并源式关联于第二类劳动）
d (=,<=) q8——(d-0-01)
（深层第三类精神生活强交并流式关联于深层第二类精神生活）

HNC符号体系为什么要设置第三类精神生活这一概念范畴,并给出表层与深层之分？前文给出过预说，正式说明集中放在这里也不合适，且听下回分解吧。

表层第三类精神生活

上篇

篇首语

表层第三类精神生活b辖属下列5片概念林,1“共”4“殊”,如下:

b0	表层第三类精神生活基本内涵(追求)
b1	改革
b2	继承
b3	竞争
b4	协同

第零章

表层第三类精神生活基本内涵b0（追求）

引 言

表层第三类精神生活基本内涵 b0 将简称追求，这一简称也可以作为表层第三类精神生活 b 的命名，前文已这样使用过了。

在汉语里，追求 b0 的内容可以用 4 个汉字——求、取、斗、争——来概括，HNC 基于这 4 个汉字为概念林 b0 设置了如下的 4 株概念树，1“共” 3“殊”，其符号及汉语说明如下：

b00	追求基本内涵（追求）
b01	争取
b02	奋斗
b03	抗争

追求 b0 的基本概念关联式如下：

b0 (=,=>) a0099t——(b0-0-01)
（追求强交并源式关联于三争）
b0 (=,<=) 7121d01——(b0-0-02)
（追求强交并流式关联于最高期望）

这是两位异类贵宾，请注意。

第 0 节
追求基本内涵 b00 (163)

0.0-0 追求基本内涵 b00 的概念延伸结构表示式

b00:(t=a,o01;9t=a,a\k=6,d01γ=b,;9ac01,a\$k_1$k=o)

b00t=a	追求基本内涵的第一本体欠呈现
b009	理性追求
b00a	理念追求
b00o01	追求的两端描述
b00c01	生存追求
b00d01	使命追求

追求基本内涵 b00 的基本概念关联式如下：

b00 := ((321+3a1,j80e25);(j80e25,321+3a1);13be25+3a1)——(b0-0-03)
（追求基本内涵可对应于两效应与伦理之基的两种类组合，
也可以对应于进化与获得）

贵宾（b0-0-03）表明，b00 是一个尚未取得共识的概念。也许可以说，理性文明对应于第一种组合，或仅仅联系于第三种形态，理念文明对应于第二种组合。

下面，以 4 小节进行论述，对应于 4 项一级延伸。后续延伸的汉语说明放在小节里。

0.0.1 理性追求 b009 的世界知识

先给出理性追求 b009 后续延伸的汉语说明：

b009:(t=a;ac01)

b009t=a	理性追求的第一本体欠呈现
b0099	利益追求
b009a	知识追求
b009ac01	好奇

对于这些后续延伸概念，配置如下的概念关联式：

b0099 ≡ a0099(t)——(b00-01-0)
（利益追求强关联于三争的非分别说）

b0099 := 801\0——(b00-0-01)
（利益追求对应于模糊性思考之三争呈现）

b009a = (3a1+822,103,jrw03)——(b00-03-0)
（知识追求强交式关联于知识的获得与发现）

b009ac01 => 822——(b00-04-0)
（好奇强源式关联于发现）

对这4位贵宾，似乎应该说点什么，特别是其中的那位异类——（b00-0-01），但思考再三，还是决定作罢。

0.0.2 理念追求b00a的世界知识

先给出理念追求b00a后续延伸的汉语说明：

```
b00a\k=6              理念追求之第二本体呈现
  b00a\k1k=o            6类理念追求各有自己的次级延伸
```

理念追求之第二本体呈现具有下面的基本概念关联式：

(b00a\k := pj01*\k,k=6)——(b00-02-0)
（理念追求之第二本体呈现与六个世界相对应）

按《全书》约定[**01]，本概念关联式里的贵宾符号应该是“-0-”，而不是“-0”，因为六个世界的概念并未得到认同。但考虑到在理念追求方面，六个世界的差异如此巨大，它是六个世界之存在性已如此赫然的又一铁证，这里就干脆“撕破脸皮”了。

最明显的例子就是b00a\3k=3，b00a\31对应于北片第三世界，b00a\32对应于南片第三世界，b00a\33对应于东片第三世界[*02]，三者理念追求的差异甚大。南片第三世界的情况尤其复杂，地理上虽然基本连成一片，但内部存在两大宗教，与东片第四世界交错接壤，且互有飞地[*03]。东片第三世界也非常特殊，由4个国家——日本、韩国、蒙古国和菲律宾——构成，互不接壤，且各有自己的理念追求，特别是其中的日本和韩国。如果只考察其理性追求，甚至单纯归结为利益追求，那无疑不属于清晰性思考，而仍然是模糊性思考的水平。或者说，仍然是17～20世纪的思维，即工业时代的思维，离21世纪的应有思维，即后工业时代的思维，还有很大差距。

0.0.3 生存追求b00c01的世界知识

生存追求b00c01是追求b00里唯一无后续延伸的概念，这并非由于其理自明，无需解释；而是恰恰相反，其后续延伸概念涉及的课题过于复杂，HNC无力承担。故本小节将只给出下面的概念关联式：

b00c01 (=,<=) 7121c01——(b00-01)
（生存追求强交并流式关联于最低期望）

0.0.4 使命追求b00d01的世界知识

使命追求b00d01具有“γ=b”再延伸，应该在许多读者的意料之内，并会联想起下面的系列贵宾：

(b00d01γ := ra30\1k,γ=b,k=3)——(b00-0-02)
（使命追求的混合延伸对应于三种文明标杆）
(b00d019 := ra30\13)——(b00-0-02a)
（理性使命追求对应于第一文明标杆）
(b00d01a := ra30\12)——(b00-0-02b)
（理念使命追求对应于第二文明标杆）

```
(b00d01b := ra30\11)——(b00-0-02c)
（信念使命追求对应于第三文明标杆）
b00d019 (=,<=) pj01*\1——(b00-01-0)
（理性使命追求强交并流式关联于第一世界）
……
```

结束语

本节明确区分了理性追求与理念追求、生存追求与使命追求，这并不是什么新概念，不过是对轴心时代和启蒙时代诸多贤哲教导的简单继承，应该成为 21 世纪众所周知的世界知识。但实际情况远非如此，利益追求 b0099 一家独大，知识追求 b009a、生存追求 b00c01 和使命追求 b00d01 都沦落成为这位老大的附庸或奴隶，这种情况在农业和工业时代都没有像如今这么严重，这确实应该引起人类的反思。为促进这一反思，本节引入了一系列贵宾，包括诸多异类贵宾。

笔者奢望，其中的贵宾（b00-0m-0,m=1-4）也许可以成为反思的起点。这里有一个细节值得交代一声，贵宾（b00-01-0）放在本节的最后，随后应跟随系列（b00-0-m,m≥3），但略而未写。蕲乡老者曾对文明标杆的概念提出过严厉批评[*a]，本节未予采纳，希望借用这一特殊方式，表达对已故老者的尊重。

注释

[*a] 见《全书》第四册里的“对话续1”。

[**01] 关于贵宾符号“-0-”和“-0”的约定意义，在《全书》的“作者的话”里有一个说明，但该说明存在严重笔误，把两者的约定意义讲反了。这一错误刚被发现，已出版的3册（第一、第二和第五册）未及改正，深致歉意。

[*02] 对第三世界pj01*\3的三分，前文曾使用过pj01*\3*γ=b的表示方式，不必改动。

[*03] 新加坡是南片第三世界在东片第四世界里的飞地，孟加拉国是东片第四世界在南片第三世界里的飞地。

第 1 节
争取 b01 (164)

0.1-0 争取 b01 概念延伸结构表示式

```
b01:(\k=3,t=b;\1*d01,\2*:(t=b,e2n),\3*c3n,t-;9-*d01)
  b01\k=3                    争取第二本体呈现
  b01\1                      争取正义
    b01\1*d01                  和平
```

```
b01\2                    争取发展
   b01\2*t=b                发展之第一本体呈现
   b01\2*9                  政治发展
   b01\2*a                  经济发展
   b01\2*b                  文化发展
   b01\2*e2n                发展之辩证表现
b01\3                    争取幸福
   b01\3*c3n                幸福之3层次描述
   b01\3*c35                温饱幸福
   b01\3*c36                小康幸福
   b01\3*c37                豪华幸福
b01t=b                   争取之第一本体呈现（三争）
b019                     争权
b01a                     争利
b01b                     争名
   b01t-                    三争之层级呈现
      b019-*d01                世界霸主之争
```

依据“争取 b01”的一级延伸概念系列，常规做法是：以 2 或 6 小节进行论述。但本节将独树一帜，分 5 小节，加“争取综述 0.1.5”。每小节略去世界知识的后缀，但两小节使用了“补充说明”，前缀统一使用“关于”，暗示各节内容大体介乎“世界知识”与“闲话”之间。

0.1.1 关于争取正义 b01\1

正义是伦理学的基础概念，其映射符号是 j80e25，将“争取正义”列为“争取 b01”的第一号延伸概念 b01\1，乃是 HNC 的必然选择，其基本概念关联式如下：

```
b01\1 := (j80e25,321+3a1)——(b01-01-0)
（争取正义对应于两效应与伦理之基的第二组合[**01]）
b01\1 ::= (b01,103,j80e25)——(b01-01a-0)
（争取正义即为正义而战）
```

对“争取正义 b01\1”，还配置了再延伸概念b01\1*d01，其汉英直系捆绑词语分别是“和平”与“peace”[*02]。康德先生最后的一部伟大著作叫《永久和平论》，那是 1802 年的事，是拿破仑横扫欧洲的年代。此前的 2000 多年，整个欧洲一直战乱不断，不像中华大地，几乎有一半时间维持在和平状态。所以康德先生的伟大愿景在当年只是一个笑话，此后 250 年间依然如此，但欧盟的出现，却使康德愿景成为现实[*03]。

争取正义是轴心时代哲学巨人的关注焦点，它是柏拉图第一名著——《理想国》——所探讨的课题，这大家都比较熟悉。儒家学说的核心概念——仁、学、义[*04]——实质上与柏拉图的探索不谋而合，可是，关于文明探索的这一重要世界知识，人们不仅不熟悉，甚至存在许多重大误解。当下，中华文明的伟大复兴事业没有回避这一严峻现实，这值得点赞。近代人写的《正义论》[*a]虽然名噪一时，但其思考深度是否还不及古典名著？这值得讨论。

0.1.2 关于争取发展 b01\2

将“争取发展”列为“争取 b01”的第二号延伸概念 b01\2，也是 HNC 的必然选择，其基本概念关联式如下：

```
b01\2 := (13be25+3a1)——(b01-02-0)
（争取发展对应于进化与获得）
b01\2 ::= (b01,l03,13be25+3a1)——(b01-02a-0)
（争取发展即为发展而战）
```

为“争取发展 b01\2”配置了两项再延伸概念，发展本身具有下面的概念关联式：

```
(b01\2*t := (13be25+3a1,ay),t=b,y=1-3)——(b01-03-0)
（发展之第一本体呈现对应于政治、经济和文化的发展）
(b01\2,jlv11e21,j86e2n)——(b01-0-01)
（发展本身存在着积极与消极的双重特性）
```

第二项再延伸概念 b01\2*e2n 就是异类贵宾（b01-0-01）的代表。发展的辩证特性尚未引起人们的足够重视，“可持续发展”或“科学发展观”概念的提出诚然是一个重大进步。但在异类贵宾（b01-0-01）眼里，或在后工业时代的视野里，这个进步还远远不够，不过是在认识论历史长河中迈出的一小步。因为发展的可持续性是有限度的，例如，政治发展 b01\2*9 要受到“民主潜能已耗尽，自由积弊更惊心”的制约；经济发展 b01\2*a 要受到经济公理的制约；文化发展 b01\2*b 要受到各种文化专业巅峰的制约。

对于“争取发展 b01\2*t=b”这一课题，更明白的形而上思考是：发展观的建立不仅需要科学的介入，还需要神学和哲学的介入。

0.1.3 关于争取幸福 b01\3

将“争取幸福”列为“争取 b01”的第三号延伸概念 b01\3，同样是 HNC 的必然选择。此选择的理论依据在《全书》第一册里已作了充分论述，并以“需求外经”予以高度概括。这里从“争取 b01”的视野，并基于“六个世界 pj01*\k=6”的现实，对 b01\3 给出了一个关于幸福的 3 层次描述 b01\3*c3n。此延伸概念的符号和汉语说明虽然都具有意义的自明性，但它提出了幸福的另一种描述方式，是对最低期望 7121c01（生存）和最高期望 7121d01（幸福）两概念的综合与发展。就 HNC 符号体系来说，这是一个新课题。笔者感到自己已经不适合做这样的新课题了，故决定把这个课题的 HNC 探索留给后来者去处理。

0.1.4 关于“三争 b01t=b”的补充说明

三争（争权、争利、争名）属于专业活动“最高形态共相概念树 a00”[**05]里的“完备β呈现”[**06]，映射符号是 a0099t=b。前文曾多次指出，“β”概念都是“宝”，三争更是“宝”中之“宝”，贵宾（b0-0-01）和（b00-01-0）具体展示了三争的“宝”性。以往对这块“宝”的描述几乎已竭尽所能，但这里是第一次以语言理解基因氨基酸符号“-”予以扩充，用以描述三争的层级性呈现。

三争是一种社会现象，不限于专业活动各殊相概念林所描述的专业领域，因此，在第一类精神生活的“行为 73”里也做过大量描述。但对于部落（家族）和家庭的内外三争，再延伸概念（b01t-0; b01t-00）是不可或缺的描述基元。

在三争的层级描述里，b019-*d01 和 b019-0*d01 的争夺是当今世界的热门话题，前者对应于世界霸主地位的争夺，后者对应于地区霸主地位的争夺。该热门话题里有一个论点特别值得注意，那就是老大必然要打压老二，世界霸主或地区霸主之间必然要争个你死我活。这个论点赢得了一句古汉语格言的有力呼应，那格言叫：一山不容二虎[*07]。因此，该论点在中国可以轻易获得众多的信众。对此，本小节愿意重复HNC 的两项思考：①该论点在工业时代基本正确，在后工业时代则基本不正确；②在六个世界已赫然存在和后工业时代曙光日益亮堂的势态下，不仅世界霸主桂冠的意义或价值在急速下降，地区霸主桂冠也同样如此[*08]。这一势态意味着霸主桂冠是一个利小于弊的东西，人们不会再像以往那样，拼命去追逐那个东西了。蕲乡老者早见及此，故有“太平洋总统”、“太平洋主席”和“太平洋总理”的戏言[*09]，望读者察之。

0.1.5 关于“争取 b01”的补充说明

争取b01最近出现了一个响亮的汉语直系词语，那就是中国梦里的“梦”，其映射符号是rb01。在综合逻辑的视野里，存在下面的概念关联式：

b01 := s108——(b01-0-02)
（争取对应于综合逻辑的目的论）
(b0 := s10α，α=b)——(b0-0-04)
（追求对应于智力的第一本体全呈现）

这两位贵宾可以不纳入异类，但考虑到“综合逻辑概念 s”还是一个“新”东西，只好暂时委屈两位一下。以“b0”牵头的异类贵宾共 4 位，以“b01”牵头的异类贵宾共两位，它们都存在“平反”问题，这属于后话。

结 束 语

本节内容密切联系于综合逻辑的“目的论s108”，其意义颇不寻常，因为它为随后两株概念树——b02 和 b03——的延伸结构表示式，提供了设计样板。

本节的异类贵宾都很有考究，最后出现的两位更是如此。其特殊意义在于：概念林 b0 各株概念树（b0y,y=0-3）的设计，是以两者提供的世界知识为基本依据的。

本编的议论文字往往“不合地宜”，因为论述之依据出现在《全书》后 3 册的情况屡见不鲜，本节也不例外，但比较轻微，仅涉及第四册里的综合逻辑概念，幸甚。

注释

[*a] 作者叫约翰·罗尔斯。

[**01] 关于“两效应与伦理之基的第二组合”请参看异类贵宾（b0-0-03）。由此可知：①争取 b01同追求b00一样，是一个比较复杂的概念，它实质上是追求的另一种表述方式，故本节不单独给出

b01的定义式。②在争取正义b01\1里赋予争取b01最积极的意义，这是异类贵宾(b01-02-0)的约定。但应该指出，凡是与伦理属性有关联的概念都容易被利用，成为语言面具的材料。这是一项非常重要的世界知识，特此说明。

[*02] 和平或peace是两个美妙的词语，但在20世纪却成为语言面具的常用材料，希特勒先生是使用这一语言面具材料的绝顶高手，其名言之一就是：和平是我们的坚定信念，因为战争是现代最愚蠢的行为。

[*03] 康德愿景之成为现实是后工业时代曙光的重要迹象之一，可惜还“鲜为人知”。

[*04] 参看《全书》第一册pp287-291。

[**05] 共相概念树的上级可以是共相概念林，也可以不是。前者的共相性大于后者，这既属于HNC符号体系的自然约定，也是一项公理性质的世界知识。为了突出此项世界知识，这里出现了“最高形态共相概念树”的短语，也许是第一次使用，特此说明。

[**06] “完备β呈现”短语或许也是第一次使用，意思是“βt=a”形态的出现，这种情况在语言概念空间里比较罕见，值得高度重视。

[*07] 西方也有类似的表述，叫修昔底德陷阱。

[*08] 在欧盟的地盘里，以往几百年，确实存在过地区霸主的激烈争夺，包括修昔底德陷阱现象，如今呢？在第四世界，还会出现充当地区霸主的狂热枭雄吗？如同不久前曾叱咤风云的萨达姆和卡扎菲。在南片第三世界，会出现类似的枭雄吗？为什么人们对这些后工业时代的明显迹象，却似乎采取视而不见的态度呢？

[*09]见《全书》第四册pp611-621。

第2节
奋斗b02 (165)

0.2-0 奋斗b02概念延伸结构表示式

```
b02:(t=b,\k=8,c3n;)
  b02t=b          奋斗之第一本体呈现
  b029            奋斗路线
  b02a            奋斗步调
  b02b            奋斗调度
  b02\k=8         奋斗之第二本体呈现(奋斗领域)
  b02\1           奋斗于政治
  b02\2           奋斗于经济
  b02\3           奋斗于文化
  b02\4           奋斗于军事
  b02\5           奋斗于法律
  b02\6           奋斗于科技
  b02\7           奋斗于教育
```

b02\8	奋斗于卫保
b02c3n	奋斗之3层级呈现
b02c35	第一层级奋斗
b02c36	第二层级奋斗
b02c37	第三层级奋斗

下面，分4小节叙说，内容见各小节命名。

0.2.0 奋斗b02综述

上节的结束语说到，争取b01的内容密切联系于智力基本内涵的目的论s108。这意味着奋斗b02的内容将密切联系于智力第一本体全呈现的3项非根概念：途径论s109（路线）、阶段论s10a（步调）和视野论s10b（调度）。这就是说，争取b01对应于“追求b00之思考”，而奋斗b02则对应于“追求b00之行动”。这当然是重要的世界知识，下列3位以“b0”牵头的高级贵宾负责该知识的表示。

b01 := (83,81,)——(b0-01)
（争取首先对应于策划与设计）
b02 := 730——(b0-02)
（奋斗对应于行为之基本内涵）
b01+b02 (=,=>) (r7111,r7112+r7113)——(b0-03)
（争取与奋斗强交并源式关联于事业）

0.2.1 奋斗之第一本体呈现b02t=b概述

本小节的世界知识可提纲挈领于下列概念关联式：

(b02t := s10~8,t=b)——(b02-01)
（奋斗之第一本体呈现对应于智力第一本体全呈现的3项非根概念）
b029 := s109——(b02-01a)
（奋斗路线对应于途径论）
b02a := s10a——(b02-01b)
（奋斗步调对应于阶段论）
b02b := s10b——(b02-01c)
（奋斗调度对应于视野论）

本项世界知识的点说方式充斥于现实与网络世界的读物，欲知其面体说方式或内容，请细读本《全书》第四册里的综合逻辑编（第六编）。

0.2.2 奋斗之第二本体呈现b02\k=8略说

本小节的世界知识可提纲挈领于下面的概念关联式：

(b02\k := ay,k//y=1-8)——(b02-02)

关于“ay,y=1-8”的专著浩如烟海，但其世界知识的面体说，请细读本《全书》第二册。遗憾的是，该册写于9年前（2005～2006年），各章的论述方式过于照顾启动微超工程的主观需求。有的失之烦琐，如经济章a2的主要内容；有的又过于简略，如卫保章a8。

0.2.3 奋斗之 3 层级呈现 b02c3n 略说

本小节的世界知识可提纲挈领于下面的概念关联式：

```
b02c3n = b01\3*c3n——(b02-03)
```
（奋斗之 3 层级呈现强交式关联于幸福追求之 3 层次描述）

本项世界知识几乎没有相应的读物，这里也不拟多说。但应该指出，这里的核心问题是生活方式的多样性提倡，对此，前文已有系统论述。这里仅推荐两段话语：一是已故蕲乡老者关于豪华度的谈话[*01]；二是一位印度人[*a]关于生活方式的谈话，摘要如下：

全球最终应当讨论生活方式问题，因为这个星球将会不足以维持奢侈的生活方式。印度人的生活方式是一种可持续性的生活方式。这种生活方式并非源于贫穷，而是来自我们珍视的价值观……只有没有西方奢侈习惯的“印度人的生活方式”才能使全球不出现气候变化最糟糕的状况。

结束语

本节未涉及奋斗 b02 的二级延伸，对 3 项一级延伸也论之不详，主要依靠 3 个（组）概念关联式。前两者的相关内容前文已有详细论述，并指明了出处，后者则未明说，实际上也在《全书》第一册里进行了大量阐释。因此，本节虽然文字简略，但符合透齐性的要求。需要补充的是以下两点：①奋斗的语境单元绝大多数属于复合型，即 3 项一级延伸的复合，这意味着 b02 概念延伸结构表示式里的二级延伸实际上可备而不用。②3 层级奋斗 b02c3n 的汉语命名以“第一、第二和第三”为修饰语，这与两类劳动命名里的“第一与第二”基于同一思考，此“第一”不同于当下中国流行的“冠军”、“金牌”或“状元”等概念。

注释

[*a] 2015年印度环境部部长，叫Prakash Javadekar。

[*01] 参看《全书》第四册里（P611-626）的“对话续1”。

第 3 节
抗争 b03 (166)

0.3-0 抗争 b03 概念延伸结构表示式

```
b03:(e2m,\k=0-4;)
  b03e2m                    抗争之认识论二分描述
```

```
b03e21                     弱抗强
b03e22                     强抗弱
b03\0-4                    抗争之第二本体根呈现
b03\0                      智力抗争
b03\1                      谋略抗争
b03\2                      抗争手段
b03\3                      抗争方式
b03\4                      抗争资本
```

抗争的定义式如下：

```
b03 ::= (b02,s34,30a9e56)——(b03-01)
（抗争定义为困难语境条件下的奋斗）
```

下面，分 4 小节叙说。

0.3.1 关于抗争之认识论二分描述 b03e2m

从 1840 年开始到不久前，中国的内外语境似乎一直处于抗争 b03 的“弱抗强 b03e21”状态，这就造成了一种认识偏差，以为抗争就是弱抗强。一级延伸 b03e2m 有助于纠正这一偏差，b03e2m 的定义式如下：

```
b03e2m ::= (43e02,l44,p53d2n)——(b03-02)
（抗争二分描述定义为强势者与弱势者之间的对抗）
```

第二次世界大战之后，整个亚非大陆的民族独立运动是 b03e21 的样板，近 13 年来的反恐斗争则是 b03e22 的样板。前一个样板是一场时代性风云[**01]，因为它是后工业时代的第一丝曙光。对后一个样板的思考，我们还十分缺乏后工业时代和六个世界的视野。

0.3.2 关于智力与谋略抗争 b03\0+b03\1

抗争的第一要素是智力与谋略的运用，所以将智力抗争 b03\0 与谋略抗争 b03\1 合并成 1 个小节来叙说，也就是作为一个课题来探索。

探索此课题的最佳历史资料是 20 世纪的两次十月革命和两次世纪握手。毛泽东先生领导的第二次“十月革命”和主宰的第二次世纪握手是人类历史上最高水平的智力与谋略抗争吗？各国的智库都应该认真进行这一追问，否则你不可能真正理解当下的中国。可惜迄今为止还不能说，这一追问的探索是到位的，因为要到位就不能没有形而上思考的支撑。而亲身参与过第二次世纪握手活动的基辛格先生，都未能免于该思考的匮乏。

本课题形而上思考的要点是，智力存在着智能 s10\2 与智慧 s10\1 的本质区别，如果把两者混为一谈，那上述追问的答案就难以到位。这个情况就如同你未必真能读懂《红楼梦》里“机关算尽太聪明，反误了卿家性命”，如果你对“王熙凤智能过人，而智慧平平”的特点，缺乏一个基本认识的话。

毛泽东先生的一生，与现代化的两项根本要素——资本+技术——里的资本势不两立，斗了一辈子。但在“文化大革命”中期以后，他显然已对此有所反思，第二次世纪握手时，主人对客人的“5 根手指哲学”谈话[***02]，即使不能说是有力证据，至少可以看作是一片“知秋之叶”或一丝“变天端倪”。这一反思是智慧的表现，而不是智能。

本小节就不写出相应的概念关联式了，因为对后来者来说，这不过是举手之劳。

0.3.3 关于抗争手段与方式 b03\2+b03\3

如果说谋略是智力的战略性运用，那么，手段和方式就是智力的战术性运用。

抗争手段 b03\2 与抗争方式 b03\3 主要是智能 s10\2 的展现，弱关联于智慧 s10\1。这是本小节的要点，其他的技术性问题，后来者完全有能力承担，这里就从免了。

0.3.4 关于抗争资本 b03\4

先给出下面的两位异类贵宾：

```
b03\4 := (jlr127,b03)——(b03-0-01)
（抗争资本对应于抗争之需求）
(jlr127,b03) = (s34\1,s4)——(b03-0-02)
（抗争需求首先强交式关联于第一类语境条件，其次是广义工具）
```

两位异类贵宾里的“jlr127 需求”、“s34 语境条件”、“s34\1 第一类语境条件”和“s4 广义工具”，都是读者非常生疏的概念或术语，其详细论述在本《全书》的第四册。因此，本小节不拟展开论述。这里仅指出一点，第二次“十月革命”在中国的胜利，客观因素的主线就是：当时中国的第一类语境条件 s34\1 非常有利于共产党和毛泽东先生，而十分不利于国民党和蒋介石。

结 束 语

本节采取了别具一格的论述方式，仅突出要点，把细节都抛在一边。而突出要点的方式又别出心裁，这包括一个三星级注释“[***02]”，请读者察之。

小 结

就《全书》的撰写过程来说，本章是HNC 符号体系的最后一片共相概念林，论述方式希望有所改变：告别莽撞，模仿深沉。

此前的撰写经验表明，莽撞易见于高阶延伸，深沉必须立足于清晰性思考。于是，本章出现了如下的两项独特现象：4 株概念树前两株——b00 和 b01——的延伸结构限于三级；后两株——b02 和 b03——只设置了一级延伸。这两项独特现象，既可以说是势态使然，也可以说是有意为之。共相概念树和第一号殊相概念树的延伸多阶性和开放性，在 b01 和 b02 这两株概念树并不完全适用，这就是所谓的势态；追求语境单元具有活跃的复合特征，为此，“b00 和 b01”的延伸设计特意为“b02 和 b03”的复合语境构成搭建了最大的方便之门，这就是所谓的“有意为之”。

但是，结果表明：告别并不彻底，模仿又不伦不类，非常抱歉。

注释

[**01] 该时代风云终结于苏联解体，因为苏联的15个加盟共和国，10个是沙俄帝国的殖民地，苏联继承了这份殖民遗产，后来还增添了4个（波罗的海东岸3国和摩尔多瓦）。现在的俄罗斯还对这份遗产念念不忘，所以，在老牌殖民帝国这个重大历史问题上，普京先生不愧为掩饰并美化残酷历史真相的绝顶高手。

[***02] “5根手指哲学”是笔者特意引入的术语，但引之有据。因为第二次世纪握手一开场，主人毛泽东先生就对客人尼克松先生说：我和你只谈哲学问题，具体问题由周恩来和基辛格他们去讨论。接着，主人伸出左手的5根手指，直接进入其哲学主题。主人首先说，大拇指（老大）表示美国，食指（老二）表示苏联，客人欣然。随后主人问：中指（老三）和无名指（老四）是谁？客人有点不知所措，主人从容地说：是西欧和日本。这时，客人惊魂未定，主人再加一把劲，说：小拇指（老五）是谁呢？是中国。这一下子就把客人推进了“5根指头哲学”的迷宫，只能洗耳恭听。在接下来的哲学讲解中，主人巧妙地给出如下暗示：老五不甘末位，但绝不挑战老大的地位。这次哲学讲解的时间是1972年年初，那时，西欧和日本的经济腾飞才刚刚起步，毛泽东先生似乎预见到了日本后来一度出现的“超美”态势，预见到了西欧走向欧盟的伟大历史演变，这真是有点不可思议。而更为奇妙的是，当年不甘末位的老五如今已升为老二，而老二恰好降为老五，这才是“5根指头哲学”的精髓所在。那么，该精髓从何而来？读者不妨想一想，正文里的“变天端倪”之说是否多少有点道理？该端倪当然不可能是一个孤立起点，必有伴随迹象。该迹象要从毛泽东先生当年采取的一系列重大举措里去寻找。这包括：放弃曾寄予厚望的“革命闯将”和“革命小将”；放弃长期的紧密追随者——林彪集团；启用邓小平先生不给“四人帮”以全权等。毛泽东先生是把握“奋斗步调b02a”的绝顶高手，其上列4项重大举措——两放弃、启用与不给——怎能不是高超步调智力“一以贯之”的体现？

第一章

改革 b1

引 言

改革是当下地球村最流行的词语和话题。不过，六个世界的流行度有很大差异，第一和第二世界一马当先[*01]，第三和第六世界紧随其后[*02]，而第五世界则步履蹒跚，第四世界刚出现一点大梦初醒[*03]的迹象。尽管如此，改革依然是 21 世纪最强的世纪之音。

因此，把改革列为表层第三类精神生活的第一片殊相概念林 b1，乃是 HNC 的必然之选。其概念树的透齐性设计并不复杂，如下：

b10	改革之基本内涵
b11	全局性改革（全局改革）
b12	局部性改革（局部改革）
b13	改革与继承（继承中改革）

改革的基本概念关联式是：

b1 := (jl1y,83;902e6m+031,309+31;12eb0,24~9;40a,50α=b,)
——(b1-01)

（改革开始于比较判断，终止于策划与设计，高度关注作用环节之理性第一反应与作用之主动免除、效应环节之变化与生灭、过程环节之奇、转移环节之替代与变换、关系环节之主从性[*04]、状态环节之第一本体根呈现）

这就是说，改革之“路线图”是广义作用效应链的一种高级综合。

注释

[*01] 这一马当先需要附加两点说明：一是各种由第一世界发起并主宰的国际组织都是改革的积极提倡者；二是第二世界的个别国家还处于大梦未醒状态。

[*02] 作为北片第三世界主体的俄罗斯，曾出现过紧随阶段，普京先生虽然暂时扭转了这一态势，但不可能持久。第六世界存在少数“异类”，但同样不可能持久。

[*03] 大梦初醒的迹象主要表现为两点：一是非王权国家的领导人终身制和家族继承制已濒临破产势态；二是霍梅尼革命浪潮已趋于衰落。

[*04] 这里的关系主从性是指主从性的变革，因为40a包含两项再延伸：40aeam和40ae2m，前文有言：前者偏重于两关系对象的静态描述，而后者偏重于两关系对象的动态描述（见《全书》第一册p104）。

第 0 节
改革之基本内涵 b10 (167)

1.0-0 改革基本内涵 b10 的概念延伸结构表示式

```
b10:((+8),(+730),e4n;(+8)t=b,(+730)\k=0-8,e47d01;)
  (b10+8)                 思维范式改革
    (b10+8)t=b              思维范式改革之第一本体呈现
    (b10+8)9                神学思维改革
    (b10+8)a                哲学思维改革
    (b10+8)b                科学思维改革
  (b10+730)               文明形态改革
    (b10+730)\k=0-8         文明形态改革之第二本体呈现
    (b10+730)\0             生活方式改革
    (b10+730)\1             政治改革
    (b10+730)\2             经济改革
    (b10+730)\3             文化改革
    (b10+730)\4             军事改革
    (b10+730)\5             法律改革
    (b10+730)\6             科技改革
    (b10+730)\7             教育改革
    (b10+730)\8             卫保改革
  b10e4n                  改革的认识论描述
  b10e45                  创新式改革
  b10e46                  改良式改革
  b10e47                  过度改革
    b10e47d01               休克式改革
```

这里出现了 1 个前所未见的符号：":(+y)"，这是 HNC 符号体系的破天荒景象，然而这只是符号体系灵巧运用的一个示例而已。本编之所以放在最后撰写，与此有关。

前文曾花费过大量文字，对这一延伸结构表示式进行了充分的预说。在 HNC 看来，第一项延伸是所有改革的"大场"，第二项延伸是所有改革的"急所"，第三项则是所有改革之"大急"。这是改革的 3 个根本问题，在 21 世纪尤为突出。

这里，应给出下面的基本概念关联式：

```
((b10+8)t := 804t,t=b)——(b10-01)
(思维范式改革之第一本体呈现对应于创造性思考之第一本体呈现)
((b10+730)\k := ay,(k//y)=0-8)——(b10-02)
(文明形态改革之第二本体呈现对应于专业活动之 9 片概念林)
```

下面，以 5 小节进行叙说，各小节的分工见其相应标题。

1.0.1 关于思维范式改革(b10+8)

本小节不能不提一下前文提到的 3 件事：一是托马斯·阿奎那神甫“无心插柳柳成荫”的故事[*a]；二是关于形而上思维极度衰落和诸多基本世界知识鲜为人知的叹息[*01]；三是关于“科技迷信”[*b]和“需求外经”[*c]巨大危害的警告。3 件事分别是“思维范式改革第一本体呈现（b10+8）t=b”的样板事例。

如果对这 3 件事进行非分别说或进行综合思考，那就必然会引出一项追问：科学独尊取代神学独尊的态势还能持续多久？前文曾描述过三学鼎立的远景，这个远景必然是一个漫长的渐进过程，21 世纪是没有希望的。但可以肯定的是，该远景的曙光呈现之日，就是后工业时代脱离初级阶段之时。

改变科学独尊的原动力应来于神学思维改革(b10+8)9，其协同力量可以指望哲学思维改革(b10+8)a，但不宜指望“第三者”——科学思维改革(b10+8)b。

21 世纪的新教宗方济各能否成为神学思维改革的探路人？不妨寄予一点希望。

1.0.2 关于生活方式改革(b10+730)\0

本小节将仅给出下面的概念关联式：

```
(b10+730)\0 := b01\3*c3n——(b10-03)
```
（生活方式改革对应于幸福的 3 层次描述）

贵宾（b10-03）表明，生活方式改革（b10+730）\0 也是一个不适合于笔者来阐释的新课题，虽然前文曾对生活方式问题给出过大量论述。因此，也仿照[161-013]小节的做法，将此课题留给后来者去处理。

1.0.3 关于文明主体改革“(b10+730)\k,k=1-3”

文明主体改革具有 3 项内容：政治改革、经济改革和文化改革。从农业时代到工业时代的演进，实质上就是文明主体改革的集中呈现，从工业时代到后工业时代的演进也必将如此。这是一项极为重要的认识，但人类对此是否已达到“清晰性思考 802”的水准呢？似乎还不能这么说。联合国成立 70 周年之际所发表的“可持续发展计划”[**d]就充分表明了这一点。

这里不妨回顾一下促成工业时代来临的“清单 8 项”[*e]。其中的前 3 项（文艺复兴、宗教改革、科技革命）基本属于文化改革，居中的两项（地理大发现、工业革命）基本属于经济改革，后 3 项（英国宪政革命、启蒙运动、法国大革命）基本属于政治改革。该清单大体上是按照时间顺序排列的，展现了一幅“文化改革开路，经济改革主唱，政治改革殿后”的秩序井然景象。那么，促成后工业时代脱离初级阶段的演进，是否也将遵循这一景象呢？这个问题很值得思考[**02]。

在这个重大问题上，实际上六个世界没有谁比谁高明，可是第一世界老是摆出一副比谁都高明的架势，特别是他的老大，第二世界千万别学这个。

1.0.4 关于文明专项改革“(b10+730)\k,k=4-8”

上文提到的联合国“可持续发展计划”属于典型的专项改革，该计划包含的4个方面——教育、贫困、医疗、环境，仅涉及“k=7-8”，与“k=4-5”毫无关联，与“k=6”有那么一点联系（a62a\2 经济工程），这表现了联合国的“自知之明”。但必须指出，该计划无关乎第一世界或北跨，弱关联于太环和南跨，仅强关联于印环[*f]。联合国应心知肚明于此，但找不到相应的自然语言来表述。

任何专项改革同文明主体改革一样，绝不能脱离其具体对象的文明特征，联合国未必心知肚明于此。其以往的各种计划似乎都缺乏这一基本思考，故收效不大。但联合国不可能不了解，印环的文明特征 ru307 最为复杂，为两环、两跨之最，这才是“可持续发展计划”的最大症结所在。如何削弱这一症结的消极影响？如果该计划制订者连这个问题都没有思考过，那就表明，“雄心勃勃”的赞誉可能只是一次忽悠而已。

1.0.5 关于改革之“大急”b10e4n

改革的认识论描述——延伸概念 b10e4n，是概念林“改革 b1”里的最大亮点。其符号意义和汉语说明都特别到位。就 HNC 符号体系来说，“e4n”不是一个什么了不起的东西，但对于改革而言，人类要取得“b10e4n”的认识，已经付出过惊人的学费，20世纪的主要付费者是苏联和中国，21世纪该轮到其他大国了。

关于这笔学费的讨论才刚刚开始，人们远没有取得共识。HNC 的基本看法是，这项共识的取得，既无必要，也不可能，就让它在认识论之历史长河中流淌吧。

所以，本小节标题里的“大急”特意加了引号。

最后，给出一位异类贵宾：

```
b10e47d01 (=,<=) d23——(b10-0-01)
（休克式改革强交并流式关联于浪漫理性）
```

关于鲁迅和胡适先生，前文曾给出多次论述，这里借助于此位异类贵宾对两位先生给出一个终极性描述：

```
(鲁迅,jlv111,(pb10e47d01,(b10+730)\k=1-3))——[b10-0-01]
（鲁迅先生是文明主体改革的休克式改革家）
(胡适,jlv111,(pb10e47,(b10+730)\3))——[b10-0-02]
（胡适先生只是文化改革的过度改革家）
```

结 束 语

本节第一次使用了“(+y)”形态的延伸概念表示，具体表示符号是“(+8)”和(+730)”，这个做法看起来突然，实际上早有“伏笔”。这“伏笔”乃是一项困惑之产物，并非故意。该困惑来于 HNC 符号体系里的两个特殊子范畴：“思维 8”和“行为 73”，两者的位置安顿过程远非一帆风顺，而是出现过多次反复。最后的决定[*03]是，让“思维 8”与“劳动 q6”紧靠在一起，让“行为之共相呈现 730”与“心理 7y,y=1//2”捆绑在一起。这两项决定造就了“8”和“730”的特殊地位，于是，本节就出现了“思维范式改革（b10+8）”和“文明形态改革（b10+730）”的特殊语境单元。

“思维范式改革（b10+8）”属于改革 b1 的形而上，“文明形态改革（b10+730）”属于改革的形而卞。两者可能成为 22 世纪的热门话题，现在是 21 世纪，人们只可能关心改革 b1 的形而下，那就是文明专项改革“(b10+730)\k,k=4-8”里的部分内容。

HNC 很愿意推荐延伸概念 b10e4n 充当语境单元的贵宾，为此，写了一些不合时宜的话语，还给出了 3 位异类贵宾，包括一位内宾和两位外宾，请予包容。

注释

[*a] 该故事见《全书》第一册p456。

[*b] 科技迷信的初次论述见《全书》第一册pp177-180。

[*c] 需求外经的初次论述见《全书》第一册pp408-410。

[**d] 2015年9月25日，全球领导人在联合国大会上通过了一项雄心勃勃的可持续发展计划，承诺要在15年里呈现一个各方面——教育、贫困、医疗、环境——都更好的世界。

[*e] “清单8项”首见《全书》第一册的p455倒数第二段。依次是：①文艺复兴；②宗教改革；③科技革命；④地理大发现；⑤工业革命；⑥英国宪政革命；⑦启蒙运动；⑧法国大革命。

[*f] 太环与印环、北跨与南跨，简称“两环两跨”，是已故蕲乡老者提出的术语，见《全书》第四册里的“对话续1”。

[*01] 该感叹的集中描述就是：人们对后工业之时代曙光和六个世界之“赫然”景象的感受竟然如此迟钝。

[**02] 20世纪前80年的中国，一直是政治改革在主唱，后20年才对经济改革的主唱地位有所领悟，但对文化和政治改革的角色依然缺乏清晰性思考。

[*03] 这最后决定的时间是2012年，在完成《全书》第五册之后。所以，《全书》第一册里依然保留着第一类精神生活包含“思维”8的话语，不必改动。

第 1 节 全局改革 b11 (168)

1.1-0 全局改革 b11 的概念延伸结构表示式

```
b11:(o01,α=b;o01e2n,(8+b)c3n,(9,a)c3n;)
  b11o01                  全局改革的两端描述（变法与革命）
  b11c01                  变法
  b11d01                  革命
    b11o01e2n               变法与革命的辩证表现
  b11α=b                  全局改革之第一本体全呈现
```

b118	改革目标
b119	改革途径
b11a	改革步调
b11b	改革视野

这里，应给出下面的基本概念关联式：

(b11α := s10α，α=b)——(b11-01)
（全局改革与智力都具有第一本体全呈现，两者相互对应）

下面，以3小节进行叙说，其内容见各小节标题。

1.1.1 关于变法与革命b11o01

伴随工业时代来临的“清单8项”里，有4项以革命命名，依次是：科技革命、工业革命、英国宪政革命和法国大革命，四者都经受过历史的检验，名副其实。但不是所有挂着革命头衔的事件都是如此，最典型的就是俄国的二月革命和中国的辛亥革命。二月革命不过是后来列宁先生领导的俄国十月革命的预演，辛亥革命不过是后来毛泽东先生领导的中国“十月革命”的预演。二月革命和辛亥革命本身实质上不过是一场变法b11c01，而不是革命b11d01。因为那两场“革命”的发动者都只对打倒王权制度a109充满热情，而对于社会制度之交织延伸概念——a10t=b，则缺乏全面的理解。其革命目标主要放在政治体制a10m的变革方面，未触及政治制度a10e2n。对于现代化的命门或法宝——“资本+技术”——则几乎茫然不知或被严重误导，这是许多革命的历史性悲剧，不可苛求于革命先行者。

无论是变法与革命都具有“e2n”的辩证特性，不能把一切变法或革命都看成是好事，也不能都看成是坏事。更不能把革命同休克式改革b10e47d01等同起来，从而提出“告别革命”的口号，这是世界知识匮乏症的典型呈现。

1.1.2 关于改革的目标与视野b11(8+b)

贵宾（b11-01）为全局改革b11提供了一幅清晰性思考的“路线图”，将全局改革与智力第一本体全呈现s10α=b对应起来。但此项对应具有它的特殊性，在b11概念延伸结构表示式里给出了清晰的描述，具体表现为：①改革目标与视野的“+”式联姻(8+b)；②改革途径与步调的“,”式联姻(9,a)。两者将分别记为语境单元b11(8+b)和b11(9,a)，并拥有“c3n”再延伸，以表示各自的展现水平。

本小节漫谈前者。

在工业时代的所谓“清单8项”中，英国宪政革命是“语境单元b11(8+b)”的样板，目前欧盟里的模范国家几乎都是该样板的产物。这是一个值得大说特说的话题，因为他们都是b11(8+b)的模范生：b11(8+b)c37，不妨名之“改革视野模范生”。这就是说，英国宪政革命应视为改革的一种模范，它将目标与视野结合得很好。工业时代列车的两位外来乘客[*01]也是如此，这显得非常“诡异”。两位的历史表现都有其罪恶滔天的一面，那属于另一类语境单元的话题，不影响本话题的叙说。

中国20世纪80年代以前的一系列运动或革命，如果拿语境单元b11(8+b)的展现水平来衡量，恐怕都会落入不及格的范畴，即属于 b11(8+b)c35。对 20 世纪中国各类人物的评价，不能脱离该语境单元 b11(8+b)c3n 所传递的世界知识。这个问题十分复杂，这里只提出来，而不展开讨论。

1.1.3 关于改革途径与步调 b11(9,a)

上一小节，对中国在 20 世纪 80 年代前的改革——b11(8+b)——说了消极话语，这里应该补充说，20 世纪 80 年代后的中国改革事业，在“b11(8+b)”方面至少达到了 b11(8+b)c36 水准，在“b11(9,a)”方面，则接近于 b11(9,a)c37 水准。这似乎意味着，在 b11(9,a)方面，中华文明具有传统优势；而在 b11(8+b)方面，则具有传统弱势。这两点“似乎”，将分别简称为中华文明“优势说”与“弱势说”。

“优势说”有一定的理论依据，那就是中华文明对势态 53 的领先认识[*02]，而该认识密切联系于途径与步调。“弱势说”也可以找到最简便的解释，那就是中华文明属于大陆文明。但这个简便解释仅适用于唐宋之后，而不适用于两汉。两汉时代的中华文明也具有 b11(8+b)方面的优势，“犯强汉者，虽远必诛”[*03]的主张与成功实践就充分表明了这一点[*04]。为什么会出现如此重大的变化？这来于传统中华文明的两次历史大分裂。

这两次大分裂的时间分别发生在两汉与隋唐之间（分裂 01）和隋唐与北宋之间（分裂 02）。分裂 01 的基本内容是：抛弃中央（大一统）皇室集权；分裂 02 的特殊表现是：严防军人参政。这抛弃与严防并未明见于历史典籍，需要形而上思维的挖掘。

造成“分裂 01”之特定抛弃是针对当时的一项深厚社会共识：维护大一统皇室集权。向该共识发难的始作俑者是曹操先生，这一发难必然遭到当时社会精英（士阶层）的顽强反抗。所以，曹操先生不得不狠下心来，来一番“宁我负天下人”的铁腕。但问题不在于铁腕本身，而在于上述共识被抛弃以后造成的严重后果，那就是中华帝国的第一次大分裂——魏晋南北朝，历时近 600 年之久。这段分裂历史（所谓的“合久必分”）所积淀下来的历史效应就是，历经两汉才建立起来的 b11(8+b)优势终于丧失殆尽。

源于“分裂 02”之特定严防是一项基本国策，始作俑者是赵匡胤先生，但促成此国策的源头却是安禄山先生，他是中华帝国军事政变的始作俑者，“安史之乱”造成的中华帝国第二次大分裂局面不只是所谓的“五代十国”，它开始于杨贵妃之死，其实际持续时间在 200 年以上。

因此可以说，在中华文明历史画卷的两番大分裂里，实际上深藏着一幅令人难以置信的景象，那就是大分裂的制造者皆隐而不见，这两位神秘隐者就是曹操和安禄山先生，他们分别对分裂 01 和分裂 02 负有不可推卸的历史责任，也就是对传统中华文明终于失去“语境单元 b11(8+b)c37”的原有优势负有历史责任。曹先生当下大名鼎鼎，备受褒扬，但安先生肯定不会对此感到不公平。因为在第二世界，军事政变者早已臭名昭著，而文明传统的破坏者却依然“香醉人间”。

结 束 语

本节的文字，如果能给读者一点“摇身一变”的惊奇，那笔者将不胜欣喜。

本节基于语境单元“b11(8+b)”和“b11(9,a)”所展示的世界知识，对中华帝国两次历史大分裂（通称南北对峙或分裂）的根源提出了一种诠释。在这里，世界知识与专家知识之间可能发生激烈的碰撞。其结果如何并不重要，重要的是碰撞过程本身，所以，HNC 就贸然发难了。中华帝国的两次大分裂和 20 世纪中华文明的大断裂是两个截然不同的概念，但造成分裂或断裂的领军人物却必然具有共性，这是一个很有趣味的话题。但该话题的探索，放在深层“第三类精神生活 d”里比较合适。

对于 HNC 符号体系本身的诠释，笔者亦有厌烦之感。但从该符号体系衍生出来的文明景象诠释，却使笔者日增好感，本节是对该好感的抒发，如此而已。

注 释

[*01] 指俄罗斯和日本，前文曾多次提及。

[*02] 参见《全书》[230-12]节。

[*03] 此名句来于西汉名将陈汤，该名句实质上是对20世纪中期以来美国外交政策的精妙概括。

[*04] 这里仅引用了陈汤先生的名句。在两汉期间，这类符合b11(8+b)c37语境意义的名句不胜枚举，前文曾有所引述，这包括霍去病、班超和马援先生等的名句。

第 2 节
局部改革 b12 (169)

1.2-0 局部改革 b12 的概念延伸结构表示式

b12:(\k=4,t=b;\k*c3n,t*c3n)[**01]

b12\k=4　　局部改革之第二本体呈现（改革手段）

b12t=b　　局部改革之第一本体呈现（改革方式）

两一级延伸所对应的贵宾如下：

(b12\k := s20\k,k=4)——(b12-01)

（改革手段对应于手段基本内涵之第二本体呈现）

(b12t = s21t,t=b)——(b12-02)

（改革方式强交式关联于方式方法之第一本体呈现）

这里是给出下列高级贵宾的合适位置，省略相应的汉语说明，但不省略编号。

b11 := ((j40-,j40-0),b1)——(b1-02)

b12 := ((j40-0,j40-),b1)——(b1-03)

下面，以两小节分说。

1.2.1 关于改革手段 b12\k=4

先给出贵宾（b12-01）分别说之汉语说明：

b12\1 := s20\1——(b12-01a)
（改革手段之第一要点是并与串——横向与纵向——并举）
b12\2 := s20\2——(b12-01b)
（改革手段之第二要点是刚与柔并用——软硬兼施）
b12\3 := s20\3——(b12-01c)
（改革手段之第三要点是阳与阴——公开与隐蔽——合璧）
b12\4 := s20\4——(b12-01d)
（改革手段之第四要点是直与曲——直接与间接——殊途同归）

上述4要点可称为改革手段4要点，来于手段基本内涵s20之第二本体呈现。要改革，就要面对这4个要点。把握好了，改革才有可能成功，否则一定失败。这是一项非常重要的世界知识，以下面的概念关联式表示：

b12\k*c37 => (30ae71,b1)——(b1-0-01)
（高明的改革手段强源式关联于改革的成功）
b12\k*c35 => (30a~e71,b1)——(b1-0-02)
（低下的改革手段强源式关联于改革的失败或受挫）

1.2.2 关于改革方式 b12t=b

先给出贵宾（b12-02）分别说之汉语说明：

b129 = s219——(b12-02a)
（改革布局强交式关联于思考方式）
b12a = s21a——(b12-02b)
（改革措施强交式关联于处事方式）
b12b = s21b——(b12-02c)
（改革应对强交式关联于交往方式）

下面给出改革水平的异类贵宾。

b12t*c3n = (30ae7n,b1)——(b1-0-03)
（改革方式的水平强交式关联于改革的水平——规范、偏离或迷失）

结 束 语

本节的两位高级贵宾——（b1-02）和（b1-03）——表明，它们才是b1和b2的准确描述。两者所采用的汉语命名——全局改革和局部改革——应该看作是HNC无可奈何的选择。

本节的叙说方式迥异于上一节，这一巨大落差是笔者有意制造的。莫问缘由，任尔想象可也。

注释

[**01] 这里的符号“\k*c3n”和“t*c3n”可能都是第一次使用，其中的“*”在形式上是多余的，按照HNC符号体系的约定，它必然“别有用心”。这里的“用心”就是，它们既代表“\k*”和“t*”的分别说，也代表其非分别说。

第 3 节 继承中改革 b13 (170)

1.3-0 继承中改革 b13 的概念延伸结构表示式

```
b13:(t=b,^(t);(9;^(9))*e2n,ae25,^(a)e26,(b+^(b))γ=b)
  b13t=b              继承中改革之第一本体呈现（继承中改革）
  b139                认同为先
  b13a                慎重抛弃
  b13b                欢迎融合
  ^(b13t)             继承中改革第一本体呈现之反（反继承中改革）
  ^(b139)             否定为先
  ^(b13a)             轻易抛弃
  ^(b13b)             排斥融合
     (b+^(b))γ=b         改革基本形态 0m,m=1-3
```

二级延伸概念共 4 项，前 3 项意义自明，不写汉语说明。但第 4 项非常特别，将名之“改革基本形态 0m，m=1-3”。

这里应给出下面的概念关联式：

(b1lur93,jl11e21,j86e2n)——(b1-0-04)
（任何改革都具有伦理末位属性）
(b13t,jl00e21,j86e25)——(b1-0-05)
（继承中改革关联于积极伦理）
(^(b13t),jl00e21,j86e26)——(b1-0-06)
（反继承中改革关联于消极伦理）

这组贵宾表明，概念树 b13 的二级延伸概念“b13(t,^(t))e2n”实际上在集中表述关于改革 b1 的一组共相知识，当然，它们属于典型的异类。

下面，以 3 小节叙说。每小节都恢复世界知识的后缀。

1.3.1 认同或否定传统(b139;^(b139))的世界知识

下面的概念关联式本来是没有必要写出来的，但本节既然以“继承中”为修饰语，当然是以遵循惯例为宜。

```
b139 := (902e61,103,rwa307u405)——(b13-01a)
(认同为先相应于对自身传统的认同)
^(b139) := (902e62,103,rwa307u405)——(b13-01b)
(否定为先相应于对自身传统的否定)
```

概念对(b139;^(b139))是继承中改革和反继承中改革的代表，若前挂符号“p”，就表示两类人：传统认同者 pb139 和传统否定者 p^(b139)。本节将沿袭惯例，将他们分别叫作保守派和激进派。他们之间的争论常被简化为左右之争，本节将不沿用这个简化游戏，而另名为文明表象或文明形态之争。这样做，乃基于以下 3 点思考。思考 01：工业时代以来欧洲的左右之争主要围绕着工业文明的形态或表象，并未直接指向工业文明的实质。马克思先生当年实际上是一个人在唱独角戏，他老先生前不见亚当·斯密，后不见凯恩斯和熊彼特，晚年必有“高处不胜寒”之感。思考 02：20 世纪以来中国的左右之争更是一团乱麻，“左派”和“右派”的帽子并没有确定的颜色，将左染色为红，将右染色为白，都不合适，实际上两者的原色都是无色。思考 03：激进与保守具有天然的转换特性，一个在台下的激进派，一上台就必然要向保守倾斜，为了保自己嘛！两名言在社会主义阵营的奇特经历[*01]就是一个生动的例证。同理，一个在台下的保守派，一上台更要向激进倾斜，以表明自己并非冥顽不化的保守之徒嘛！撒切尔夫人就是一个生动的例证。

当然，我们不能随意否定激进行为的伟大历史贡献，因为激进派和保守派都可能采取积极的激进行为。前列“清单 8 项”无可置疑地表明，没有激进行为（包括积极的激进行为与消极的激进行为），就没有从农业时代到工业时代的巨变。所以，工业时代以来，激进行为都受到高度赞誉，这似乎是一种推动历史进步的呼喊。但是，前文在论说中华文明之 20 世纪大断裂现象时，却反复发出异类之声。本编将陆续对此作正式辩护，从本小节开始。这项辩护的立足点就是：一定要把激进派与激进行为区别开来，并把激进行为与积极的改革或真正的革命区别开来，也就是说，一定要把激进派与积极的改革派或真正的革命派区别开来。

下面将围绕着思考 01 和 02 来一番闲话，算不上正式辩护。

前文曾多次论述过，造就工业时代的核心要素是“资本+技术”，后文将简称为现代化法门，政治制度的变革并不具有这一法门资格。工业时代列车上两位外来乘客的“优秀”表现早已充分表明了这一点[*a]，但更为有力的证据是 20 世纪以来的 3 项奇观。

在西欧的“清单 8 项”时期，保守派与激进派之间出现过持续几百年的激烈争吵或论战，但没有一方取得过压倒性优势。但 20 世纪初的欧洲却出现了重大变化，有两个国家——俄国和德国——的激进派取得过压倒性优势，从而造就了两项奇观。俄国的得势者叫列宁主义，它造就了第一次十月革命的奇观——第一次奇观，但最终还是落得个“竹篮子打水一场空”。为什么？因为曾经不可一世的苏联始终没有搞明白上述现代化法门的存在价值。德国的得势者叫法西斯主义，虽然德国的国力要素从未超越其对手，却曾造就过“闪电”无敌于一时的奇观——第二次奇观。为什么？因为德国自 19 世纪末就已经是运用现代化法门的高手，而法西斯主义又把该高手的本事向前推进了一大步。

但是，上列两项奇观不过是历史长河的两起小波澜，最大的波澜——第三次奇观——是中国近35年的勃兴或崛起。那么，中国的当下执政者是否已经成为把握并运用现代化法门的高手呢？不懂得此项追问并求得正确答案者，就不可能真正理解现代中国，更没有资格妄称自己是中国通。

1.3.2 慎重或轻易抛弃(b13a;^(b13a))的世界知识

概念对(b13a;^(b13a))世界知识的基本描述如下：

```
b13a (=,<=) (902e65,103,rwa307u405)——(b13-02a)
（慎重抛弃强交并流式关联于对自身传统的信任）
^(b13a) (=,<=) (902e66,103,rwa307u405)——(b13-02b)
（轻易抛弃强交并流式关联于对自身传统的怀疑）
```

在中华文明20世纪大断裂的初期，出现过b13a和^(b13a)的代表性主张，分别暂名之主张01和主张02。主张01认为，当时的中国面临着政治上亡国和文化上亡种的双重危险，但前者显而后者隐，且前者的危险性实际上远小于后者。因此，他们提出，中国教育事业的当务之急是：在各级各类学校开设“中华文化”必修课，立即编写相应的系列教科书。他们清醒地认识到，传统文化的文体必须发展，但不能废除文言文。主张02则与主张01针锋相对，仅承认亡国危险的迫切性，完全否定亡种危险的存在性。因此，他们大声呐喊：不仅要废除文言文，还必须废除汉字。主张01的代表人物是现在鲜为人知的马一浮先生，主张02的众多代表人物则一直是大名鼎鼎。但是，主张01在辛亥革命后的第二年就被扼杀在摇篮里[**02]，于是，主张02得以大行其道达半个世纪之久。上述思考02里所说的“20世纪中国的左右之争更是一团乱麻”的现象，从作用效应链的过程环节来看，可以说即缘起于此。其实，理清这团乱麻并不难，本概念对的三级延伸已经指明了该清理之要点。但是，如果你连马一浮先生的生平、主张和著作一点都不了解，你是难以理解这个要点的；如果你故意避开马先生，即使你的文字再漂亮，也难免落得个越理越乱的结局[*03]。

1.3.3 欢迎与排斥融合(b13b+^(b13b))的世界知识

复合概念(b13b+^(b13b))世界知识的基本描述如下：

```
b13b (=,<=) (902e613,103,ra307u406)——(b13-03a)
（欢迎融合强交并流式关联于对其他文明的接纳）
^(b13b) (=,<=) (902e623,103,ra307u406)——(b13-03b)
（排斥融合强交并流式关联于对其他文明的拒绝）
(b13b+^(b13b))9 := ra30\13——(b13-0-01)
（改革基本形态01对应于第一文明标杆）
(b13b+^(b13b))a := ra30\12——(b13-0-02)
（改革基本形态02对应于第二文明标杆）
(b13b+^(b13b))b := ra30\11——(b13-0-03)
（改革基本形态03对应于第三文明标杆）
(b13b+^(b13b))γ=b =: 开放——[b13-0-01]
```

（改革基本形态等同于开放[*04]）

上列 4 位异类贵宾可充当 HNC 关于文明思考的代言人。异类外宾[b13-0-01]清晰地表明：开放意味着“有所欢迎，也有所拒绝”，绝不是一味欢迎，更不是假欢迎、真拒绝。

至于异类贵宾（b13-0-0m,m=1-3），那只是一种期待，前文已经申明过多次了。

结束语

本节对继承中改革 b13 给予了比较系统的诠释，试图传达的基本世界知识是：成功的改革必须严肃思考对自身文明的继承。继承性课题十分复杂，一定要万分慎重。20 世纪中华文明大断裂的基本历史教训是：鲁莽的态度可以痛快于一时，但必将遗憾于长久；阴谋的手段可以成功于眼前，但必将失败于未来。

小结

改革是表层第三类精神生活 b 的第一号殊相课题 b1，是 21 世纪的标签。它与创新结伴[*05]构成了响彻全球的世纪之声。本章给了该课题一个比较系统的阐释，当然是 HNC 视野下的诠释。异类思考甚多，静候指教，特别期待有关领域专家之不吝。

注释

[*a] 相关论述参看《全书》第四册p597、p600。

[*01] 参见《全书》第一册pp161-162。

[**02] 马一浮先生是在1912年候任南京“中华民国”临时政府教育次长时正式提出该主张的，但遭到当时候任教育总长的坚决反对，于是马先生拒绝就任次长之职。此后即远离仕途，也拒绝各著名大学教授的聘请。

[*03] 此话事出有因。有人写过一篇长文，系统介绍生于19世纪80～90年代的中国名人，主要是文化名人，但也包含少数政治和经济名人，这就有点不伦不类。而更为不伦不类的是，马一浮先生及其众多同道却一位也不提。所以，该文可列为“越理越乱”的典型样品。

[*04] 开放的HNC定义式以此为准，《全书》第一册p405所给出的定义式作废。

[*05] 本章并不讨论创新，但引入过“b10e45创新式改革”这一重要概念。

第二章

继承 b2

引 言

继承是表层第三类精神生活 b 的第二号殊相课题 b2，在 21 世纪的当下，“b2 继承”与“b1 改革”的命运截然相反，改革热到了沸点，继承则冷到了冰点。历来以继承为己任的宗教界，也要高举改革的旗帜。但在世界知识的视野里，改革与继承是一枚钱币的两面，本章就来叙述另一面——继承 b2，从其概念树的设计起步。

概念林 b2 的概念树设置，与 b1 完全对应，如下：

b20	继承之基本内涵
b21	全局性继承（全局继承）
b22	局部性继承（局部继承）
b23	继承与改革（改革中继承）

继承的基本概念关联式是：

b2 := (jl1y,83;902e64+04α=b,30a+32;1078,249;40aeam,50α=b)
——(b2-01)

（继承开始于比较判断，终止于策划与设计，高度关注
判断反应之信任与约束之基本侧面、效应之实现与利害、
过程之延续性、转移之交换、关系之等级性、
状态之第一本体根呈现）

与（b1-01）进行对比可知，在广义作用效应链的 8 个环节中，继承在前 5 个环节方面与改革确有区别，但后 3 个环节则完全相同，这意味着两者的终极目标和思考过程之基本侧重点并无实质性差异。

这就是说，继承也是广义作用效应链的一种综合形态，故上文以“一枚钱币之另一面”名之，恰当也。

第 0 节
继承之基本内涵 b20 (171)

2.0-0 继承基本内涵 b20 的概念延伸结构表示式

```
b20:(e2n,(+730);(+730)γ=b)
   b20e2n                    继承之伦理末位属性
   (b20+730)                 文明形态继承
      (b20+730)γ=b             文明主体之形态继承
      (b20+730)9               政治形态继承
      (b20+730)a               经济形态继承
      (b20+730)b               文化形态继承
```

下面，以 4 小节叙说。各小节标题有异，请留意。

2.0.1 继承之伦理末位属性 b20e2n 的世界知识

在全部世界知识中，也许本项世界知识之遭遇最为奇特，最杰出的人物往往是此项知识的最缺乏者。例如，如果辜鸿铭先生略知 b20e26 的世界知识，他还会得意于茶壶与茶杯[*01]的比喻吗？如果鲁迅先生略知 b20e25 的世界知识，他还会得意于把传统中华文明归结为“吃人”二字的杰作吗？

凡传统的东西，都必有适合其特定时宜的一面，否则它形成不了一种传统；同时，它也必有其不能适应新时宜的另一面，所以需要不断改革。这就是继承基本内涵之基本世界知识，故将其列为 b20 之第一项一级延伸 b20e2n[*02]。这一举措充分展示了 HNC 符号体系的“言简意赅”特质，其展示力度如同政治制度之再延伸 a10e2ne2n。

2.0.2 闲话政治形态继承(b20+730)9

因为前有“(b10+730)文明形态改革”的示例，这里轻松地就将(b20+730)的汉语说明叫作文明形态继承。但两者的再延伸，却存在巨大区别，前者与全部专业活动概念树挂接，后者则仅与文明主体概念树挂接。若追问此区别之缘由，则将以无可奉告为答。于是，本小节不得不以闲话为标题的门面。

文明形态继承(b20+730)存在下面的高级贵宾：

```
((b20+730)γ := ay,(γ=b,y=1-3))——(b20-01)
(文明形态继承包括政治、经济与文化之生态继承)
```

本篇前文曾谈及“b11(8+b)的模范生：b11(8+b)c37”（见[1.1.1]小节），这里应首先给出下面的概念关联式：

(b20+730)9 = b11(8+b)c37——(b20-0-01)
（政治形态继承强交式关联于“改革视野模范生”）

本小节虽然属于闲话，不能只给出这么一个异类贵宾，但也不需要太多，再补充一两个就足够了，于是有：

((b20+730)9,lv00*40ibe21,(b10+730)\1)——(b20-0-02)
（政治形态继承互补于政治革命）
(b20+730)9 =% b11o01c25——(b20-0-03)
（政治形态继承属于积极的变法与革命）

2.0.3 闲话经济形态继承(b20+730)a

本闲话将从“酒香不怕巷子深”说起，这是一个名句，前文曾引用过。该名句所包含的语境意义，在现代商业思维的视野里，当然属于极端落后的东西。但是，该名句乃落后于智能，而非落后于智慧。反观现代经济形态，它确实极度先进于智能，但是否也先进于智慧呢？智能仅关注“大四棒接力”——科学、技术、产品、产业——的发展速度、规范和规模，智慧则不止如此，还要关注“大四棒接力”的发展限度、伦理效应和地球的承受力。

本闲话仅提出问题，集中的陈述方式是：经济形态继承(b20+730)a 是否是一个毫无意义的东西呢？当下如火如荼的城镇化运动可以无视这个东西吗？

2.0.4 文化形态继承(b20+730)b 的世界知识

文明主体之形态继承(b20+730)γ=b，前两项都采用闲话方式，唯独文化形态继承例外，为什么？因为该延伸概念的遭遇非常奇特，表现在以下 3 方面：“方面 0m,m=1-3”。

——方面 01

如果把政治形态比作主食，经济形态比作菜肴，那文化形态就可以比作美酒。主食和菜肴需要新鲜，而美酒却需要陈年。现代文化在市场化和文化产业的驱动下，在创新的“伪装”下，一味追求新鲜，这难免流于低俗。这个情况特别值得第一世界反思。

——方面 02

政治与经济形态继承之争曾如同水火之不相容，但对立双方的论点是系统的和明确的，文化形态继承之争的情况则完全不同。革命者往往自以为开了天眼，看到并抓住了终极真理。实际上是戴上了眼罩，感受到的不过是一种幻觉，一个意识形态领域的简化之最[*03]。这个情况曾出现在第二世界和北片第三世界，故尤其值得这两片世界反思。

——方面 03

政治与经济形态的发展还没有出现“珠峰”，但文化形态不同，已在多个专业领域出现过“珠峰”。例如，唐诗、宋词是不可逾越的诗词“珠峰”，《战争与和平》是不可逾越的小说“珠峰”，《命运》与《合唱》[*a]是交响乐不可逾越的“双子星座”。这个情况值得整个地球村反思。

结束语

本节的重点是：①继承之伦理末位属性；②3位异类贵宾；③3项反思。

注释

[*a] 两者分别是贝多芬的第五和第九交响乐。

[*01] 该比喻来于辜鸿铭先生答西方记者问。该问答涉及一夫多妻与一妻多夫制，辜先生的立场众所周知。他对记者诘问的反问是：一个茶壶要配几个茶杯，你听说过一个茶杯要配几个茶壶吗?

[*02] 语言理解氨基酸“e2n”很少安置在一级延伸的第一项，故这里特意强调一下这一点。

[*03] 该“简化之最”就是把人类文明历史长河的全部学术论争归结为唯物与唯心、辩证法与形而上之争。

第 1 节 全局继承 b21 (172)

2.1-0 全局继承 b21 之概念延伸结构表示式

b21:(o01,α=b;o01e2n,(8+b)c3n,(9,a)c3n;)

b21o01	全局继承之两端描述（维系与变通）
b21c01	变通
b21d01	维系
b21α=b	全局继承之第一本体全呈现
b218	继承目标
b219	继承途径
b21a	继承步调
b21b	继承视野

本表示式对应于 b11 相应表示式之拷贝，下面的文字亦然。

这里，应给出下面的基本概念关联式：

(b21α := s10α, α=b)——(b21-01)
（全局继承与智力都具有第一本体全呈现，两者相互对应）

下面，以 3 小节进行叙说，其内容见各小节标题。

2.1.1 关于变通与维系 b21o01

伴随工业时代来临的“清单 8 项”里，有 4 项未以革命命名，依次是：文艺复兴、宗教改革、地理大发现和启蒙运动。上面都是文字拷贝“游戏”，但下面的话语将“摇身一变”：命题 01——文艺复兴和地理大发现属于变通 b21c01；命题 02——宗教改革和启蒙运动属于维系 b21d01。这两项命题的论证，将由下面的异类贵宾出面。

(b21o01,lv00*40ibe21,b11o01)——(b21-0-01)
（变通与维系互补于变法与革命）

20 世纪以后的中国，习惯于与（b21-0-01）唱对台戏，不仅将“变通与维系”同“变法与革命”对立起来，甚至将变通同维系也对立起来，将变法同革命也对立起来。这股曾汹涌澎湃于中华大地的浪潮，在地球村绝无仅有。幸运的是，改革开放以后，它开始退潮了。虽然新老国际者都十分留恋那股潮流，并继续采取点说与扭曲相互紧密结合的方式来粉饰它，但历史的真相终究是不可能被全部掩盖的。

2.1.2 关于继承的目标与视野 b21(8+b)

本小节首先给出下面的异类贵宾：

(b21(8+b),lv00*40ibe21,b11(8+b))——(b21-0-02)
（继承的目标与视野互补于改革的目标与视野）

此异类贵宾表明，在[161-113]小节里写下的那些命题性话语同样适用于这里。这就是说，传统中华文明在“继承的目标与视野 b21(8+b)”应处于劣势。

2.1.3 关于继承的途径与步调 b21(9,a)

仿照上一小节，先给出下面的异类贵宾：

(b21(9,a),lv00*40ibe21,b11(9,a))——(b21-0-03)
（继承的途径与步调互补于改革的途径与步调）

不言而喻，[161-113]里的那些命题性话语同样适用语境单元“b21(9,a)”。这就是说，20 世纪以来，中华文明在这方面的传统优势一直在大放异彩，改革开放以后更是如此。前文（见《全书》第一册 p409）曾写过：

实体经济向第二世界的大规模转移是近 20 年来最重要的全球经济事件，这一事件是第二世界“天时、地利、人和”的综合效应，它造就了中国速度，但远未形成所谓的中国模式，与其说是中国模式，不如说是中国幸运。

这里要说明一下，引文里的“中国幸运”，包含如下因素：中华文明是把握与运用异类贵宾（b21-0-03）的绝顶高手。这一要点，新老国际者由于其智力的固有局限性，就比较难以理解了。

结 束 语

本节的论述方式，与其姊妹节（[161-11]）相互呼应。重点阐释中华文明在把握与运用异类贵宾（b21-0-0m,m=1-3）方面的优势与弱势。这样，以“b20”和“b21”牵头的 6 位异类贵宾就全部补齐了。其中前 3 位异类贵宾是一个有待探索的重大课题，近来出现了一些探索的苗头，但该苗头一定会遭到新老国际者的痛击，特别是新国际者。期盼探索者保持清醒的头脑，以康德先生的 12 年沉思为榜样，坚持独立思考，闯过“憔悴”之艰辛，达于“蓦然”境界。

第 2 节 局部继承 b22 (173)

2.2-0 局部继承 b22 之概念延伸结构表示式

```
b22:(\k=4,t=b;\k*c3n,t*c3n)
  b22\k=4                    局部继承之第二本体呈现（继承手段）
  b22t=b                     局部继承之第一本体呈现（继承方式）
```

两一级延伸所对应的贵宾如下：

```
(b22\k := s20\k,k=4)——(b22-01)
（继承手段对应于手段基本内涵之第二本体呈现）
(b22t = s21t,t=b)——(b22-02)
（继承方式强交式关联于方式方法之第一本体呈现）
```

将这两位贵宾分别与（b12-01）和（b12-02）对比一下，一切皆可了然于胸，从而进一步加深对“一枚钱币两面说”的认识。

本节到此可戛然而止。因为如果把[161-121]和[161-122]的内容拷贝于此，随后把“b12”换成“b22”，把“改革”换成“继承”，则一切 OK，这包括结束语的省略。

第 3 节 改革中继承 b23 (174)

2.3-0 改革中继承 b23 的概念延伸结构表示式

```
b23:(t=b,^(t);(9;^(9))*e2n,ae25,^(a)e26,(b+^(b))γ=b)
  b23t=b                     改革中继承之第一本体呈现（改革中继承）
  b239                       认同为先
  b23a                       慎重抛弃
  b23b                       欢迎融合
  ^(b23t)                    改革中继承第一本体呈现之反（反改革中继承）
  ^(b239)                    否定为先
```

^(b23a) 轻易抛弃
^(b23b) 排斥融合
(b23b+^(b23b))γ=b 继承基本形态 0m，m=1-3

我们看到，上面的内容不过是[161-13-0]相应内容的“拷贝+变换”。这个结果应该在所有读者的意料之内，对吧？那么，下文是否照搬[161-22]节的做法呢？回答是：No！将依然设置 3 小节，但标题不同于本《全书》的常规方式。

2.3.1 关于改革与继承的一币两面性

标题的简化陈述方式可能会引起误解，准确的陈述是：继承中改革 b13 等同于改革中继承 b23，两者一起构成“一币”及其两面。这里的“等同于”意味着 b13 和 b23 的概念延伸结构表示式完全等同，“一币”就是“b13;b23”，“两面”就分别是 b13 和 b23。有了上面的铺垫以后，现在可以说，本小节的标题虽然与[161-131]有很大差异，但两者的内容是相互紧密呼应的。

在[161-131]小节的最后，提出了一个问题，当下的中国是不是一位现代化法门的高手？

如果是，那么他是几流高手？是超一流还是一流？是一流还是二流？

要回答这个问题，不妨回到毛泽东先生的“5 根手指哲学”，能不能说大拇指是超一流，小拇指是二流，另外 3 根手指是一流？如果轻率地选择 Yes 答案，在学理上，那完全违背了“5 根手指哲学”提出者的原始旨意；在实践上，也不符合各文明主体[*01]的近来表现。学理问题请参看本篇里迄今唯一的三星级注释[*a],下面仅闲话两件大国的近期表现。

这两件近期表现发生于 2015 年，但必将产生深远影响。一个叫 TPP（跨太平洋伙伴协定），另一个叫“一带一路+亚投行”，将暂记为 OO-AI[*b]。前者是美国操办的，后者是中国主办的。操办者和主办者分别是当今世界的头号和二号“国家经济体”[*02]，美国曾多次誓言要永远当世界老大，绝不当老二，中国则深信其 GDP 必在不久的将来超过美国[*03]。问题在于，世界老大如何评估？GDP 显然只能是评估参数之一，因此，美国的誓言与中国的深信之间并非必然存在一个不可解开的死结。美国和中国之间需要创新的东西，不是什么争当老大，而是要寻求建立一种新型大国关系[*04]。所谓的老大之争，不过是社会丛林法则的洞内[*05]景象，新型大国关系则意味着要从洞内走向洞外，淡化老大之争，各自处理好“继承中改革 b13”和“改革中继承 b23”的伟大探索与实践。TPP 可以成为 b13 的样板[**06]，OO-AI 可以成为 b23 的样板[**07]，绝不能把两者仅仅看成是“洞内”争夺的工具。

但当前关于 TPP 和 OO-AI 的各种描述，确实并不令人鼓舞。样板前景的展望几乎无人问津，而洞内争夺景象的描绘则被津津乐道。但笔者深信，传统中华文明蕴含的王道智慧将最终发挥作用，促使中国率先作出 b23 样板的范例。

2.3.2 关于改革与继承的 HNC 诠释

无论是继承中改革 b13，还是改革中继承 b23，都离不开改革与继承。因为两者都意味着：要“有所继承，有所改变；有所创立，有所抛弃”。这 4 个“有所”中间以“;”

隔开，表示它们是两类结合："有所继承"与"有所改变"相结合，"有所创立"与"有所抛弃"相结合。这两项结合将名之结合 01 和结合 02，其非分别说以"结合 0m,m=1-2"表示。

结合 0m 本身所包含的世界知识本来很平常，因为它属于公理性的东西，但它又很不寻常，因为它经常遭到一些著名命题[*08]的扭曲。"b13"和"b23"这两株概念树就是结合 0m 的产物，是语境单元空间里两支地位显赫但行事低调的家族。这两个家族的内部情况比较复杂，并曾遭到许多误解，本小节致力于对他们的本来面目给出一个公平的素描。

这项素描工作实际上是从两位次高级贵宾（b1-01）和（b2-01）开始的，那里指出了改革与继承都是广义作用效应链的一种高级综合，其出发点和目的地是一致的，最终都落实于"状态之第一本体根呈现 50α=b"。这就是说，结合 0m 是两位次高级贵宾的产物。

如果把结合 01 放在第一位，那就是 b13；如果把结合 02 放在第一位，那就是 b23。对于形而上思维来说，这个结果乃是一种水到渠成的景象，是两家族的一种美好景象，该景象可写成下面的异类外使：

```
(结合 01,结合 02) =: b13ju86e25——[b1-0-01]
(结合 02,结合 01) =: b23ju86e25——[b2-0-01]
```

但是，两家族不可能只存在美好景象，与结合 0m 相对应，必然存在另一种景象，可标记成"分离 mn,(m;n)=1-2"。分离 11 强调继承，忽视改变；分离 12 强调改变，忽视继承；分离 21 强调创立，随意抛弃；分离 22 强调抛弃，随意创立。分离 mn 是两家族不美好景象的极端呈现，可写成下面的异类外使：

```
分离 m2 =: b13ju86e26——[b1-0-02]
分离 m1 =: b23ju86e26——[b2-0-02]
```

20 世纪以来的中国，如果以 20 世纪 80 年代为参照分为两期——前期和后期，那也许可以说，前期是异类外使[b1-0-02]占主导地位，后期则是异类外使[b2-0-01]占主导地位。前者不应返回，后者应坚定前进。

两家族的不美好景象在六个世界都存在，第一世界也不例外。第二世界的不美好度曾经非常严重，但这个情况已随着改革开放基本国策的提出与坚持而获得了根本好转[*09]。

2.3.3 关于文明形态演变的憧憬

本小节的标题不同于"1.3.3"，但内容基本上是后者的"拷贝+变换"，如下：

```
(b23b+^(b23b))9 (=,=>) ra30\13——(b23-0-01)
（继承基本形态 01 强交并源式关联于第一文明标杆）
(b23b+^(b23b))a (=,=>) ra30\12——(b23-0-02)
（继承基本形态 02 强交并源式关联于第二文明标杆）
(b23b+^(b23b))b (=,=>) ra30\11——(b23-0-03)
```

（继承基本形态03强交并源式关联于第三文明标杆）
(b23b+^(b23b))γ=b = 开放——[b23-0-01]
（继承基本形态强交式关联于开放）

不过，差异是巨大的，以“(=,=>)”替换了“:=”，以“=”替换了“=:”。

在HNC理论体系引入的众多术语中，“三文明标杆”大约是异类之最，六个世界都会嗤之以鼻，连蕲乡老者都表示过强烈异议。但前文曾多次申明，“三文明标杆”并非现实，只是对文明形态演变的一种憧憬。“2.3.3”与“1.3.3”相互呼应，在表层第三类精神生活的语境单元空间，对这一憧憬给出了一个HNC符号描述。该描述的形态特征与自然属性j7高度契合，这无疑增加了笔者的胆量，于是就有了本小节的设置。

结 束 语

本节着重阐释了改革与继承乃一币两面的概念，为此而提出了结合0m和分离mn的概念系列。这些概念所概述的世界知识，为轴心时代的先哲们所熟知，但工业时代的思想先驱们并非全都了然于胸。所以，现代人对此非常生疏，就丝毫不必奇怪了。

小 结

片面印象是一种普遍存在，但这里需要说一个片面印象之最的事例，那就是美国。

在人们的印象里，美国是改革的典范，其实还应该加一句，美国是继承的典范。如果单说后者，其片面度可能小于前者。

前文多次引述过工业时代的“清单8项”，其实那个清单缺了非常重要的一项，那就是“美国式继承”或“美式继承”。当然应该说，托克维尔先生的名著《论美国民主制度》实际上弥补了这一欠缺，但如果把该名著加一个副标题——美式继承，那就更接近于完美。因为美国民主制度的精彩主要在于它“by3~a”了“清单8项”里的精华，而“by3a”了“清单8项”里的糟粕。

当下，改革是全球的热门词语，而继承则被冷落，似乎只有改革是救命稻草，而继承不是，这也是世界知识匮乏症的征兆之一，不是吉兆。本章的诸多论述乃有感于此而写。

据说，奥巴马先生是靠着“change”和“Yes,I can”这两个词语当上美国总统的，这当然属于媒体说法。诚然，两词语的语用力量确实不同凡响。不过，按照本章的论述，光是“chang”和“I can”，就具有片面性，表明奥巴马先生对“美式继承”的认识深度非常不够。现在奥巴马先生的民望并不高，似乎可以说奥巴马先生陷入了“成也chang，败也chang”的怪圈。这是一个值得关注的教训，第二和第四世界尤其应该关注。南片第三世界的印度在这方面似乎具有一定优势，前文曾对印度给出过“0.4”级别“超级大国”[*c]的预期，这一优势是重要依据之一。

注释

[*a] 见[161-03]节。

[*b] OO-AI分别取自(one,one,Asia,invest)的第一个字母。

[*c] 见《全书》第四册p639。

[*01] 这里的“各文明主体”实际上就是指六个世界，但后者还不是一个正式词语，故这里避而不用。

[*02] 国家经济体的概念已不完全适用于现代，一方面有各种政治经济联盟的出现，另一方面有超级公司跨国特性的日益凸显，但本节需要使用这一概念。其实，“5根手指哲学”也不是完全以国家为参照的，这表现了毛泽东先生的超前视野。

[*03] 世界的众多智库都支持中国的崛起，唯有“中国唱衰派”例外。这派人的世界知识水平太差，本《全书》一直未予理会。不过，最近有一位世界知识水平并不差的人口学家竟然也给出了“中国的经济总量不可能超过美国”的结论，他是以“中位年龄与人均GDP增速的统计关联性”为依据推出这个结论的。这类依据并不靠谱，但也不可置若罔闻。

[*04] 新型大国关系是一个必将载入史册的伟大概念，因为它是后工业时代的迫切呼声。它是习近平先生首先提出的，可惜奥巴马先生十分欠缺历史大时代感，未予积极响应。

[*05] 这里的洞内，是“工业时代柏拉图洞穴”的简称，前文有多次论述。

[**06] TPP的协商过程是把WTO完全抛在一边，另起炉灶。然而这只是形式，而非实质。实质上它就是WTO的一种发展势态，属于典型的b13。但美国人仅善于把握态势——眼前与局部利益，并不善于把握势态——长远与全局利益。希拉里女士对TPP的最新表态就充分表明了这一点，她不支持当前的TPP，因为它不能满足她所设定的标准：创造更多美国就业机会、提高所得、增进美国国家安全。这些话语完全没有涉及21世纪的全球发展势态，仅考虑美国利益，是洞内套话的样板。

[**07] 蕲乡老者曾发出过“让印环与太环齐飞”的前瞻性呼唤，

[*08] 此类著名命题的代表作是：不破不立，先破后立。于是，20世纪中国新文化运动就从打倒孔家店开始，“文化大革命”就从横扫一切牛鬼蛇神开始。这两开始，一脉相承，是该代表作的硕果。

[*09] “根本好转”之说当然争议很大，前文从世界知识的视野对此进行过系统论述。

第三章
竞争 b3

引　言

如同改革 b1 有一位亲弟弟继承 b2 一样，竞争 b3 也有一位亲弟弟，叫协同 b4。但是，改革与继承是双胞胎，而竞争与协同不是。当下地球村的基本风向是：两位哥哥的地位好像是封建时代的皇太子，被捧到了天上，弟弟的处境则比较尴尬。前两章对此有所叙说，本章和下一章将继续这样做。

竞争与协同的概念树设置，也都是 1“共” 3“殊”，竞争的设置如下：

b30	竞争之基本内涵
b31	攻与守
b32	挑战与应战
b33	竞争与协同

竞争的基本概念关联式是：

```
b3 := (44eam,53d2n;011+031,34+35+36;1079e7m,209t=b;
                        407e3o,50ac25)——(b3-01)
```

（竞争开始于关系之主从，终止于势态之强弱，高度关注
作用环节之主动承受与免除、效应环节的第二个效应三角、
过程进展性之进退、三特定类型（职责、关系与状态）定向转移、
关系基本构成之三方描述、状态环节的物质生活）

这就是说，竞争之“路线图”是作用效应链的一种高级综合，其中特别应该指出的是，在关系基本构成方面，采用的是 407e3o，而不是 407e3n。

（b3-01）是本篇第 4 位次高级贵宾，前面还出现过 3 位同等级的贵宾：（b0-0m,m=1-3）、（b1-01）和（b2-01），请读者对他们加以比较，必能在《全书》重复最多的一句“陈词滥调”方面有所收获。那“滥调”是：概念的定义和诠释，既不能满足于语言学的词典方式，也不能满足于形式逻辑的符号方式，因为它们都不能满足语言概念空间联想脉络的描述需求，也就是不能满足图灵脑技术开发的需求。

第 0 节 竞争之基本内涵 b30 (175)

3.0-0 竞争基本内涵 b30 的概念延伸结构表示式

```
b30:(m,e1m,e5n;0d01,e10o01,e5nt=a)
  b30m                    竞争基本形态
  b300                    维持
  b301                    前进
  b302                    后退
  b30e1m                  竞争效应
  b30e10                  平
  b30e11                  胜
  b30e12                  败
  b30e5n                  竞争势态
  b30e55                  胜势
  b30e56                  败势
  b30e57                  和势
```

本概念树的 3 项一级延伸都属于认识论描述，特别适合于按常规方式划分小节。每项延伸的汉语综合说明都比较精练，值得一提。二级延伸放在小节里叙说。

3.0.1 竞争基本形态 b30m 的世界知识

如果把竞争比喻成逆水行舟，那就应该把 b30m 改成 b30~0。本延伸曾考虑过这一改动，最终还是放弃了，这基于以下 3 点思考：①“b300 维持”是农业时代诸多哲人[*01]的追求；②它诚然为农业和工业时代所不容；③但应该受到后工业时代的接纳。

这 3 点思考不过是一种呼应，不必论证，因为一方面，论证不过是某种重复；另一方面，现在不是论证的时候，以往的论证将名之“21 世纪疯话”，简称“疯话”。对此，前文实际上已多次“坦白交代”过，这里不过是正名一下而已。

3.0.2 竞争效应 b30e1m 的世界知识

本小节首先给出下列异类贵宾：

```
b30(0;e10)d01 := pj1*b~c35——(b30-0-01)
(维持或平之高端效应对应于后工业时代的非初级阶段)
b30e10c01 =: 双赢——[b30-0-01]
(平之低端效应等同于双赢)
b30e1m = q730e5n——(b30-0-02)
(竞争效应强交式关联于比赛效应描述)
```

异类贵宾（b30-0-01）是对“21世纪疯话”的形而上描述，这里申说两点：第一点联系于人均GDP上限，第二点联系于未来超级大国的预测。

在经济公理的“疯话”里说过，不同世界、不同国家存在一个人均GDP上限，该上限是文明基础要素（天时、地利、人和）的函数。假定对人均GDP上限作归一化处理，记为[GDP]，则六个世界的[GDP]应存在一定区别。假定第一世界的[GDP]为1.0，则其他五个世界的[GDP]都应该小于1.0。从形而上思考来说，应该存在一个与六个世界对应的[GDP]合适数据组，其变量表示如下：

```
(1.0,k2,k3,k4,k5,k6), (km<1.0,m=2-6)
```

这个数据组表达了两个极为重要的概念：一个是竞争效应的“高端维持b300d01”；另一个是竞争效应的“高端平b30e10d01”。这两个概念，轴心时代的先哲们都有所考虑，康德先生也是，否则他不可能在那个时代顶着巨大的官方压力，写出《永久和平论》。

关于“未来超级大国预测”的“(1.0,0.6,0.4)”数据组，则是“高端维持”和“高端平”的一种具体表达。

本小节还给出了另一个极端重要的概念，那就是“低端平 b30e10c01”，其直系捆绑词语是双赢，第二世界在这方面有良好表现。这是异类外使[b30-0-01]所表达的世界知识。

3.0.3 竞争势态b30e5n的世界知识

先给出竞争势态b30e5n二级延伸的汉语说明：

b30e5nt=a	竞争势态再描述（竞争效应之基本形态）
b30e559	超越
b30e55a	称雄
b30e569	衰落
b30e56a	淘汰
b30e579	平稳
b30e57a	起伏

胜势b30e55及其再延伸的超越与称雄，败势b30e56及其再延伸的衰落与淘汰，是人所熟知的概念。但对于和势b30e57及其再延伸的“b30e579平稳”与“b30e57a起伏”，人们则十分生疏。如果有人建议暂时把它们打入“疯话”，笔者也不反对。

稍微熟悉一点历史的人，都可以列出一长串“超越、称雄、衰落、淘汰”的清单，社会学家更对各种衰落话题津津乐道，历史学家更是对衰落课题情有独钟。但是，基督文明与伊斯兰文明之间的千年争夺却以“和势b30e57”告终，是一个无可置疑的历史现象吧[*02]。这样的历史现象并非个案，其实并不难列出一个长串清单，例如，罗马帝国分裂以后的东正教与天主教之争，原西罗马帝国地盘里的海洋文明与大陆文明之争、基督新教与天主教之争，伊斯兰世界里的逊尼派与什叶派之争，中华文明里的“儒释道”之争和儒学的汉学与宋学之争等。或许有人会说，这个清单都是古老材料，不足为凭。如果你需要现代材料，汉语里有两个成语——俯拾即是和不胜枚举，是对现代材料丰富度的合适描述，那就请你自己来俯拾和枚举一下吧。

最后，以下面的两位异类贵宾对竞争势态 b30e5n 的世界知识给出一个形而上的概括。

(b30~e57t=a,jl00e21*(c22),pj1*~b)——(b30-0-03)
（超越与称雄、衰落与淘汰强关联于农业和工业时代）
(b30e57t=a,jl00e21*(c22),pj1*b)——(b30-0-04)
（和势及其基本形态强关联于后工业时代）

结束语

竞争是如此受到崇拜，是精英们心中的上帝。但本节的论述却如此平淡，几近无涉人间烟火，还“疯话”连连。是这样吗？请读者自判。

应该说一声，本节有不少伏笔。但主要是两个：一是对“和势 b30e57”的阐释方式；二是两个注释里的诸多奇谈怪论，敬请留意。

注释

[*01] 如果要推荐代表人物，孔夫子和柏拉图或许是两位最合适的人选。

[*02] 这一历史现象虽然无可置疑，但似乎未见于历史教科书或历史巨著的正式陈述，知者请示知。是后工业时代的曙光让这一现象凸显出来，从而激发起对六个世界和三种文明标杆的思考。

第 1 节 攻与守 b31 (176)

3.1-0 攻与守 b31 的概念延伸结构表示式

```
b31:(e2m;e2m:(e5m,t=b,\k=3),^(ye2m);e2m\ke2m,)
  b31e2m              攻守之二分描述
  b31e21              进攻
    b31e21e5m           进攻之 A 类形态三分
    b31e21e51           攻胜
    b31e21e52           攻败
    b31e21e53           攻平
  b31e22              防守
    b31e22e5m           防守之 A 类形态三分
    b31e22e51           守胜
    b31e22e52           守败
    b31e22e53           守平
```

^(b31e21)	以攻为守
^(b31e22)	转守为攻
b31e2mt=b	攻守之第一本体呈现
b31e2m9	政治攻守
b31e2ma	经济攻守
b31e2mb	文化攻守
b31e2m\k=3	攻守之第二本体呈现
b31e2m\1	利益攻守（金帅攻守）
b31e2m\2	权势攻守（官帅攻守）
b31e2m\3	声名攻守（教帅攻守）

本节以 4 小节叙说，四者的内容安排不同于常规。

3.1.0 攻守 b31 概述

攻守是竞争的基本形态或基本手段，这一世界知识以下面的高级贵宾表示：

b31 := ((51+s21)ju72e21,b3)——(b31-01)
（攻守对应于竞争之基本形态与方式方法）

攻守 b31 延伸概念的符号表示和汉语命名都出现过一点取舍困扰，符号方面是“e5m”，为什么不取“e5n”？汉语说明方面是伴随“e5m”的“A 类形态三分”，为什么采用这个罕用的描述方式？这里存在两项基本思考。思考 01：“e5m”的转换性与“胜败乃兵家常事”和“失败是成功之母”所揭示的世界知识十分匹配；思考 02：高级贵宾（b31-01）中“（51+s21）”的汉语表达确实比较困难，只好选择“A 类形态三分”来对付一下了。

3.1.1 闲话攻守之双重认识论描述 b31e2me5m

此项 HNC 描述并不常见，它蕴含的义境包括下列 4 点。

（1）平等看待攻与守，以“e2m”体现；

（2）胜败之间可相互转换，以“e5m”体现；

（3）竞争之最终结局不能简单地“以成败论英雄”，因为（b31-01）里的“（51+s21）”与 b31e2me5m 相互呼应，清晰揭示出“胜中必有败，败中必有胜”的奇异景象；

（4）但是，竞争之最终结局也不能完全“不以成败论英雄”，因为（b31-01）的顶头上司（b3-01）里存在着“407e3o”基因，它包含“407e3n”。

3.1.2 闲话攻守之第一本体呈现 b31e2mt=b

先给出相应的高级贵宾：

(b31e2mt := ay,(t=b,y=1-3))——(b31-02)
（政治、经济、文化之攻守分别对应于政治、经济、文化之专业活动）

高级贵宾（b31-02）可分解为（b31-02o,o=a//b//c），这无需赘述。

政治攻守 b31e2m9 是几个世纪以来的热门话题，冷战时期曾达到最热状态，近年又掀起一波浪潮。但是，冷战时期与当前的政治格局具有本质区别[**01]，不宜再使用“冷战”这一词语，建议使用“冷争”。

20 世纪的冷战主要呈现为政治攻守 b31e2m9 形态，失败方的根本失误在于对经济攻守 b31e2ma 的盲目自信，对文化攻守 b31e2mb 的漫不经心。21 世纪的冷争应该不会出现失败者，冷争双方将进行攻守第一本体呈现 b31e2mt=b 的全面较量。一方还是以美国为首的第一世界，另一方将是第二世界的中国及其盟友。

3.1.3 闲话攻守第二本体呈现 b31e2m\k=3

先给出下列贵宾：

```
b31e2m\1 = a0099a——(b31-03)
（利益攻守强交式关联于争取利益）
b31e2m\2 = a00999——(b31-04)
（权势攻守强交式关联于争取权势）
b31e2m\3 = a0099b——(b31-05)
（声名攻守强交式关联于争取成就）
```

请注意，这三位贵宾不能归纳成下面的概念关联式：

```
(b31e2m\k = a0099t,(k=3,t=b))
```

因为“利益、权势、成就”的排序在“b31e2m\k=3”和“a0099t=b”里有所不同。但是，贵宾（b31-0m,m=3-5）的世界知识可以综合成下面的高级外使：

```
(A,b31e2m\k=3) := (p-a2*\1(d01),pea1*\2(d01),pa3*\3(d01))
                                                ——[b31-0-01]
（攻守第二本体呈现之作用者对应于金帅、官帅和教帅）
```

攻守第二本体呈现 b31e2m\k=3 具有再延伸概念 b31e2m\ke2m，其汉语说明如下：

```
b31e2m\ke2m          攻守第二本体的内外形态
b31e2m\ke21          内斗
b31e2m\ke22          外争
```

最后，给出 3 位异类贵宾：

```
(b31e2m\ke21,jl11e21u00c22,(wj2*-00ju42eb5e21,pj01*\4))
                                              ——(b31-0-02)
（内斗强存在于第四世界的核心地区）
((b31e2m\ke22,jl11e21u00c22,pj01*\31),s31,[21]p12*-(c31))
                                              ——(b31-0-03)
（在 21 世纪前期，外争强存在于北片第三世界）
(b31e2m\ke21 (=,=>) b31e2m\ke21,s31,pj1*b)——(b31-0-04)
（在后工业时代，内斗强交并源式关联于外争）
```

结 束 语

本节的描述方式比较特别，一级延伸十分简明，内容集中在二级延伸，共计 4 项。

其中以“本体呈现”命名的两项是重点。对于“第一本体”和“第二本体”之类的术语很不习惯的读者，如果后面的两小节能使得你的生疏感有所减弱，则本节幸甚。

在4项二级延伸里，有1项未予讨论，因为其义境自明。这里不妨给出两个历史有名的战例予以说明。俄罗斯当年在库图佐夫将军的指挥下抗击拿破仑入侵的最后决战是“转守为攻^(b31e22)”的典范；在第二次世界大战中，日本人在横扫东南亚之后的偷袭珍珠港战役是“以攻为守^(b31e21)”的范例。

本节请出了4位异类贵宾，他们所传递的世界知识极为重要，但往往为政治家所忽视，领域专家也是。小布什先生莽撞忽视于前，奥巴马先生茫然忽视于后。为了加深对4位异类贵宾的理解，本节特意写了一个二星级注释，请仔细阅读。

注释

[**01] 冷战时期的政治格局是:“两大对立阵营+‘第三世界’”，这个格局的余响并未消失，留下4大争端，分别是：出现在乌克兰、格鲁吉亚两国的交织性争端（争端01）、伊斯兰世界对立两派国内争端（阿富汗、伊拉克和叙利亚）的国际化（争端02）、朝鲜半岛的南北争端（争端03）、俄罗斯与日本之间的四岛争端（争端04）。但现在全球政治格局的合适描述是“一个超级大国（美国）+六个世界”。美国是4大争端一方的大后台，有时还充当急先锋。俄罗斯是争端01一方的大后台，是争端03一方的后台之一，是争端04的当事人，最近还出来充当争端02一方的急先锋。

原来两大对立阵营里的“资”阵营转化为第一世界，第一世界的主体由西欧与北美构成，冷战时期形成北约，蕲乡老者名之北跨，与南跨、太环、印环一起，构成地球村的两环两跨描述。他的“让印环与太环齐飞，愿南跨共北跨一色”，是对地球村文明形态的最佳展望与祝福。

原来两大对立阵营的“社”阵营分别转化成以中国为主体的第二世界和以俄罗斯为主体的北片第三世界。

两大对立阵营的边缘部分则分别转入了第一、第三和第四世界。转入第一世界的是一些东欧国家，转入东片第三世界的是日本、韩国和蒙古国，转入第四世界的有中亚5国等。

原来的“第三世界”本来就是一个过渡性的不清晰概念，比较清晰的描述应该是整个印环世界和南跨世界及太环世界的一小部分。

印环世界包括第四、第五世界，南片第三世界，第一世界的两块大飞地（澳大利亚和新西兰）和一块小飞地（以色列），太环世界包括第一世界的非欧洲部分，第二世界、东片第三世界和第四世界东端，南跨世界包括第四、第五和第六世界。从上面的叙说可知，印环的问题最多、最难，而南跨问题可能被边缘化。从这个意义上可以说，21世纪的最大看点在印环，而不在太环。

其中，北片第三世界与北跨、印环和太环都存在交织地带，从而形成上述4大争端。

前文曾详细讨论“争端0m，m=1-4”，编号可能不同于本小节，这属于细节，可放在一边。关键是：①21世纪的争端绝不限于上列4项；②虽然争端01和争端02是当下国际新闻的热点，但这两个热点不可能持续太久，争端02里气势汹汹的IS必将重蹈其前辈塔利班和“基地”的下场，当然，后继者必将出现，但这类势力不可能逃脱昙花一现的命运；③新争端“0m,m≥5”已见端倪，它们才是决定21世纪文明形态走向的关键因素。

第 2 节
挑战与应战 b32 (177)

3.2-0 挑战与应战 b32 的概念延伸结构表示式

```
b32:(e0m;e01e2m,e02n,e03γ=b)
  b32e0m                    挑战与应战之三分描述
  b32e01                    挑战
     b32e01e2m                挑战二分描述
     b32e01e21                内部挑战
     b32e01e22                外部挑战
  b32e02                    应战
     b32e02e6m                应战四分描述
     b32e02e60                太极应战
     b32e02e61                刚性应战
     b32e02e62                柔性应战
     b32e02e63                幽默应战
  b32e03                    避让
     b32e03γ=b                避让混合描述
     b32e039                  智能避让
     b32e03a                  智慧避让
     b32e03b                  无奈避让
```

下面，以 4 小节叙说。

3.2.0 挑战与应战 b32 综述

本小节的设置与 3.1.0 相互呼应，地位相当。

“b31”和“b32”的汉语命名，曾考虑过使用“竞争基本形态”与“竞争基本态势”，由于“形态”不能包含“手段”，最终选择了现在的命名。“态势”这个词语是现代汉语近年的常用词，这里就便说一声，其 HNC 符号就是“r53”，以往花费了那么多文字讲“r”，似乎恰恰没有给出这个示例。这几句话应该放在注释里，由于此类懊丧心情反复出现，这里的向正文提升，请看作是对此类懊丧的最后一次宣泄吧。

基于上述，挑战与应战之三分描述 b32e0m 的基本概念关联式如下：

```
b32e0m := (r53ju72e21,b3)——(b32-01)
（挑战与应战之三分描述对应于竞争之基本态势）
```

3.2.1 挑战 b32e01 的世界知识

挑战 b32e01 具有下列基本概念关联式：

b32e01 =: r53d25——(b32-02)
（挑战就是强势效应）
b32e01e2m := r53d25ju42~eb7——(b32-03)
（挑战二分描述对应于内部与外部挑战）

这两位贵宾有资格大包大揽，但下面的异类贵宾不可或缺。

((802,l10,b32e01),jlvu11e22,ju40-;s34,pj1*bc35)——(b32-0-01)
（在后工业时代初级阶段，关于挑战的清晰性思考不具有全局性）

3.2.2 应战 b32e02 的世界知识

应战 b32e02 具有下列基本概念关联式：

b32e02 := (901a,143ea6,b32e01)——(b32-04)
（应战对应于面对挑战的承担性反应）
b32e02e6m (=,<=) 72219e6m——(b32-05)
（应战四分描述强交并流式关联于性格作用表现之认识论描述）
((802,l10,b32e02),jvul11e22,ju40-;s34,pj1*bc35)——(b32-0-02)
（在后工业时代初级阶段，关于应战的清晰性思考不具有全局性）
b32e02e60 (=,<=) s20\1——(b32-0-03)
（太极应战强交并流式关联于智慧）

本小节延伸概念的符号表示及其汉语说明，许多读者会感到十分生疏。今年（2015年）是抗日战争胜利70周年，那段历史的介绍文字出现了一些新气象，这为下面的示例说明提供了必要条件。毛泽东先生是当年“太极应战 b32e02e60”的杰出代表，蒋介石先生是“刚性应战 b32e02e61”的代表，胡适先生是“柔性应战 b32e02e62”的代表。那么，“幽默应战 b32e02e63”是否也有代表人物呢？至少有一位，那就是前文多次提到的马一浮先生，他破例先在西迁途中的浙江大学[*a]开办讲座，后来又在四川乐山创办复性书院，那是一种中国式的幽默应战。

3.2.3 避让 b32e03 的世界知识

避让 b32e03 似乎是历史的童话，中国的名篇有《桃花源记》。但那里记录的是逃避，而不是避让。逃避属于“~(b32e02)”，不同于 b32e03。所以，本小节应首先给出下面的概念关联式：

b32e03 (=,<=) c039——(b32-06)
（避让强交并流式关联于社会性作用免除）
(b32e03,jlv11e21jlu13c21,pj1*b~(c35)——(b32-0-04)
（避让应该存在于后工业时代的非初级阶段）
(b32e03,jl00e21c22,s10\1+802)——(b32-0-05)
（避让强关联于智慧和清晰性思考）
(^(b32e03),jl00e21c22,s10\2+801)——(b32-0-06)
（反避让强关联于智能和模糊性思考）

贵宾（b32-06）是对贵宾（b32-04）的呼应，那里使用了“承担性反应 901a”的概念，这里使用了“社会性作用免除 c039”的概念[**01]。

3 位异类贵宾是对未来的期盼。避让必须依靠挑战与应战双方的清晰性思考，双方都需要从自己做起，都需要具备“己欲立而立人，己欲达而达人”的高端伦理，而不能仅满足于“己所不欲，勿施于人”的低端伦理。

结 束 语

挑战是当下的热门词语，而且常常伴随着机遇，这是势态思维的积极展现。但是，如何面对挑战 b32e01 或利用机遇 rb32e01，并非仅有一策，而是两策。“应战 b32e02”只是其一，还有其二“避让 b32e03”。

也许可以说“挑战与应战之三分描述 b32e0m”是传统中华文明的专利，汤因比先生的著名大作《历史研究》就是一个有力的旁证。本节对“应战四分描述 b32e02e6m”和“避让 b32e03”的阐释与《历史研究》有本质区别。但汤因比先生何许人也！故本节不得不大量借用异类贵宾，读者察之。

注 释

[*a] 抗日战争时期，中国沿海和中部地区的大学都迁移到抗战大后方的西南地区。

[**01] 这两个概念符号自明。不过，《全书》第一册第一编对这类概念的诠释都十分简略，原因有二：①当时不是每个延伸概念都具备系统阐释的前提条件；②寄厚望于“愤启悱发”效应。

第 3 节 竞争与协同 b33 (178)

3.3-0 竞争与协同 b33 的概念延伸结构表示式

```
b33:(~4,7;~4d01,7^ebn;(7^ebn)e2n)
  b33~4                     竞争与协同之高阶二分描述
  b335                      竞争第一
    b335d01                   成王败寇
  b336                      协同第二
    b336d01                   弱者让利
  b337                      竞争与协同之关系状态效应
    b337^ebn                  金字塔社会
       b33(7^ebn)e2n            金字塔社会的伦理末位描述
       b33(7^ebn)e25            动态金字塔（非法老金字塔）
       b33(7^ebn)e26            静态金字塔（法老金字塔）
```

竞争与协同，在字面意义上，似乎可以比拟于改革与继承，但实质上根本不能比拟。因为改革与继承具有“一币两面性”，而竞争与协同并不具有。本节的汉语命名是“竞争与协同”，绝不可以像“改革 b1”章那样，另名为“协同中竞争”。

因此，“b33:(”之内容完全不同于“b13:(”或“b23:(”，反而有点类似于“b03:(”。这很有趣，故特别一说。

下面，以两小节叙说。

3.3.1 竞争与协同之高阶二分描述 b33~4 的世界知识

在符号表示的传神性方面，延伸概念 b33~4 及其再延伸都并不能令人满意，但其汉语说明似乎有所弥补。

竞争第一 b335 这个概念深得人心，特别是深得社会精英的赞赏，在他们心中，可以不存在宗教意义的上帝，但存在一个神学意义的上帝，那就是“竞争第一 b335”或“竞争 b3”。其实这位“上帝”有一位同胞弟弟，那就是“协同 b4”，不过由于金帅一直在大肆宣扬这位“上帝”的伟大功绩，人们几乎忘记了其胞弟的存在。

竞争第一 b335 的再延伸 b335d01 具有丰富的直系捆绑词语，这里选用了“成王败寇”，也许“适者生存”更有代表性，这由第一场接力的递棒者来决定。

著名的丛林法则，其映射符号就是 rb335d01，而不必采取下列复合形态：

```
(801\0+rb335d01;8203c01+rb335d01)
```

协同第二 b336 的再延伸 b336d01 似乎没有相应的直系捆绑词语，这里生造了一个“弱者让利”，或许差强人意。

应该追问，“b33~4”之一级延伸为什么不取“b33n”？这个问题将在下一章的最后作答。

3.3.2 闲话竞争与协同之关系状态效应 b337

一级延伸 b337 及其后续两级再延伸的符号表示和汉语说明都比较到位，对相关世界知识给出了足够的表达，故本小节标题以闲话冠名。

所有古代或农业时代文明都具有“金字塔 b337^ebn”特性，但此类金字塔并非必然是埃及的法老金字塔。法老金字塔是静态的，内部不可流动，以符号“b33(7^ebn)e26”表示。该符号意味着“b33(7^ebn)e25”的存在性，它表示一种动态的、内部可流动的非法老金字塔。也许可以说，印度的古老种姓制度是法老金字塔的代表，而传统中华文明的“士农工商”则是非法老金字塔的代表。

结 束 语

本节阐释了“b33 竞争与协同”的基本特性，两者不是“一币两面”，不是“双胞胎”，然而却是同胞兄弟。在 21 世纪的当下，两位哥哥名声显赫，备受宠爱，两位弟弟多少受到一些冷落。在文明长河的视野里，这不能说是一种正常景象。但这一景象不可能长此以往，弟弟的境遇已经在改善中，这属于后工业时代的一丝曙光。

三级延伸概念 b33(7^ebn)e2n 是一个值得探讨的重大社会学课题，但现代西方文明一定看不起它，所以本节只来了一段闲话。

小 结

竞争 b3 如同改革 b1 一样，也是一位被溺爱的皇太子。故本章继续发出一种另类声音：这种溺爱已不符合后工业时代的历史潮流。但溺爱的话语总是显得那么义正词严，凛然不可侵犯。因此，如果本章的声音不被看作是一种讨厌的噪声，那就已属万幸。

第四章

协同 b4

引 言

协同是竞争的同胞兄弟，但与改革、继承不同，两者并不是双胞胎。这些都是非常重要的世界知识，虽然前文已经叙说过，这里仍然值得重复一遍。

协同的概念树设置如下：

b40	协同基本内涵
b41	战略与战术协同
b42	积极与消极协同
b43	协同与竞争

协同的基本概念关联式是：

```
b4 := (411+421+43~e02,56b3ckm;019+04,371+383e21+39e21;
          10ae53,218\5;407e3m,50ac2n)——(b4-01)
```

（协同开始于关系之结合、依存与不对抗，终止于社会等级的弱不公正划分，关注：作用环节的“反应-承受”和约束、效应环节的“第三个效应三角”、演变过程之稳定、定向接收之核查、关系基本构成之我你他描述、状态环节的物质与精神生活）

我们看到，“协同路线图”也是作用效应链的一种高级综合。这里必须加以强调的是以下 3 个要点：①协同的终极目标只是“社会的弱不公正”，而不是伦理意义下的“社会公正(jru85e75,pj01*-)”；②在关系基本构成方面，采用的是 407e3m，不含 407e3n；③在状态方面，采用的是 50ac2n，包含物质与精神生活。

我们还看到，（b4-01）在作用效应链的每一环节都与（b3-01）有重大区别，但以上 3 点最为突出。

说明文字里有 4 处加了引号，应该给以注释，考虑到读者自明，免了。

第 0 节
协同基本内涵 b40 (179)

4.0-0 协同基本内涵 b40 的概念延伸结构表示式

```
b40:(c3n,e3m;c35-00,c36-0,c37c3n,e31\k=6;(e31\k+39e21))
  b40c3n          协同高阶三分
  b40c35          农业时代协同
  b40c36          工业时代协同
  b40c37          后工业时代协同
  b40e3m          协同三方
  b40e31          协同第一方（主办方）
  b40e32          协同第二方（友方）
  b40e33          协同第三方（关照方）
```

下面，以两小节叙说。后续延伸概念放在小节里说明。

4.0.1 协同高阶三分 b40c3n 的世界知识

先给出下面的高级贵宾：

```
b40c3n := pj1*t=b——(b40-01)
（协同高阶三分对应于三个历史时代）
```

基于此贵宾提供的世界知识，b40c3n 之再延伸将以“协同形态”命名，并接着给出下列贵宾：

```
(b40c35-00,jlvu11e21,(xwj2*-00+xpj01-0o01))——(b40-02)
（农业时代协同形态具有“地区性+部落性与家族性”）
(b40c36-0,jlvu11e21,(xwj2*-0+xpj2*+xpj5*))——(b40-03)
（工业时代协同形态具有“地域性+国家性+民族性”）
b40c37c3n := pj1*bc3n——(b40-0-01)
（后工业时代协同形态对应于后工业时代的三阶段）
```

下面，仅对异类贵宾（b40-0-01）来一段闲话。

“双赢 b30e10c01”这个词语已常见于第二世界的媒体，但西方媒体似乎并未积极响应，“win-win”并不常见。就符号义境来说，该词语完全有资格充当 pj1*bc35 的旁系捆绑词语，当然这只是建议，仅供第一场接力递棒者参考。

4.0.2 协同三方 b40e3m 的世界知识

先给出下面的高级贵宾：

b40e3m := 407e3m——(b4-03)
（协同三方对应于关系基本构成之我、你、他三方）

接着给出下面的异类贵宾：

((b40e31\k := pj01*\k,k=6),s31,pj1*b)——(b40-0-02)
（在后工业时代，主办方之第二本体呈现对应于六个世界）

这两位贵宾是对延伸概念“协同三方 b40e3m”世界知识的高度概括，其中有两项内容需要特殊交代，依次说明如下。

关系基本构成 407e3m 里的“他 407e33”通称第三方，外交语言里有“不针对第三方”的短语。这一短语的语言面具性人所熟知，实际上等同于“此地无银三百两”，词语“任何一方”也存在类似遭遇。协同三方 b40e3m 汉语命名之所以都加上“协同”的修饰词语，协同第三方还另名关照方，为的是尽可能免除上述遭遇。因为如果将“不针对”强行与上列词语作“vo”组合，那“司马昭之心”反而是欲盖弥彰。前文叙说过“双赢 b30e10c01”这个概念，一些读者会发觉，HNC 对该概念实际上有所保留，因为它缺乏“关照方 b40e33”的清晰性思考。

下面来进行第二项特殊交代，它涉及 HNC 对“主办方 b40e31”的基本构思，也就是异类贵宾（b40-0-02）所传递的世界知识。该贵宾的主角是 b40e31\k，它表示六个世界都有资格充当主办方，任何一个世界都没有独霸主办方的特殊权利或专利，更不用说一个国家了，即使你是一个超级大国。另外，它具有再延伸概念（b40e31\k+39e21），表示六个世界的各方可以联合起来做主办方。前文多次叙说过印环在 21 世纪的焦点意义，一个强有力的“联合主办方（b40e31\k+39e21）”是印环的“大急”。但是，其中的变量“k”如何转变为一些常量呢？目前还没有见到比较有深度的探索或见解，只能拭目以待。

结束语

协同这个概念似乎人所熟知，不需要查阅词典，但实际情况并非如此。为此，HNC 引入了次高级贵宾（b4-01），给出了“b10 协同基本内涵”的概念延伸结构表示式，试图先给“b4 协同”营造一个基本清晰的语境意义。当然，协同的完整意义由 4 株概念树及其延伸概念构成，本节只是一支先头部队。这支部队的表现如何？是否对你原有的“协同”注入了一些新的元素？希望读者想一想。

第 1 节
战略与战术协同 b41 (180)

4.1-0 战略与战术协同 b41 的概念延伸结构表示式

```
b41:(c2n;c2ne2m;c26e2m\k=o)
  b41c2n                    协同之层级呈现
  b41c25                    战术协同
  b41c26                    战略协同
    b41c2ne2m                 协同层级的内外之别
      b41c26e2m\k=o             内外战略协同之第二本体呈现
```

概念树 b41 和 b42 一样，一级延伸概念仅 1 项，且都属于认识论延伸。通常，这会带来自然语言命名的困扰，这种情况最早在“效应概念树 3y”里经常遇到，常用的“对付办法”就是把两个或多个一级延伸的汉语命名绑在一起。本节和下节都沿用这个老套路。

下面，以 3 小节叙说。小节的划分标准与以往截然不同，皆以“关于”冠名。

4.1.1 关于协同之层级呈现 b41c2n

协同存在战略与战术的层级之别，这是常识，也是重要的世界知识。于是，以“b41”牵头的前 3 位贵宾如下：

```
b41c26 := b4su129——(b41-01)
（战略协同对应于战略性协同）
b41c25 := b4su12a——(b41-02)
（战术协同对应于战术性协同）
b41c26 (=,<=) 813b——(b41-01-0)
（战略协同强交并流式关联于势态判断）
```

4.1.2 关于协同层级的内外之别 b41c2ne2m

战略协同或战术协同都存在内外之别，这又是常识，也是重要的世界知识。于是，又存在下列贵宾：

```
b41c2ne21 := (b41c2n,s42,j42eb5)——(b41-03)
（内协同对应于内部的战略战术协同）
b41c2ne22 := (b41c2n,s42,j42~eb5)——(b41-04)
（外协同对应于外部与边界的战略战术协同）
```

4.1.3 关于内外战略协同之第二本体呈现 b41c26e2m\k=o

本小节应该首先出场的是下列两位贵宾：

(b41c26e2m\k = pj1*t,(\k=o,t=b))——(b41-05)
(内外战略协同之第二本体呈现强交式关联于三个历史时代)
((b41c26e2m\k := pj01*\k,k=6),s31,pj1*b)——(b41-06)
(在后工业时代，内外战略协同之第二本体呈现对应于六个世界)

这就是说，在不同的历史时代，需要不同的内外战略协同。借助于这项世界知识，下面闲话两点：①不妨再提一次工业时代列车的两位外来乘客——俄罗斯和日本。他们在后工业时代的内外战略协同表现，是否丧失了其祖辈的历史时代敏感性？这需要郑重探讨。俄罗斯的攻击性[*01]和日本的神社性[*02]是两件“xpj52*”色彩非常浓重的东西，不宜随意比拟或夸大其严重性。②不妨再提一次美国超级大国的“1.0”话题。美国当前最大的“敌人”在于美国自己的无知，而不是无能。美国在 b41c26e2m\1 方面的无知最为突出，在 b41c26e21\1 方面，他高估了所谓第三次工业革命的势能和自己的领先态势；在 b41c26e22\1 方面，他低估了另外五个世界的发展势态，把全球问题简单归结为“美国如何领导一个危险的世界”[*03]。这充分表明，美国人在如何把握后工业时代文明制高点的世界知识方面是多么贫乏，对六个世界之赫然出现对全球地缘势态所产生的影响，是多么茫然。因此，如果要在“b41c26e2m\k=6”方面推举一位表现最差代表的话，在 21 世纪的前 20 年，美国都当之无愧。但是，美国在 20 世纪毕竟出现过一位罗斯福，当前的无知度或许不会持续太久。另外，其他世界也尚未出现此语境单元的高人，因此，HNC 暂时不会放弃“1.0”的预测。

结 束 语

战略与战术协同是人所熟知的概念或术语，本概念树的新思考在于指出了不同文明板块，也就是六个世界在这两方面各有所长。美国人善于战术协同，但在战略协同方面并不高明，整个第一世界也是如此。中国人应该在战略协同方面发挥自身文明的特长，因为传统文明关于势态的认识历来领先于全球。

请留意本节里唯一的“-0”级贵宾（b41-01-0），其希望传递的世界知识是：中国不应该再次发生对时代曙光的先觉失误，整个工业时代期间的屡次误判不应该重演。

注释

[*01] 指俄罗斯近年通过公投或武力占领的方式攫取别国领土的行为。

[*02] 指日本人对靖国神社的民族情感与认知。

[*03] 这是希拉里女士最近(2015年10月22日)在美国国会接受质询时说出的话语。

第 2 节 积极与消极协同 b42 (181)

4.2-0 积极与消极协同 b42 的概念延伸结构表示式

```
b42:(e2n;e2nt=b)
  b42e2n                协同之伦理末位呈现(协同伦理)
  b42e25                积极协同
  b42e26                消极协同
    b42e2nt=b             协同伦理之第一本体呈现
    b42e2n9               政治协同
    b42e2na               经济协同
    b42e2nb               文化协同
```

下面，以 4 小节叙说，皆以“关于”冠名。

4.2.1 关于协同伦理 b42e2n

协同伦理的全称是“协同之伦理末位呈现”，伦理之首位呈现是“j80 正义与邪恶”，末位呈现是“j86 积极与消极”，因此，协同伦理的基本概念关联如下：

```
b42e2n := j86e2n——(b42-00)
(协同伦理对应于伦理属性之积极与消极)
```

这位贵宾充分展现了协同伦理思考的透齐性，以“-00”而不是以“-01”编号。如果要对这两者追问一个究竟，那回答将借用一句《全书》的套话——笑而不答。不过，下文会给出部分呼应。

4.2.2 关于政治协同 b42e2n9

政治协同是政治协同伦理的简称，对于经济协同和文化协同也如此处理。描述政治协同的首位贵宾是：

```
b42e2n9 (=,=>) (a1+a4,a5)——(b42-01)
(政治协同强交并源式关联于政治、军事和法律活动)
```

传统中华文明对政治协同有一句有名的老话，叫“春秋无义战”，这句老话可以换一个字，叫“春秋无义政”，那也是一种高明的语言概括，但这种概括的内容逻辑或思考方式有别于贵宾（b42-01）。“战”至少涉及双方，不义不一定适用于双方，不能说侵战者和抗战者都不义，“政”亦然，此其一。对“战”和“政”，不能只从伦理首位属性的“对立二分 j80e2n”去考察，更要从伦理末位属性“j86e2n”去考察，此其二。

高级贵宾“(b42-01)+(b42-00)”吸纳了上述两项考察，然而这只是政治协同思考的起点。人类社会已进入后工业时代，但关于政治协同 b42e2n9 的思考方式并没有跟上时代巨变的步伐。在乌克兰事变和 IS 挑战面前，有关各方的决策者都存在巨大困扰，该困扰的集中呈现就在“政治协同 b42e2n9”方面。也许可以说，b42e2n9 是一个亟待探索的重大文明课题之一，而这一探索需要关于六个世界的清晰认识，因此，本小节的结尾将是下面的贵宾：

((802,l10,b42e2n9),s31,pj1*b) = pj01*\k=6——(b42-02)
（后工业时代关于政治协同的清晰性思考强交式关联于六个世界）

4.2.3 关于经济协同 b42e2na

也许可以说，“经济协同 b42e2na”是亟待探索的重大文明课题之二。这一课题的探索态势与政治协同区别甚大，已有良好开端。第一世界由美国牵头开展了 TPP 和 TEIP 模式的探索，第二世界由中国牵头开展了“OO-AI”模式的探索，这两种模式都可以看作是“经济协同 b42e2na”课题的初步探索。有人把“OO-AI”说成是一场豪赌，如何看待这一说法？如果说它在一定程度上表现了新国际者的积极转向或新思考，或许比较公允。因此，本小节最后，给出下面的概念关联式：

((803,l10,b42e2n9),s31,pj1*b),jl11e21,pj01*k=1-2) ——(b42-03)
（后工业时代关于经济协同的针对性思考存在于第一和第二世界）

4.2.4 关于文化协同 b42e2nb

政治与经济协同的基本课题主要是对外的积极协同，其映射符号如下：

b42e259+b41c2ne22	积极对外政治协同	SGU(b4-1)
b42e25a+b41c2ne22	积极对外经济协同	SGU(b4-2)

文化协同有所不同，其基本课题是内部的积极战略协同，相应的映射符号是：

b42e25b+b41c26e22	积极内部文化战略协同	SGU(b4-3)

上面给出了 3 个复合语境单元及其 HNC 符号简化表示[*01]。这里，就 SGU(b4-3)闲话几句。该课题的探索，是第四世界和第二世界的大急，也是南片第三世界的大急。对于这样的大急课题，前文的诸多论述存在明显偏差，对第四世界未抱期待，对第二世界期待急切，对南片第三世界则期待偏低。这里的 3 大急之说，希望对上述偏差有所弥补。

结 束 语

本节的概念延伸结构表示式具有不可移易性，这一点需要强调一下。这就是说，其两级延伸绝不可以改变为两项一级并列延伸，因为我们应该追问，人类在政治协同、经济 b42e26 和文化 b42e26 方面犯过无数重大错误或失误，其直接根源到底是什么？不是别的，就是“消极协同 b42e26”。这一语境单元非常重要，汉语有一个直系捆绑词语：盲从。

过去 100 年来，中国文化人在批判“愚昧”的“愚忠”、“愚信”和“愚孝”三方面花费过巨大精力，却对盲从或盲从之愚缺乏起码的警惕。盲从的典型表现就是愚信美妙面具语言的面具美妙性，而丝毫不理会该语言的语用力量会带来什么样的消极效应：zb42e26。

注释

[*01] 这一简化表示可能与前文有所不同，但不必追求统一，因为这不属于图灵脑探索第一场接力递棒者的事。

第 3 节
协同与竞争 b43 (182)

4.3-0 协同与竞争 b43 的概念延伸结构表示式

```
b43:(n,i;~4d01,i^e5m;i^e5me2n)
  b43n                     协同与竞争之高阶三分描述
  b434                     中庸（适度）
  b435                     协同第一
    b435d01                  和谐共处
  b436                     竞争第二
    b436d01                  强者让利
  b43i                     协同与竞争之效应
    b43i^e5m                 纺锤型社会
      b43(i^e5m)e2n            纺锤型社会的伦理末位描述
      b43(i^e5m)e25            动态纺锤
      b43(i^e5m)e26            静态纺锤
```

下面，以两小节叙说，且皆以世界知识命名，实心存惴惴。

4.3.1 协同与竞争之高阶三分描述 b43n 的世界知识

一级语境单元“b43n 协同与竞争之高阶三分描述”的符号表示和汉语说明都不怎么样，其分别说的汉语说明还算差强人意，但又难以被认同。所以，下面先以 3 位贵宾开道。

b43~4 := (b4,b3)——(b43-01)
（协同与竞争之高阶二分描述对应于“先协同，后竞争”的有序组合）
b435 =: b4+j00d01——(b43-02)
（协同第一等同于“协同+第一”）
b436 =: b3+j00d02——(b43-03)
（竞争第二等同于“竞争+第二”）

作为两个一级语境单元，可以回避认同性问题。关键是两者的下一级语境单元b43~4d01具有非同寻常的属性，其汉语直系捆绑词语分别是“和谐共处”和“强者让利”。两短语不存在“回避认同性”的困扰，不仅如此，它们甚至还可以免除“语言面具性”的困扰，充当未来文明的旗帜。

现在应该是一个合适的时机，烦请读者将本小节的内容跟竞争章里的相应小节略作对比，以求得一点关于人类终极追求的清晰性思考。成王败寇与和谐共处，弱者让利与强者让利，应该如何选择？20世纪之前，人类可以回避这个问题，现在不能再继续回避了。

“协同第一”与“竞争第二”的映射符号可以综合成b43~4，它意味着b434的存在。但“竞争第一”与“协同第二”不可以综合成b33~4，因为它根本就不存在。这是概念树“b33竞争与协同”和“b43协同与竞争”的本质区别，是第二类黑氏对偶“n”的一项重要特性，

但黑格尔先生本人没有思考过。那么，是否有过思考者？如果不考虑中华文明，回答是No；如果把中华文明考虑进去，那回答是Yes。就概念树“b43协同与竞争”而言，那Yes的对应词语就是中庸[**01]，其映射符号就是b434。

4.3.2 协同与竞争之效应b43i的世界知识

这里的“b43i协同与竞争效应”，在其兄长“b3竞争”那里的对应符号是“b337”，汉语命名是“竞争与协同之关系状态效应”，比这里的命名多了“关系状态”4个汉字。语言理解氨基酸“i”与“7”的符号意义在语言概念空间非常清晰，在自然语言空间的表述也不麻烦，但像“b43i”与“b337”这样个性鲜明的示例并不多见，所以，这里以这种闲话方式开头。

针对“b337”的后续延伸概念“b337^ebn”和“b33(7^ebn)e2n”，前面讲了一通金字塔社会及其两种类型，符号b33(7^ebn)e25本身就是对动态金字塔社会的肯定。这里的“b43i”具有同样的后续延伸，汉语命名不过是以“纺锤型”替换“金字塔”，但符号“b43(i^e5m)e26”却是对静态纺锤型社会的否定。

这就是说，本《全书》既不全盘肯定“纺锤”，也不全盘否定“金字塔”。或许有人会问，静态纺锤是HNC符号体系臆造出来的东西吧？但它确实出现过，在工业时代后期。

结 束 语

概念树b43是表层第三类精神生活的殿后者，殿后者一定同时充当过渡者的角色。在“思维8”与“劳动q6”之间，在第二类精神生活的“表层q7”与“深层q8”之间，都安排了这样的角色。前者的概念树叫“共识843”，后者叫“迁徙q746”。这些过渡者之映射符号的第二位数字都是“4”，如果由此联想起前文多次阐释的“二生三四”子命题，那就是一种哲学思考。本节的内容和论述方式，希望能有助于引发哲学思考的兴趣。

小 结

工业时代以来，竞争与改革一直在唱主角，竞争的同胞兄弟——协同——的境遇，甚至比改革的双胞胎——继承——更为凄惨，因此，本节用了比较多的文字来恢复其真实身份。

社会的发展历程实质上是一个不断纠错的过程，其中最重要的纠错是针对“封建专制+世袭统治”和“神学独尊+政教不分”两大错，这项社会纠错工程已经取得了决定性胜利，虽然还有顽固的残余存在。在 21 世纪，当然还需要关注这个残余，但如果关注过度，那将会演变成极大的失误，因为工业时代以来又积累了两大错，那就是“过度自由+科学独尊”和“改革慢待继承+竞争无视协同”。21 世纪的社会纠错工程应聚焦于此，这不仅是本章希望传递的基本世界知识，也是本篇的期盼。

注释

[**01] 这个答案必将遭到痛斥，最轻微的指责或许是“玩符号游戏”。但HNC一直坦承寓符号游戏于三学之中，因为这是图灵脑能否成功的关键举措。至于更严重的指责，将请指责者先细读一遍《中国现代学术经典·马一浮卷》再来讨论。最易引起反感的词语或许是中庸，用现代汉语来说，中庸就是适度j60e41，何必如此！

深层第三类精神生活

下篇

篇首语

本篇内容，是HNC理论体系的“下游之末”，也是《全书》撰写过程的终点，此事蓄谋已久，且曾多次交代，不必具体回顾，但是，这里需要对“下游之末”有所说明。

HNC理论体系的源是作用效应链，其流是具有领域属性的概念基元，其汇是句类、语境单元和隐记忆，其奇则是不具有领域属性的概念基元。源与流构成HNC理论的第一卷,奇与汇分别构成HNC理论的第二卷和第三卷。流都有上、中、下游之分，HNC之流亦然，其上游是心理及其行为，其中游是专业活动，这一要点在HNC探索之初就是十分明确的。但是，下游的情况则有所不同，HNC的思考有过重大反复，这在本卷第四编的编首语里交代过。本卷居后的3编6篇属于下游，本篇自然属于“下游之末”。

这“下游之末”既寻常，又特殊。寻常的表现比较简明，特殊的表现则一言难尽。

对简明的寻常，这里用一个“比兴”的说法：它与上游和中游的关系是“剪不断①”[*01]，但绝不是“理还乱”，而是“理可断⑤”，与汇和奇的关系也是如此。“可断⑤”的手段就是大家已经比较熟悉的内外使节。

对一言难尽的特殊，这里则要首先表示歉意。这首先是因为HNC对深层第三类精神生活寄予很高的期望，而自知又没有能力把这个期望论述清楚。其次，前文曾多次把有关论述的深入思考推给深层第三类精神生活，本篇不打算一一呼应。这里既有偷懒的习惯，也有免得给读者增添麻烦的善意。

下面还是依据惯例，先给出本篇的概念林清单：

d1	理念
d2	理性
d3	观念

这里没有共相概念林，在精神生活的全部7个[*02]子范畴里，这是独一无二的景象。本篇概念林的这种配置方式，既表现了对理性文明和信念文明的尊重，也怀抱着对理念文明的期待。理性文明和信念文明分别密切联系于第一世界和第四世界，而理念文明则密切联系于以中国为主体的第二世界。

前文已多次说过：哲学是对存在的探索，神学是对心灵的探索。那么存在和心灵的基本内容是什么？或者说，如何给出存在与心灵的确切描述呢？这有数不清的答案。西方文明的答案都以物质世界和精神世界的分与合为起点，并一直陷于“蛋鸡纠缠”的纷争之中，现代话语对纷争双方分别名之唯物论和唯心论。马克思先生对这一“蛋鸡纠缠”纷争给出过最简明的“三决定”答案，该答案曾在经典社会主义世界获得过“一锤定音”的崇高荣誉。毛泽东先生把“三决定”答案里的认识论内容改造成更简明的“两论”：《实践论》和《矛盾论》，“两论”曾被誉为“顶峰”。在这“顶峰”上，理性只剩下一个经验理性，先验理性、浪漫理性和实用理性都被“枪毙”了；观念只剩下一个“矛盾”[*03]，立场和价值观都被“归一”[*04]了。

在马克思答案里，对语言概念基元空间以“深层第三类精神生活 d”为标记的概念子范畴给予了足够重视。但概念林“d3 观念”是不完整的，概念林“d2 理性”只剩下一株孤零零的概念树——“d21 经验理性”，至于概念林“d1 理念”，则用一个描述文明三主体的综合性概念——共产主义——予以替代。

传统中华文明对概念林“d1 理念”拥有最丰富的论述，其立足点不仅是文明的三主体——政治、经济和文化，还包括文明基因的三呈现——神学、哲学和科学。也就是说，它思考过文明三主体与文明三基因的综合，用现代话语来说，这项综合也就是物质文明之制度性建设和精神文明之伦理性建设的综合。如果以这一综合性要求为标记，那可以说，现在的人类家园并没有现成的样板，还需要人类进行艰苦的探索。传统中华文明的古代探索，由于时代性限制的存在，必然存在诸多缺陷[***05]。但它毕竟思考过文明三主体与三基因的综合，也就是制度性建设与伦理性建设的综合，可以给人类文明形态的未来探索提供一些有益的启示。

前文曾反复提及形而上思维衰落和 20 世纪以来中国文化断裂这两个话题，但始终处于零敲碎打状态，本篇的论述希望有所弥补，下面将对上述“不完整”、“孤零零”和“被替代”的景象，给出一个比较系统的阐释，它首先体现为上列 3 片概念林的设置，其次是每片概念林的概念树设置。

注释

[*01] 这里的“①”和下面的“⑤”都是指《现汉》的义项编号。

[*02] 第一类精神生活3个子范畴，第二和第三类精神生活各2个，共计7个。

[*03] 这个带引号“矛盾”之前的“经验理性、先验理性、浪漫理性和实用理性”和其后的“立场和价值观”都是深层第三精神生活的概念树名称。前者属于“d2理性”，后者属于“d3观念”。

[*04] “归一”的含义将在第三章（观念）里叙说。

[***05] 前文曾把该综合的基本缺陷概括成“三化一无”，三化是：神学哲学化、哲学神学化和科学边缘化；一无的实质就是无神论，见《全书》第一册p458。至于传统中华文明在文明三主体方面的描述缺陷，在各种古老文明里，大约是最少的。新国际者习惯于将传统中华文明与现代西方文明的三主体呈现直接进行比较，那是一种错位，错位性思考是模糊性思考的典型症状。

第一章

理念 d1

引 言

前文曾多次叙述过 HNC 的两项基本思考：①理念高于理性，理性又高于观念；②理念强交并流式关联于哲学，理性强交并流式关联于科学，观念强交并流式关联于神学。考虑到神学曾拥有过长期的独尊地位，而科学正处于独尊地位的顶峰，这里有意提高一下哲学的地位，但丝毫没有三学轮流坐庄的意思，于是理念就被映射成 d1，居于第三类精神生活的首位。

理念 d1 的概念树设置如下：

d10	理念基本内涵
d11	政治理念
d12	经济理念
d13	文化理念

概念树 4 株，1“共”3“殊”，与表层第三类精神生活 b 之各片概念林的设置方式一样，这不是偶然的巧合，下文将对此有所呼应。

任何文明对理念的思考都不可能离开文明的主体 3 呈现：政治、经济和文化，这就是上列概念树设计的依据，因此，本引言将以下列高级贵宾结束。

```
d1 (=,<=) gwa30ia——(d-01)
（理念强交并流式关联于哲学）
d2 (=,<=) gwa30ib——(d-02)
（理性强交并流式关联于科学）
d3 (=,<=) gwa30i9——(d-03)
（观念强交并流式关联于神学）
(d1y := ay,y=1-3)——(d1-00)
（理念之殊相概念树对应于文明主体呈现）
```

第 0 节 理念基本内涵 d10 (183)

1.0-0 理念基本内涵 d10 之概念延伸结构表示式

```
d10:(o01,e2n,t=b;o01e2m)
  d10o01            理念之两端描述
  d10d01            高端理念（王道）
  d10c01            低端理念（霸道）
    d10o01e2m         理念两端的内外之分
  d10e2n            理念之伦理末位描述
  d10e25            积极理念
  d10e26            消极理念
  d10t=b            理念之伦理中游描述
  d109              真世界
  d10a              善世界
  d10b              美世界
```

下面，以 3 小节叙说，但“d10o01e2m 理念两端的内外之分”将放在 1.0.2 里。

1.0.1 理念两端描述 d10o01 的世界知识

不同古老文明都存在关于理念的两端描述：高端描述和低端描述，各自拥有相应的词语系列。下面给出 3 种文明两端描述的基本词语，如表 6-1 所示。

表 6-1　理念两端描述的词语示例

文明类型	高端	低端	HNC 符号
佛学	空	色	d10(o01)
希腊	正义+公平		d10d01
中华	王道+中庸		d10d01
		霸道	d10c01

此表必遭唾骂，这需要略加解释，从“d10o01”的符号意义说起。

HNC 符号体系的一项基本思考是：将两端描述联系于伦理属性，有关贯宾如下：

```
yo01 := (j8,j7)——(HNC-0-01)
（两端描述首先是对应于伦理属性，其次是自然属性）
d10c01 (=,<=) j84——(d-0-02)
（低端理念强交并流式关联于伦理与理性）
```

d10d01 (=,<=) j80e25+j85——(d-0-03)
（高端理念强交并流式关联于“正义+伦理与理念”）

这3位都是高级贵宾，然而目前全属于异类。现代汉语曾流行过摘帽子的词语，这里先借用该词语说一句“异类”话语，三位贵宾的异类帽子被摘之日，就是后工业时代脱离低级阶段之时。

异类（HNC-0-01）是对理念两端描述非分别说的定义式，异类（d-0-02）和（d-0-03）则是高端理念与低端理念分别说的相应定义式。这3个定义式不仅是理解表6-1的关键，也是梳理一切伦理学专著的关键。也许可以这么说，对伦理两端描述具有明确认识的专著，就属于一流，而没有这一认识的恐怕只能算作二流。关于“d10o01”的一流著作当首推《金刚经》和《心经》；关于“高端理念 d10d01”的一流著作，当首推柏拉图的《理想国》；关于“低端理念 d10c01”的二流著作，可首推罗尔斯先生的《正义论》[***01]。至于传统中华文明的著名经典，既有关于“d10o01”的接近一流非分别说的经典，也有接近一流分别说的经典。依笔者愚见，这就是马一浮先生“六艺说”[***02]的要点。

以上所说，是表6-1的源。考虑到《理想国》和中华经典在当下的境遇，下面将以漫谈形式，续说表6-1的流。

HNC将把“王道+中庸”和霸道分别纳入d10d01和d10c01的直系捆绑词语，这一处理方式或许比较符合儒学创立者们的本意，但可能有悖于宋明理学的主旨[**03]，因为后者实质上属于理念两端的非分别说，这缘起于大乘佛教的影响。

首先应该说明的是，所谓的国学有广义与狭义之分，广义国学首先包括先秦诸子学、两汉经学、魏晋玄学、隋唐诸宗和宋明理学，其次包括“经史子集”中后三者的文言著作[*a]。先秦诸子学又分春秋时期的儒、道、墨和战国时期的名、法、阴阳，前者以儒家为代表，后者以法家为代表。狭义国学也称经学，仅指儒家经典和宋明理学，其关键词语是：王道与霸道、中庸与良知。经学或儒家思想的最佳概括在《中国现代学术经典·马一浮卷》里，儒家经典的简明概括则是黄焯先生的题词[*04]。

表6-1里的“d10d01‘王道+中庸’”对应于儒家，“d10c01 霸道”对应于法家。在语言概念空间的视野里，两者的基本概念关联式如下：

d10d01 (=,=>) b43n——(d1-0-01)
（“王道+中庸”强交并源式关联于协同与竞争之高阶三分）
d10c01 (=,=>) b33~4——(d1-0-02)
（霸道强交并源式关联于竞争与协同之高阶二分）

读者不妨回想一下，协同与竞争之高阶三分的基本汉语描述是“和谐共处+强者让利+中庸”，竞争与协同之高阶二分的基本汉语描述是“成王败寇+弱者让利”。后者一直是所有古老文明的历史景象，前者则曾是许多伟大文明的探索课题，但唯有中华文明的探索最为系统和最有深度，这就是本《全书》多次提及马一浮先生的基本缘由。

工业时代以来，第一世界在其内部为改变“成王败寇，弱者让利”景象作出过艰苦努力，“成王败寇”景象如今已基本趋于消失，“弱者让利”景象也大有缓和。但在对外方面，则曾让两景象登峰造极，至今还是懵懵懂懂，缺乏关于“王道+中庸”和霸道的基本世界知识。

本小节最后要提出的问题是：和谐共处是否高于和平或双赢？强者让利是否高于繁荣、发展、援助或慈善？或者说，是否应该把前者当作是后者的根基或不可或缺的补充？

1.0.2 理念伦理末位描述 d10e2n 的世界知识

“d10e2n”是“d10 理念基本内涵”的第二位一级延伸，它演绎的世界知识是，任何理念都兼具积极与消极意义，即使是高端理念也不一定能够逃过这一“劫”，最明显的例子就是“d10o01e2m 理念两端的内外之分”。上面提到，第一世界在“内王道 d10d01e21”方面也许已经达到了比较高的水准，但在“外王道 d10d01e22”方面却差得很远。其当前的总体表现可简述为“内王外霸”，相应的映射符号是：

(d10d01e21+d10e25,d10d01e22+d10e26) := pj01*\1——(d1-0-03)
(“内王外霸”对应于第一世界)

在理念世界知识的视野里，异类贵宾（d1-0-03）也是对那个当下唯一超级大国的合适描述。该贵宾的符号意义如此简明，如果用自然语言来展开论述，反而容易造成许多误解，这里就从免了。

1.0.3 理念伦理中游描述 d10t=b 的世界知识

贵宾序列（d-0-0m,m=1-3）表明[*b]，迄今所叙述的理念仅涉及伦理属性的主帅和三兄弟，未涉及伦理的三姐妹“真善美（j8y,y=1-3）”，而（HNC-0-01）郑重指出，理念之基本内涵是不能把三姐妹排除在外的，这就是第三项一级延伸“d10t=b”及其汉语说明的来由。

文学和艺术，历来对理念伦理的中游都表现出莫大兴趣，但对理念伦理的上游和下游却关注不够。前文之所以把《战争与和平》誉为“不可逾越的小说‘珠峰’”（[161-204]小节），就是由于它探索了理念伦理的全程景象。21 世纪当下的“奇葩”之一就是，文学和艺术都纷纷离开理念伦理的主流——从上游到下游，奔向那无奇不有的各色臭水沟。这里只想写这么一句话：这种景象绝不可能持久。因此，本小节应有的概念关联式都留给后来者去处理。

结 束 语

本节的汉语标题也可简称文明理念，这就是说，“文明理念”可充当 d10 的汉语直系捆绑词语。

本节对文明理念的伦理属性，给出了一个符合透齐性标准的叙说。虽然文字十分简略，但要点尽在其中。

王道、霸道和中庸的概念或术语早已引入，本节的映射符号是三者的正宗。它们将构成下面 3 株殊相概念树清晰性思考的核心。

本节关于国学的叙说，触及到专家知识，不当或谬误之处，请予指正。

注释

[*a] 经、史、子、集的分类具有交织性，不细说。文言是中华文明的基本载体，这里特意强调一下，“经、史、子”一定都使用文言，但“集”的一小部分（如小说）也使用白话。

[*b] 贵宾（d-0-01）在本编上篇。

[***01] 《正义论》分理论、制度和目的三编，这个标题就不属于清晰性思考。正义不能仅仅依靠制度来实现，更要依靠良知。这是王阳明先生的主张，良知就是心灵意义或文明意义下的上帝。至于制度建设，更不能单纯依靠目的，它必须在目的论的基础上，加上途径论和步调论的双翼才能展翅飞翔。以上所说，是关于正义的基本要点，《正义论》的作者却没有把握住，故《全书》一直把它当作是二流著作。

[***02] “六艺说”的要点是：六艺统摄一切学术，既统诸子，又统四部。六艺指《诗》、《书》、《乐》、《易》、《礼》、《春秋》。其为人也，温柔敦厚，《诗》教也；疏通知远，《书》教也；广博易良，《乐》教也；洁净精微，《易》教也；恭俭庄敬，《礼》教也；属词比事，《春秋》教也。《诗》以道志，《书》以道事，《礼》以道行，《乐》以道和，《易》以道阴阳，《春秋》以道名分（见《中国现代学术经典·马一浮卷》pp11-12）。

[**03] 马一浮先生十分推崇宋明理学，他说过：“濂、洛、关、闽诸儒，深明义理之学，真是直接孔孟，远过汉唐。为往圣继绝学，在横渠绝非夸词。”（见《中国现代学术经典·马一浮卷》p8）

[*04] 该题词见《黄焯文集》影印题辞的第四张，标题是“题新阳学第十三经注疏首册”。加标点并以简化汉字转录如下：易统天人，五经之原。书以道政，诗以发言。周官六典，为诸经根。仪礼繁缛，戴记删存。素王制作，独在春秋。左氏富艳，公谷并猷。孝为行本，雅训旁搜。论孟二传，实与经侔。经术湛深，浑浑无涯。治之之法，先主一家。继须旁通，博览戒夸。持之以恒，通达维嘉。

第 1 节 政治理念 d11 (184)

1.1-0 政治理念 d11 的概念延伸结构表示式

```
d11:(t=b,e4m,d01;(t)e2n,9γ=a,at=b,bc2n,;9γ~4,att=a,;)
    d11t=b              政治理念之第一本体呈现
    d119                国家理念
    d11a                军事理念
    d11b                法律理念
        d11(t)e2n         政治理念第一本体呈现非分别说之伦理末位呈现
        d11(t)e25         王政
        d11(t)e26         霸政
    d11e4m              政治理念之A类对偶三分
    d11e41              中庸政治理念
```

d11e42　　　　保守政治理念
d11e43　　　　激进政治理念
d11d01　　　　强权政治

政治理念的基本概念关联式有：

d11 := (a1+a4+a5,a8)——(d1-01a)
（政治理念对应于政治、军事、法律及卫保活动）
d11 (=,<=) (j80,j85)——(d1-01b)
（政治理念首先强交并流式关联伦理之本，其次是理念伦理）

下面，以 5 小节叙说。大部分再延伸概念放在小节里说明。

1.1.1 国家理念 d119 的世界知识

本小节的首位贵宾应该是：

d119 (=,=>) (a1+a00β)——(d11-01)
（国家理念强交并源式关联于政治和专业活动之β呈现）
d11(t)e25 ≡ d10d01——(d11-02)
（王政强关联于王道）
d11(t)e26 ≡ d10c01——(d11-03)
（霸政强关联于霸道）
d11(t)e25 = a10e25——(d11-04)
（王政强交式关联于民主政治制度）
d11(t)e26 = a10e26——(d11-05)
（霸政强交式关联于专制政治制度）

上面，似乎生造了两个新词：王政与霸政，其实不过是对古汉语里“仁政”与“暴政”的今译。上列贵宾似乎都该打入异类，但实际上不过是对先哲思考的现代表述，我们就对先哲多一点尊重吧。

下面，给出国家理念 d119 后续延伸概念的汉语说明：

d119γ=a　　　　国家理念之混合呈现（主权与荣尊）
d1199　　　　国家权益（主权）
d119a　　　　国家荣誉与尊严（荣尊[**01]）
　d119γc2n　　　　主权与荣尊之层级呈现
　d119γc25　　　　低阶主权与荣尊
　d119γc26　　　　高阶主权与荣尊

相应的贵宾如下：

d119 (=,<=) pj2*——(d11-06)
（国家理念强交并流式关联于国家）
d1199 (=,<=) (a009aae21~b,pj2*)——(d11-07)
（主权强交并流式关联于国家的权益）
d119a (=,<=) (a009aae21b,pj2*)——(d11-08)
（荣尊强交并流式关联于国家的荣誉）

d119γc25 := pj01*~b——(d11-0-01)
（低阶主权与荣尊对应于农业和工业时代）
d119γc26 := pj01*b——(d11-0-02)
（高阶主权与荣尊对应于后工业时代）

这里，特意引入了概念：d119γc2n 主权与荣尊之层级呈现，其分别说的汉语命名分别是：低阶主权与荣尊和高阶主权与荣尊。这些概念都尚未诞生，故以异类贵宾与之相伴。但就《全书》来说，它们并不是新事物，前文曾在理论探索方面闲话过未来的笛卡儿和康德，在国家行为方面闲话过英国应将直布罗陀归还给西班牙，那都是高阶主权与荣尊概念的预说。刘备说过：勿以善小而不为，勿以恶小而为之。本小节最后想模仿两句：勿以异类而歧视之，勿以闲话而慢待之。

1.1.2 军事理念 d11a 的世界知识

本小节只有一位高级贵宾，如下：

(d11at := pj1*t,t=b)——(d11-09)
（军事理念之第一本体呈现对应于三个历史时代）

按照约定，(d11-09)应被打入异类，但是，军事理念的时代性巨变太明显了，不必那么死板。军事理念的核心内容包含两点：一关乎综合逻辑的“目的论 s108”；二关乎综合逻辑的“硬实力 s22\1”。这项世界知识极度重要，特意以三级延伸概念“d11a(t)t=a”予以表达，其相应贵宾如下：

d11at9 := s108——(d11a-01)
（军事理念之第一要点对应于综合逻辑的目的论）
d11ata := s22\1——(d11a-02)
（军事理念之第二要点对应于综合逻辑的硬实力）

这两位贵宾展示了 6 项军事理念课题。其中对农业和工业时代的各自两要点可能已进行过足够的研究，但对后工业时代两要点的探索则肯定还远远不够。19～20 世纪的中国曾在从 d11a9t 到 d11aat 的巨变中多次出现过严重的误判，21 世纪必将发生从 d11aat 到 d11abt 的巨变。中国不仅应该吸取以往的历史教训，更应该争取在这一巨变的探索中走在世界前列。

1.1.3 法律理念 d11b 的世界知识

法律理念 d11b 拥有 3 位高级贵宾，如下：

d11b (=,=>) a510d01+a50γ=b——(d11-10)
（法律理念强交并源式关联于宪法和法律基本特性）
d11bc25 (=,=>) a51e2m——(d11-11)
（低阶法律理念强交并源式关联于法治的两基本侧面）
d11bc26 (=,=>) a51e210+a51e22c3~1+a513——(d11-0-03)
（高阶法律理念强交并源式关联于“仁治+中度或高度法治+法治国际化”）

第三位属于异类，其中的仁治、中度和高度都省略了原有的引号。

一个必然出现的质疑是：这 3 位高级贵宾不都是典型的符号游戏吗？对此，HNC 发言人将给出如下回答：法律理念的高阶形态 d11bc26 是一个尚待探讨的新课题，先哲们再高明，也不可能预见到当下遇到的各种空前性法律课题，后工业时代在呼唤自己的孟德斯鸠。应该说，发言人的话并非虚言，前文关于“法律两次历史阵痛”的闲话（见《全书》第二册 p291）就是一个良好的开端，虽然仅属于素材水平。

1.1.4 政治理念 A 类对偶三分 d11e4m 的世界知识

符号 d11e4m 的意义非常到位，据 HNC 发言人说，除了非分别说的“A 类对偶三分”之外，其分别说的汉语说明也都非常到位。可这个说法，海峡两岸的中国人都很难认同，更不用说其他五个世界的社会精英了。即使如此，本小节还是写出下面的概念关联式：

```
d11e41 (=,=>) b1+b2——(d11-0-04)
（中庸政治理念强交并源式关联于改革与继承并重）
d11e42 (=,=>) (b2,b1)——(d11-0-05)
（保守政治理念强交并源式关联于继承第一、改革第二）
d11e43 (=,=>) b1+j00d01——(d11-0-06)
（激进政治理念强交并源式关联于改革独尊）
```

1.1.5 强权政治 d11d01 的世界知识

自进化论深入人心之后，丛林法则或适者生存法则就成了世俗人们心中的上帝。政治家和政治学也把它当作第一信条，并据此演绎出无数理念形态的名言，其实那些名言都不过是《理想国》里系列“名言”的重复。“名言”中最真实（不戴语言面具）的一句是：正义不是别的，就是强者的利益[*a]。对这一现实的存在，HNC 岂敢怠慢，所以专门为它配置了一项一级延伸概念 d11d01，取名强权政治，与之对应的贵宾是：

```
d11d01 (=,=>) b3+j00d01——(d11-0-07)
（强权政治强交并源式关联于竞争独尊）
```

本小节最后，给出丛林法则的第一映射符号[*02]：rd11d01。

结 束 语

这里首先想说的是，政治理念 d11 的概念延伸结构表示式采取了“双开放”形态，即两次使用符号“,;”。这可能是[*b]《全书》的第一次，事实是否如此并不重要，重要的是本表示式的一级延伸后面，曾设想过使用该符号，当然最终还是放弃了。

其次想说的是，千改革，万改革，最重要的是政治理念的改革。本节引入了 7 位异类贵宾，还有许多贵宾大有异类嫌疑，都是为了表明后工业时代需要不同于以往的政治理念。政治毕竟是文明主体的统帅嘛！这一历史性课题当前处于十分落后的状态，亟待探索。

最后想说的是，荣尊这个词语是为了表明一个意图而引入的。那意图就是，a00β 及其延伸系列[*03]可采取多种阐释方式。请读者自行考察，因为愤启悱发原则也不可完全弃而不用。

注释

[*a] 见《理想国》p18（商务印书馆，2002年）。

[*b] 仅凭印象，不想查询，故可能之。

[**01] 荣尊是一个生造词，用于“d119a国家荣誉与尊严”的简称，非常便利，体现了汉语的美。前文给出过荣誉的映射符号：a009aae21b，但未给出尊严。这里顺便补一下：ra009aae2m，这意味着尊严是权利与义务（a009aae2m）的综合效应，而不只是权利的效应。

[*02] “第一映射符号”这个短语可能是第一次使用，其意义不言自明。

[*03] 见《全书》第二册p14-16。

第 2 节 经济理念 d12 (185)

1.2-0 经济理念 d12 的概念延伸结构表示式

```
d12:(\k=2,e2n;)
  d12\k=2          经济理念之第二本体描述
  d12\1            环境理念
  d12\2            利益理念
  d12e2n           经济理念之伦理末位描述
```

经济理念的基本概念关联式有：

```
d12 := (a2,a6+a8)——(d1-02a)
（经济理念对应于经济活动及科技与卫保）
d12 (=,<=) (j84,j86)——(d1-02b)
（经济理念强交并流式关联于理性伦理和末位伦理）
```

下面，以 3 小节叙说或闲话。

1.2.1 环境理念 d12\1 的世界知识

本小节的两位高级贵宾如下：

```
d12\1 ≡ a833——(d12-01)
（环境理念强关联于环保理念）
pd12\1*(d01) := (pa1299+pa20ad01)(su10\1,s10\2)——(d1-0-04)
（顶级环境理念者对应于“新型”“政治之王”和“企业之王”）
```

这两位高级贵宾还带领着下面的随从：

```
a833 == d12\1——(a833-01)
(环保理念是环境理念的虚设)
"新型" =: (su10\1,s10\2)——[新型-01]
("新型"的含义是智慧第一、智能第二)
"政治之王" =: pa1299——[政治-01]
("政治之王"是指那些开拓性治理而不是整顿性治理的政治家)
"企业之王" =: pa20ad01——[经济-01]
("企业之王"是指那些具有全球影响力的企业家)
```

下面，闲话几点细节。

细节 01：《全书》第二册里的某些概念树仅给出了一级概念延伸结构表示式，原因之一就是，某些延伸概念实际上是计划中的虚设概念，如这里标明的 a833。该册未对此予以注释，很抱歉。

细节 02：外使"[新型-01]"是对柏拉图先生关于"哲学王"概念的呼应。

细节 03：外使"[政治-01]"和"[经济-01]"是对传统中华文明关于"王道"概念的呼应。

细节 04：自古以来，环境理念一直是某些哲人的梦想，希腊文明后期的斯多葛学派曾高举过这面旗帜，他们是最早的环境理念者 pd12\1。因此，如果把"天人合一"说成是中华文明的专利，那是不恰当的。至于异类贵宾（d1-0-04）描述的顶级环境理念者 pd12\1*(d01)则尚未诞生。

1.2.2 利益理念 d12\2 的世界知识

本小节的 3 位高级贵宾如下：

```
d12\2 ≡ (j85e75,a20\0e25)——(d1-0-05)
(利益理念强关联于王道第一、赢利第二)
d12\2 (=,=>) a019e75——(d1-0-06)
(利益理念强交并源式关联于公正)
d12\2 (=,=>) 72209e55d01+72228e71——(d1-0-07)
(利益理念强交并源式关联于仁之高阶呈现和君子)
```

三位都属于异类，在传统中华文明的视野里，他们是最正常不过的贵宾，但在西方文明的视野里则截然不同。不过，也不是完全没有赞成者，可以肯定投赞成票的是两位大家熟知的哲人巨人：柏拉图和康德。还有两位或许出乎大家的预料，一位是留下了名著《沉思录》的罗马帝国皇帝奥勒留，另一位是因《国富论》而享有盛名的亚当·斯密先生。

对于这三位异类贵宾，前文作了大量的预说，这包括柏拉图与孔夫子在哲学思考方面的殊途同归[*a]，亚当·斯密先生曾花费更大精力于另一本专著[*b]的撰写等。所有的预说都围绕着一组"三位一体"的词语：仁、王道和君子，仁和君子分别安排在"第一类精神生活 7y"的"禀赋基本内涵 7220"和"素质 7222"这两株概念树里，而王道则安排在"社会属性 j8"的"伦理与理念 j85"概念树里。大家知道，HNC 理论体系拥有 456

株概念树，这项安排仅涉及其中的区区 3 株，但耗费的精力却绝不区区，特别是其中的前两株，这里不妨引用一段文字以资佐证。

> 概念范畴 72（意志）将设置下列概念群：
>
> | | |
> |---|---|
> | 720 | 意志基本内涵 |
> | 721 | 能动性 |
> | 722 | 禀赋 |
>
> 这就是意志 72 的 HNC 定义，这一定义方式在本编第一篇的 0.1.1 小节已作了详尽论述，这里需要补充说明的只是“心理”71 与意志 72 的基本分工，它充分体现在下面的特殊编号概念关联式里：
>
> 71:=(30,01+02)——（70-1）
>
> （“心理”首先对应于“效应”，其次是承受与反应）
>
> 72:=(50,3a+3b)——（70-2）
>
> （意志对应于“状态”，其次是获得与付出、积累与消耗）
>
> “效应”30 是作用效应链一轮整体运作的中间环节，因而“心理”71 必然具有易变性或动荡性；“状态”50 是作用效应链一轮整体运作的最后环节，因而意志 72 必然具有非易变性或稳定性。为什么要把大家都熟悉的心理学概念强行作出 71 与 72 的两分，从而搞出一个带引号的“心理”呢？道理就全在这里了。学界对此是否认同，笔者感到无所谓了（见《全书》第一册 p255）。

这段写于 8 年前（2007 年）的文字弊病甚多，这里略说其三。

一是“特殊编号概念关联式”。其任性表现太突出了，按后来的约定，(70-1)和(70-2)应编号为（7-0-01）和（7-0-02）。

二是“感到无所谓”。其言外之意包含两个要点：①自由意志的命题被西方哲学界捧得太高了，自由的映射符号是 r03，不过是语言脑 456 株概念树的呈现之一而已，作用效应链 56 株概念树的呈现之一而已。自由意志本身就不是一个真命题，因为意志的本质特征并不是自由 r03，而是稳定性 jr70e22。②传统中华文明对精神生活特别是对第三类精神生活具有深刻的独到思考，但一个世纪以来不仅被过度贬低，甚至被恣意歪曲，如今许多人还在继续热衷于此。

三是文字过度省略，在对两特殊编号概念关联式的说明中，应该指出“3a+3b”交织于转移与关系，并进而跟出一句关键性话语：71 与 72 构成作用效应链的全方位呈现。

对这 3 位异类贵宾（d1-0-0m,m=5-7），特意把他们联系于伦理 j8、第二类劳动 a 和第一类精神生活 7y，在伦理里选择的代表是“j85e75 王道”，在第二类劳动里选择的代表是“a019e75 公正”，在第一类精神生活里选择的代表是“仁之高阶呈现[**01]72209e55d01”和“72228e71 君子”。这 3 项联系内容的选择乃是透齐原则的齐备性呈现，而两种联系方式——“≡”和“(=,=>)”——的选择则是透齐原则的透彻性呈现。这个大句或许还是有许多读者觉得很不习惯，那么请允许笔者用一句大白话来陈述：如果没有“利益理念 d12\2”，那公正、仁、君子甚至王道就不过都是空话。

那么，利益理念者 pd12\2 是否也像顶级环境理念者 pd12\1*(d01)那样，尚未诞生于人间呢？答案在本章的小结里。

1.2.3 闲话经济王道 d12e25 和经济霸道 d12e26

本小节仅有两位高级贵宾，如下：

```
d12e25 := (7121c01,7121d01) =: (j85e75,a2)——(d12-02)
（经济王道对应于最低期望第一、最高期望第二，等同于经济活动的王道）
d12e26 := (7121d01,7121c01) =: (j85e76,a2)——(d12-03)
（经济霸道对应于最高期望第一、最低期望第二，等同于经济活动的霸道）
```

这两位贵宾不是异类，由于“王道 j85e75”概念的介入，这里似乎存在偷换概念的嫌疑。但是，对于比较熟悉 HNC 理论体系关于最低期望和最高期望定义的读者，应该不会存在这种怀疑。否则的话，请阅读一下《全书》第一册 pp218-219 关于幸福的论述，那里说道：对延伸概念 7121d01\ke4n 的认识或理解是未来的事。这里应补充两段闲话。

闲话 01：在《论语》和《孟子》里，对最低期望有许多生动的描述。那些描述同儒家的哲学思考没有联系吗？难道那些描述不正是经济王道概念形成的素材或源泉吗？这个问题值得探讨。

闲话 02：有人把苹果公司的最新产品说成是人类文明发展历程的第三只苹果，这只苹果的表现确实很不寻常，它把计算机、互联网和大数据的综合功效几乎发挥到了极致。但是，这种极致性发挥似乎具有天使与魔鬼的双面特性，天使的一面人所熟知，就不来说它了。魔鬼的一面并没有形成清晰性思考，不妨姑妄言之。那就是，它足以把人类勤于思考的良好习惯毁于一旦。把思考毁于一旦的产品难道不正是经济霸道的典型呈现吗？这个问题更值得探讨。为将其魔鬼性降到最小，就需要微超和语超的参与，HNC 追求的目标，正在于此。

结 束 语

本节对经济理念 d12 使用第二本体描述，而不用第一本体，这主要是基于下述思考：环境理念 d12\1 的核心是哲学课题，利益理念 d12\2 的核心是神学课题。

当下，环境保护受到高度重视，但环境理念的探索几乎无人问津。同样，经济可持续发展受到高度重视，但利益理念的探索几乎无人问津。

所以，经济王道和经济霸道的话题只能采取闲话的形式。

所以，本节的世界知识几乎全都由异类贵宾来承担。

不过，不妨仍然对新型政治之王和新型企业之王的概念寄予一点期盼，因为 2000 多年前就有人想到了伦理学的最高原则：己欲立而立人，己欲达而达人[*c]。在这中华文明伟大复兴的伟大时刻，是把这一最高原则变成中华文明伟大旗帜的时候了。这一原则里的关键词——立和达，用现代汉语的名词来说，就是事业和大事业。古汉语中名词与动词通用，“己欲立”的现代汉语表述是“自己创业”，“而立人”则是“还要让大众创业”。

注释

[*a] 见《全书》第一册p209。

[*b] 指《道德情操论》。该书曾被《全书》多次提及，最值得推荐的是第一册p318里的一段文字。

[*c] 原文：子贡曰：如有博施于民而能济众，何如？可谓仁乎？子曰：何事于仁，必也圣乎！尧舜其犹病诸！夫仁者，己欲立而立人，己欲达而达人。能近取譬，可谓仁之方也矣。（见《论语·雍也篇》）。

[**01] “仁之高阶呈现”是这里的表述，原文未对“仁72209e55”之再延伸72209e55o01概念进行命名，仅使用了两个短语予以表述。与72209e55c01对应的是：己所不欲，勿施于人；与72209e55d01对应的是：己欲立而立人，己欲达而达人。见《全书》第一册p292。

第 3 节
文化理念 d13 (186)

1.3-0 文化理念 d13 的概念延伸结构表示式

```
d13:(e2n,e4m,t=b,\k=3;e2ne2n,;)
  d13e2n          文化理念的伦理末位描述
  d13e25          积极文化理念
    d13e25e25       仁
  d13e26          消极文化理念
    d13e26e26       灭
  d13e4m          文化理念之A类对偶三分
  d13e41          中洽
  d13e42          保守
  d13e43          激进
  d13t=b          文化理念之第一本体呈现
  d139            真理念
  d13a            善理念
  d13b            美理念
  d13\k=3         文化理念之第二本体呈现
  d13\1           神学理念
  d13\2           哲学理念
  d13\3           科学理念
```

文化理念的基本概念关联式有：

```
d13 := (a3+a6+a7+a8;7y+q7+q8)——(d1-03a)
（文化理念对应于文化、科技、教育与卫保，还对应于第一和第二类精神生活）
d13 (=,<=) j81+j82+j83+j86——(d1-03b)
（文化理念强交并流式关联于伦理三姐妹——“真善美”——和末位伦理）
```

下面，以关于和闲话两种形式叙说，分 4 小节。

1.3.1 关于文化理念的伦理末位描述 d13e2n

在文化理念 d13 的 4 项一级延伸概念中，仅 d13e2n 具有二级延伸 d13e2ne2n。

凡具有“e2ne2n”形态延伸的概念都值得予以特殊关注，因为它是辩证法的核心特征。前文给出过不少示例，其中最典型的是“a10e2ne2n 政治制度的辩证表现”，本《全书》曾为它耗费了最多的文字。

延伸概念 d13e2ne2n 意味着积极的文化理念必有其消极的一面，消极的文化理念也必有其积极的一面。

各种古老的辉煌文明都思考过d13e2n的相关课题，但中华文明的思考也许最为深刻，其标志就是下面的 9 位异类外使：

```
 (d13e25e25 =: 仁)——[d13-0-01]
(d13e25e25 =: 王道)——[d13-0-02]
(仁等同于王道)
(d13e26e26 =: 灭)——[d13-0-03][**01]
(pd13e25e25 =: 君子)——[d13-0-04]
(仁者就是君子)
(pd13e25e26 := 俗人)——[d13-0-05]
(pd13e26 := 小人)——[d13-0-06]
(pd13e26e25 := 能人)——[d13-0-07]
(pd13e26e26 := 魔鬼)——[d13-0-08]
(pd13e25e25,jlv002,gentleman)——[d13-0-09]
(君子不同于绅士)
```

正是基于这 9 位异类外使所展现的思考线索或提供的世界知识，前文曾贸然提出过关于孔子学院院旗字样——Ren & Junzi——的建议[**02]，见《全书》第一册 p360。

1.3.2 关于文化理念之 A 类对偶三分 d13e4m

如同“e2ne2n”一样，各种 A//B 类对偶三分（“e4o”是其中之一）也是概念辩证性呈现的重要特征之一，对这两类概念的清晰性思考是认识论的第一位课题。在这一课题的探索方面，传统中华文明绝不是落后者，而是领先者。在“e2ne2n”方面，有“祸兮，福之所倚；福兮，祸之所伏。孰知其极？其无正也”[*a]为证。在“e4m”方面，有“中也者，天下之大本也；和也者，天下之达道也。致中洽，天地位焉，万物育焉”[*b]为证。因此，对 d13e41 的命名选择了中洽，对 d13e42 和 d13e43 则分别选取了保守和激进。保守和激进，在古汉语里分别叫“不及”和“过”，《论语》里有“过犹不及”的著名论断[*c]。

任何文明、社会或国家都存在保守与激进思潮，但几乎未曾出现过中洽思潮。三者的映射符号分别是：

```
中洽思潮        gwd13e41
保守思潮        gwd13e42
激进思潮        gwd13e43
```

在当下，人类家园面临着两大危害：一个是 gwd13~e41 思潮；另一个是碳排放过度。人们对后者的认识似乎接近于清晰性思考，但对前者的认识则差距甚远。因此，下面先请出下列 4 位异类贵宾：

(d13e41,jl00e22,a0099t=b)——(d13-0-01)
（中洽无关于三争）

(rwd13~e41 (=,<=) a0099t=b)——(d13-0-02)
（保守与激进思潮强交并流式关联于三争）

(gwd13~e41,jlv002,j742;jlv001,j741)——(d13-0-03)
（保守与激进思潮异于表象，同于本质）

pd13e43 = pd13e42——(d13-0-04)
（激进者强交式关联于保守者）

农业时代，保守思潮占据主流；工业时代，急进思潮占据主流。各类文明都是如此，非独中国。不过，由于工业时代曙光照射到中华大地的时光晚到了两个世纪以上，于是近 100 多年来，激进思潮在中国就特别吃香。环顾全球，当前第一世界以外的五个世界都存在这种情况，尤其是第四世界和北片第三世界。因此，对当下地球村各种奇特景象的分析，绝对离不开异类贵宾（d13-0-0m,m=3-4）所提供的世界知识。

如此说来，“gwd13e41 中洽思潮”还不曾出现过，历史事实正是如此，它的到来是后工业时代脱离低级阶段以后的事。不过，“pd13e41 中洽者”大有人在，近代中国在政治、经济和文化领域各有一位杰出代表，他们的名字是：曾国藩、卢作孚和马一浮。第一位曾备受争议，后两位则知者甚少。

1.3.3 闲话文化理念之第一本体呈现 d13t=b

本小节将是纯粹的闲话，没有贵宾出场。不是没有发出邀请，而是被邀请者都拒绝出席，理由主要是两条。

（1）当前是人类历史上真善美遭到空前践踏的时刻，回避为上策。他们说，现代人就是“赚钱+花钱”的生命体，他们只需要文化快餐[*03]，不需要真善美的文化圣餐。文化快餐是快速时代步伐的必然产物，在“文化产业”的旗帜下，它具备“占山为王”的有利条件，“天时、地利、人和”都站在它那一边。而快餐文化是不能讲究什么真善美的，相反，它必须迎合受众的一种心理需求，那就是：弄假成真，化恶为善，变丑为美。

（2）HNC 只管语言脑，而文化理念之第一本体呈现不可能不涉及图像脑、情感脑和艺术脑，现代文化还遭到科技脑的凶猛入侵。因此，我们的出席有侵权之嫌。

拒绝者们的话很有道理，但绝不是真理。后工业时代初级阶段的文化乱象会长期持续下去吗？应该存疑。文化快餐的享受毕竟是一种低级形态的东西，享受疲劳症的出现，应该为期不远。不要对 20 世纪末期和 21 世纪初期的新生代过于悲观，对他们来说，享受文化快餐是他们的乐趣和机遇，而享受文化圣餐则是一项严峻的挑战。但应该深信，他们不会永远采取回避的态度。

1.3.4 闲话文化理念第二本体呈现

文化理念之第一本体呈现 d13t=b 在当下只不过是遭到了冷遇（如上一小节所说），基本上还没有遭到误解，也不存在重大争议，文化第二本体呈现 d13\k=3 的情况则复杂得多，不仅是冷遇严重存在，离奇的误解层出不穷，争议发展到兵戎相见，甚至滥杀无辜。这一空前的人间悲剧（全球主流媒体名之恐怖活动）的出现，根源极为复杂，但最重要的根源是文化理念第二本体呈现，特别是“d13\1 神学理念”的缺位。

为了应对恐怖活动，各国和各种国际组织都发出了“严厉谴责”和“绳之以法”的响亮口号，不少国家采取了“政治围剿”、“强力围歼”、“定点清除”、“精准轰炸”、“经济封锁”的进攻手段和“全面监控与安检”的防御手段，效果不可谓不显著，但“恐怖燎原”之势并未得到有效抑制，何也？再仿效《过秦论》的句式[**04]，那就是：“d13\k=3 文化理念第二本体”不张，而攻守之势异也。

上面提到了“d13\1 神学理念”的缺位问题，提到了“d13\k=3 文化理念第二本体”不张的问题，这是人类文明当前面临的两大课题，可名之缺位课题和不张课题。两者的核心内容是如何应对“gwd13e26e26”的挑战，该“gw”所造成的“rw”叫恐怖浪潮[***05]，在 21 世纪以“9·11 事件”为标志而爆发了，但该事件只是“d13 文化理念”冲突之“12eb0 奇”，与之对应的“12~eb0 源汇流”则深藏于该事件的背后。人们震撼于此“奇”的出现，但震撼之余，并没有对该事件背后的东西进行过系统而深入的思考。

缺位和不张课题看起来是本节冒出来的新词语或新想法，其实不是。前文曾多次论述过从神学独尊到科学独尊的巨变，缺位和不张是这一巨变的必然效应。科学过度干预神学，就必然造成神学的缺位，使信念丧失。科学过度干预哲学，就必然造成哲学之不张，使形而上思维衰落。科学独尊的突出表现就是科技对三类精神生活的过度渗透和干预，其结果就是“d13\k=3 文化理念第二本体”之不张，所谓不张，用一句大白话来说就是，神学和哲学虽然不能说已经沦为科学的附庸，但也相差无几。所以，前文曾多次不揣冒昧，提出“三学协同发展”的思路，并把它作为后工业时代成熟阶段的基本标志。

那么，三学如何协同？也先用大白话来表述，那就是要推进中洽思潮 gwd13e41，批判保守思潮 gwd13e42，反思激进思潮 gwd13e43。推进主要是神学和哲学的职责，批判主要是哲学的职责，而反思则主要是科学的职责。只有三学联起手来，“gwd13e2ne2n 恐怖思潮”的抑制，才有可能取得实质性的成效。

文明主体三呈现（a1+a2+a3）的根基是文明基因三呈现（gwa30it=b），故前文有云：政治是统帅，经济是基础，文化是灵魂。依据上述思考，下面将请出 3 位异类外使：

d13\1 := (敬畏上帝，笃信先知，平安至善，暴力最恶)——[HNC-01-0]
（神学理念之汉语表述）
d13\2 := (为天地立心，为生民立命，为往圣继绝学，为万世开太平)
——[HNC-02-0]
（哲学理念之汉语表述）
d13\3 := (科学规律之探索无限，但必须为物自体留有一片天空)
——[HNC-03-0]
（科学理念之汉语表述）

这 3 位异类外使，前文都有大量预说，这里就不一一呼应了。但有一项呼应不可或缺，那就是下面的两位异类内使：

d13\1 = q822d019——(d13-0-05)
（神学理念强交式关联于神学灵魂）
d13\2 = q822d01a——(d13-0-06)
（哲学理念强交式关联于哲学灵魂）

最后说两段与反恐有关的闲话。

一是关于小布什先生的糊涂话语。这位先生曾把他发动的两场反恐战争比喻成“十字军圣战”，这是世界知识匮乏症的典型呈现。世界知识匮乏症这个短语的形成，可以说应首先归功于这位总统，因为该话语表明，尽管他还是一位虔诚的宗教徒（据说），但他对神学理念所蕴含的世界知识，即异类外使[HNC-0-01]所传递的世界知识，顶多是一知半解，对其中的后两句，更是一无所知。这里要把前文的暗示变成一句大白话：佛教的“南无阿弥陀佛”，基督教的“上帝保佑”，其实就是“平安至善，暴力最恶”的省略语。

二是关于“攻心为上，攻城为下，心战为上，兵战为下”[*06]的谋略。攻心或心战不单是技术层面的信息战，也不是单纯意识形态意义下的舆论战，其最高运用形态是诸葛亮式心战[*07]，而当下的《福布斯》政治强人似乎都对此十分生疏。反恐战的急所固然是上列政治军事行动，但其大场则是心战，而在这大场方面，则一直十分薄弱。应该清醒地认识到，没有不同宗教信仰之间现代意义下的沟通，没有伊斯兰宗教领袖明智而有效的介入，“圣战”的前仆后继之势就不可能得到根本扭转，哈里发之梦[**08]就不可能完全消除。宗教领袖们发出的反恐话语，对于“圣战”者才有可能具有“一句顶一万句”的效用或威力，特别是对于那些潜在的“圣战”者。不要妄想其他文明发出的“苦口婆心”能产生多大作用，更不用说严厉警告了。至于那种关于第四世界的政治强人能镇住现代恐怖之魔或哈里发之梦的议论，不能说没有一点道理，但在本质上，不过是一种忽悠，一块语言面具而已。还应该指出的是，现代生活方式和现代文化的诸多消极侧面确实在给反恐战帮倒忙，它是哈里发之梦的滋生土壤之一。这一严酷现实应该引起反思，这正是：己心不正，何以攻心！

结束语

文化理念主要是认识论课题，而不是本体论。故认识论描述安排在前两小节，本体论描述安排后两小节，两者论述方式完全不同。

前两小节讨论文化理念的认识论课题，依靠 9 位异类外使和 4 位异类内使，对传统中华文明在“社会属性 j8（伦理）”方面具有独到认识的论断[*d]给出了一个提纲挈领式的表述，其核心内容就是：①仁、王道与君子；②中洽、保守与激进。这两组概念系列的真实面貌被覆盖了太厚的灰尘，以至于人们误以为在这层灰尘下面是一堆封建垃圾。马一浮先生曾为消除这一误解作出过巨大努力，当然，马先生并非没有时代局限性，因为在先生生活的晚年，工业时代强烈的夕阳可以说把后工业时代的曙光完全掩盖了。但这里必须说一声，在刘梦溪先生主编的《中国现代学术经典》中，《马一浮卷》是最重要的一册，有志于国学研究者，不可不知。

后两小节讨论文化理念的本体论课题，任何课题本体论侧面的复杂性通常都大于认识论侧面。故前两小节采用“关于”做标题的牵头，后两小节采用“闲话”。第一篇闲话没有请出任何贵宾，仅略说了文化快餐和文化圣餐的概念。第二篇里似乎说了一些多余的话，但实际上那是对“关于”里相关论述的呼应。

小 结

在语言脑概念基元空间的 103 片概念林（或 103 组概念群）中，理念 d1 可以说是其中最特殊的一位。其特殊性表现在以下方面。

（1）理念 d1 的顶头上司——概念子范畴深层第三精神生活 d——就很特殊，因为它没有共相概念林“d0”。“没有共相概念林”并不是稀罕的事，在语言脑概念基元空间的全部子范畴中，其占比达到 4/19。但问题在于，另外 3 位的共相概念林缺位都非常自然，合乎内容逻辑，而“d0”的缺位却有点“反常”。因为其嫡亲表层第三类精神生活 b 不缺，其近亲第二类精神生活 q7 和 q8 也不缺，其远亲第一类精神生活 71、72 和 73 同样不缺。这就是说，b0、q70、q80、710、720 和 730 都存在，为什么 d0 就不能存在呢？简单的回答是，d1 实质上是 d0 的代理，但其代理资格似乎仅能获得传统中华文明的认同，其他文明都可能持强烈异议态度。于是，HNC 不得不退而求其次。

（2）在对“d”之嫡亲“b”的 HNC 论述中，异类贵宾的占比已明显看涨，到本章，它几乎变成了一头“疯牛”。股市的疯牛往往意味着经济泡沫的存在，那么，d1“疯牛”意味着什么？应该清醒地看到，股市疯牛或经济泡沫不完全是坏事，它可以转化成产业结构调整的催化剂，这是内容辩证逻辑“e26e25”的典型呈现，难道 d1“疯牛”就没有这一转化功能吗？简单的回答是，“b”之异类都关乎人类家园的兴衰，需要从“d”之异类里寻找根基和出路，而中国特别需要从“d1”之异类里寻找出路。因为传统中华文化的基本特征是“三化一无”，在文明意义上可以说，中华文明伟大复兴的基本标志就是“三化一无”的现代化转换，我们已经在“三化”的转换方面，特别是在“科学边缘化”转换方面取得了重大进展。但“一无”的转换却不能这么说，因为其情况非常复杂和特殊，“一无”是中国的特殊基本国情[*e]，其他文明都不存在。那么，中国可以采取与全球接轨的简明方案，把“一无”转换成“一有”[*09]吗？这个问题看似简单，实际上非常复杂，是与前文探讨过的三种文明标杆交织在一起的。因此，本章的大量异类贵宾，请看作是一种建议吧。该建议的核心思考是：可以让内涵极度丰富的“d1 理念”在中华大地上从古人的设想变为今人的奋斗目标，从而实现从“一无”到“d1 理念”的转换。该转换将是《老子》伟大命题——天地万物生于有，有生于无[*f]——的伟大呈现。

前文曾提到，利益理念者 pd12\2 和顶级环境理念者 pd12\1*(d01)尚未诞生于人间。如果中国能在“三化”的转换方面继续前进，并实现从“一无”到“d1 理念”的上述转换，那就意味着，pd12\2 和 pd12\1*(d01)将首先诞生于中华大地。

注释

[*a] 见《道德经·五十八章》。

[*b] 见《中庸》第一段。

[*c] 见《论语·先进篇》（第十一篇）。原文如下：子贡问：师与商也孰贤？子曰：师也过，商也不及。曰：然则师愈与？子曰：过犹不及。

[*d] 该论断前文曾多次提及，这里就不一一引述了。

[*e] 这里在“特殊”与“国情”之间加了“基本”，因为中华大地的某些少数民族地区并不存在“一无”。

[*f] 见《道德经·第四十章》。

[**01] 本异类外使里的“灭”字来于“兴灭国，继绝世，举逸民，天下之民归心焉”的主张，见《论语·尧曰篇》（第二十篇，最后一篇）。

[**02] 这个建议如果放在网上去，那一定会遭到压倒多数的反对，因为仁和君子的原有意义在中国遭到过可怕的扭曲，已经鲜为人知了。

[*03] 按照文学快餐的最新标准，文学作品的字符数将不得超过100，多有趣！

[**04] 原文是：**仁义不施，而攻守之势异也。**《过秦论》的作者为贾谊，西汉著名政论家。

[***05] 前文曾多次提及关于文明的第一名言和第二名言：存在决定意识和意识决定存在。但一直未给出最简明的HNC符号表示，这里补缺。

第一名言 := (jlr11e21 => r8)——[HNC-01]

（第一名言是：存在决定意识）

第二名言 := (r8 => jlr11e21)//(gw => rw) ——[HNC-02]

（第二名言是：意识决定存在，或社会思潮强源式关联于社会浪潮）

[*06] 此16字谋略源于《孙子兵法》的谋攻篇，见于马谡对诸葛亮南征的建议，促成了“七擒孟获”的著名故事。《三国演义》的记载与正史相同。

[*07]“三个臭皮匠，抵一个诸葛亮”的短语或成语已经彻底被忘记了，诸葛亮的形象几十年间跌到谷底。那些贬抑诸葛亮的文字，没有一篇不属于模糊性思考的东西。故这里特意引入“诸葛亮式心战”的短语，具体内容见《三国演义》。其历史真实性另说，但其语境意义的现代表述就是：民族平等与互助，文明和谐与相互尊重。故攻心之“攻”，并无以强凌弱之意，乃王道与中恰精神之体现。

[**08] 哈里发之梦由于“伊斯兰国IS”近年的暴起才引起全球的议论和关注，其实它早已出现，并存在两种基本形态。在《全书》第二册里对两种形态都给出过描述，第一种是“政教合一政体a10(m)3e26”之梦，第二种是“ra13i93帝国”之梦。IS只是第一种梦的呈现，而且是第三次，第二次是塔利班，第一次是霍梅尼革命。萨达姆和卡扎菲则是第二种梦的两位代表人物。这两种梦在逊尼派和什叶派中都存在，某些论者将IS与哈里发之梦画上等号，那是世界知识匮乏症的典型呈现。这顶帽子或许并不恰当，因为论者可能另有不便明言的政治利益考量。另一方面，第四世界核心地区的情况最为复杂，旁观者很难免除旁观者的局限性。①那个地区不仅存在着逊尼派与什叶派之间的千载纷争，以及与该纷争交织在一起的民族与部落之间的纷争，还存在着近代才出现的王室政权与世俗政权之间的国际纷争。在世俗政权国度里，又存在着军人统治和世袭统治造成的内部纷争。②那个地区存在过哈里发勃兴的历史辉煌，由于成吉思汗的入侵出现过短暂的第一次衰落，工业时代以来则出现过长期的第二次衰落。但哈里发勃兴时代的地盘由于后工业时代曙光的降临已基本恢

复原状，除了那一小块第一世界的飞地。这类时代性巨变必然会造成历史失落者的复兴之梦，第三世界的某些国家不是也存在类似的情结或梦想吗？第四世界的核心地区不过是表现得更为强烈而已。不考察这些大的时代背景，由于情绪激动而将哈里发之梦与恐怖活动简单地画上等号，那属于典型的点线说，而不是面体说。

[*09] 网上出现过这种主张。事实上，蒋介石先生在宋美龄女士的敦促下，也曾在其个人生活里实践过这种主张。

第二章

理性 d2

引　言

理性是所有读者都熟悉的词语，词典给出的解释都属于“d2 理性”的非分别说。工业时代以来，理性的内涵获得了空前的发展，最早提出先验理性概念的康德先生都始料未及。因此，前文曾对理性的分别说给出了大量预说，将理性区别为 4 大类：经验理性、先验理性、浪漫理性和实用理性。本概念林的概念树设置就以此为依据，如下：

d20	理性基本内涵
d21	经验理性
d22	先验理性
d23	浪漫理性
d24	实用理性

理性 4 株殊相概念树的排序大体对应于理性的发展过程，前两类在农业时代就曾大放异彩，后两类则是工业时代的产物，也曾大放异彩。现在已进入后工业时代，有必要对这 4 类理性进行一番梳理，以利于 4 类理性的组合运用或明智运用。文明基因呈现的三学出现过并持续着一学独尊、三学失衡的状态，理性也存在类似情况，即“两类独尊、四类失衡”的状态。在许多人心里，理性就是务实，即经验理性或实用理性，当然包括两者的组合，所谓“两类独尊”里的“两类”就是指这两者。至于浪漫理性，那绝对不是一个神话，它曾在 20 世纪风行一时，在多个重要国家发挥过无与伦比的作用。先验理性在 20 世纪的遭遇恰恰相反，以至于在现代人的心目中，根本就无足轻重。在小结里将对这一论断给出呼应性说明。

第 0 节 理性基本内涵 d20 (187)

2.0-0 理性基本内涵 d20 的概念延伸结构表示式

```
d20:(β,\k=0-3;(β)c3n,\0*α=b,\1*e7n,\2*m,\3*t=b;)
  d20β                     理性之β呈现(第一本体)
  d20\k=0-3                理性之综合逻辑呈现(第二本体)
  d20\0                    理性α呈现
  d20\1                    谋略理性
  d20\2                    手段理性
  d20\3                    方式理性
```

下面以 5 小节叙说。“d20\k=0-3”的汉语命名不同于常规，在小节里说明。

2.0.1 关于“理性之β呈现 d20β”

本小节有条件假定“β呈现”已为读者所熟知，于是可以说这样的话，理性无“β呈现”是不可思议的。同时也可以说，理性β呈现之 3 层级展示 d20(β)c3n 乃“事之必然”。至于三者如何命名，已属于无所谓的细节了。不过，下文将分别以上乘理性、中乘理性和下乘理性称之。

大体可以这么说，对作用效应链三侧面都进行过深入思考的属于 d20(β)c37（上乘理性），思考过 2/3 的属于 d20(β)c36（中乘理性），仅思考过 1/3 的则属于 d20(β)c35（下乘理性）。三侧面都没有思考过的，那就属于“下愚”，其映射符号可取 d20(β)c01。前文曾对所谓的第三只苹果讲了几句怪话，那就是由于担心，此类苹果吃多了，人类新一代会大踏步向“下愚”方向挺进。

2.0.2 关于“理性 α 呈现 d20\0*α=b”

本小节开始的 4 小节，将以概念关联式开道。本章的第一位贵宾是：

```
(d20\0*α  := s10α, α=b)——(d2-01)
(理性α呈现对应于智力第一本体全呈现)
```

这位贵宾的发言要点是：理性α呈现的世界知识就是智力第一本体全呈现的世界知识。对后者已给出了充分论述，这里不必重复。但不妨来一段闲话，一段关于毛泽东先生著名诗作《沁园春》的闲话。

毛泽东先生在智力本体全呈现的 4 个方面——目的、途径、步调和视野——都达到了炉火纯青的最高境界，《沁园春》里所评论的历史人物仅精通目的论，略知途径论，对步调论和视野论则几乎没有入门，那属于所评人物所处时代的语境条件约束。伟大导师[*01]有感于此，于是以“俱往矣，数风流人物，还看今朝”的雄句结束全诗。该雄句气势磅礴，有人胡乱类比一气，根本没有领会到该诗的诗魂。不幸的是，由于工业时代的夕阳过于诡异，伟大导师似乎[*02]也未能感受到后工业时代曙光的前兆，其视野也不能不像《沁园春》所列举的风流人物那样，受到语境条件的制约。

话说回来，在伟大导师仙逝之后的这39年，西方各类智库的衮衮诸公在“理性β呈现”和“理性α呈现”两方面的进步实在是不敢恭维，难怪哈里发之梦要乘虚而起了。

2.0.3 关于“谋略理性 d20\1*e7n”

本小节需要请出的贵宾是：

```
d20\1*e7n := s11e7n——(d2-02)
(谋略理性对应于谋略之自然属性三分)
```

但是，该贵宾的右侧成员“s11e7n”可是完全包裹在神秘的面纱里[*03]，完全不同于贵宾（d2-01）里的s10α。因此，这里需要对那副神秘的面纱略加揭示。

谋略自然属性三分的汉语命名是高明谋略 s11e75、平庸谋略 s11e76 和愚昧谋略 s11e77，贵宾（d2-02）表明，谋略理性也存在对应的三分，可分别名之高明理性 d20\2*e75、平庸理性 d20\2*e76 和愚昧理性 d20\2*e77。在日常语言里，理性似乎是摆脱愚昧的灵丹妙药，但贵宾（d2-02）显然持强烈异议。我们熟悉的20世纪，出现过太多的愚昧理性表演，希特勒是其中的典型人物之一。这些表演与其说它反理性或疯狂，不如说它是愚昧理性。因为此类表演都有其一定的理论或学说依据，而愚昧本身是没有什么理论或学说的。

由于 s11e7n 的伴随贵宾缺位，这里需要补缺，如下：

```
d20\1*e7n (=,<=) (81,l43e21,(j7,j8))——(d2-03)
(谋略理性首先强交并流式关联于对自然属性的认识与理解，其次才是伦理属性)
d20\1*e75 = s11——(d2-04)
(高明理性强交式关联于谋略)
d20\1*~e75 = s12——(d2-05)
(平庸和愚昧理性强交式关联于策略)
```

贵宾（d2-03）是一只硕大无朋的“集装箱”，因为(81,l43e21,(j7,j8))里出现的“元素”竟然是3片非同小可的概念林：“81认识与理解”、“j7自然属性”和“j8伦理属性”。然而，这正是“谋略理性 d20\1”的根本特征：它必须把自然属性摆在第一位，把伦理属性降到第二位。随后的两位贵宾对谋略理性的三分“e7n”给出了一个“e75”与“~e75”的两分描述。前者联系于HNC定义的谋略，后者则联系于HNC定义的策略，这意味着平庸或愚昧理性可另名策略理性。在当下后工业时代的初级阶段，策略理性在劲吹于全球，而谋略理性则似乎隐退到月球之上[*04]。

2.0.4 关于“手段理性 d20\2*m”

本小节需要请出的贵宾是：

d20\2*m := (s20\2*m+s20\3*m)——(d2-06)
（手段理性对应于刚柔与阴阳之第一辩证呈现）

贵宾（d2-06）里的两“元素”：s20\2*m 和 s20\3*m，综合逻辑编的阐释比较充分，这里无需补缺。但需要问一声，概念林“手段 s2”的内容堪称浩博，上列两“元素”的代表资格没有受到过质疑吗？回答是：①代表不止他们两位；②这两位代表身上充分展现了中华文明的传统智慧，或许能给人一种愉悦的新颖感。对于新颖的东西，人们往往来不及质疑。因此，贵宾（d2-06）有可能成为（d2-[k|]）序列的幸运冠军。

2.0.5 关于“方式理性 d20\3*t=b”

本小节需要请出的贵宾是：

(d20\3*t := s21t,t=b)——(d2-07)
（方式理性对应于方式方法之第一本体呈现）

本贵宾的“元素”s21t=b 就是综合逻辑的第三位代表了。依据这位代表所提供的世界知识，方式理性又可以区分出思考理性 d20\3*9、处事理性 d20\3*a 和交往理性 d20\3*b。三者的具体内容这里就不必展开论述了，因为那不过是 s21t=b 的“拷贝”。

传统中华文明在方式理性方面也有其特别的魅力，欲知其要，请了解近代中国伟人之一的周恩来先生。

据说，英国在方式理性方面也很有特色，特此说一声。

结 束 语

本节对理性之共相描述一下子抛出了 5 个新词语：理性β呈现、理性α呈现、谋略理性、手段理性和方式理性，这个做法，对于已经读过《全书》第四册的读者应该不会感到突兀[*a]。当然，这就需要顺便向没有这个阅读经历的读者表示歉意了。

这是一个理性备受推崇的时代，上述 5 个新词语代表着理性的基本世界知识。对它的深入理解和灵巧运用，一定会对社会园田的 3 要素——事业、亲情、友谊——大有裨益。但这需要一个大前提：积极的理念，因此，本结束语最后，请出如下的两位最高级别贵宾：

d1 := (s10\1,s10\2)——(d-04)
（理念对应于智慧第一、智能第二）
d2 := (s10\2,s10\1)——(d-05)
（理性对应于智能第一、智慧第二）

这两位贵宾是对所谓“理念高于理性”之说（见本篇的篇首语）的呼应。

注释

[*a] 见《全书》[260-12]节的结束语。

[*01] 毛泽东主席在作出“联美制苏”这一重大决策的前夕，曾召见过他的美国老朋友斯诺先生，说过一句意味深长的话：要那么多伟大的头衔（当时有伟大导师、伟大领袖、伟大统帅、伟大舵手的统一口号）干什么！我只要一个teacher。

[*02] 这“似乎”二字必须加上，因为伟大导师最后几年的思考，或将成为永远的历史之谜。不过仍有许多奇特的迹象有待考察，前文曾做过一点十分粗浅的分析，见[161-03]节的三星级注释“[***02]”。

[*03] 在综合逻辑编的[260-112]小节里，未对“s11e7n谋略自然属性三分”作具体论述，这里的“神秘面纱”来于此。

[*04] 这里又写下了一句无奈的话，这将是最后一次。类似的话语前文已多次流露，综合逻辑编（[260]）里最为集中。

第 1 节 经验理性 d21 (188)

2.1-0 经验理性 d21 的概念延伸结构表示式

```
d21:(c3n,t=b,e2n;c3n*e2n,c37*e1m,e2n3;e2637,;)
  d21c3n          经验理性之 3 层级呈现
  d21c35          古典经验理性
  d21c36          近代经验理性
  d21c37          现代经验理性
  d21t=b          经验理性之第一本体呈现
  d219            神学经验理性
  d21a            哲学经验理性
  d21b            科学经验理性
  d21e2n          经验理性之伦理末位呈现
    d21e2n3         经验理性之特定伦理呈现
      d21e2637        经验理性之特定状态呈现
```

下面，以 3 小节叙说。再延伸都放在小节里说明。

2.1.1 关于经验理性之 3 层级呈现 d21c3n

本小节出场的贵宾如下：

```
(d21c3n := pj1*t,t=b)——(d2-08)
(经验理性之 3 层级呈现对应于三个历史时代)
(d21c37e25,j1v11e21j1ur12e22;s34,pj1*bc35)——(d21-0-01)
(在后工业时代初级阶段，积极现代经验理性还不存在)
d21c37e26 (=,<=) d13~e41——(d21-0-02)
(消极现代经验理性强交并流式关联于保守与激进文化理念)
```

d21c37e1m (=,<=) d13~e41*(d01)——(d21-0-03)
（现代经验理性之参照二分强交并流式关联于极端保守与激进文化理念）

在不同文明的古典名著和近代名著里，都存在丰富的经验理性格言或名言，不妨分别名之古典名言和近代名言，两者对应的映射符号是 gwd21c35-0 和 gwd21c36-0。

名言往往（不是必然）具有伦理末位属性“e2n”，二级延伸概念 d21c3n*e2n[**01]是对这一世界知识的描述。在中华文明的古典名言里，具有“e25”特征的固然非常丰富，但具有“e26”特征的也并非罕见，即使是圣人的话语也不例外，如《论语》里的“唯女子与小人为难养也”和“民可使由之，不可使知之”等。对此类话语，存在两种极端态度：一种是把它当作把柄，攻其一点，不及其余，从而把整部著作一棍子打死；另一种是粉饰或曲解原话语的义境，以达到其“古为今用”或“近为现用”的功利目的。这两种态度乃是双匮[**02]雾霾造成的一种社会病态，相关映射符号和汉语命名如表 6-2 所示。

表 6-2　双匮映射符号

映射符号	汉语命名
rwd21c37e1m、pd21c37e1m	现代双匮现象、现代双匮者
rwd21c37e11、pd21c37e11	现代保守现象、现代保守者
rwd21c37e12、pd21c37e12	现代激进现象、现代激进者

本小节最后，建议读者回过头去访问一下前面的两位异类贵宾（d13-0-0m,m=3-4），并与这里的 3 位异类贵宾（d21-0-0m,m=1-3）联系起来加以考察，同时参照上面列举的映射符号和汉语命名。那么，面对 21 世纪以来在全球发生的种种奇异现象，你也许可以部分免除模糊性思考泥潭的困扰。

这里需要特别说明的是，异类贵宾（d21-0-03）在形式上并不对称，但那只是一个假象，因为 HNC 符号体系约定，下面的概念关联式必然成立。

d21c37e10 := d13(~e41)*(d01)——(d21-0-04)
（现代经验理性参照二分之统一体兼具极端保守与激进特性）

这就是说，极端保守和激进的现代形态可以融为一体，这是后工业时代的新景象。该景象的本质特征和形态多样性尚未引起学界的足够注意和探索，恐怖活动不过是其中的一种特殊形态而已。下面或将再提供一些素材。

2.1.2 关于经验理性之第一本体呈现 d21t=b

本小节只需要一位贵宾出场，如下：

(d21t := gwa30it,t=b)——(d2-09)
（经验理性之第一本体呈现对应于文明基因之三学呈现）

神学经验理性的典型话语有：

[d219-1]善有善报，恶有恶报，不是不报，时候未到。
[d219-2]放下屠刀，立地成佛。

哲学经验理性的典型话语有：

[d21a-1]语言不只是人们用以表达思想感情、达到相互理解和交流的手段，而且是存在的住所[*a]。

[d21a-2]正是依赖于语言，人才拥有世界，世界是在语言之中再现的[*b]。

科学经验理性的典型话语有：

[d21b-1]上帝是微妙的，但上帝没有恶意[*c]。

[d21b-2]实践是检验真理的唯一标准。

2.1.3 关于经验理性之伦理末位呈现 d21e2n

本小节的 3 位顶级贵宾如下：

d21e2n (=,<=) rd11d01——(d2-10)
（经验理性之伦理末位呈现强交并流式关联于丛林法则）
d21e2n3 (=,<=) a01e2n——(d2-0-01)
（经验理性之特定伦理呈现强交并流式关联于管理基本方式）
d21e2637 (=,<=) (a102;a10(m)e26)——(d2-0-02)
（经验理性之特定状态呈现强交并流式关联于政治体制的世袭制或终身制）

上面的 3 位顶级贵宾概述了当下重大国际纷争的根源，它们同时暗示了一条令人丧气的法则：仅仅在经验理性的视野里，这些纷争的消解是没有出路的，这是经验理性局限性的必然结局。前文曾对亨廷顿先生及其弟子福山先生说过许多“闲话”，其基本思考即来于此。3 位贵宾提供了后工业时代文明发展探索的起点，而两位先生都没有站到这个起点上。这个起点所依托的基本世界知识是，要把文明主体与文明基因联系起来，要把政治制度与政治体制区别开来，而两位先生恰恰没有领悟到这个要点。

结 束 语

本节的文字或许过于简略，但这是事之必然。因为经验理性正处于重大转折的前夕，这个势态完全类似于从农业时代到工业时代的巨变。工业时代出现了无比辉煌的经验理性，并同步出现了科学独尊的文明态势，科技迷信的雾霾笼罩着文明的天空。文明的未来发展需要探索，本节提供了两个不同层级的素材，供探索者参考。最高层级的素材是（d2-0-0m,m=1-2），次高层级的素材是（d21-0-0m,m=1-4）。

注释

[*a] 此话语来于海德格尔。

[*b] 此话语来于伽德默尔。

[*c] 此话语来于爱因斯坦。

[**01] 这里，符号“*”插在“c3n”和“e2n”之间，形式上是典型的多余，但实际上是一项约定：允许在两者之间插入前者的自延伸符号，如这里的“gwd21c3n-0*e2n”。《全书》第五册里曾系

统讲述过HNC符号体系的灵巧运用，此乃其又一示例。

[**02] 双匮和双匮雾霾是第一次使用的新词，可惜太晚，双匮就是指：形而上思维匮乏症+世界知识匮乏症，前文多次讲过。

第 2 节 先验理性 d22 (189)

2.2-0 先验理性 d22 的概念延伸结构表示式

```
d22:(α=b((~8) =: β);8d01,β\k=2;)
  d22α=b            先验理性第一本体全呈现
  d228              先验理性根呈现
  d22β              先验理性之β呈现
```

本概念树延伸结构的表示方式独一无二，展现了先验理性的独特性。这一独特表示方式具有符号自明性，对应的汉语说明比较到位，不必另行解释。但应该交代两点：①先验理性根呈现将简称先验理性，或以“先验理性以……为指导原则”的短语进行表达；②先验理性β呈现则将以“先验理性优先关注”的短语进行表达。

下面以 2 小节叙说。再延伸概念在小节里说明。

2.2.1 先验理性根呈现 d228 的世界知识

本小节的顶级贵宾如下：

```
d228 := 802——(d2-0-03)
(先验理性对应于清晰性思考)
d228 := (8111+8112)+(812e21,812e22)——(d2-0-04)
(先验理性以综合与分析并重、演绎重于归纳为指导原则)
d228d01 := a6499\1ua63e21——(d2-13)
(高端先验理性对应于理论数学)
```

这 3 位贵宾概述了先验理性世界知识的要点。前两位暂时列为异类，非真“异”也，乃双匮雾霾造成的一种错觉而已。但最后，需要给出一个真异类，如下：

```
d22 (=,=>) d1——(d2-0-05)
(先验理性强交并源式关联于理念)
```

2.2.2 关于先验理性之β呈现 d22β

本小节先给出再延伸概念之汉语说明

```
d229\k=2              先验理性作用效应侧面之第二本体表现
d229\1                物理学
```

d229\2	化学
d22a\k=2	先验理性过程转移侧面之第二本体呈现
d22a\1	信息科学
d22a\2	遗传学
d22b\k=2	先验理性关系状态侧面之第二本体呈现
d22b\1	系统科学
d22b\2	生命科学

对上面的 HNC 符号和汉语说明，需要给出两点 HNC 阐释，记为“阐释 0m，m=1-2”。

阐释 01：((d22β\k,jlv000,d22βt),k=2,t=a)——（d22-01）

（先验理性β呈现之第二本体表现类似于β呈现之第一本体欠表现）。

阐释 02：汉语命名以“学”标记者表示先验理性已在该领域发挥了充分作用，以“科学”标记者则表示，先验理性在该领域的作用尚未充分施展。

结束语

本节文字高度简略，异类贵宾占主导地位，无注释。这里要强调指出：在理性世界，经验理性 d22 应该与先验理性 d21 联姻，该联姻是天作之合，存在了几千年之久。但近 100 年来，这场婚姻破裂了，其结果是造成了双匮雾霾。这个历史现象与 20 世纪的社会乌托邦浪潮几乎是同步出现的，这很值得探索。因为那浪潮也是一场婚姻破裂的结局，那是资本与技术的联姻。该联姻造就了工业时代，前文曾多次论述过。

第 3 节 浪漫理性 d23 (190)

2.3-0 浪漫理性 d23 的概念延伸结构表示式

d23:(3,~e37,e4n;3t=a,~e37d01)

d233	浪漫理性之定向特征（浪漫作用）
d233t=a	浪漫作用之第一本体欠呈现
d2339	浪漫第一效应三角
d233a	浪漫第二效应三角
d23~e37	浪漫理性之特殊关系呈现（浪漫关系）
d23e35	浪漫之我
d23e36	浪漫之敌
d23e4n	浪漫之 B 类对偶三分
d23e45	适度浪漫
d23e46	低度浪漫
d23e47	过度浪漫

下面，以 3 小节叙说，且皆以世界知识为标题。

2.3.1 浪漫作用 d233 的世界知识

浪漫理性 d23 一定置理性之 β 呈现于不顾，也置理性的时代性呈现于不顾。换句话说，浪漫理性的天性就是讨厌先验理性和经验理性，其概念联想脉络的定向性特别强，符号d233 就是对这一思考的表达，相应的汉语命名——浪漫作用——可以说非常到位。

浪漫作用再延伸 d233t=a 的符号表示和汉语命名（包括分别说和非分别说），展现了十足的学究派头，所以，下面的两位贵宾不可或缺。

```
d2339 := (312,311)——(d2-01-0)
（浪漫第一效应三角以灭重于生为指导原则）
d233a := (352,351)——(d2-02-0)
（浪漫第二效应三角以破坏重于建设为指导原则）
```

这两位贵宾应该被打入异类吧！一定会出现这样的主张。这是理性世界必然出现的呼声，但HNC 决不让步。因为两位贵宾所体现的两条指导原则，正是所有浪漫主义者心灵的上帝。浪漫主义的最高精神领袖尼采先生高声发出过“上帝死了！”的伟大呼喊，但是他却把浪漫作用之第一本体欠呈现 d233t=a 推荐给世人，充当另一个上帝，还给这位新上帝取了个名字：查斯图斯特拉，那是从中东拜火教里借用来的。

前文多次指出过，作用效应链作用效应侧面的集中呈现是 3 个效应三角，《心经》的“不生、不灭、不垢、不净、不增、不减”把三者都讲到了，而浪漫理性却把其中的“不垢、不净”置于不顾，仅关注另外的 2/3。不仅如此，浪漫对所选取的三角，又仅关注其中的一角。更有甚者，对一角的两边，又不给予平等对待。这就是浪漫主义的本质特征，上面的两位贵宾是对该特征的合适描述，不打入异类为妥。至于两位贵宾的自然语言表述，当然可以另选，例如，“浪漫理性之本体特征、第一特征、第二特征”之类。

2.3.2 浪漫关系 d23~e37 的世界知识

上一小节叙说了浪漫理性在作用效应侧面的奇特表现，本小节叙说一下它在关系状态侧面的相应表现。顺便说一声，浪漫理性实质上是不管过程转移侧面的，偶尔管起来，其表达文字也必极度浪漫。

所谓奇特表现，就是浪漫理性喜好把“攻其一点，不及其余”的谋略运用到极致形态。上面我们看到，它在作用效应侧面是如此，在关系状态侧面更是如此。浪漫理性集中关注该侧面的一个二级概念基元 407e3n，汉语命名是：关系之我方、敌方和友方。更为奇特的是，浪漫理性可以把友方 407e37 抹掉，只剩下我方 407e35 和敌方 407e36，故浪漫关系也可另名之无友理性或敌我理性。我们知道，极端浪漫理性大师 pd23~e37d01 都内心孤独，没有友情和朋友，相应的政治家和文化人也大体如此。

在 20 世纪，存在过极端浪漫关系思潮 gwd23~e37d01。

上述世界知识的表达由下面的两位贵宾来承担。

d23~e37 := 407~e37——(d2-03-0)
（浪漫关系对应于关系基本构成之我方与敌方）
(gwd23~e37d01,jlv11e21,[20]pj12*-)——(d2-04-0)
（极端浪漫关系思潮存在于 20 世纪）

2.3.3 浪漫 B 类对偶三分 d23e4n 的世界知识

上面两小节容易造成一种误解，以为浪漫理性纯粹是一个消极的东西。为消除这一后果，本小节应首先给出下面的概念关联式：

d233+d23~e37 (=,<=) d23e47——(d23-01-0)
（浪漫作用与浪漫关系皆强交并流式关联于过度浪漫）

B 类对偶三分“e4n”是浪漫理性 d23 的根本属性，为什么不把 d23e4n 放在一级延伸系列的第一项？因为适度浪漫 d23e45 似乎是人类社会的一个梦想，传统中华文明不曾出现过，希腊文明也大体如此，岂能他求？

本小节以下列概念关联式结束，不复他言[**01]。

d23 (=,<=) 7131\2——(d23-02-0)
（浪漫理性强交并流式关联于第二基本情感）
d23e45 (=,<=) r7131\2e51——(d23-03-0)
（适度浪漫强交并流式关联于快乐）
d23e47 (=,<=) r7131\2e52——(d23-04-0)
（过度浪漫强交并流式关联于苦恼）
d23e45 = 71000——(d23-05-0)
（适度浪漫强交式关联于幽默）

结 束 语

19 世纪以来，浪漫理性在西方风行一时，终于在 20 世纪出现了浪漫理性与功利理性的壮观联姻。遗憾的是，在那个联姻里，浪漫关系和过度浪漫长期居于主导地位，因此那不是一场积极联姻，到 20 世纪末才出现积极的转机。在 21 世纪，这两种理性的消极联姻以一种中世纪形态再次出现，这出乎所有智者的意外。但人们似乎没有注意到这意外里的隐藏教训，那就是对浪漫关系和过度浪漫的崇拜。

注释

[**01] 对非黑氏对偶，HNC引入过一系列奇特术语，“A//B类对偶三分”是其中之一。这里的d23e4n及其汉语说明都具有通俗易懂特征，是一个难得一遇的好样板。通过这个样板，读者能获得一点关于非黑氏对偶奇特术语的感性认识吗？但愿如此。

第 4 节
实用理性 d24 (191)

2.4-0 实用理性 d24 的概念延伸结构表示式

```
d24:(c3n,7,e3m,d01;c3n*e2n,c37*e1m,7t=b)
   d24c3n            实用理性之 3 层级呈现
   d24c35            古典实用理性
   d24c36            近代实用理性
   d24c37            现代实用理性
   d247              实用理性之定向特征（实用效应）
      d247t=b          实用效应之第一本体呈现
      d2479            第一效应呈现（利益理性）
      d247a            第二效应呈现（发展理性）
      d247b            第三效应呈现（获得理性）
   d24e3m            实用理性之关系呈现（实用关系）
   d24e31            实用我方
   d24e32            实用你方
   d24e33            实用他方
   d24d01            功利理性
```

实用理性的一级延伸 4 项，在理性概念树中居于首位。其第一项是经验理性的对应拷贝，后 3 项则可以看作是浪漫理性的对应拷贝。

下面，以 4 小节叙说。

2.4.1 实用理性之 3 层级呈现 d24c3n 的世界知识

本小节首先出场的贵宾，应在大多数读者的意料之内，如下：

```
 (d24c3n := pj1*t,t=b)——(d2-12)
（实用理性之 3 层级呈现对应于三个历史时代）
```

后续的贵宾是：

```
 (d24c37e25,jlv11e21jlur12e22;s34,pj1*bc35)——(d24-0-01)
（在后工业时代初级阶段，积极现代实用理性还不存在）
d24c37e26 (=,<=) d13~e41——(d24-0-02)
（消极现代实用理性强交并流式关联于保守与激进文化理念）
d24c37e1m (=,<=) d13~e41*(d01)——(d24-0-03)
（现代实用理性之参照二分强交并流式关联于极端保守与激进文化理念）
d24c37e10 := d13(~e41)*(d01)——(d24-0-04)
（现代实用理性参照二分之统一体兼具极端保守与激进特性）
```

这 4 位贵宾也应在大多数读者的意料之内，他们不过是经验理性节里（[162-211]小节）相应贵宾的复制品。

[162-211]小节的后续文字采用形而上话语，其内容完全适用于本小节，这里将采用一小段形而下话语予以呼应。

美国的下届总统大选将在明年（2016 年）举行，共和党出现了“山中无老虎，猴子称大王”的景象，一位叫作特朗普的先生在争取党内候选人提名的竞争中大出风头，最近居然发出了“美国应禁止伊斯兰教教徒移民”的呼喊。这呼喊，就是 rd24c37e10 的言语样板。20 世纪末以来，此类言语样板在全球不绝于耳，不过在第四和第六世界[*01]尤为常见，第一世界还很少出现。因此，特朗普先生的出现无异于给 d24c3n 的世界知识花园增添了一朵奇葩。

2.4.2 实用效应之 d247 的世界知识

实用效应 d247 与浪漫作用 d233 的对应性非常醒目，因为浪漫理性强定向于作用，实用理性强定向于效应。定向延伸符号“3”与“7”用于概念树 d23 和 d24 的一级延伸，可谓特别传神。

与浪漫作用 d233 之再延伸不同，实用效应 d247 之再延伸 d247t=b 不“欠”而“全”，伴随三者的贵宾如下：

d2479 (=,<=) 31——(d2-05-0)
（利益理性强交并流式关联于第一效应三角里的利与害）
d247a (=,<=) 34+35+36——(d2-06-0)
（发展理性强交并流式关联于第二效应三角）
d247b (=,<=) 3a——(d2-07-0)
（获得理性强交并流式关联于交织效应里的获得与付出）

上列 3 位贵宾也不打入异类，理由已在[162-232]小节里叙说。那个小节里给出了两位高级贵宾，这里给出 3 位。从两组贵宾的对比可知，实用效应 d247 远比浪漫作用 d233 高明。20 世纪的两个超级帝国为什么最终出现一胜一败的结局？上列两组贵宾实质上给出了最本质的分析，尼克松先生在 1988 年出版的《1999：不战而胜》并没有触及这一本质。

但必须指出，实用效应 d247 毕竟存在严重缺陷，因为它同浪漫作用 d233 一样，也置“不垢不净”效应三角于不顾。

2.4.3 实用理性之关系呈现 d24e3m 的世界知识

许多读者都会想到，本小节应该首先请出下面的贵宾：

d24e3m := 407e3m——(d2-08-0)
（实用关系对应于关系基本构成之我、你、他三方）

与贵宾（d2-03-0）相比，就不难明白，实用理性的关系处理要比浪漫理性高明。所谓外交政策的务实，本质上就是要承认“我、你、他”三方的存在。不过，在六个世界已赫然存在的后工业时代，d24e3m 所展现的三方关系非常复杂，不仅实用理性解决不好这个课题，与经验理性联合起来也未必能解决好。其出路在于：①与先验理性搞联合；②突破理性的围城，求助于理念。

2.4.4 功利理性 d24d01 的世界知识

本小节先请出下面的异类贵宾：

d24d01 (=,<=) 3a1——(d2-0-06)
（功利理性强交并流式关联于获得）

这是关于“d2 理性”的最后一位异类贵宾，他清楚表明：“d24d01 功利理性”实质上是“d24 实用理性”的一种聚焦效应，它聚焦于“3a1 获得”，而置效应的其他元素于不顾。单从谋略来说，这也许是一种极度高明的手段。但从综合逻辑的全局来看，从作用效应链的正常运作流程来看，它必将导致“短暂大吉、长远大凶”的结局。金帅是功利理性运作的高手，希特勒更是功利理性运作的顶级高手，两者都充分验证了上述吉凶法则。但是，对于金帅制造的周期性经济危机，对于希特勒制造的空前政治灾难，人们只是就经济论经济，就政治论政治，从来没有把这些灾难与功利理性联系起来加以考察。这一考察的起点应该是：工业时代以来，功利理性与浪漫理性曾经多次联姻，更准确地说，是功利理性 d24d01 与浪漫关系 d23~e37 之间的联姻，这一联姻必然带来重大的历史悲剧——大屠杀或大清洗的悲剧。造成的这一悲剧的认识论根源不是简单的利益之争或 HNC 所概括的三争，也不是“狡兔死，走狗烹”古代法则的简单现代拷贝，而是“d23~e37 浪漫关系”里所包含的“只存在敌我，不存在朋友”法则，或简称“灭友”法则。“灭友”法则的本质就是“灭口”，在敌我斗争中不能不运用阴谋诡计，这一运作过程不能不借用“友”的力量。所以，在工业时代以来的许多伟大胜利者（包括暂时的胜利）心中，“灭口”是头等大事，在六个世界都发生过。对此，学界的探索是远远不够的，甚至可以说是一块待开垦的黑土地。这块地并不显然，而是一个隐存在，许多奇特冤案的探索者都不明白这个要点，以致满心疑惑，这也是双匮现象的有力证据之一。

上面一段话里所蕴含的世界知识，可以用一个简明概念关联式来表示。考虑到该知识的隐存在特性，就留给后来者去处理吧。

上面所说，全是功利理性的消极面，它发轫于功利理性与浪漫理性的联姻。但功利理性也可以与经验理性联姻，美国是实施这一联姻的样板，从而造成了一股美式理性浪潮，其映射符号如下：

rwd247 := (d24d01,d21e253)——(d2-0-07)
（美式理性浪潮对应于功利理性与积极经验理性之联姻）

美式理性浪潮在美国已流行了近两个世纪，自然与人文资源得天独厚的美国因此而成为当下地球村唯一的超级强国。前文在展望 21 世纪时，提出过将出现 3 个超强国家的设想，并分别给予了“1.0”、“0.6”和“0.4”的超强标记。在写下那些文字时，“中国崛起”的声音远弱于“中国崩溃”，“印度崛起”的声音还没有出现。现在的情况则完全不同了，这一情况的变化又一次表明，当下世界的“双匮”病症是多么严重。

结束语

本节再次提到了功利理性与浪漫理性的联姻，与上一节相互呼应。前文曾多次提到资本与技术的联姻，本章还提过经验理性与先验理性的联姻、功利理性与积极经验理性的联姻。这 4 大联姻是文明探索的重大课题，本节不过是提供一点素材而已。

小结

理性的 4 分，以经验理性居首，以实用理性殿后，这符合理性发展的历史轨迹。在农业时代，经验理性和先验理性一直高居主演地位，浪漫理性和实用理性不过是配角。到了工业时代，主角与配角相互交换了位置。与这一历史轨迹相对应的一个有趣历史现象是：在近代，关于浪漫理性和实用理性的专著特别丰富，而关于经验理性和先验理性的专著则屈指可数。也许可以说，休谟先生和他的《人性论》是经验理性的唯一杰出代表，而康德先生和他的三“批判”则是经验理性与先验理性联姻的唯一杰出代表。

注释

[*01] 在本《全书》撰写过程中，第四和第六世界分别出现两位著名的代表人物——内贾德和查韦斯先生，前文曾予以评说，两位先生的映射符号就是pd24c37e10。

第三章

观念 d3

引言

观念 d3 是深层第三类精神生活的最后一片概念林，拟设置 3 株概念树，1“共”2“殊”，如下：

d30	观念基本内涵
d31	立场
d32	价值观

在人类的实际生活里，观念始终占据着主导地位，每个人的行为主要取决于其拥有的特定观念。这是一条关于现实行为的基本法则，适用于迄今为止的三个历史时代，也就是说适用于当下存在的六个世界。但是，前文多次说过，理念高于理性，理性高于观念，又是怎么一回事？那是为了表明，在理论与现实之间确实存在一种奇妙的差异，中国的成语对此有生动的描述，那成语是：人往高处走，水往低处流。仅仅依靠观念来生活，就叫作往低处流。但人类不能光依靠观念，还要依靠理性和理念，那就是往高处走。观念密切联系于信念，多数信念植根于宗教。应该清醒地看到，没有宗教根基的观念很难在现代生活里立足和生存。传统中华文明的许多观念[*01]缺乏宗教根基，因此在 20 世纪的中华大地，出现了一幅“西风扫落叶”的壮观景象。一位普通的浪漫理性壮汉，就可以把经验理性与先验理性古老联姻的哲人打得个落花流水。因此，对上述“迄今为止”的东西，中华文明要带头进行现代性反思，并肩负起予以变革的历史重担。

注释

[*01] 这包括在《孝经》、《三字经》、《弟子规》和《千字文》宣扬的许多观念。

第 0 节
观念基本内涵 d30 (192)

3.0-0 观念基本内涵 d30 的概念延伸结构表示式

```
d30:(e2n,e2m,c3n;e2n\k=6)
  d30e2n                观念对立二分
  d30e25                主人
  d30e26                奴婢
  d30e2m                观念对偶二分
  d30e21                公仆
  d30e22                民众
  d30c3n                观念 3 层级呈现
  d30c35                古老观念
  d30c36                近代观念
  d30c37                现代观念
```

下面，以 3 小节叙说。

3.0.1 观念对立二分 d30e2n 的世界知识

本小节必须首先出场的贵宾是：

```
d30e2n := j71a——(d-0-04)
（观念对立二分对应于自然属性的对立）
```

这里有必要强调指出，延伸概念里的“e2n”存在 3 种对应性：一是与 j86e2n（积极与消极）对应；二是与 j71a（对立）对应；三是与 j71b（对抗）对应。贵宾（d-0-04）选择了 j71a，但在理论上，不能排除观念描述的另外两种选择，更不能排除 3 种选择的加权均值，所以，该贵宾必须被打入异类。

在以往的论述里，与 j71a 对应的“e2n”占比最大，通常都略而不述，这里是特殊处理。为什么要这么做？因为观念的差异本身并不具有必然的对抗性，所谓“文明的冲突”之类的表述，本身就是一个糊涂观念或属于模糊性认识。此项糊涂或模糊的总根源是黑格尔哲学的误导，因为关于自然属性之对仗性描述，本来存在两种符号：“o”与“eko”，黑格尔硬是把两者合并成一个“o”，于是，对偶（j719）、对立（j71a）、对抗（j71b）这三者之间就被相互混淆了。在认识论方面，似乎没有什么别的失误比这个更严重的了。HNC 为恢复对仗性的本来面目，使用符号 j71α=b 予以描述，并送给该描述一个十分荣誉的称呼，叫作“世界知识季军”[*a]。

每一种文明都会有自己的一套 d30e2n，按照 HNC 的惯例，设置再延伸概念 d30e2n\k=6

乃必然之选，但此项再延伸实质上将处于虚设状态，因为其词语捆绑的任务非常艰巨，HNC不可能独力承担，那是众多领域专家的事。

如此说来，d30e2n 直系捆绑词语的存在似乎是一个问题了，但实际情况并非如此，这得感谢尼采先生的提示。该延伸概念存在着不同文明都一致认同的直系捆绑词语：主人和奴婢。不过，这两个词语不仅是名词，还是具体概念，这可能引起误解。所以，必须强调一声，d30e2n 同样具有五元组特性。当下中国盛行的宫廷戏可能造成对 d30e2n 理解的严重错觉，因此，在这里，不妨回忆一下托马斯·阿奎那神甫的名言：哲学不过是神学的奴婢。

本小节最后，必须给出下面的贵宾：

d30e2n (=,<=) j72~0——(d3-01-0)
（观念对立二分强交并流式关联于自然属性的主从）

3.0.2 观念对偶二分 d30e2m 的世界知识

观念对偶二分 d30e2m 的汉语说明简单明了，其可接受性应远大于 d30e2n，全球的六个世界都不会拒绝。但实际情况非常奇特，下述看法在中国很有市场。那看法是：由于儒学对中华民族几千年的毒害，中国人的大脑不存在 d30e2m 文明基因，只存在 d30e2n 文明基因[*01]。此看法现在已经完全有条件纳入脑科学的研究课题，在神经元反应的层次加以验证。这里郑重建议，此看法的极少坚持者[**02]不妨千方百计打通这一研究渠道。

与上述坚持者的看法相反，HNC 认为，传统中华文明具有更深厚的“d30e2m 观念对偶二分”文明基因，儒家不是该基因的恶毒破坏者，而是该基因优秀品种的培育者。这里不谈理论，也不说中国古人里的 d30e21 杰出代表[*03]，只再次提一下近代中国的两位代表人物：卢作孚和马一浮，还应该再提一下曾存在于近代中国的 d30e22 一方代表：蕲水岸边的居民。他们在枯水期志愿搭建木桥，在洪水期志愿竹筏摆渡，见《全书》第一册 p375。

这段叙述似乎是对上述郑重建议的否定，但实质上并不矛盾，而且恰恰相反，更表明建议中的实验研究具有重大的文明意义。

前文曾提出过“脑谜 m 号,m=1-7”的设想[*04]，这里应交代一声，HNC 并不打算就“脑谜 m 号”课题麻烦脑科学实验研究者，而是寄希望于微超与语超的技术模拟。当然，这个希望十分渺茫，因为第三次工业革命浪潮不同于前两次，资本与技术的美满婚姻出现了许多裂痕或危机。前两次工业浪潮时，资本与技术的婚姻正在蜜月期，养育的子女都能够茁壮成长。现在的情况变化很大，资本和技术都到了“更年期”，资本变成了“金帅”，技术变成了“钻母”[**05]。这是一项历史性巨变，可以看作后工业时代曙光的迹象之一。但这场巨变将造成两大问题：一是资本与技术之间的结合与默契不像从前那么亲密无间了；二是“金帅”与“钻母”固有弱点[**06]的危害性已日益凸显。当下的人工智能妄想（主要在美国）和智能机器人狂热（流行于所有发达国家）已充分展示了这两大问题的端倪[*07]。

3.0.3 观念 3 层级呈现 d30c3n 的世界知识

观念 3 层级呈现 d30c3n 的汉语说明与经验理性 d21 和实用理性 d24 之 3 层级呈现完全对应，读者由此自然会联想起下面的贵宾：

```
(d30c3n := pj1*t,t=b)——(d3-0-01)
（观念 3 层级呈现对应于三个历史时代）
```

对经验理性 d21 和实用理性 d24 之 3 层级呈现，曾凭借贵宾（d21-0-01）和（d24-0-01）给出如下论断：在后工业时代初级阶段，积极的现代经验理性和实用理性都不存在，两位贵宾所表达的这一世界知识（论断）是否也适用于现代观念 d30c37 呢？请读者自行思考。该思考过程当然要扩展到上列两位贵宾的后续系列，下面讲几句旁观者的话，它可能会对读者的思考形成干扰，仅预致歉意。

近来有两个特别的声音值得关注，它们不属于主流，但也不属于主流之外。

一个是关于世界在逆行的声音，另一个是关于第四次工业革命的声音。

逆行声音的基本论点是：当今的世界处在一个前近代、近代、后近代三者之间相互转化的时期，既有从近代向后现代的转化，如欧盟的诞生；也有从近代向前近代的转化，如 IS 的出现；还有从后现代向现代的转化，如法国对 IS 的反击和俄罗斯对乌克兰的行动，后两者就是世界逆行的代表。

这个声音与 HNC 三个历史时代 pj1*t=b 的论断虽然是貌合神离，但说者毕竟有一些后工业时代曙光的感受。

第四次工业革命声音的基本论点是：第四次工业革命不仅仅是第三工业革命的延续，而是一场全新的全面革命。它不再以线性前进，而是指数增长；它不仅是冲击个别国家和行业，而是打破每个国家每种行业的发展模式。最终将不仅改变我们所做的一切，而且将改变我们自身，甚至会剥夺我们的内心和灵魂。

这个声音受到《奇点临近》[*b]的影响，因而有“指数增长”的瑕疵，但比“奇点”说冷静，具有后工业时代曙光的感受，第四次工业革命的提法能够经受住未来实践的检验。如果说前一个声音属于向后看的悲情派，后一个声音则属于向前看的壮怀派，前者好比是李清照的婉约，后者则好比是苏东坡的豪放。

前文曾反复强调，现在是后工业时代的初级阶段，此阶段地球村的急所是六个世界之间交织区[**08]的纠结，但地球村的大场毕竟是六个世界各自豪华度[*c]的上限。对内心和灵魂被剥夺的担忧只是第一世界的事，也许可以叫作庸人自扰吧。地球村当前面临的最大课题不是别的，正是那个豪华度上限与不同世界或不同国家的对应关系，这是有史以来最重大、最复杂的课题，现在是对该课题进行探索的时候了。在 21 世纪，如果该探索成果能最终形成一系列关于现代观念 d30c37 的 21 世纪词语，那就是 21 世纪的大幸。

结 束 语

本节概述了 3 大话题：关于认识论的最大失误；关于对传统中华文明的重大历史误解；关于对现代观念 d30c37 未来词语的期盼。基于六个世界和后工业时代初级阶段这一基本世界知识，本节实质上是在重申，人类需要重建21世纪的文明规范。在这项伟大的重建工程中，中华文明是否具有义不容辞的独特担当呢？对此，要在知己知彼方面下大工夫。在全球的各伟大民族中，虽然中国人也许是最早提出“知己知彼，百战不殆”伟大法则的，但陷于两“不知”状态久矣！特别是在“知己”方面。因此，现在应该赶紧补课，并加上一条附则，叫作“知己第一”，让我们从这个“第一”切实做起吧。

注释

[*a] 见[220-11]节。

[*b] 在《全书》第六册有所评说。

[*c] 豪华度及其上限的概念见《全书》第四册。

[*01] 按照HNC的说法，此看法里的大脑应改为语言脑，文明基因应改为语境单元。

[**02] 这里特意使用了“极少坚持者”短语，因为坚持该看法的人确实是极少数，但在中国大陆知识界的精英中，该看法共鸣者的占比应在80%以上，这包括新老国际者和两者之间的大多数杰出人士。

[*03] 这两点前文已进行了大量论述。

[*04] “脑谜m号”还缺了两位没有交代，放在本篇的跋里。

[**05] “钻母”一词如同“双匮”一样，出现得太晚，深感遗憾。“钻母”是钻石之母的简称，请看今日之环球，亿万富豪就是“金帅”与“钻母”的天下，而且还出现了“钻母”年轻化，使“金帅”自愧不如。“金帅”的健在代表人物是巴菲特，“钻母”出现了两代造就时势的英雄，都健在。第一代英雄的代表叫比尔•盖茨，第二代英雄的代表叫扎克伯格，读者都很熟悉，“钻母”之意义可由此自明。顺便说一声，曾考虑过“钻父”的备选，因同性婚姻的困扰而作罢。

[**06] 此固有弱点指：“金帅”和“钻母”从来都对“理论-技术-产品-产业”4棒接力第一棒的积累性和第一趟接力的艰苦性认识不足，可以说，两者对这两个基础性环节都具有与生俱来的忽视天性。

[*07] 对此在《全书》第六册已有所论述。

[**08] 在六个世界里，仅第六世界与其他世界之间不存在交织区，只有一块飞地的纷争，具体说明见《全书》第四册。不过，当下的交织区热点都不具有久远性，久远交织区仅存在于第四世界与第五世界之间，但当前并非热点，请拭目以待。这里讲的交织区及其困扰不包括第四世界内部的千年纷争，即逊尼派与什叶之间的纷争，那个纷争当然也具有久远性。

第1节 立场d31 (193)

3.1-0 立场d31的概念延伸结构表示式

```
d31:(e3m,e3n,\k=6;)
  d31e3m              立场之对仗三分
```

```
d31e3n              立场之对立三分
d31\k=6             立场之本体六分
```

下面，以 3 小节叙说。

3.1.1 立场之对仗三分 d31e3m 的世界知识

近年流行一个词语，叫换位思考。这个词语的义境很好，可充当现代观念 d30c37 的词语之一。所谓换位，主要是立场之对仗三分 d31e3m 之间的换位，也就是“我、你、他”三方之间的换位。换位思考的映射符号是 vrd31e3m，它是“包容 r7229e25”的“奶妈”，没有换位思考，就没有包容之“襟怀 7229”。因此，本小节将以下面的两位贵宾结束。

```
d31e3m := 407e3m——(d3-02-0)
（立场之对仗三分对应于关系基本构成之我、你、他三方）
vrd31e3m (=,=>) 7222α=b——(d3-0-02)
（换位思考强交并源式关联于素质第一本体全呈现[**01]）
```

3.1.2 立场之对立三分 d31e3n 的世界知识

上一小节我们看到了现代观念诞生的迹象之一，本小节给出的迹象更让人欣慰。在中国博客上出现了一个“没有敌人，只有病人”的倡议[**02]，将简称“敌无”倡议，其 HNC 表述可简化成下面的命题：

```
(jlv11e22,pd31e36;jlv11e21jur41c25,pd21c37e10)
（没有敌人，只有双匮者）[*03]
```

此命题可进一步简化成延伸概念“d31~e36 敌无”，是将立场对立三分 d31e3n 向着没有敌人的立场二分 d31~e36 转化。这将是一个伟大的转化，后工业时代急需这样的转化。

人类在立场对立三分 d31e3n 的观念里生活了几千年，在 20 世纪，立场的敌我二分观念 d31~e37 曾得到大力提倡，那也是一种转化，是将立场对立三分向着没有朋友的立场二分 d31~e37 转化。经典社会主义世界曾大力推行这一转化，那是一项前所未有的巨大社会工程，生活在那个社会的每一个人都要接受该社会工程的洗礼。现代中国人已经不太熟悉“无产阶级立场”这个词语了，可是在改革开放之前的年代里，“站稳无产阶级立场”这个词语主宰着中国人的灵魂，你如果没有站在无产阶级立场，就必然是站在资产阶级立场。所谓政治运动和思想改造，首先就是立场的改造，是上述两种立场的选择。

对那场巨大的社会工程，反思的文字很多，但站在第三类精神生活的视野高度上加以考察的文字并不多，即使是那些著名的文学著作也没有做到这一点。在上一章里，曾介绍过“没有朋友”的浪漫关系 d23~e37，还介绍过“灭友”法则，两者曾是 20 世纪的一股浪潮，将名之“敌我浪潮”，有关贵宾如下：

```
(rwd24d01+gwd23~e37d01) =: rwd31~e37——(d3-0-03)
（(功利理性浪潮)+(极端浪漫关系思潮)就是敌我浪潮）
```

(rwd31~e37ju40c33,jlv11e21,[20]pj12*-)——(d3-0-04)
（大规模敌我浪潮存在于 20 世纪）
(rwd31~e37,jlv11e21jur41c25,pj01*\4;s31,[21]pj12*-)——(d3-03-0)
（在 21 世纪，敌我浪潮只存在于第四世界）

敌我浪潮必将走向衰落，而上述“d31~e36 倡议”应该受到欢迎和鼓励。希望倡议者不要停留在观念 d3 的层级上，继续向着理性 d2 和理念 d1 的层级提升。

3.1.3 立场之本体六分 d31\k=6 的世界知识

读者一看到本小节的命名和符号，应该就会联想到下面的概念关联式：

(d31\k := pj01*\k,k=6)——(d3-0-05)
（立场本体六分对应于六个世界）

近来国际媒体的诸多迹象表明，戴在（d3-0-05）头上的异类帽子很有可能在 21 世纪中期就被摘掉。第一世界在全球视野方面毕竟是走在另外五个世界的前面，他们的智库开始讨论南亚和东非地区的良好经济发展前景，这件事不寻常，因为这个地区很不寻常。该地区早已出现“人口爆炸”态势，是地球村里最大的“棚户区”，是印环[*04]里的大急之地[*05]。可是，这大急之地一直与全球经济发展引擎的桂冠没有丝毫缘分，现在好了，机缘似乎来临了。第一世界智库的智者们以往只聚焦于什么“小龙”、“金砖”和“薄荷”之类，现在终于开始把眼光转到印环了。印环地区出现资本与技术的伟大联姻，才是 21 世纪最辉煌的亮点。可以肯定地说，该亮点出现之日，就是（d3-0-05）的异类帽子被拿掉之时。

近年来，各类论坛和国际媒体关于世界多元化的讨论在日益增多，但这个“多”始终处于模糊状态，仅定性而不定量。实际上，这个“多”的一级量化就是“6”，这就是异类贵宾（d3-0-05）所传递的世界知识。当然，说 6 种立场本体过于学究，可以考虑以“6 种声音”替代之。联合国里尽管可以听到各种截然不同的声音，但归纳起来，无非就是 6 种声音，分别来于六个世界。

当然，6 种声音说还需要细分。第三世界存在 3 个互不接壤的大片，北片第三世界具有非常特殊的历史背景，它与第一世界和第四世界之间的交织性恩怨由来已久，第四世界内部两大阵营的对立更为久远，这些复杂因素使得 6 种声音的二级分辨显得十分复杂。但是，如果连一级分辨都没有抓住，那就很难捕捉到二级分辨的关键特征。主宰各种论坛和评论的衮衮诸公，没有经常出现“大事糊涂”的现象吗？这特别值得探讨。

结 束 语

立场 d31 的概念延伸结构表示式，与浪漫理性 d23 有异曲同工之妙，“妙”点在于对认识论延伸项“e3n”的差异，立场保持着 d31e3n 的绅士风度，把其本性里的 d31~e37 一面用面纱掩盖起来，浪漫理性则干脆拿掉这块面纱，显露出其 d23~e37 本色。该风度与本色本来是风马牛不相及，不过，由于功利理性的诱惑，地球村终于出现了一场独特婚姻，该婚姻实质上是一场正常联姻的变异。该婚姻和联姻的映射符号如下：

```
(d24d01,d23~e37)        功利理性与浪漫关系的婚姻
(d24,d31e3n)            实用理性与立场对立三分的联姻
```

这婚姻和联姻，自然语言都有著名的相应词语，这里就不予介绍了。

立场的现实表现，千变万化。但人们对立场的理解或诠释，通常都局限于利益，都深信利益决定立场的法则。其实那不是法则，本节所论，不过是介绍这一项世界知识。

注释

[**01] 前文曾对素质第一本体全呈现7222α=b进行过比较系统的论述，见《全书》第一册pp300-306,不过那里的汉语命名是“素质的基本内涵”。在笔者心中,(d3-0-02)应改写成(d3-03-0),考虑到儒学近一个世纪以来在中国的尴尬处境，最终还是决定把该贵宾所对应的世界知识打入异类。

[**02] 该倡议的正式名称叫“共生主义”，提出者自称共生主义者，写了系列博文。这里不涉及博文的具体内容，故隐其名，有兴趣的读者不难“一网即知”。HNC对“主义”这一词语有自己的看法，故以倡议替代之。HNC提出的一系列命题实质上都是倡议，没有主义。在笔者看来，“敌无”倡议有资格成为现代观念d30c37[001]的候选代表，符号里的“[001]”表示第一或冠军。不过应该说明，该倡议在佛学和基督文明里早已存在。

[*03] “共生主义”者心目中的病人就是HNC词典的双匮者，本命题不编号，以避免剽窃之嫌。部分读者可能对该命题里的HNC表示方式很不习惯，那就要烦请你回顾一下两个符号要点：一是广义效应句基本样式的可交换特性，二是五元组的组合性，特别是其中的ur。多说一句，j41c3n的直系捆绑词语分别是“单”与“多”,“只”是“单”的“ur”呈现。

[*04] 印环是环印度洋地区的简称，蕲乡老者针对当时的一个热门话题——环太平洋地区，提出了两环与两跨的概念，并模仿《滕王阁序》的名句，说了“让印环与太环齐飞，南跨共北跨一色”的话语。见《全书》第四册里的“对话续1”。

[*05] 大急之地这个短语也许是第一次使用，但大急这个词语则已多次使用，请读者回想一下吧。

第 2 节 价值观 d32 (194)

3.2-0 价值观 d32 的概念延伸结构表示式

```
d32:(\k=3,t=b,c2n;)
  d32\k=3               价值观之第二本体呈现
  d32\1                 理性价值观
  d32\2                 理念价值观
  d32\3                 信念价值观
  d32t=b                价值观之第一本体呈现
  d329                  神学价值观
```

d32a	哲学价值观
d32b	科学价值观
d32c2n	价值观之高阶对比二分
d32c25	一元价值观
d32c26	多元价值观

能够耐心读到本节的读者，感觉如何？不妨回味一番。这是语境概念树的最后一株，语境概念树一共有（277-42=235）[*a]株，请记住这个数字。在《全书》每一册的封页背面上有4句话，其中的第三句是：语境无限而语境单元有限。那么，此有限的依据何在？答案是：就在语境概念树的有限里，就在“235”这个数字里。这个答案在实质上，而不是形式上，也是另外3个有限的答案。对这一答案的亲切感受，也许难如上青天，也许易如反掌。这难易之间，不是不可逾越的鸿沟。面对着上面的概念延伸结构表示式及其汉语说明，你是否有一种“似曾相识燕归来”的感觉呢？如果有，那就表明那鸿沟是可以逾越的。

《全书》撰写以来的10年间，对透齐性的追求与日俱增，迄至本篇之前，到本节则戛然而止。本篇开始，读者已经看到，异类贵宾激增。到了本节，已经没有正常贵宾的立足之地了。因为在当下的地球村，争论最大的课题就是“d24价值观”。上面给出的d24一级延伸概念群，彼山的景象固然十分清晰，但在此山，却是雾霾缭绕。这就是说，HNC描述方式并不适用于本节，故下面选用纯自然语言表述方式，每小节的标题都不使用“世界知识”，而以“闲话”替代之。

3.2.1 闲话价值观之第二本体呈现 d32\k=3

理性价值观d32\1密切联系于第一世界pj01*\1，理念价值观d32\2联系于第二世界pj01*\2，信念价值观d32\3联系于第四世界pj01*\4。现实情况是：3种价值观的加权组合形成了价值观的缤纷色彩。

理性价值观有许多著名的表述，如罗斯福先生的四大自由，如英国人最推崇的宪政与法治，如联合国的人权宣言，如鲁迅先生介绍过的著名诗句“生命诚可贵，爱情价更高，若为自由故，二者皆可抛”。如果要为理性价值观举起一面旗帜，并在那旗帜上写上两个汉语双字词，假定可选的双字词限于以下5个：自由、民主、人权、宪政、法治，并要求5中选2，那将产生重大争议。对于这场争议，既不能看作是一场书生之辩，也不能看作是正路与邪路的大是大非之争。

理念价值观有众多的古代表述，现代表述则比较单一，那就是共产主义及其初级阶段——社会主义。在古代表述里，希腊文明和中华文明各擅胜场。西方文明曾深入探讨过希腊与现代的接轨，但中华与现代的接轨课题，则似乎是一个空白。这个空白是否存在？如何填补？在许多学者心中，这是一个早已解决的课题，其实不是这么简单。前文之所以多次提到马一浮先生，缘起在此，因为与其同时代的学者相比，马先生对这一课题的思考要深入得多。

信念价值观的表述是否也存在古代与现代的区分？“真主伟大”属于威力无穷的价值观词语，在伊斯兰世界古今不变，具有万世长存的伟大价值。但是，“为了斯大林，前进”

的遭遇却显然不同，虽然它也曾一度威力无穷过。中华文明是否创造过可以万世长存的信念价值观词语呢？这当然具有截然不同的答案，马一浮先生的答案是高度肯定。前文曾依据马先生的提示，选出了如下的 3 个词语：仁政、王道、君子。这一选择，可供参考。

3.2.2 闲话价值观之第一本体呈现 d32t=b

本小节的标题同上一小节的标题一样，都学究气十足，但相信读者已经见怪不怪了。

本闲话先做两件事：①温习一下 HNC 关于文明三学的定义：神学是对心灵的探索，哲学是对存在的探索，科学是对形式的探索。②介绍一下价值观第一本体呈现 d32t=b 的特异景象：神学、哲学、科学价值观的格言不仅来于本领域的专家，也可以来于其他领域的专家。如下面的 3 组示例，第一句来于本领域专家，随后的则来于其他领域专家。

本来无一物，何处染尘埃。死去原知万事空，但悲不见九州同。死有重于泰山，有轻于鸿毛。

色即是空，空即是色[**01]。不懂就是不懂，不要装懂[*02]。小道理可以用文字来说明，大道理却只有沉默[*03]。

人类必将出现移民月球或火星的一天。人类应该创造第五种现代交通工具[*04]。大学之大，非大楼之大，乃大师之大也。

第一组价值观格言属于神学；第二组属于哲学；第三组属于科学。由此是否可以窥知：神学格言主要还有文学艺术家的贡献？哲学格言主要还有政治家和诗人的贡献？科学格言主要还有企业家和教育家的贡献？以上是典型的闲话，有个别旁证足矣，不必论证。

格言不一定正确，语言魅力才是它的生命。

3.2.3 闲话价值观之高阶对比二分 d32c2n

本闲话从一项国际民意调查说起。调查对象包括 17 个国家的 18 235 人，调查内容是：对 12 个重要领域进行排序。12 个领域是：爱情、健康、金钱、家庭、自由时间、自有住宅、精神、事业成功、创造性得到发挥、道德、外貌和权力。调查结果如下：西方人的前 3 位领域是爱情、健康和金钱；东方人的前 3 位领域是：健康、金钱和家庭。这就是说，西方人心中的价值冠军爱情，东方人心中的价值季军家庭，在另一方的心中，都被远远抛在后面。但金钱与健康都高居双方心中的价值三甲，且健康比金钱重要。

接下来的闲话是：这项调查不属于价值观的第二和第一本体呈现，也不属于多元价值观 d32c26，仅属于一元价值观 d32c25。这很有趣，也展现了该调查的高明。

调查主持者似乎十分明白 d32c2n 的奥秘，那就是：价值观之争不是“一元”与“多元”之争，而是“多元”自身之争。这很不简单，因为许多人不了解这个奥秘，总喜欢拿普世价值说事。必须指出：此项调查的 12 领域，没有一个不“普世”，但没有一个进入“普世”之争，因为凡属于 d32c26 的东西，它概不涉及。再说一遍，这确实是高明之极。

那么，多元价值观 d32c26 的所谓自身之争是指什么？说起来不过是 10 碗“回锅肉”

而已，相应清单如下：①政治与宗教；②资本与技术；③民主与专制；④自由与节制；⑤正义与邪恶；⑥选票与协商；⑦德治与法治；⑧王道与霸道；⑨君子与小人；⑩中央集权与多元分权。

前文对每一碗“回锅肉”，都不放过每一个机会论述一番，因而有的甚至重复过多次，故 10 盘菜肴皆以“回锅肉”名之。但“回锅肉”这个名字毕竟太俗气，还是文雅一点，叫文明二元要素清单吧。

希腊文明和西方文明对这份清单前 5 项，进行过比较系统的研究，现代西方文明对⑥、⑦两项里的选票和法治，更有重大创新，但对后 3 项则完全是门外汉。中华文明的情况恰恰相反，对文明要素清单的前 4 项，它几乎就是一个门外汉，这是其“三化一无”特征的必然结局。但它对清单里的后 4 项，则进行过系统深入的理论探索与实践[***05]。现代中国对西方之所长，曾努力补课，进步很快，遗憾的是同时出现了两大失误：一是对②的学习过程走了一趟很大的弯路；二是把自己在之所长都当作封建垃圾扔掉了。现在，弯路已基本返正，但重拾“垃圾”的补救工作却十分艰巨。幸运的是，现代中国已在⑩方面进行过卓有成效的实践，而⑩相当于是文明二元要素清单的压舱石，这是后工业时代的政治呼唤。基于此，前文特意对这块压舱石添加了一项二元要素，名称是：相对与绝对权力政党 a11ie2m。请注意，该二元要素的 HNC 基因符号是“e2m”，而不是“e2n”。

这里，我们再次遇到了许多非常熟悉的词语，同时也遇到了一些相当生疏的词语，这不是一个普通的景象，下文会有所呼应。关于“价值观的高阶对比二分 d32c2n”，就闲话到此。

结 束 语

本株概念树的序号不是语境概念树的最后一株，但其内容或实质，担负着语境概念系列的压舱石的重任，本节的序号可以看作是概念树排序的一项技术性失误。

人类社会的基本分歧，从来就存在价值观的分歧，历来如此。当下，六个世界之间的重大争议，国家之间和国家内部的争议，既有权力与利益之争（权益之争），也有价值观之争，所有的争议都可以归结为这两种争议（下文将简称“两争”）的加权组合。但“两争”不是文明全貌的描述，更不能被形而下成文明的冲突。文明既有三主体呈现，又有三基因呈现，在这两呈现里，有共相，有殊相，不是争议或冲突这类词语可以概括的。但是，价值观确实是文明角力的一个大舞台，也可以说是最大的舞台。

登上这个大舞台的角色，前文都进行过专题论述。所以，我们在这里又一次见到许多熟悉的面孔，当然也有一些相当生疏的面孔，如仁政、王道、君子、小人、多元分权等。“熟悉”与“生疏”同时登台，且无主角与配角之分，这完全不符合 20 世纪以来中国学界主流的常规，《全书》彻底打破了这个常规。如果对此不感到意外，那对《全书》撰写的特殊方式与过程，也就不会感到意外。否则，就必然感到不可理解或不可思议。

前文曾对《全书》撰写的特殊方式与过程进行过多次交代，那都属于细节。这里的，才属于形而上层次的总交代。

多数读者可能认为，这份总交代本身就是一笔糊涂账。对此，笔者只想说一句话：你是对的，也是错的。

小 结

本篇第一章的引言说过：理念高于理性，理性又高于观念。那是形而上视野的说法，如果转换到形而下视野，那就应该说：观念重于理性，理性又重于理念。

也许可以说，理念和理性主要是智者创立的，民众或大众的贡献微乎其微。但这个说法绝对不适用于观念，因为许多已经灭绝或即将消失的文明可能没有出现过自己的理念甚至理性，但必然存在相应的观念。面对当下的地球村，也许可以说，每个国家都各有自己的一套独特观念，但绝不能说，每个国家都拥有自己的一套理性和理念。因此，我们应该更加致力于理性与理念的共相探索与思考，而不是观念共相的探索与思考。这是 HNC 给自己定下的一条规矩，然而只是小规矩之一。HNC 探索最大的举措是给自己来了个“画地为牢”的最大规矩，那个“牢”的名字叫语言脑，并约定：脑或大脑的生理、图像、情感、艺术和科技表现或功能都在“牢”外。

上述小规矩与最大规矩相结合，是 HNC 探索的最大支点。阿基米德说过，给我一个支点，我可以撬动地球。HNC 只是想撬动一下语言脑，更准确地说，是语言脑的电子模拟产品——图灵脑，但使用的支点不是一个，而是多个。上面提到了最大支点或第一号支点，那么，HNC 还需要借用哪些支点？支点之外，还需要杠杆。这些支点和杠杆，将在总跋里另行交代。

注释

[*a] 此数字里的“32”是作用效应链的概念树总数。

[**01] 此格言见《心经》，代表存在性表述的最高境界。因此，《心经》和《金刚经》与其说是神学经典，不如说是哲学经典。

[*02] 此格言所在句群的汉英对照语料曾在本《全书》第六册里引用过，原文见《毛泽东选集》。最近，在英国下议院辩论中，被一位英国在野党议员引用作为攻击对手的武器，《毛主席语录》因此而再次受到国际舆论的关注。

[*03] 此格言来于泰戈尔，未注释者则人所周知，省了。

[*04] 第五种现代交通工具还没有正式名称，可暂呼“管道胶囊”。其提出者是第四次工业革命的重要带头人之一的马斯科先生，前文介绍过。现代交通工具的前四种是：轮船、火车、汽车、飞机。

[***05] 其中的回锅肉⑩——中央集权与多元分权——最具中国特色，中国从汉朝即开始实行，直到清朝，延续了21个世纪。秦朝只有中央集权，没有多元分权，所以，前文从来不用“秦汉以来”的说法。这碗回锅肉的精华所在是中央集权观念的建立，而不是中央集权帝国本身。中央集权帝国是农业时代所有帝国的共性，罗马帝国差不多与中华帝国同步，但该帝国早已随着西罗马帝国的消亡而在欧洲一去不复返。伊斯兰世界的哈里发帝国，比我们晚了800年，在工业时代后期灰飞烟灭，现已不可恢复。在地球村，一个屹立21个世纪而不倒的只有中华帝国。为什么？因为中华帝国具有深厚的中央集权与多元分权观念，这个观念当然需要一定的理论基础，那么，这个理论基础是谁奠定的呢？是

先秦诸子百家里的哪一家？是道家或法家吗？汉朝有位先生叫董仲舒，他给出的答案是：不是任何别的一家，而是唯一的儒家。汉武帝十分赞赏这个答案，于是从此有了“独尊儒术”的传统。儒家的核心思考就是：中央集权第一，多元分权第二；德治第一，法治第二。儒家经典的编定是为这个核心思考服务的，孔夫子自称“述而不作”，实际上有述有作，并通过其述作建立起一整套关于如何构建一个牢固帝国的理论体系。现代对儒家的批判，仅针对其中的两个第一，而彻底抹杀其中的两个第二。这多少有点不可思议，这不可思议造成了一笔最大的历史认识糊涂账，包括对中华文明认识的糊涂账。有感于此，前文曾对中国历史上两次所谓的“合久必分”危机，进行过一次非常规的探讨，该探讨的立论依据就是：那两次危机形式上是改朝换代，实质上是对儒家核心思考的颠覆。古老中国的文官制度（这是西方人的说法）曾使西方的有识之士羡慕不已，而那个制度正是建立在儒家核心思考的基础之上，这一要点西方人就不明白了。现在的英国面临着苏格兰和北爱尔兰分裂的危机，西班牙也面临着类似的危机。这是一种什么性质的危机？与其说是民族危机，不如说是缺乏儒家核心思考的危机。昔日的神圣罗马帝国长期遭受这一危机的折腾，类似的折腾曾发生在每个国家的以往和现在，未来的美国也未必能够幸免，因为美国不存在儒家核心思考。

以上所说，是HNC的一项思考，一项关于儒家核心思考的思考，其要点就是两个，即“第一与第二”及“王道与君子”，这是中华文明的独特贡献。以往隐而未宣，是笔者的失误，这里借机弥补一下。谈不上论证，请看作是一项建议或呼吁吧。总之，对儒家和儒家核心思考，需要重新认识与探索。

总　跋[1]

本文分两部分，第一部分是蕲乡老者的一个电子邮件，第二部分是笔者的“狗尾续貂”。分别名之“老者留言”和“狗尾闲话”。

老 者 留 言

两位小友：

2015 年再见的约定看来是不能实现了。现在，我把上次谈话以后的一些思考写在下面。

在那次谈话里，我说到了两大期盼：一是对“印环与太环齐飞”的期盼；二是对豪华度契约谈判的期盼。5 年过去了，两大期盼是否连一丝迹象都没有出现呢？老夫的感觉是，迹象已有所呈现，你们不会完全没有这种感觉吧。两期盼是相互联系的，还极度紧密，这一点，你们应该比较清楚吧。

印环和太环也许是我最先使用的词语，但环印度洋地区合作联盟的倡议早在1997 年就有人提出来了，不过一直没有被理睬。2015 年，有人提起这个话题了，印度崛起的话题也热起来了，关于印度不久将成为世界第三大经济体的预测多起来了，还出现了印度GDP 将在 21 世纪跃居世界第一的预测，这些都是迹象。

我当年说“印环与太环齐飞”的时候，就是指印度将追随中国发展的步伐。我不喜欢“崛起”这个词语，这你们是明白的。

中国快速发展的势态使世界许多一流学者感到茫然。茫然的根本缘由在于，他们不愿意承认一个全球最大的历史事实，更不了解该历史事实傲然存在的根本奥秘。那个事实是：中华帝国是全球唯一的一个持续了 22 个世纪的统一帝国，所谓“合久必分”或“南北之分”虽然出现过两次，但那只是大统一曲折过程的过渡形态。那个奥秘是：中华帝国采取了中央集权与多元分权巧妙结合的帝国模式。知道这个奥秘的人很少，而知道这个模式的设计者主要是儒家的人，就更少了。我这个话，你们今天会感到茫然。但我深信，你们会有走出茫然的一天。《全书》多次触及这个课题，可惜都是擦肩而过。它尽了力，但没有这个潜力，你们接下这根接力棒吧。

印度的经济起飞为什么滞后于中国 30 年之久？这里有地缘经济的因素，其地缘经济环境远不如中国。但根本因素是，印度独立以来的历届政府对资本技术联姻的认识出现过重大偏差，也感染了资本恐惧症，特别是对国际资本。印环各国原来都存在这种恐惧症，不过，在我祝愿两环齐飞的时候，情况已有所松动，否则我不会讲那句话。5 年

---

① 从写作顺序上来讲，本书为最后一本。故总跋放本册书末。

后的今天，资本技术联姻在那个地区已经成为一种时尚了，这个变化使我又一次感受到期盼的乐趣。

上面，接连两次使用“资本技术联姻”这个短语，你们多少有点吃惊吧。HNC 生造的非专业性词语太多了，被我认同的很少，专业性词语也存在类似问题，当然没有那么严重。但“资本技术联姻”这个短语是一个耀眼的例外，我非常欣赏。我并不完全否定 HNC 生造词语背后的思考，但是，名不正，则言不顺。其中六个世界和三种文明标杆这两对词语尤其需要正名，所以我最近我想了两件事：一是对六个世界和三种文明标杆这两个生造词语的正名，或名之替换描述；二是关于豪华度平衡的再呼唤。

先说替换描述。

冷战时期，先有两大阵营的说法，后来演变成三个世界的说法。两大阵营之外的国家都被叫作第三世界，于是两大阵营的双方就赢得了第一世界和第二世界的称呼。三个世界有各种各样的政治名称，这就不去说它了。这里给出一个经济描述，那就是三个世界对资本技术联姻的不同态度，第一世界是全心全意的拥抱，第二世界是坚决拒绝，第三世界是半心半意。在 20 世纪后半叶，这三种态度基本决定了三个世界各自截然不同的经济发展态势，全心全意的结局是经济均衡健康的发展，坚决拒绝的结局是经济畸形病态的发展，半心半意的结局是要么经济蜗牛式爬行，要么掉进中等收入陷阱。《全书》对这一发展态势多次给出过言简意赅的阐释，这是应该肯定的。

原第二世界在冷战时期出现过一场重大变故，那就是中苏分裂。该分裂倒逼出诸多反思，先影响到原第二世界对待第一世界的态度，进而影响到对待资本技术联姻的态度。《全书》对此有十分独到的分析，不知两位注意到了没有。

原第一世界也有诸多反思，其中最突出的反思成果就是欧盟的酝酿与诞生。这是一个从多元走向一元的伟大转折，西欧人的千年统一梦想，终于出现了梦想成真的前景。第二项重大成果就是北美自由贸易区的出现，最近还冒出来了一个 TPP。这些新事物都是从多元向一元的转换，都发生在原来第一世界的地盘里，所以，用“多一世界”这个词语来描述原第一世界是比较合适的，该世界可以叫作扩展第一世界，但不能等同于发达国家。原第一世界的反思成果比较丰富，但其所有成果都同资本技术联姻有密切联系，无论是积极的还是消极的联姻。不过，从历史长河的视野来看，资本技术联姻并不是人类历史的终极婚姻，它只能维持大约 400 年的时间。《全书》对此有比较清醒的认识，它还指出：这场婚姻并没有摆脱男尊女卑的旧习。所以，《全书》生造了一个名字：“金帅”，同时还生造了另外两个名字：“官帅”和“教帅”。这些，我都表示认同。

与原第一世界相比，原第二世界的变动要大得多。人们最熟悉的是苏联帝国的解体，以及随之而来的所谓冷战结束。从西方人的感受来说，这件事当然最为重大。但西方人的这一感受属于“胜利冲昏头脑”的典型发作，因为他们根本没有看清楚原第二世界最重大的变化在哪里。最近，他们才清醒过来，并开始反思他们原来的感受，并给新的感受打造了两个短语，一个叫“中国崛起”，另一个叫“普京沙皇”。

这两个短语分别与国家和个人的专名挂钩，这值得注意，但西方人似乎并不明白原第二世界生成与巨变的深层文明因素。首先，应该指出：原第二世界巨变的本质表现不在对待所谓自由世界的态度，而在对待资本技术联姻的态度，那态度已经发生了接近 180

度的转变。这个转变意味着，原第二世界正式宣告：放弃它原来的社会模式追求，自然也就同时放弃以该模式统一全球之梦。似乎没有人想过这一宣告的最早构思者是谁，更没有想过那位先驱竟然是毛泽东主席。主席的宣告方式十分特别，那就是他与尼克松先生在1972年的哲学谈话。可惜尼克松先生完全没有听明白该哲学谈话里“5根指头”比喻的深层含义，他肯定是把“5根指头”哲学与李光耀先生的“5棵大树”[**01]比喻等同并混淆起来了，1988年出版的《1999：不战而胜》充分表明了这一点。其次，西方人不明白这一转变的伟大带头人和推动者究竟是谁，那不是戈尔巴乔夫和他领导的苏联，也不是叶利钦和他重建的俄罗斯，而是邓小平和他领导的中国。邓小平是第二次十月革命的第一代革命家，戈尔巴乔夫和叶利钦不过是第一次十月革命的第四代接班人。这个差距太大，因此，可以说，邓小平的历史角色是无人可以替代的。最后，这是最根本的，原第二世界生成与巨变的集中呈现者是中国而不是俄罗斯。中国是具有2200年传承的“中央集权、多元分权”式帝国，不存在殖民基因；俄罗斯是仅有500年传承的纯粹“中央集权”式帝国，殖民基因十分浓烈。这一巨大的文明根基差异不仅已经呈现在当下，还必将深刻呈现于未来。上述三点，才是考察原第二世界巨变的要点，但西方思维对该要点必然存在“隔行如隔山”的理解障碍。

原第二世界对资本技术联姻态度的根本转变，必然会对广阔的第三世界产生巨大影响。这一带动作用近年来日益显著，这等于是中国为全球贫困地区做了一件大善事，西方志愿者们所做的善事与此相比，有如日月之别。西方人不但看不明白这一点，还以小人之心度君子之腹，形成了种种荒诞之词，如“新殖民主义”之类，还对“中国崛起”和“普京沙皇”产生了极大的恐惧心态。但“中国崛起”只会带动而不会挤压他人的“崛起”，“普京沙皇”也不会形成世代延续下去的势态。故在老夫看来，这种恐惧是典型的庸人自扰。中华智慧早已提示，不具有王道理念的人和民族，归根结底就是庸人和庸民。因此，西方人的自扰可以说是一种文明遗传疾病，很难医治。不过，最新的基因编辑技术表明，遗传缺陷是可以医治的，让我们对此也保持一种期盼的乐趣吧。不过，原第三世界文明形态的多元性和复杂性远大于第一和第二世界，它走向欧美样式或中国样式的革新之路，还有十分艰难和遥远的路程。

总之，冷战时期对全球地缘政治的三个世界划分已经完全不适用了，发达国家、新兴经济体、发展中国家等，只是地缘经济的粗略划分，21世纪需要一个全球地缘政治的新描述。《全书》的六个世界和三种文明标杆描述是一次有益的探索，但我认为流于烦琐并缺乏弹性。我的建议是，地球村依然是三个世界，也可以继续沿用第一、第二与第三世界的称呼。不过，第一世界是HNC定义的第一世界的扩展，包括日本、韩国、墨西哥、希腊以及多个东欧国家；第二世界就是HNC定义的第二世界，以中国为代表；第三世界是HNC定义的第三到第六世界。

这样一来，第二世界是否太孤单了？在世界史的视野里，孤单可以说是中华帝国的遭遇或宿命，因为它位于东半球适居地带的东端，一边是大海，三边是难以逾越的高山或荒漠，后工业时代也必将如此，现代交通改变不了这个“天地”格局，互联网也改变不了相应的语言格局。所以，中华大地在农业时代和工业时代都是孤单的，但它的疆域足够大，不怕孤单。孤单的文明必然伴随着一种孤单的独特，中华帝国之独特性就在于：

它不曾经历过农业时代神学独尊的长期专横，未曾遭受过工业时代科技迷信的重大灾难，仅在20世纪经历过一段乌托邦狂想的折腾。《全书》把中华文明的这一独特经历看作是不幸中的大幸，这个观点比较新颖，值得探讨，不宜轻易否定。《全书》对该观点进行了力所能及的全面论述，不过论述方式比较隐蔽，两位应予以特殊关注。

《全书》之所以反复强调六个世界的“赫然存在”，乃是基于以下4点思考：一是对文明渊源的重视；二是对文明纠结的忧虑；三是把六个世界的出现当作是后工业时代曙光的重要标记；四是对文明交织地区的势态判断。老夫不否定这4点思考，但对第四项思考里所表现出来的过度自信不以为然。因为势态虽然属于有关语境单元的世界知识，但毕竟是不可完全预测的，因为势态就是古汉语的时势。有时势造就的英雄，也有英雄造就的时势，这是《全书》作者自己提出的观点。然而他在兴致盎然地谈论六个世界交织区、突出部和飞地的时候，却把这个重要观点抛在脑后了。

下面，简单说一下再呼唤问题。

先给出下面的4个豪华度数据：北跨大于4，南跨略小于1，太环略大于1，而印环仅为0.17。这4个数据才是人类21世纪紧迫课题的生动写照，差距如此巨大的豪华度需要平衡，这显而易见。豪华度就是一个地区或国家的人均GDP与全球人均GDP的比值，我上次讲过吧，其倒数就是贫困度。把上面的数据换成贫困度，其结果是：北跨小于0.25，南跨略大于1.0，太环略小于1.0，而印环却高达4.0。这是多么可怕的不平衡或不平等。联合国很关注贫困问题，每年都要发布全球的贫困人口数量和贫困国家名单，但其给人的警觉感似乎远不如上面给出的4个贫困度数据。这组数据促成的呼唤就是：让印环与太环齐飞。

替换描述涉及全球政治军事势态的发展，流行的词语叫“再平衡”。再呼唤关系到全球经济势态的发展，流行的词语叫增长率。政治家在全力关注“再平衡”，特别是亚太地区的“再平衡”；企业界在全力关注增长率，特别是全球和“金砖”地区的经济增长率。两关注的发起人似乎是第一世界，但实际上，三个世界都在全力两关注。这就是说，两关注是三个世界在21世纪的博弈焦点，不仅表现在三个世界之间，也表现在三个世界内部，特别是第三世界。但根本问题在于，这两大关注仅看到了新世纪的大场，却没有抓住新世纪的急所。但关注者却都自以为看准了并抓住了大急，其“自以为是”的基本依据无非是里外两层，里层叫利益，外层叫价值观。在利益之上，可以加上国家、民族和人民等修饰语；在价值观之上，可以添加的修饰语就数不胜数了，自由和民主是其中两个最吃香、最流行的词语。“自以为是”才是当下世界浪潮的主流，发轫于第一世界，第二和第三世界不过是邯郸学步。

几百年来，第一世界一直自以为是，而且他们确实拥有这份资格。当全球都坐在农业时代牛车上的时候，第一世界独家换乘了工业时代列车，当全球也坐上工业时代列车的时候，第一世界又换乘了后工业时代的豪华列车。两次换乘都是资本技术联姻的产物，资本和技术本身不存在民族和国籍歧视，在地球任何地方都可以联姻。豪华列车绝不可能是某些特定民族和国家的专利，总有一天，全人类都会坐上豪华列车。那一天的到来，是一个怎样的过程与情景呢？

遗憾的是，“自以为是”浪潮的弄潮儿确实没有认真思考过“那一天到来”的有关问题。尽管对资源、气候的基本课题被反复计算过，对生态的基本课题也被反复论证过，但弄潮儿对这些计算和论证并不在意。他们似乎沉浸在另一个期待中，那就是：豪华列车之后还有黄金列车或钻石列车可以换乘，有人甚至对钻石列车上的长生不老前景充满信心，已投入不少“前瞻性”资金。

所以，人们应该追问：“自以为是”浪潮将把 21 世纪的博弈焦点引向何方？存在光明的出路吗？答案有 3 派：鹰派、统派和鸽派。鹰派的回答是 No，于是就产生了“必有一战”的恐怖结论；统派的回答是：统一于某种价值观，这个世界就得救了；鸽派的回答是，先试走第一步：共存与双赢。在三个世界内部，3 派都存在，基本态势都是：鹰派举旗，统派摇旗，鸽派呐喊。其中，统派的情况极为复杂，两极端流派互为死敌，文字风格都善于迎合媒体的忽悠特性。《全书》曾花费大量文字描述过其中的两种流派，实属败笔，乃作者视野的局限性或习惯性使然。冷战前后，这个态势在形式上确实发生了一定变化，但实质上变化不大。《全书》作者可能对此感受至深，于是产生了一种探索冲动，试图找出一份新的答案。探索的立足点是对古代智慧特别是中华智慧追根溯源，新答案的要点固然是对现代鸽派思考的提升。但这一提升之难恰如李白时代的“难于上青天”。

不言而喻，这是一项史无前例的艰难探索，显然不是《全书》可以独力承担的。但作者摆出的那副架势，显然不明白这个“显然”，老夫曾深感惊讶，所以前两次谈话以提醒为主。读了《全书》后两册的电子文本以后，老夫不再惊讶了。因为《全书》文明探索的“gw”只不过是语言脑探索的“rwLB”，这个“rwLB”将充当图灵脑“pwHNC”的基本构件。《全书》作者的这一如意算盘，理论基础固然比较坚实，但是，仅攻克第一趟接力的难关，就需要千军万马，资本何来？尽管如此，老夫还是乐意寄予期盼。

上述“自以为是”浪潮正在推动第四次工业革命的巨大创新声浪，图灵脑“pwHNC”完全符合这一声浪的节拍，为什么却没有获得“狗不理”的名声，却落得个“都不理”的下场？老夫早有预感于此，前两次谈话里曾反复提醒。一言以蔽之就是，《全书》作者本人也陷入了“自以为是”的另一个陷阱。不过，最后还希望你们带去一句话：我收回“训诂小花”的话语。在作出那个判断的时候，老夫还没有看到《全书》第五册的电子文本。

不必回复，我今天就入洞闭关。

蕲春老友　乙未晚秋

狗 尾 闲 话

我从来没有想过，自己也在“自以为是”的陷阱里。蕲乡前辈在留言里的话，这些天一直鸣响在我的耳际。这篇闲话，主要对“自以为是”的反思。它是否合格，只能在另一个世界向老者讨教了。

图灵脑需要一个比较形象的比喻，CPU+RAM+MEM+I/0 的电脑比喻等实际上并不合适。多次想过把图灵脑比作一个国家，但没有找到合适的国家样板，现在有了，那就是老者留言里描述的中华帝国。该帝国的基本特征是“中央集权与多元分权的巧妙结合”，让我们给这个特征起一个名字，叫作统帅部。语言脑应该有一个类似于中华帝国的统帅部，它不同于计算机的 CPU。图灵脑应该向语言脑看齐，而不是计算机，也要先组建一个统帅部。

HNC 最早就意识到这个统帅部的极端重要性，当然那个时候还远没有达到清晰性思考，而是处在模糊性思考的前期。但当时给这个统帅部起了一个名字，叫作用效应链 XY，后来发展为广义作用效应链 GXY。GXY 增加了两项内容，也就是两个子范畴，一个叫“8 思维”，另一个叫“jl 基本逻辑”。所谓“语句无限而句类有限”的 HNC 第二公理，就是 GXY 的内容逻辑产物或思维产物“gwGXY”[**02]。

作用效应链里的“0 作用”、“2 转移”、“4 关系”与“8 思维”一起构成了广义作用 GX，作用效应链里的“1 过程”、“3 效应”、“5 状态”与“jl 基本逻辑”一起构成了广义效应 GY。广义作用 GX 只能形成广义作用句 GXJ，广义效应 GY 只能形成广义效应句 GYJ。广义作用句的主块符号是（X,T,R,D）；广义效应句的主块符号是（P,Y,S,jD）。开始的时候只是模糊地意识到，汉语和英语确实如此，后来才清晰地领悟到，任何自然语言都应该如此。那个模糊性认识的出现，宛如一道晴天霹雳，从而花费了将近 9 年的时间去加以验证。事后又花费了多年时间，才终于明白，那 9 年的时光，既是浪费，又非浪费。从一个模糊性认识的闪现到一个清晰性思考的形成，总共花费了接近 20 年的时间。其最终成果就是 HNC 第二公理的认定。在那个公理里，关键性的结论不过是：广义作用句 GXJ 的主块数量遵循“3//4”法则，主块排序遵循格式法则；广义效应句 GYJ 的主块数量遵循“2//3”法则，主块排序遵循样式法则。这 4 条法则适用于全部基本句类和混合句类。

本着老者留言的提示，我是多么渴望求助救援者来把我拉出那“自以为是”的陷阱，很想另写一部图灵脑的动画剧本，以便吸引救援者。但非常遗憾的是，我是一个典型的艺术脑残疾人，另写的愿望纯属痴人说梦。只得退而求其次，拼凑了一份参观记录。

该记录的全名是：图灵脑实体模型展览馆参观记录。

该展馆有 4 个建筑群，名称分别是：图灵脑统帅部、图灵脑执行部、图灵脑市场部和图灵脑资源部。下面是记录全文。

图灵脑统帅部有前后两栋大楼。前楼是普通的半圆形结构，3 层，大楼标牌是 GXY。后楼的形态则非常特别，从空中看去，像一条盘龙。龙头高昂，头上的标牌是 SGP。

走进 GXY 大楼，放眼望去，一楼的大屏幕上显示出下面的符号：

```
X := 0      T := 2      R := 4      D := 8y
P := 1      Y := 3      S := 5      jD := jly
```

这时，耳机里送出下面的话语：本层是图灵脑统帅部 8 大基础部门所在地，大家现在看到的大屏幕符号也就是本部 8 个司的铭牌标记。这 8 个司掌管自然语言的全部语句。铭牌左边的大写字母代表句类，铭牌右边的符号代表概念林。不带“y”的表示该部门只管辖一片概念林，带“y”的表示它管辖多片概念林，8y 有 5 片，y=0-4，jly 有两片，y=0-1。

停顿了一会儿，接下来的语音缓慢而沉重。内容如下：自然语言存在 8 大语句类型，就是上面提到的句类。8 大句类的汉语命名是：作用句 X、过程句 P、转移句 T、效应句 Y、关系句 R、状态句 S、判断句 D 和基本判断句 jD，每一大类之下划分若干子类。本部的 8 个司分管 8 大句类，这里要请大家记住一个基本事实，那就是：成熟的自然语言一定是 8 大句类俱全，甚至全部子类俱全；不成熟的语言通常子类不全，甚至大类都不全。

我们最先参观的是 X 司，最后参观的是 jD 司。参观顺序与显示屏符号的“先上下，后左右”对应，表明其排序方式与中国古书的“先右后左”恰好相反。

走进 X 司，3 面屏幕显示出各种符号表示式，但其中的一面只有两个表示式，并带有汉语说明，如下：

```
X03J = A+X+B+X03C          块扩作用句
X03C = ErJ
```

弧形大间空无一人。这时，耳机的声音响了：欢迎参观，先自我介绍一下。本部门叫 X 司，下设 5 个处。各处的名称很好记，就是 X0、X1、X2、X3 和 X4。大家还记得大厅显示牌上的“X := 0”吧，刚才用过“概念林”这个术语，在语言概念基元空间里，它充当着一个非常重要的“中介”角色，其顶头上司叫子范畴，其直系下属叫概念树。整个语言概念基元空间总共有 105 片概念林，456 株概念树。这个数字大家不必记，但请记住：“0”在语言概念基元空间里的地位非同寻常，其地位可比作宗教信徒心里的一位先知，所以，其上司的地位就相当于上帝。这位先知的汉语名称叫作用，对应的 HNC 符号是 0。大家刚才在大厅显示屏上看到的，其实就是 8 位先知的名字，而这里就是第一位先知的办公室或指挥所，X 司是其简称。

现在，来宾们可拿起桌子上的基本句类表，屏幕上显示的内容在表上以红色标记。

这时，我们看到弧形大间的一侧有 5 扇大门，大门上铭牌如下：

```
X0 := 00      X1 := 01      X2 := 02      X3 := 03      X4 := 04
```

在我们注视这些铭牌的时候，耳机里传来了下面的话语：

来宾们！这些铭牌的意义，大家一定能心领神会，它们代表 X 司的 5 个处。奇妙的是：这 5 个处竟然与 456 株概念树的前 5 株一一对应。这就是汉语里说的“天造地设”，它大大便利了 X 处的指挥流程。哪位来宾如果想亲身体验一下这种便利性，请举手。

体验过程的感受难以言表。再回到弧形间的时候，一位参观者指着上面记录的屏幕内容，提出一个问题：为什么不可以将块扩 KJ 和原型句蜕{JK}合并？回答是：谢谢你使用了“KJ”和“{JK}”，不过，这个问题请到三楼询问。

随后，我们依次参观了后面的 7 个司，印证了“天造地设”比喻的唯一性。

在这 7 个司的参观过程中，Y 司和 D 司停留的时间最长，提问和争论最多。

随后，我们上了二楼，看到两块大铭牌：GYJ 和 GXJ。

这时，耳机里送出下面的话语：您手里的基本句类表有两种颜色标记，对吧。有红色标记的都属于广义作用句 GXJ，有蓝色标记的都属于广义效应句 GYJ。本楼就是 GXJ 和 GYJ 的总部。基本句类表里还有 18 个没有颜色标记，这个问题将在三楼解答。现在，请先参观 GYJ 总部。

走进 GYJ 总部，巨大弧形屏幕上出现的竟然是下面的 7 个汉字：语言从这里起步。

耳机里送出下面的话语：任何自然语言最早出现的语句一定是基本判断句，本总部的参观顺序恰好与一楼大厅屏幕上标志的顺序相反，依次是 jD 司、S 司、Y 司和 P 司。在参观各部时，如果听到或看到一些特别的提法，请到三楼后询问。

GXJ 总部大厅的巨大弧形屏幕上，也是 7 个汉字：语言从这里提升。参观顺序与一楼大厅屏幕上标志的顺序相同，依次是 X 司、T 司、R 司和 D 司。“到三楼后询问”的话语重复了一遍。

三楼只有一块铭牌：GXYJ。走进大门，巨大弧形屏幕上的汉字是：句类样板全在于此。这时，耳机里送出的话语如下：大家已经看到，图灵脑统帅部第一栋大楼的景象不过如此，一共 11 块铭牌而已，非常简明。但是，《全书》却莫名其妙，把 8 大部门里的 6 个司安置在第一册，2 个司分别安置在第三和第四册；3 个上司部门则安置在第五册，给读者一个“丈二和尚”的困扰。现在，请大家随意提问。

这时，一位参观者说出了下面的话语：护理公园林地的公园管理员和志愿者均要面对把拥挤而奇异的灌木和树木移除的不断增长的需要，以免破坏植物品种的生态平衡。请问这个语句的句类样板是现成的吗？

提问者话音刚落，上面的语句就显示在屏幕上，随即变换成另一种形态，伴随着色彩和符号标记。现在，把变换后的结果拷贝在下面：（拷贝时把色彩一律变成黑体）

```
{<护理|公园林地的|公园管理员和志愿者>|均要面对|               {<!12X0Y2J>S3J
\{把拥挤而奇异的灌木和树木|移除}的[+不断增长]的需要/}}   \{!11X0Y1J}/}
\\以免                                                          X301J
\\{破坏|植物品种的生态平衡}                                     {!31XY5J}
```

这时，耳机里送来下面的话语：感谢您奉献了一个如此美妙的例句。其全局句类属于珍贵的 X301J，各局部语句的句类都属于常见而又容易检验，句式样板非常齐全。碰到的主要麻烦并不是那两个红色的“的”，而是那个绿色的“不断增长”。这个语句看起来比较复杂，实际上只是一个中低难度语句，因为其中的主要词语，如“护理”、“面对”、“把”、“**以免**”等，都很老实，本部可独立处理，无需求助于语境处理部 SGP。

屏幕右边的句式和句类符号，在楼下已经介绍过了。

这时有人发问：句类表里那些没有涂上颜色的句类，是怎么一回事？现在的屏幕上也一个都没有出现，它们的占比是否比较少？

回答：问题不在多少。**句类样板全在于此**，请大家把这句话留在记忆里。无颜色句类是 GXJ 与 GYJ 之间的交织或过渡形态。不同自然语言的处理方式有所不同，本部的相应对策是因语言而异，例如，汉语交给 GYJ 处理，而英语则交给 GXJ 处理。

下面是参观语境处理部 SGP 的记录。我们把该部所在的大楼叫盘龙楼。

盘龙楼由 8 栋建筑连接而成，高度依次递减。

走进盘龙楼 SGP 大厅，屏幕上显示的是：

SGPa、SGPYS、SGPb、SGPq7、SGP7、SGPq8、SGPq6、SGPd。

这时，耳机里送出下面的话语：

欢迎参观。本部的汉语名称是语境处理，分 8 个司。各司的汉语名称，我们应该已经存在心心相印的默契，就不啰唆了。

这时，有人发问：怎么没有看到**“语境单元样板全在于此”**的字样呢？

回答：“语句无限而句类有限”公理可以引导出**“句类样板全在于此”**的话语，但“语境无限而语境单元有限”公理不能引导出您刚才的话语，理由如下：第一，概念延伸结构表示式采取开放形态的主体语境概念树还不少。第二，复合语境单元可不像混合句类那样，存在那么简明的复合法则。有些问题还需要探索，为此，本部正在与 GXY 部 D 司和执行部 MEM 商讨成立一个联合小组。第三，后工业时代必将在语境单元方面有所创建。

SGPa 司位于盘龙楼的龙头。走进大门，耳机里响起下面的话语：

本司是大家最熟悉的朋友，下设 9 个处，请按铭牌顺序参观。抬眼望去，其顺序与《全书》的排序差异很大，依次是：

> SGPa1，SGPa4，SGPa5；SGPa2，SGPa6；SGPa3，SGPa7；SGPa0，SGPa8。
> （其中的“，”和“；”是记录者添加的，下文的发问编号也是。）

走进 SGPa1 展厅，屏幕中心显示的是一个缓慢旋转着的地球，陆地呈现出 6 种色彩。最吸引眼球的是带蓝、红、绿 3 种色彩的地带；最具神秘感的是一大片白色地带；还有两片是黑色和棕色地带，显得无足轻重。屏幕左边的字幕是：**这就是 21 世纪的地缘政治**。屏幕右边的字幕是：**六个世界的呈现是后工业时代到来的基本标志**。

耳机里的话语如下：

本处下设 6 个科室，虽然大家都很熟悉，还是啰唆一下，介绍一下它们的汉语名称：制度科 a10、政权科 a11、国家治理与管理科 a12、政治斗争科 a13、国际关系科 a14、征服活动科 a15。当下，最忙的是 a12 科，但 a15 科也并不清闲。顺便说一声，本部的处和科室分别对应于语境基元的概念林和概念树。下面，请大家随意参观，各科室都有专职接待。

下面，依次记录一组问与答。

问 01：屏幕上的蓝色地带把日本和韩国也包括进去了，这可不同于《全书》对第一世界的定义。

答 01：我们采纳了老者的建议，已废除东片第三世界的概念。

问 02：北纬 10 度线上的杂色区域是否过于显眼？

答 02：杂色区域代表不同世界的交织区，交织区就是战乱的诱发区。历史上的战乱主要发生在北纬 20 度以北，但 21 世纪的潜在战乱重灾区将南移到北纬 10 度两侧，特别是在非洲，这一新的地缘政治势态应引起高度重视。

走进“SGPa2”展厅，屏幕上一条巨大的曲线首先进入眼帘，随后是一幅巨大的地图。

曲线左上角的文字是：**人均 GDP 增速的时代性呈现**。主峰宽度标记了一个数字：300 年。旁边有如下文字：**这是首次跨过这个主峰所需要的时间，后继国家？**

地图左上角的文字是：**环印度洋地区贫困度分布**。其右是两行文字：

让印环跟随太环起飞吧！
21世纪地缘经济的大场和急所在此。

这时，耳机里传来如下话语：

人均 GDP 增速的时代性呈现可以用一个简单的函数来描述，那个函数俗称辛克函数，符号是 $\sin x/x$。主峰对应于工业时代，其左为农业时代，其右为后工业时代。《全书》把这条曲线所对应的经济发展势态叫第一经济公理。

本处下设10个科室，参观顺序可自由掌握。

接着到了“SGPa6”展厅，屏幕上既没有曲线，也没有地图，而是一句“教堂式”话语：**上帝即将召回工业时代的亚当和夏娃。**

这时，耳机里送来如下话语：

大家切勿惊讶，工业时代的亚当就是资本，工业时代的夏娃就是技术。正是资本与技术的伟大联姻，才使得人类历史从农业时代的漫漫长夜跨入工业时代的灿烂辉煌，这一历史巨变肇始于西欧，爆发于北美。可是，工业时代的新郎并不是一位俊男，显得面目狰狞，于是有人误以为他纯粹是一个万恶不赦的恶魔。这是一个极度悲催的历史误会，误导了20世纪以来的众多智者，或被一些非凡智者所利用。是伟大的邓小平先生以最灵巧的方式消解了这一误会，从而使全球唯一幸存的古老帝国得以一夜春风。

前面展示了工业时代亚当的方方面面，这里主要陈列工业时代夏娃的相关资料。本处下设5个科室，请随意参观。

接着，我们走进了 SGPa3 展厅。首先进入眼帘的是下面的两行大字：

人类文明的主体三要素是：政治、经济和文化
人类文明的基因三要素是：神学、哲学和科学

这时，耳机里送来如下话语：

第一行字的内容大家比较熟悉，也容易接受，但第二行字就不能这么说了。两句话里都有“三要素”，一个是文明主体三要素，一个是文明基因三要素。你不妨先联想一下“二生三，三生万物”的著名论断，接着请联想一下一个基本定义和三项基本判断。

（这时，屏幕上开始出现了流动文字）

一个基本定义是：神学是关于心灵的探索，哲学是关于存在的探索，科学是关于形式的探索。三学构成了文明基因的三要素。

基本判断之一是：在全部古老文明中，只有希腊文明的三学最为健全，也就是文明基因3要素最为健全，每一项要素都获得过无与伦比的辉煌成就。

基本判断之二是：从三个历史时代的视野看，农业时代是神学独尊的年代，唯有中华文明例外；工业时代是科学独尊的年代，唯有伊斯兰文明例外；后工业时代不能继续维持一学独尊的旧态势，需要走向三学鼎立的新态势。

基本判断之三是：传统中华文明的基本特色是三化一无。三化是：神学哲学化、哲学神学化、科学边缘化；一无是：无神论。这一基本特色意味着某种文明缺陷的存在，因此可以说，传统中华文明是一个文明基因不够健全的文明，靠其自身的发展，一万年也走不到工业时代。但在当下，这一固有缺陷有可能转化成某种优势，使之更容易适应后工业时代的呼唤。

（这时，屏幕上的流动文字消失）

大家对上述基本定义和三项基本判断，必然存在诸多疑惑，特别是对第三项判断。有关问题可向本处的有关科室询问。

随后参观过程的每一次询问，都及时获得切实的回答，没有任何忽悠成分。我们奇怪，怎么每一科室都有高人？后来我们才恍然大悟，这里的每个部门虽有上下级之分，但无“贵贱”之别。它与现实世界的本质区别在于，这里没有一丝一毫的官僚习气，士兵与将军之间永远心有灵犀，科室的回答和水平就代表统帅部的回答和水平。因此，当离开 SGPa3 的时候，我们的感觉是，整个语境处理部 SGP 所在的盘龙楼不必一栋接着一栋地参观下去了，从任何一个“科室”都可以窥知“盘龙”全貌，一如“一叶知秋”。下面仅记录两段问答。

问 03：传统中华文明的基本特色是如何形成的？

答 03：种瓜得瓜，种豆得豆。“三化一无”的种子是孔夫子撒下的，《论语》里留下了清晰的证据链。这棵幼苗经过汉武帝与董仲舒联手一独尊，再经过宋明理学一系统化，儒学就从原来的诸多“子曰”形态凝练成下面的旗帜性语言：**为天地立心，为生民立命，为往圣继绝学，为万世开太平**。这面旗帜在目的论方面与马克思先生的主张没有差异，但在途径、步调和视野方面却迥然不同。为天地立心，要仰仗神学与哲学；为生民立命，要仰仗科学与哲学；为往圣继绝学，更仰仗三学的协同。至于为万世开太平，虽然当下还面临诸多挑战，但这一伟大梦想毕竟是中华文明最先提出来的，而且在后工业时代完全可以实现。因此，“三化一无”的传统反而可以在 21 世纪转化成中华文明的优势，我们没有理由像 20 世纪那样妄自菲薄。

问 04：那么，贵科室如何评价“五四”新文化运动？

答 04：那是工业时代最疯狂的时期。是两次世界大战之间的间歇期；是浪漫理性正在横扫欧亚大陆，而实用理性却在西半球大行其道的时期；是工业时代列车上两位西欧老乘客和另外两位全球仅有的迟到乘客同时狂性大发作的时期。从那些国家留学归来的学生，自然都对当时中国的一切极度看不顺眼，并一厢情愿地以为，向他们的留学国看齐才是中国的唯一出路。这就出现了向欧看齐、向美看齐和向日看齐的 3 大流派。在这 3 大派流里，向欧看齐派最终演变成“以俄为师”派而成为主流，另两派都没有形成气候，但留日海归人士感染的日本“支那观”，在文化领域所产生的影响最为巨大。当然，并非所有的海归都是看齐派，有冷静的深邃思考者，如马一浮和陈寅恪两位先生，但毕竟是极少数，看齐派始终居于主宰地位。考虑新文化运动如此复杂的历史背景，现在还不是进行评价的时候。

从 SGPa3 出来，我就同一部分人直接奔赴盘龙楼尾的 SGPd。进入展厅，首先映入眼帘的竟然是两首打油诗。录如下：

“浮云楼”歌

王道已随浮云去，此地空余浮云楼。
浮云一去不复返，碧海蓝天空悠悠。
晴川历历霸道树，芳草萋萋禁飞洲。
日暮伯叔何处在？首阳不见使人愁。

和“浮云楼”歌

王道曾随浮云去，仁政空余乌托楼。
浮云一去三千载，乌托楼台空悠悠。
晴川历历资本树，芳草萋萋技术洲。
树洲奇迹今何往？“仁”在闺中待“道”逑。

“浮云楼”歌右下方，有下列文字：**读《HNC 理论全书》（2010 部分）的憧憬 1～4 有感**[*a]。**生吞活剥崔颢“黄鹤楼”，胡诌一律**。请黄兄指正。 刘凌宵 2011 年

接着，屏幕上显示了憧憬 1～4 的文字，同时，耳机里送出如下话语：与刘先生有同感的朋友请举手。下面，仅记录一段问答。

问 05：贵司如何看待第四次工业革命和达沃斯论坛？

答 05：第四次工业革命实质上一直是达沃斯论坛关注的中心，虽然“第四次工业革命”这个词语的出现晚于论坛。该论坛以关注人类家园的命运为己任，但实际上其关注焦点集中在为人类家园锦上添花，而不是雪中送炭。这是金帅本性的呈现。本司宁愿选择 IGNT[*b]的描述方式，以便与金帅的发散性追求划清界限。在本司看来，中国人提出的“一带一路”，印度人提出的“赤道太阳能利用”，更符合为人类家园雪中送炭的急需。建议您留意一下，达沃斯论坛对这两项重大建议，将会采取何种态度。

下面，是对图灵脑执行部的参观记录。内容简记为话语、发问和回答，发问和回答延续上面的编号，话语就是耳机里送出下面的话语，不编号，发问者的偶尔回应也不编号。

该部所在建筑的形态十分奇特，大楼标记更是出乎意外，竟然是：MEM。

进入大厅，屏幕上出现的两行文字是：

记忆是心灵的住所。

从记录到记忆的飞跃，才是语言智能技术的关键。

话语：本部设置 6 个司，是统帅部的执行机构。各司名称改以中文标记，战略司、战术司、领域司、组装司、过渡司、交互司。战略司和战术司服务于句类分析 SCA，领域司服务于语境分析 SGA，组装司和过渡司服务于记忆 MEM 或摘要 ABS，交互司服务于自知之明。参观顺序可以随意。

下面的记录按上述 6 个司的顺序进行。

走进战略司大厅，3 块铭牌一字儿摆开：EgJ&ElJ、l9&f9、SJ&LJ。

话语：本司仅设置 3 个处，如铭牌所示。汉语命名就不介绍了，下面展示一个 EgJ&ElJ 的处理结果，请看屏幕，它显示的是刚才第一位提问者叙说的语句。

{<护理|公园林地**的**|公园管理员和志愿者>|均要面对|　　{<!12X0Y2J>S3J
\{**把**拥挤而奇异的灌木和树木|移除}**的**[+**不断增长**]的需要/}}　　\{!11X0Y1J}/}
，**以免**　　X301J
\\{破坏|植物品种的生态平衡}。　　{!31XY5J}

这个大句由 55 个汉字组成，其处理结果由本司提供。如果把其中的“，”去掉，结果不变。句子里的“**以免**”[*03]一定激活 X301J。该句类的 GBK1（X3A）具有一项非常宝贵的句类知识，那就是：它可以由多个小句 SJ 构成。例如，本大句在“以免”前面的内容可以是：

公园林地里拥挤而奇异的灌木和树木会不断增长，
这需要公园管理员和志愿者及时把它们除掉，

这类文字变动丝毫不影响该大句的最终判断——X301J。

问 06：HNC 曾大肆批判动词中心论，可这里的“以免”，不正是最终判断所依赖的显赫中心吗？

答 06：您或许没有注意到，该大句里的另外 4 个句类代码都不是由其“中心”动词唯一决定的，“护理”和“移除”可以是 XYmJ，“面对”可以是 S0J，“破坏”可以是 X0Y5J。HNC 认为，XJ 与 X0J 的区分非常重要，您可能不同意，那我们可以另外进行专业性交流。

问 07：那么，这些句类代码选定的决定性因素是什么？

答 07：靠 GBK 核心要素的属性。对“护理”，靠的是“公园林地”的“w”属性和“管理员和志愿者”的“p”属性，统称 SGB 属性，“移除”同理；对“面对”，靠的是“需要”的“jlr127”属性，统称 SGC 属性，“破坏”同理。这两项依靠所对应的句类知识非常简明，不过就是具体概念与抽象概念的辨认，HNC 曾把这两项依靠叫作句类检验的“童子功”。为什么前面把这个大句的句类分析难度评级为“中低”？因为仅仅依靠“童子功”就足够了。

问08：HNC 最早曾大力宣扬“同行优先”，“童子功”与那项宣扬是什么关系？刚才的回答回避了“以免”所展现的语法中心意义，为什么？

答08：“童子功”是“同行优先”的基础性呈现。例如，“面对”和“需要”，都是概念基元 jl127 的直系捆绑词语，前者是“jlv127”，后者是“jlr127”。这就是说，两者是 jl127 的“同行”，差异仅在于五元组的取值，一个取“v”，另一个取“r”。这里充分展现了“r”概念的不可或缺，自然语言的此山，没有“r”这个概念工具，因此看不到这一“同行”景象。在语言概念空间的彼山，有了这一概念工具，“同行”的景象就十分清晰了。“同行”景象的最突出呈现就是语块核心要素之间的概念绝配，在语言概念基元空间，它表现为同一概念或强交式关联概念在不同五元组之间的绝配。如示例中“jl127”的“v”与“r”，映射到汉语语言空间，就是“面对”与“需要”之间的绝配。绝配是句类检验最有效也最常用的手段，特别适用于要蜕和包蜕的句类检验。

至于“以免”所展现的中心意义问题，隐含在刚才的“专业性交流”话语里了。XJ 与 X0J 这两个句类代码存在巨大的句类知识差异，该话语是从这一点引申出来的。有些句类检验可充分依靠“同行优先”或“童子功”，有些句类检验则完全靠不上，X301J 就是其中的典型之一。这就是说，句类检验存在多种类型，但“叩其两端”而言之，可比拟于武侠小说里的“气宗”与“剑宗”[*04]。“气宗”讲究基本功和套式，“剑功”则讲究灵活应变和一招制敌。例句里 X0YmJ 和 S3J 的句类检验属于“气宗”型，而 X301J 的句类检验则属于“剑宗”型。在 HNC 术语里，“气宗”叫局部检验或要素检验，“剑宗”叫全局检验或非要素检验。绝配属于“气宗”，它不仅适用语块要素之间的检验，也适用于 Ke 与 Ku 之间，还适用于 Ke 或 Ku 自身的相互串并组合，也就是概念基元之间的串并组合。

随后，我们来到战术司展厅。屏幕上的汉字是：

战术有共相与殊相之分。殊相战术密切联系于语种。

话语：战略司的 3 个处不分科室，科室设置在本司。不过，本司加了一个语种办公室。汉语文本的处理水平首先取决于“EgJ&ElJ”处的前 5 个科室，而英语文本的处理水平则首先取决于“l9&f9”处的前 5 个科室。都是“5”，这很有趣。所以，这里把这两个“5”展示一下，请看屏幕。

```
的、!1m、vo、ov、ou、
(that;which,who)、(to,v)、(-ing;-ed)、!21、(It,v)、
```

部分来宾可能对“vo、ov、ou”这 3 个科室很不熟悉，这么说吧，它们大体对应于语法学的动宾、主谓和偏正结构，但 HNC 赋予了“全新”的意义。所谓“全新”，乃基于如下考虑：汉语与英语的语块结构特征存在一项基本差异，那就是：语块的核心要素汉语一定放在块尾，而英语一定放在块首。因此，汉语语句“动”与“宾”的核心，英语语句“主”与“动”的核心，通常处于遥望状态。我们要充分利用这一“遥望”特征，最直接的利用方式就是：先把汉语文本系列中的“vo”结构排除在 EgJ&ElJ 的“EgJ”之外，顺带也把“ov”捎上。让我们来考察一下屏幕上的例句吧，那里的“vo”有“护理|公园”、“管理员”、“志愿者”和“破坏|植物”，那里的“ov”有“公园管理”、“树木|移除”和“生态平衡”。把它们排除以后，整个大句的“v”还剩下“面对”、“不断增长”、“需要”和“以免”。如何处理这剩下的 4 个“v”？请注意，“的”字将起关键作用，“不断增长”前后都有“的”，“需要”前面有“的”，从而认定两者都被异化。这样，就只剩下“面对”和“以免”这两场“硬仗”了。说到这里，在思路方面还谈不上什么“全新”，不过是传统句法分析的一碗“回锅肉”而已，依然是“动词中心”。那么，句类分析到底有什么新招？说穿了，也不过是一层窗户纸，那就是：“面对”与“需要”之间乃是一种句类的绝配，那句类是一个常用句类，叫 S3J。但是，这层窗户纸里面的东西也不寻常，它是一个包蜕，于是，那“需要”就变成了包装品，而包装体是一个原蜕{!11X0Y1J}，这是必然现象。这现象看来很复杂，但是，如果你知道跟随在后面的那个孤零零的“以免”是句类 S301J 的直系捆绑词语，那一切问题就可以迎刃而解了，否则恐怕就要走上“难于上青天”的绝境。在这里，原蜕、要蜕、包蜕、包装品和包装体的概念或术语是必须引入的，基本句类 S3J 和 S301J 的句类知识是必须熟练把握的。善于运用这些概念和（S3J;S301J）的句类知识，“那一切问题就可以迎刃而解”就不是一句空话，这就是“全新”的含义。我们的讲解水平有限，请畅所欲言。

问 09：你刚才提到了两个运用，一是关于 3 类句蜕概念的运用，二是关于句类知识的运用，我的问题是：3 类句蜕的概念也适用于英语吗？句类知识运用与“(l,v)”准则或

句类检验是什么关系？

答09：句蜕概念不仅适用于英语，也应该适用于任何自然语言。英语的前 4 个科室就是用来处理英语句蜕现象的。至于您提到的3种表述，它们之间是等价关系。至于“(l,v)”准则，那是 HNC 探索初期的常用术语，后期则改用句类检验了。

问 10：你刚才说起“主”、“谓”、“宾”之间的遥望现象，也说起汉语和英语的遥望现象截然不同，这有点意思。同时你在暗示，汉语的“主”、“谓”之间并不遥望，而英语的“谓”、“宾”之间也不遥望。这就是说，“vo”与“ov”的并列地位对汉语和英语都不合适，可你们在汉语处理的科室设置方面，却对两者一视同仁，这如何解释？

答10：您提的问题很尖锐，不过刚才我用了“顺带捎上”的短语。“vo”与“ov”处理只是一种排除“Eg”的过渡手段，并不是终极手段。如此排除以后，汉语“动词满天飞”的现象必然大大减弱，例句里的动词就从 10 个减为 4 个，通过“的”处理再减少两个，就只剩下“面对”和“以免”了。这里要强调的是，“面对”存在着绝配，而“以免”并不存在，两者分别代表两种截然不同的句类检验方式。这里的“面对”恰好遇到了它的绝配——“需要”。这属于巧合，关键是“以免”所对应句类——S301J——的句类知识运用，这在前面已经叙说过了，于是，本大句的 Eg 认定问题就迎刃而解了。

本大句一共涉及 5 个句类，是否每个句类都需要进行句类检验？其检验顺序谁先谁后？检验深度又如何把握？这些问题需要专题讨论，这里就不来细说了。

问 11：你刚才说到两种句类检验方式，其句类检验的难度是否差异很大？

答 11：HNC 不这么看。这个问题就更加专业了，欢迎专题讨论。

问 12：屏幕上仅展示了汉英两种语言的 5 个科室，这些科室可统称“特科”，按你们的话语来说，就是殊相科。贵司还设置了共相科吧，有多少个？不保密吧（笑声）。

答 12：谢谢您的建议，请看屏幕。

JK、[EK]&±、[GBK]&±、[fK]&±、KJ、(SC)T、(K-fK)T、[GBK]T、(!km)T

这 9 个科室的汉语名称，大家不妨浮想一番，顺序大体上与其重要性对应。当然，这要看执行任务的性质，如果是机器翻译，那后列 4 个科室的地位就提高了。第一号科室 JK 就是大家已经熟悉的句蜕，第五号科室 KJ 是大家还不太熟悉的块扩。“[ ]”表示构成，“±”表示分离，“T”对应于转换或变换，“&”对应于“及其”。例如，亚军位置的“[EK]&±”，其汉语名称就是“特征块构成及其分离”，季军位置“[GBK]&±”的汉语名称是“广义对象块构成及其分离”，传胪位置“[fK]&±”的汉语名称是“辅块构成及其分离”。这里的用词与《全书》有所不同，属于细节问题，不说，请提问。

问 13：在上面展示的处理清单里，看不到劲敌和流寇的身影。贵司搞的这一套技术接力，是否违背了《全书》第五册特别强调的基本原则？

答 13：我们期待着与您保持联系，您一下子抓到了问题的要害。《全书》所列举的劲敌和流寇清单，只是理论上的描述，在技术层面需要重新梳理。这一梳理工作由本司和战略司共同承担，上面展示的清单是重新梳理后的部分结果，它们展现了基本原则的具体操作过程。至于《全书》特别强调的基本原则，实质上可概括成下列 3 条：一是对要蜕和包蜕要**优先处理**；二是“小句向原蜕降格+大句句类检验”要**同步处理**；三是块扩要**优先处理**。这 3 条，既是理论原则，也是技术规范。但它们只是技术规范的一个维度，另一个维度是，句类检验存在两种基本类型，一种叫局部检验，另一种叫全局检验。在例句里，S301J 的句类检验属于全局检验，其他的全部检验都属于局部检验。

这两种句类检验所仰赖的句类知识存在本质差异，这是专业性很强的话题，我们期盼着与您作专题讨论。

回应：我们也同样期盼。

下面是领域司的参观记录。

大厅屏幕上的巨大文字是：

领域一旦认定，
实词的不确定性即趋于消失。

话语：本司设置 7 个处：DD、XYD、XYN、PT、RS、BACA 和 BACE。请按顺序参观。

于是，我们先进入 DD 处。下面，记录里的黑体字伴有屏幕显示。

话语：DD 处实际是领域司的司令部，即语境分析的司令部。语境分析的本质不过就是**句类分析+领域认定**。请注意，两者之间的连接符号是“+”，而不是“,”。这里有两个要点：一是句类分析和领域认定通常都不可能“毕其功于一役”；二是两者的操作顺序无所谓先后之分。因为**语境分析是一个灵巧处理的过程，是一个句类分析与领域认定相互依靠或相互照应的过程**。这里的灵巧处理，就是指：句类分析需要领域认定的照应，领域认定也需要句类分析的照应。这就是说，**句类分析与语境分析必须相互照应**。**语境分析的关键举措是领域认定**，在领域已被认定的前提下，**实词的不确定性即趋于消失**。句类分析面临的劲敌或流寇就可以基本被歼。这个论断极其重要，故在本司的大厅里特意加以昭示。面对语音流的五重模糊和文字流的三重模糊，为什么语言脑可以听而不闻或视而不见，轻而易举地加以消解？**这一奥秘的关键也许就在于这一论断**。我们应该假定，语言脑具有无与伦比的领域认定功能。但对图灵脑来说，**则不是“也许”而“必然”，并把假定变成现实**，这就是本处的职责。大家所熟悉的汉语分词困扰，在本处看来，不过是一碟小菜而已。

问 14：我们对“一碟小菜”的比喻很感兴趣，能否展示一些“小菜”的样品呢？

答 14：在《全书》第五册里曾给出过一些样品，最著名的是“南京市长江大桥”。这里不妨先说几句“大话”，随后就地取材，说几句“小话”。

“小菜”是讲究搭配的，搭配的首要原则是不允许出现“孤魂”。对汉语来说，最直截了当的当务之急就是不允许出现孤零零的单个汉字，必须把“孤魂”与其上下文搭配起来。可名之“孤魂”处理，这是任何自然语言短语构成分析或语块构成分析的首要原则，当然也是汉语分词处理的首要原则。“孤魂”处理是战术司的事，具体说，是该司“EgJ&ElJ”处的事，更具体地说，是该处所属 3 个科室的“公事”。那 3 个科室是[EK]&±、[GBK]&±和[fK]&±，它们都带符号“[]”，那“公事”就是指该符号所代表的语块“构成”之事。

接着说“小话”，请看屏幕（那 55 个汉字组成的大句的标注形态再次呈现）。

该大句里的“公园林地”和“植物品种”存在着“园林”和“物品”的组合，但语言脑必将无视这一存在，以免出现“公”、“地”、“植”、“种”这4位形态“孤魂”。同理，语言脑必将把“管理”与“员”、“志愿”与“者”组合起来，以免出现“员”和“者”的形态“孤魂”。语言脑的“孤魂”处理能力极度高超，但并非高不可及，图灵脑也能做到。基本谋略就是不允许任何“孤魂”有立足之地，上列3科室的“公事”就是指办理这件事，由语种办公室负责。

问15：“一碟小菜”的说法如同“小儿科”一样，是很不科学的比喻，望贵司慎用。我更感兴趣的是，能否对“**实词的不确定性即趋于消失**”的论断，像刚才对“孤魂”处理那样，给出一些具体说明？

答15：谢谢您的提醒。让我们再次回到那55个汉字的大句吧。该大句里的8个实词——“护理②、面对①、移除、增长②、需要①、以免①、破坏③、平衡②”——都具有动词特性，其动词的词典义项数以带圆圈的数字表示。但词典的义项只包含语法学和语义学维度的意义，并不包含语用学维度的意义。例如，“面对”，它可以是“v50”的直系捆绑词语，也可以是“jlv127”的旁系捆绑词语。这就是说，“面对”的义项虽然在此山是①，但在彼山却应该是②。在大句里，它选取的义项是“jlv127”，而不是“v50”。这一“旁系战胜直系”的奇迹，不过是绝配原则最擅长的一项“小菜”技巧而已，前面已经介绍过了。

那8个实词里的另外7个，3个（“增长”、“需要”和“平衡”）由于异化原则的运用而从“动词”里除名；2个（“护理”②和“破坏”③）在句类分析阶段已完成了从多义项到单义项的转换，但语境认定可进一步加强了该转换的自明度[*c]；1个(“以免”)被推到了Eg的“宝座”；最后1个是“移除”，它被判定为不可或缺的动词“新秀”。这“异化”、“转换”、“宝座”与“新秀”的安顿，句类分析确实起了主导作用，但领域认定或语境分析的呼应和加强作用也不可低估，特别是其中的“转换”与“新秀”两项。

这里想顺便就一个普遍的误解谈一点个人看法。那误解是：由于汉语在词汇形态方面存在着汉字固有的巨大“缺陷”，其语言信息处理的难度必然远大于英语。为什么说这是一个误解？因为就句类分析来说，汉语词汇形态的“缺陷”并不难消解，在上面反复引用的例句里，我们轻而易举地把它们消解了。这一消解过程借助了现代汉语以双字词为主的显著优势，双字词实质上就相当于英语的短语，其语义模糊度通常要比英语的word小得多，特别是“v”。因此，**汉语句类分析对语境分析或领域认定的依赖度要远小于英语**，因为**语言信息处理的总体难度正变于句类分析SCA与语境分析SGA的相互依赖度或交织度**。SCA与SGA是语言信息处理的两大部门，部门之间的分工与合作难免有许多扯皮的事，交织度越小，扯皮的事就越少。这可以说是一个常识性的事理，略知这个事理就会明白，上述误解确实不应该在语言学界继续流传下去了。

问16：刚才的回答，我认为最多可以打70分。你对“小菜”技巧的介绍还不错，但对“常识性事理”的介绍却存在严重不足，因为两位主要当事人之一的“领域认定”始终没有登场，为什么要缺席？虽然你的理论阐释还比较精彩，但不能弥补这一缺席的解说失误，这里是否有什么难言之隐？

答16：谢谢您的鼓励。“难言之隐”这个词语，很传神。引用的那个大句实际上不过是真实文本里一个大句的一部分，是从一项专利技术申请文本里摘取下来的，那项专利技术用于环保。环保和专利分别属于专业活动的两大领域（概念林）：a8 和 a6，这里不想把“a6”牵扯进来，所以就把该大句所对应的领域隐藏起来了，那领域是“a80ae25+jw61（植物生态保护）”，属于生态领域“(a80αe2n, α=b)”的一部分，是一个复合语境单元。《全书》对生态课题的阐释一直采取迂回方式，正面论述还是空白，这就是“难言之隐”的缘起。

问 17：我们希望，对领域认定的操作方式有一个基本了解。

答 17：让我们先来简单回顾一下句类认定的操作方式吧，句类认定就是句类检验的期盼产物。在战略司和战术司，我们介绍过“绝配”，它是句类认定最有效的法宝。有趣的是，领域认定也具有同样的法宝——“绝配”，它是领域认定的一把神奇钥匙。

每一个语境基元都拥有自己的直系或旁系捆绑词语，这些词语通常都拥有自身的“模糊”世界，但是，该“模糊”世界可以转变成朗朗乾坤，转变的关键举措就是运用“绝配”的筛选功能。在上面的例句里（这时，该例句的标注形态再次出现在屏幕上），依次出现过 3 组“绝配”：一是“<护理|公园林地的|公园管理员和志愿者>”绝配；二是“{把拥挤而奇异的灌木和树木|移除}”绝配；三是“{破坏|植物品种的生态平衡}”绝配。这 3 组“绝配”依次敲定了下列句类和句式：

<!12X0Y2J>; {!11X0Y1J}; {!31XY5J}

三者的 GBK2 都涉及植物，在最后的“{!31XY5J}”里，包含一项关键信息，那就是“生态平衡”，它是“a80ae25”的直系捆绑词语，是领域认定的激活要素。这并不是说，该词语一出现，就可以立马进行领域认定。这个激活要素要同紧邻的“植物品种”联想起来，还要同前面的“破坏”句蜕起来，更要同“破坏”前面的“以免”句类起来。这里连着用了 3 个“起来”，三者代表 3 种操作方式，“联想起来”属于概念基元空间的操作，大体对应于大家十分熟悉的分词处理，“句蜕起来”属于句类空间的局部操作或语块操作，“句类起来”属于句类空间的全局性操作，其结果是“X301J”。后两项“起来”大家可能觉得比较生疏，不过没有关系，只要抓住一个要点就会产生亲近感了。那要点就是：“句蜕起来”和“句类起来”都拥有自己的法宝，前者的法宝叫“绝配”或局部检验，后者的法宝叫全局检验，可另名高级“绝配”。本例句的“X301J”与{!31XY5J}就是一对高级“绝配”，该“绝配”的必然结果就是形成“a80ae25+jw61（植物生态保护）”的领域认定。于是，“句类起来”与“句类认定”就合二为一了，就毕其功于一役了。这是高级“绝配”的基本特征，不是什么巧合。总之，高级“绝配”并不是神秘的东西，不过就是《全书》第五册反复阐释过的句类知识而已。

高级“绝配”无关于有关句蜕的句类或句式变化，例如，例句最后部分的句蜕如果变成“{植物品种的生态平衡|遭到破坏}”，那{!31XY5J}就变成了{Y501X10J}。但“X301J”对此变化将泰然处之，照样获得“a80ae25+jw61（植物生态保护）”的结果。这是句类知识运用的“拿手好戏”，您所关心的“领域认定的操作方式”，本质上就是句类知识高级“绝配”的运用。高级“绝配”只是基本句类的函数，无关于混合句类，总共才 68 个，X301J 是其中之一。这是句类空间最壮丽的情景或亮点，混合句类虽然数以千计，但丝

毫不影响该情景的清晰度，《全书》可能没有把这个亮点讲清楚。

回应：讲解得不错。现在我能理解：为什么<!12X0Y2J>和{!11X0Y1J}里选择“X0”而不是“X”，为什么{!31XY5J}里选择“X”而不是“X0”，这是X0J和XJ高级“绝配”的运用。

话语：谢谢您的理解，这是对我们最大的鼓励。

下面是组装司的参观记录。

大厅屏幕上的巨大文字是：

本司和下面的过渡司一起，统称记忆司。

本司实质上是记忆司的一个上游公司。

本司管理着两个分公司：情景组装公司SIT和背景组装公司BAC。

话语：本司不设处，而设置两个分公司：情景组装公司SIT和背景组装公司BAC。请按顺序参观。

于是，我们先进入SIT公司。下面，记录里的黑体字伴有屏幕显示。

话语：本公司管理4条组装线：XYD、XYN、PT和RS。**每条生产线的最终产品是4种表格**。每种表格各有自己的规范样式，**组装就是填写表格**。其中XYD和XYN两种表格的形态完全一样，请看屏幕（附表1）。

附表1 XYN组装表

	XYN
DOM	a80ae25+jw61
SCJ	(X301J,<!12X0Y2J>+{!31XY5J})
B	(jw61b,pwa219\11*9\3)
C	(a80ae25,jru52jw61)
A	(p-a219\11*9\3,pq6403)

示例大句在经过SIT处理以后，就给出这么一张XYN表格。表格使用的是HNC符号，为便利大家的联想或思考，现将其中符号的汉语说明[**05]展示如下（附表2）。

附表2 HNC符号汉语说明

jw61b	心灵依托植物
a219\11*9\3	“休闲”建筑
a80ae25	生命世界的生态协调
jru52	品种
jw61	植物
q6403	志愿服务

未来图灵脑记忆的本体就是这类表格。示例大句只需要XYN，不需要XYD。其PT可从<!12X0Y2J>获得，而其RS可以告缺。

我的简单介绍就到这里，请提问。

问18：贵司的下属单位竟然别出心裁，以公司命名，为什么？

答18：这是统帅部的决定。本司和随后的两个司——过渡司和交互司——都这么设置，大约是由于这 3 个司与市场部和资源部的关系非同寻常的缘故吧。

（接着有一些关于符号映射的细节讨论，不记录）

过渡司和交互司的参观过程饶有趣味，但将采取不同记录方式，仅写下个人的两点感受。

先说第一点感受。

要理解 HNC，首先要抓住描述世界知识的 4 座彼山——概念基元彼山、句类彼山、语境单元彼山、记忆彼山——的概貌，特别要抓住第一座彼山的概貌，这是抓住全部概貌的关键。

概念基元彼山是一座 5 层级的“天山”——概念总范畴、概念子范畴、概念林、概念树、概念延伸结构表示式。一个最自然不过的头号质疑是，该“天山”的每一层级如何定义？答案十分简明，靠每一层级的上下左右联想，上下联想代表透彻性，左右联想代表齐备性。以概念树为例，上联想就是概念林，下联想就是概念延伸结构表示式，这比较简明。但左右联想如何体现？这似乎相当复杂了。你可以说，一株概念树的左右就是同一概念林里的其他概念树，但那不是左右的全部。左右有近邻和远交的区别，在 HNC 符号体系里，近邻是一清二楚的，但远交如何表达？这个问题看起来很复杂，其实答案也很简明，那就是用概念关联式把它们连接起来。

再以概念总范畴为例，上联想就是人脑功能区块——生理脑、图像脑、情感脑、技艺脑、语言脑、科技脑——的六分，下联想就是概念子范畴，而左右联想就是概念类型——抽象、具体、挂靠、物性——的四分。

《全书》第一到第四册，总共 456 节，每一节对应于一株概念树。翻开每一节，首先碰到的就是概念延伸结构表示式，这个表示式就是该概念树的定义。这一定义方式与通常的数学和物理学定义方式，在形态上似乎有很大差异，其实在实质上是完全一致的，是“心有灵犀一点通”的精彩呈现。HNC 的这一定义方式是计算机能够模拟语言脑的关键举措，也是图灵脑得以实现的关键举措。所以，这里我要说：首先要理解 HNC，其次就要抓住概念延伸结构表示式，最后要抓住概念关联式。

我知道，概念延伸结构表示式是一个十分令人讨厌的家伙，是一堵令人恐惧的隔离墙，它把各领域专家，首先是语言学家隔离在 HNC 世界之外。但我觉得这堵隔离墙是可以拆除的，墙两边的人们一起努力吧。

下面说第二点感受。

HNC 技术是一种全新的语言信息处理技术，立足于对自然语言文本的深层次理解。而现有的语言信息处理技术都回避语言理解这一核心课题，这一现状是全球公认的。但如何及能否改变这一现状，则存在着很大争议，哲学、语言学、认知科学和人工智能学界都在各自的领域内，开展过关于这一争议的零碎讨论，但从来没有就这一争议召开过一次像样的学术会议，包括国际会议。这一现状意味着信息科学天空存在一片浓重的乌云，但大家对这片乌云丝毫不感兴趣。回想一下，在 19～20 世纪之交，物理天空曾出现过两朵乌云，当时的数学和物理学界为那两朵乌云激发起规模空前的探索热潮，最终导致相对论和量子论的伟大突破。可如今的信息天空明明存在着一片浓重的乌云，而信息学界竟然安之若素。为什么会出现这种似乎不可理喻的现象呢？我一直非常困惑，后来我想明白了。它主要涉及 1 个认识误区、1 个误解和 1 项疏忽。

1 个认识误区是：西方语言学和逻辑学从老祖宗那里遗传下来一个非常严重的缺陷，那就是不追究语言理解的本质，但西方科学界对此缺乏起码的警觉。

1 个误解是：并非所有技术领域都存在完美的“理论-技术-产品-产业”4 棒接力，许多领域还不存在像样的第一棒，但人们却误以为科技 4 棒接力的第一棒都基本处于完美状态。实际上，信息处理技术第一棒的缺陷尤为严重，但人们却无视它的存在。

1 项疏忽是：以为数字化数据都是信息，竟然对两类基本数据的根本差异视而不见。所谓两类基本数据就是：一类是数据与信息直接对应，如图像数据；另一类是数据与信息间接对应，如语言文字数据。两类数据需要完全不同的处理策略，但目前却以大数据思路统一对待之。

认识误区导致误解，误解导致疏忽，构成一个可怕的科技失误链。当下，人工智能处在一个方兴未艾的巨大热潮之中，但上述失误链表明，该热潮潜伏着巨大的危机，必将演变成一场 21 世纪的科技乌托邦或悲剧，其结局很可能类似于 20 世纪的政治乌托邦。《全书》利用每一个机会，对这场危机或悲剧加以揭示。但这些揭示只是一堆碎片，需要把它们凝练成一幅清晰的科技发展路线图，这是我们这些后来者的职责。

最后，把过渡司展厅的文字拷贝在下面：

记忆有显隐之分，
知识水平取决于显记忆，
智力水平取决于隐记忆。
动态记忆是记忆的生命，
过渡记忆是记忆的青春。

这段文字里的术语和论断也许都很难得到认同，但我个人是持基本支持态度。

自助午餐之后，我们依次参观了市场部和资源部。

两部都设置 3 个司，其名称如下：

市场部：翻译司、微超司、语超司。

资源部：智库司、捆绑司、联络司。

与统帅部和执行部不同，这两个部由部长和司长进行解说，态度都十分谦和。展厅四壁空空如也。下面仅记录上列解说员的开场白和若干花絮。两者交叉记录，花絮也采取问答形式，编号延续上文。

市场部部长：我在职已 15 年，屡败屡战。近年改变了思路，正在同我的接替者一起，共同制订第一个“10 年谋划”。谋事在人，成事在天。我们深信：10 年之后，我们将迎来一个“天时地利人和”的黄金时段。

资源部部长：本部成立已 15 年，始终在摸着石头过河。我就职还不到两年，刚搭建起 3 个司的架子。我们 4 位部长是“张范”双哲[*06]的信奉者，市场部部长与我则是“廉蔺”[*07]双雄的追随者。我部也在制订相应的“10 年谋划”。

问 19：“谋划”与“规划”或“计划”有什么不同？

答 19：“谋划”把寻访和培育“全方位”人才放在第一位。当下的严峻态势是，“全方位”人才可遇而不可求。

翻译司司长：本司与执行部交互司的关系最为密切，我们两家正在一起做 3 件事：一是制订自明度测试方案；二是把翻译的首攻目标定位于媒体文字；三是优化基于 HNC 判断的世界知识表述。

问 20：第三件事似乎不是贵司的职责吧！

答 20：谢谢您的洞察。我刚才没有说清楚，本司将对绝大多数译文写一个短评，借以普及有关的世界知识，这属于市场部的前哨战。

微超司司长：本司与翻译司的关系最为密切，一方面，翻译司的短评将构成本司的宝贵资源之一。另一方面，本司初期的每一篇原始文稿将采用汉语，随后由翻译司转换成其他语种。

本司暂定设置 4 个组：综合组、领域组、时空组和外联组。所有文稿一律由综合组进行最终润色并敲定，原始文稿则由时空组协同领域组起草。前 3 个组已开始工作，但外联组的筹办尚未提上日程。

问 21：我对贵司的文稿抱有浓厚兴趣，能否展示一篇样本？

答 21：谢谢您的关切。诚然，丑媳妇终究要见公婆面，但时机未到。不过，我可以简单介绍一下这位媳妇“丑态”的基本特色。

对当代的所有重大纠结性课题，“丑”媳妇将分别给予两种描述：常规性描述和超越性描述。前者是利益视野或工业时代视野的描述，后者是仁道[**08]视野或后工业时代视野的描述。

任何一个当代的国际争端，仅在工业时代的视野里，一定是“公说公有理，婆说婆有理”的公婆之争，而公婆之争的最终出路只能靠丛林法则说了算。以近年发生的乌克兰危机为例，在历史上，俄罗斯确实欺负过所有的邻国[*09]，乌克兰的冤屈也许更多一些。这笔历史冤仇必须彻底清算吗？不宜！否则就必然陷于无休止的公婆之争。这是第一个背景要点。

第二，当代六个世界的历史形成过程乃是一个“冰冻三尺，非一日之寒”的结局，不同世界之间存在一些交织地带。处于交织地带的国家或与交织地带利益攸关的国家都需要思考一个史无前例的东西，那东西可名之不同世界之间的友好桥梁。这个东西确实是史无前例，因为史有前例的，是古老中国长城或现代柏林墙那一类的东西。但是，工业时代思维对那两样东西却满怀激情，以色列是这种激情的典型代表。乌克兰也受到这种激情的感染，这非常不明智。乌克兰的明智选择只能是走友好桥梁之路，充当第一世界与北片第三世界之间的友好桥梁，而不是走长城或柏林墙的老路。

第三，走友好桥梁之路是 21 世纪的一项伟大时代呼唤，大家还很陌生，很不习惯。走这条路需要内外因素的配合，一厢情愿是没有出路的。乌克兰的友好桥梁之路就需要东西两面邻居的配合，需要俄罗斯彻底放弃“苏联情结”，需要第一世界放弃北约东扩情结。可是，这两项放弃谈何容易！

基于上述 3 点，本司的“丑媳妇”还不是与“公婆”见面的时候，请见谅。

回应：我曾在《全书》里看到一项非常荒唐的建议，那就是英国应该把直布罗陀归还给西班牙，再充当一次后工业时代的先行者和示范者。当时觉得非常可笑，此刻我不再觉得那么可笑了（笑声，谢谢声）。

语超司司长：本司也设置 4 个组：人杰组、舵手组、哲人组、综合组。人杰组负责智能型人杰的模拟；舵手组负责人文社会领域人杰的模拟；哲人组负责智慧型人杰的模拟；综合组兼管常人的模拟，每组各自负责对应类型的智力模拟。但伟大的科学家和工程师、伟大的文学家和艺术家（包括技艺），不在本司的模拟对象之列。

问 22：听了刚才的介绍，我觉得，贵司与微超司的分工与《全书》的设想截然不同。现在的分工格局是：微超司负责事件的处理，贵司负责人物的处理，是这样吗？

答 22：分工格局确实如您所说，与《全书》第六册的设想在形式上有很大不同。但这一不同与通常的“貌合神离”有本质区别，它属于“貌不合而神合”。

农业时代的基本特征是，政治人杰独唱主角，其他类型的人杰只是协助者，舵手也是，哲人不过是一个无足轻重的陪衬，虽然他们可能取得某种崇高的偶像地位。工业时代发生的巨变是，各种人杰和舵手都在唱主角，但哲人的地位并没有提高，甚至还有所降低。这一巨变在第一世界已成为常态，成为后工业时代的文明标杆之一，但并非该标杆的终极形态，因为它还有待完善。面对后工业时代的巨大人类家园危机，需要哲人的智慧，而这恰恰是第一世界的短板，关于西方衰落的浩繁专著似乎都没有涉及这一要点。

必须清醒地看到，农业时代基本特征的惯性力量非常强大，上述巨变在第一世界的演进过程并非一帆风顺，而是极度坎坷，更不用说第一世界之外的五个世界了。当下，政治人杰依然在地球村的许多地方独唱主角。人们习惯于把这种独唱与专制政治制度等同起来，并与某种灾难性效应密切联系起来，但是，这是一个十分复杂的课题，不宜简单地作出“等同”和“强关联”的结论。因为专制政治制度与民主政治制度一样，都具有伦理末位属性的积极与消极之分，灾难性效应也是。人杰组的政治人杰小组将负责该课题的探索。就说这些吧，请指教。

问 23：我随意提两个问题。在第二次世界期间，美国、苏联、英国三巨头之间，斯大林与希特勒之间，曾发生过一系列令人惊心动魄的斗智斗勇，贵司是否计划加以模拟？在近年的国际政治舞台上，金正恩先生的表现常令人骇异，不按常规出牌，贵司将如何模拟？

答 23：这两项模拟都只涉及语言脑，已在本司的计划之内。这里可以透漏一项模拟结果，金正恩先生的下一张牌将是：宣告朝鲜制造的核潜艇成功试航。

问 24：这些模拟有什么实际意义？

答24：这是一个政治人杰特别匮乏的年代。我们希望通过模拟政治人杰之口，对 21 世纪的一系列重大纷争，给出两种应对范式——传统范式和超越范式——的描述，以促成前者的淡化和后者的成长。传统范式以理性之统帅——丛林法则——为基本依据，属于模糊性思考；超越范式以理念之统帅——仁道——为基本依据，属于清晰性思考。当下流行的西方衰落论和东方崛起论都是传统范式的产物，而不是超越范式，21 世纪需要超越范式。在三个历史时代和六个世界的视野里，这一景象宛如晴朗夜空的灿烂银河。但当下的人文天空，出现了重度“雾霾”。该“雾霾”是一种永恒的存在，我们愿为其浓度的减弱略尽菲薄之力。

问 25：你们是否认为，现代舵手也需要区分两种范式？

答 25：在东西方历史上，都出现过大量传统范式的舵手，如商鞅和马基雅维利，但足以彪炳千古的另一类舵手，如张良和魏征，也许中国更多一些。我们有塑造现代张良和现代魏征的初步计划，甚至在考虑现代诸葛亮。历史上的诸葛亮，过去被过度美化，现在却被一些人随意贬损。这一现象本身就值得探索，不是吗？

问 26：你们如何看待人民与领袖或群众与精英的关系？

答 26：农业时代的主流是英雄造时势，这一主流态势一直延续到工业时代初期。但到了工业时代中期和末期，时势造英雄的态势却成为时代的主流。那么，英雄造时势的主流态势是否将一去不复返？我们觉得不会，两种主流态势的交替出现，应该是历史大周期的内容逻辑特征。

问 27：对常人的模拟，与人杰或舵手相比，存在什么基本差异？

答 27：其基本差异可以归结为世界知识的广度和深度两方面。在广度方面，常人模拟可以不直接涉及深层第三类精神生活，对专业活动只需要把握特定领域的世界知识。在深度方面，对基本属性和综合逻辑可以不求甚解。而人杰和舵手的模拟则要求“直接涉及”、“全面把握”并“求得甚解”。不过，上面的表述只是基本差异的形式，而不是实质。实质性问题在于：人杰和舵手的模拟需要引入超越范式，而常人模拟不需要。

问 28：我对你们的哲人模拟，很感兴趣。

答 28：谢谢。请允许我从一些感受说起。

这是一个智能被狂热追求的时代，这是一个智慧被极度忽视的时代；这是一个创新花样不断翻新的时代，这是一个伟大发现接近枯竭的时代；这是一个英雄辈出的时代，这是一个竖子成名的时代；这是一个知识日新月异的时代，这是一个下愚自以为无所不知的时代；这是一个贵族精神被怀念的年代，这是一个各类忽悠大展神威的时代。在这样一个奇特的时代，每个人都需要哲人情怀的滋润。

哲人情怀不是哲学探索，它不过就是柏拉图在《理想国》里所表达的正义或“仁道”情怀；就是康德在《永久和平论》里所表达的“为万世开太平”情怀，就是中华文明特别钟爱的“先天下之忧而忧，后天下之乐而乐”情怀。这就是说，屈原和陶渊明的哲人情怀并不在我们的哲人模拟之列。总之，我们并不直接与“三争”或丛林法则唱反调，而集中关注心灵对现实的超越。

回应：支持。先贤虽有仰止之叹，但生活在 21 世纪的人们确实不应该继续远离哲人，而应该向哲人走近。

智库司副司长：本司由部长兼任司长，下设两个组，即网络组和教材组。

网络组下设两个小组：概念基元小组和基本句类小组。前者针对每一个概念基元，“捆绑”概念关联式；后者针对每一个基本句类，“捆绑”基本句类知识，包括绝配知识。两项捆绑不求应有尽有，但求主干畅通。

上述两类知识的基本表示方式都是概念关联式，大体对应于语言脑的隐记忆，属于脑谜 7 号的内容。语言脑的“捆绑”，天赋第一，环境次之。图灵脑的“捆绑”，则必须以“人赋”替代天赋。这就是说，网络组在资源部里占据着极为特殊的地位，因为其成员就相当于是语言脑发育过程的天赋施行者。不言而喻，对这支队伍的培训，是资源部的首要职责。

问 29：计算机的深度学习功能正在飞速发展。对于这一主流技术，贵司似乎无视其存在，而一心投入以“人赋”替代“天赋”的探索，这里是否存在“闭门造车”的风险？

答 29：“人赋”与“深学”不可能截然分开，“深学”不可能完全抛开“人赋”，“人赋”也必然要倚仗“深学”，但“深学”的效果密切依赖于“深学”的目标，也就是密切关联于脑的功能模块。近年我们看到了“深学”在棋艺方面的模拟奇迹，但棋艺只是技艺脑的一个局部。我们还即将看到“深学”在图像脑方面的模拟奇迹，例如，无人驾驶汽车。这类奇迹，10 多年以前，我们已经在语音识别方面见识过了。归纳起来，“深学”可以在生理脑和图像脑的许多方面实现高效模拟，可以在情感脑、技艺脑和科技脑方面实现部分模拟，可以在语言脑的语音接口和语言生成方面实现等效模拟，但在语言脑的语言理解方面，我们还没有看到任何“奇迹”的苗头。

图灵脑希望打开一个全新的局面，开语言理解“奇迹”之先。句类分析和语境分析是两位开路先锋，本司是两位先锋的智库。我们的智库必然要聘请“深学”人才，但我们的“深学”将着重于“一叶知秋”能力的培育，而不是单纯依靠大数据。从“主干畅通”到思考“畅通无阻”必然需要“深学”功底的配合。

问 30：智库的基础是人才的选拔，选拔的基础是人才的培育，而培育的基础是教材的质量或水平。在我看来，你们需要的教材十分特殊，目前还基本处于空白状态。

答 30：真知灼见，谢谢。本司的教材组正在努力中。

问 31：你们考虑过人与机器的翻译比赛吗？

答 31：这个问题，我奉命代统帅部回答。

我们打算先安排文本翻译比赛，比翻译的总体质量，包括双向翻译水平或返回水平；比特定情况的翻译速度与接近度。文本类型将首先选择汉语和英语，文体届时商议。

捆绑司司长：本司也设置两个组：直系组和旁系组。

本司的名称，统帅部曾讨论多次，最后还是决定采用“捆绑”一词。

本司的成果将名之捆绑词典。“词条”是 HNC 定义的全部概念，从概念范畴到各级延伸概念，包括部分复合概念。捆绑对象是各种自然语言的对应词语、短语甚至小句。

捆绑词典每一个“词条”是一张表格，表格的“列形态”如下：

```
(v,g,u,z,r)                (52,53,op,ow,x)          SCJ
```

“列形态”的内容可概括成：“五元组”[*10]＋“五前挂”[*11]＋“句类表示式”。

“行形态”的内容是：各种自然语言按约定排队。已约定前三名的排序是：汉语、英语、阿拉伯语。

捆绑词典不难转换成各种双语词典，也不难转换成每种自然语言的一种“新”词典。例如，汉语使用频度最高的“的”字，“新”词典与《现汉》相比，会呈现出巨大差异。

捆绑词典有直系与旁系之分，由两个小组分头负责，但两者的成果最终都整合在同一个表格里。

问 32：你刚才的介绍里，使用了直系和旁系这两个词语，两者的含义与《全书》的解释完全一致吗？

答 32：直系和旁系自身的意义完全一致，但两个组的分工却有所不同。

捆绑词典的编撰是一项空前巨大的语言工程，其大规模启动将基本采取外包形式，外包由旁系组负责。承包者不管直系和旁系的区分，不管“五元组”和“五前挂”的精确划分，不管句类表示式。因此，返回的资源只是捆绑词典的原始形态。两个组将分工负责各项审核和细化处理，并由直系组负责加上句类表示式。这样，才能最终形成捆绑词典的预定形态。

联络司司长：本司同样设置两个组：专家组和企业组。两个组的名称比较到位，分工十分明确，不必多说。

本司目前归资源部领导，将来要划归市场部。

我的开场白就这些，请提问。

问 33：贵司初期将联络哪些领域的专家和哪些行业的企业？

答 33：您说的初期，大约是指我司在资源部的时期。在初期，我司将只联系一个领域，那就是语言学，也只联系一个大行业的局部，那就是 IT(a35)。

这里我想说一声，我司初期联系的专家不仅是通常意义下的专家，所有具有专业经历的人员，都可以是我们的外包对象。不单是语言工作者，也不单是在职人员。我们甚至期待，退休人员将成为原始形态捆绑词典编撰的主力部队，因为他们具有静下心来的特殊优势。

问 34：你对未来的联络司有什么设想？

答 34：在大脑的功能模拟方面，生理脑和部分技艺脑已经取得了辉煌的成就，最近的棋艺模拟技术更是令人振奋，但并非不可思议。核心的科学问题在于：我们应该清醒地看到，语言脑的模拟依然进展甚微，其根本原因就在于 4 棒接力[*12]的第一棒过于薄弱。我们支持HNC 的基本观点，大脑之谜的探索，要以语言脑为突破口。现在，我们有条件在语言脑模拟方面采取重大行动了。所以，我个人认为，统帅部把本司先放在资源部是一项非常明智的举措。

本司转到市场部以后，我们将先把联络重点放在与生理脑模拟技术和幼小教育模拟技术的结合。我们认为，“老有良养”和“幼有优教”的伟大目标完全有条件在中华大地率先实现，我们将为此而加倍努力。

回应：收获不小。祝你们大业有成。

告别话语：谢谢，我们一起努力。

注释

[*a] 原文见《全书》第一册p547-548。

[*b] 见《全书》第六册第七编第一章“语超的科技价值”，中文意思是：智能基因与纳米技术。

[*c] 自明度是自知之明程度的简称。

[**01] “5 根指头”和“5 棵大树”的所指名称完全相同，那就是美国、苏联、西欧、日本和中国。这是“5 根指头”的排序，“5 棵大树”将中国排在中间。两个比喻的语境意义有本质区别，“5根指头”是综合实力和文明意义的深层概括，而“5 棵大树”只是军事和经济意义的浅层概括。尼克松先生听到“5 棵大树”的比喻在先，印象极深，见《1999：不战而胜》。这可能会影响到他对“5根指头”哲学比喻的理解。

[**02] 这里借用了老者留言里的符号表示方式，它非常精妙，读者不难心领神会，这就不来解

释了。

[*03] 这包括带“免”字的诸多EK，例如“免于”、“旨在免除”、“目的在于避免”等，但这些EK都不一定是GgK。

[*04]“气宗”和“剑宗”取自金庸先生的武侠小说《笑傲江湖》，那是华山派里的两大“宗”。不过，这里的“剑宗”乃特指该小说里的“神龙”人物风清扬先生所开创的高级“剑宗”。

[**05] 所有的汉语说明皆取自《全书》。其中“公园林地”里的“林地”被翻译成“心灵依托植物”似乎有点不可思议，这需要借助外使。这类外使关系到语言生成，我们需要补课。但必须说一声，不能单纯采取“气宗”式补课，必须以高级“剑宗”为主。

[*06] 指张载和范仲淹。

[*07] 指蔺相如和廉颇。

[**08] 仁道即《全书》的王道。我们支持HNC关于传统中华文明的基本论述，支持孔子学院应以“Ren&Junzi”为院旗的倡议，也支持“世界三大帮，拐帮最精明，……仁道非人道，世界必三分”的论断，故有此改动。仁道的英译就是Ren-Dao，其HNC符号是d10d01//d10d01*e22，仁政的符号是d10d01*e21。

[*09] 俄罗斯国内的许多自治共和国也曾遭遇过类似的欺凌，这是俄罗斯的众多隐患之一。

[*10] 五元组包括各元之间的组合，如(rv,vu,)等。

[*11] HNC理论约定的(6y,9,c)前挂不纳入捆绑词典。这里的“五前挂”不包含它，其中的“ow”包括(w,pw,rw,gw)等。

[*12] 4棒接力指“理论-技术-产品-产业”的接力，第一棒的理论包括理论与实验两方面。

术 语 索 引

H

J

K

L

M

N

P

Q

R

S

T

人名索引[①]

① 有些作品和人名之间并非作者-著者关系，特此说明。
② 括号中的人名表示其在正文叙述中并未出现，而只出现了有关观点或作品。

J

K

L

M

N

P

Q

S

T

W

X

Y

Z

《HNC理论全书》总目

第一卷　基元概念

第二卷　基本概念和逻辑概念

第三卷　语言概念空间总论